HUAGONG

YUANLI

化工原理

刘志丽 主编　张彬 主审

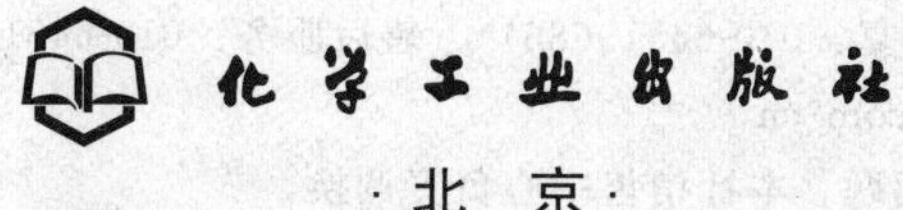

化学工业出版社

·北京·

本书是根据高职高专食品类专业对化工原理课程教学要求编写的。化工原理研究化工生产中单元操作的基本原理、典型设备的构造及工艺尺寸的计算，所以是食品、制药、生物工程、冶金等专业学生的重要课程。

本书以动量传递、热量传递、质量传递为内容介绍主线条，重点介绍了流体流动与输送、非均相物系的分离、传热、溶液浓缩、蒸馏、吸收、干燥、制冷等单元操作，并根据食品生产的特点介绍了萃取、吸附、浸出、膜分离技术。所编内容有着广泛的生产实用性。

本书内容涉及面较广，文字简练，没有烦琐的理论推导；图文并茂、通俗易懂，每章后配有思考题及计算题供培养学生解决问题训练之用。本书适合高职层次食品类、制药类及生物技术类相关专业学生学习使用，也可供生产企业工程技术人员学习参考。

图书在版编目（CIP）数据

化工原理/刘志丽主编．—北京：化学工业出版社，2008.3（2016.5重印）
高职高专“十一五”规划教材
ISBN 978-7-122-02211-0

Ⅰ．化…　Ⅱ．刘…　Ⅲ．化工原理-高等学校：技术学院-教材　Ⅳ．TQ02

中国版本图书馆CIP数据核字（2008）第026511号

责任编辑：李植峰　梁静丽　郎红旗　　文字编辑：李　玥
责任校对：陶燕华　　装帧设计：风行书装

出版发行：化学工业出版社（北京市东城区青年湖南街13号　邮政编码100011）
印　　刷：北京市振南印刷有限责任公司
装　　订：三河市宇新装订厂
787mm×1092mm　1/16　印张18　字数447千字　2016年5月北京第1版第4次印刷

购书咨询：010-64518888（传真：010-64519686）　售后服务：010-64518899
网　　址：http://www.cip.com.cn
凡购买本书，如有缺损质量问题，本社销售中心负责调换。

定　　价：29.00元

版权所有　违者必究

高职高专食品类“十一五”规划教材建设委员会成员名单

主任委员　贡汉坤　逯家富

副主任委员　杨宝进　朱维军　于　雷　刘　冬　徐忠传　朱国辉　丁立孝　李靖靖　程云燕　杨昌鹏

委　　员（按照姓名汉语拼音排序）

边静玮　蔡晓雯　常　锋　程云燕　丁立孝　贡汉坤　顾鹏程

郝亚菊　郝育忠　贾怀峰　李崇高　李春迎　李慧东　李靖靖

李伟华　李五聚　李　霞　李正英　刘　冬　刘　靖　娄金华

陆　旋　逯家富　秦玉丽　沈泽智　石　晓　王百木　王德静

王方林　王文焕　王宇鸿　魏庆葆　翁连海　吴晓彤　徐忠传

杨宝进　杨昌鹏　杨登想　于　雷　臧凤军　张百胜　张　海

张奇志　张　胜　赵金海　郑显义　朱国辉　朱维军　祝战斌

高职高专食品类“十一五”规划教材
编审委员会成员名单

主任委员　莫慧平

副主任委员　魏振枢　魏明奎　夏　红　翟玮玮
赵晨霞　蔡　健　蔡花真　徐亚杰

委　　员（按照姓名汉语拼音排序）

艾苏龙　蔡花真　蔡　健　陈红霞　陈月英　陈忠军　初　峰
崔俊林　符明淳　顾宗珠　郭晓昭　郭　永　胡斌杰　胡永源
黄卫萍　黄贤刚　金明琴　李春光　李翠华　李东凤　李福泉
李秀娟　李云捷　廖　威　刘红梅　刘　静　刘志丽　陆　霞
孟宏昌　莫慧平　农志荣　庞彩霞　邵伯进　宋卫江　隋继学
陶令霞　汪玉光　王丽琼　王立新　王卫红　王学民　王雪莲
魏明奎　魏振枢　吴秋波　夏　红　熊万斌　徐亚杰　严佩峰
杨国伟　杨芝萍　余奇飞　袁　仲　岳　春　翟玮玮　詹忠根
张德广　张海芳　张红润　赵晨霞　赵晓华　周晓莉　朱成庆

高职高专食品类“十一五”规划教材
建设单位

（按照单位名称汉语拼音排序）

北京电子科技职业学院
北京农业职业学院
滨州市技术学院
滨州职业学院
长春职业技术学院
常熟理工学院
重庆工贸职业技术学院
重庆三峡职业技术学院
东营职业技术学院
福建华南女子职业学院
福建宁德职业技术学院
广东农工商职业技术学院
广东轻工职业技术学院
广西农业职业技术学院
广西职业技术学院
广州城市职业学院
海南职业技术学院
河北交通职业技术学院
河南工贸职业技术学院
河南农业职业技术学院
河南濮阳职业技术学院
河南商业高等专科学校
河南质量工程职业学院
黑龙江农业职业技术学院
黑龙江畜牧兽医职业学院
呼和浩特职业学院
湖北大学知行学院
湖北轻工职业技术学院
黄河水利职业技术学院
济宁职业技术学院
嘉兴职业技术学院
江苏财经职业技术学院
江苏农林职业技术学院
江苏食品职业技术学院
江苏畜牧兽医职业技术学院
江西工业贸易职业技术学院
焦作大学
荆楚理工学院
景德镇高等专科学校
开封大学
漯河医学高等专科学校
漯河职业技术学院
南阳理工学院
内江职业技术学院
内蒙古大学
内蒙古化工职业学院
内蒙古农业大学职业技术学院
内蒙古商贸职业技术学院
平顶山职业技术学院
日照职业技术学院
陕西宝鸡职业技术学院
商丘职业技术学院
深圳职业技术学院
沈阳师范大学
双汇实业集团有限责任公司
苏州农业职业技术学院
天津职业大学
武汉生物工程学院
襄樊职业技术学院
信阳农业高等专科学校

杨凌职业技术学院
永城职业学院
漳州职业技术学院
浙江经贸职业技术学院
郑州牧业工程高等专科学校
郑州轻工职业学院
中国神马集团
中州大学

本书编写人员名单

主　　编　刘志丽（江西工业贸易职业技术学院）

副 主 编　刘丹赤（山东日照职业技术学院）

　　　　　　张荣侠（山东济宁职业技术学院）

参编人员（按照姓名汉语拼音排序）

　　　　　　李旭东（河南质量工程职业学院）

　　　　　　刘丹赤（山东日照职业技术学院）

　　　　　　刘志丽（江西工业贸易职业技术学院）

　　　　　　王百木（河南永城职业学院）

　　　　　　王　斌（郑州牧业工程高等专科学校）

　　　　　　张东军（河南漯河职业技术学院）

　　　　　　张继南（山东济宁职业技术学院）

　　　　　　张荣侠（山东济宁职业技术学院）

主　　审　张　彬（南昌大学）

序

作为高等教育发展中的一个类型，近年来我国的高职高专教育蓬勃发展，“十五”期间是其跨越式发展阶段，高职高专教育的规模空前壮大，专业建设、改革和发展思路进一步明晰，教育研究和教学实践都取得了丰硕成果。但课程改革和教材建设的相对滞后导致目前的人才培养效果与市场需求之间还存在着一定的偏差。虽然“十五”期间各级教育主管部门、高职高专院校以及各类出版社对高职高专教材建设给予了较大的支持和投入，出版了一些特色教材，但由于整个高职高专教育改革尚处于探索阶段，故而“十五”期间出版的一些教材难免存在一定程度的不足，没有全面反映出高职高专教育的特征与要求，教材的内容未能紧密联系生产经营实际，与高职高专教育应紧密联系行业实际的要求不相适应。尤其是专业课程教材的编写缺少规划性，同一专业的各门课程所使用的教材缺乏内在的沟通衔接。为适应高职高专教学的需要，在总结“十五”期间高职高专教学改革成果的基础上，组织编写一批突出高职高专教育特色，以培养适应行业需要的高级技能型人才为目标的高质量的教材不仅十分必要，而且十分迫切。

教育部《关于全面提高高等职业教育教学质量的若干意见》（教高［2006］16号）中提出将重点建设好3000种左右国家规划教材，号召教师与行业企业共同开发紧密结合生产实际的实训教材。“十一五”期间，教育部将深化教学内容和课程体系改革、全面提高高等职业教育教学质量作为工作重点，从培养目标、专业改革与建设、人才培养模式、实训基地建设、教学团队建设、教学质量保障体系、领导管理规范化等多方面对高等职业教育提出新的要求。这对于教材建设既是机遇，又是挑战，每一个与高职高专教育相关的部门和个人都有责任、有义务为高职高专教材建设做出贡献。

化学工业出版社为中央级综合科技出版社，是国家规划教材的重要出版基地，为我国高等教育的发展做出了积极贡献，被新闻出版总署主要领导评价为“导向正确、管理规范、特色鲜明、效益良好的模范出版社”，最近荣获首届中国出版政府奖——先进出版单位奖。依照教育部的部署和要求，2006年化学工业出版社在“教育部高等学校高职高专食品类专业教学指导委员会”的指导下，邀请开设食品类专业的60余家高职高专骨干院校和食品相关行业企业作为教材建设单位，共同研讨开发食品类高职高专“十一五”规划教材，成立了“高职高专食品类‘十一五’规划教材建设委员会”和“高职高专食品类‘十一五’规划教材编审委员会”，拟在“十一五”期间组织相关院校的一线教师和相关企业的技术人员，在深入调研、整体规划的基础上，编写出版一套食品类相关专业基础课、专业课及专业相关外延课程教材——“高职高专‘十一五’规划教材★食品类系列”。该批教材将涵盖各类高职高专院校的食品加工、食品营养与检测和食品生物技术等专业开设的课程，从而形成优化配置的高职高专教材体系。目前，该套教材的首批编写计划已顺利实施，首批60余本教材将于2008年陆续出版。

该套教材的建设贯彻了以应用性职业岗位需求为中心，以素质教育、创新教育为基础，以学生能力培养为本位的教育理念；教材编写中突出了理论知识“必需”、“够用”、“管用”的原则；体现了以职业需求为导向的原则；坚持了以职业能力培养为主线的原则；体现了以常规技术为基础、关键技术为重点、先进技术为导向的与时俱进的原则。整套教材具有较好的系统性和规划性。此套教材汇集众多食品类高职高专院校教师的教学经验和教改成果，又得到了相关行业企业专家的指导和积极参与，相信它的出版不仅能较好地满足高职高专食品类专业的教学需求，而且对促进高职高专课程建设与改革、提高教学质量也将起到积极的推动作用。希望每一位与高职高专食品类专业教育相关的教师和行业技术人员，都能关注、参与此套教材的建设，并提出宝贵的意见和建议。毕竟，为高职高专食品类专业教育服务，共同开发、建设出一套优质教材是我们应尽的责任和义务。

贡汉坤

前　言

化工原理是高职高专院校食品工程、生物工程类等专业开设的一门重要的技术基础课，其内容是关于动量传递、热量传递及质量传递理论在有关单元操作中的应用，在生产实践中具有很重要的作用。在专业培养目标的实现及专业课的学习中，该课程起着承上启下的桥梁作用。本书主要包括流体流动与输送、非均相混合物的分离、传热、制冷、溶液的浓缩、蒸馏、吸收、固体干燥、萃取、浸出、膜分离、吸附等单元操作。

本书通过理论学习、典型例题练习，分析、解决工程问题能力的训练与培养，使学生了解常用单元操作的基本概念，理解常用单元操作的基本原理，掌握单元操作的基本工艺计算。同时要求学生要对典型设备的组成、结构、工作原理、性能特点、操作要点及选用方法有一全面把握，能运用所学的知识分析、解决单元操作中的一般性技术问题，并且初步具备提出工艺设计与技术改造方案的能力。

本书在编写过程中根据高职层次学生的学习能力及特点、高职层次专业培养目标要求，在内容的选取上采纳了多所高职院校的意见和建议，根据高职高专食品工程、生物技术类专业的教学要求确定。以“理论够用、重在实践能力培养”为宗旨，编写的内容涉及面较广，深入浅出，理论以“必需、够用”为度，注重应用，强化训练。教材内容按“掌握”、“熟悉”和“了解”三个层次编写，明确了教学要求和学生学习目标要求。本书文字简明通俗，也便于学生自学。

本书的第一章由山东济宁职业技术学院张继南编写，第二章、第五章由山东日照职业技术学院刘丹赤编写，第三章由江西工业贸易职业技术学院刘志丽编写，绪论、第四章、第六章由河南永城职业学院王百木编写，第七章由河南质量工程职业学院李旭东编写，第八章由河南漯河职业技术学院张东军编写，第九章由山东济宁职业技术学院张荣侠编写，附录由郑州牧业工程高等专科学校王斌编写。全稿由南昌大学食品科学与工程系张彬教授主审。

本书在编写过程中得到了化学工业出版社和编者所在学校领导的大力支持和帮助，本书参考了一些已发表的文献资料，在此向相关作者和提供帮助的同志表示感谢。

由于时间仓促，作者水平有限，书中难免存在不足之处，敬请广大读者批评指正。

编者

2008 年 1 月

目　　录

绪论 …… 1

一、化工原理与单元操作 …… 1

二、本课程的性质、学习内容和任务 …… 2

三、单元操作中的基本概念 …… 2

思考题 …… 5

第一章　流体流动与输送 …… 6

第一节　流体静力学 …… 6

一、流体的主要物理量 …… 6

二、流体静力学基本方程及应用 …… 7

第二节　流体动力学 …… 11

一、流量和流速 …… 11

二、流体稳定流动时物料衡算 …… 12

三、流体稳定流动时能量衡算 …… 14

第三节　流体阻力 …… 19

一、流体的黏度及流动型态 …… 19

二、流体流动时的阻力计算 …… 20

三、局部阻力 …… 23

第四节　化工管路 …… 26

一、管子、管件、阀门 …… 26

二、简单管路的布置与计算 …… 27

第五节　流速与流量测定 …… 31

一、毕托管 …… 31

二、孔板流量计 …… 32

三、转子流量计 …… 33

第六节　流体输送设备 …… 34

一、离心泵 …… 34

二、往复泵 …… 40

三、其他类型的泵 …… 41

第七节　气体输送机械 …… 42

一、通风机 …… 43

二、鼓风机 …… 43

三、压缩机 …… 44

四、真空泵 …… 44

第八节　固体输送 …… 46

一、固体流态化 …… 46

二、气力输送 …… 48

思考题 …… 49

计算题 …… 50

第二章　非均相混合物的分离 …… 54

第一节　重力沉降 …… 54

一、基本概念 …… 54

二、沉降设备 …… 57

第二节　过滤 …… 59

一、基本概念 …… 59

二、过滤机的构造及操作 …… 61

三、过滤的计算 …… 64

第三节　离心分离 …… 69

一、基本概念 …… 69

二、离心分离设备 …… 70

第四节　气体净制 …… 74

一、气体净制的方法 …… 74

二、气体净制设备 …… 75

思考题 …… 76

计算题 …… 77

第三章　传热 …… 78

第一节　概述 …… 78

一、传热在生产中的应用 …… 78

二、工业换热方式 …… 78

三、传热的基本方式 …… 80

四、稳定传热和非稳定传热 …… 80

第二节　热传导 …… 80

一、通过单层平壁的导热方程 …… 80

二、热导率 …… 81

三、多层平壁的热传导 …… 82

四、通过圆筒壁的热传导 …… 83

第三节　对流传热 …………………………… 86
一、对流传热的分析 ………………………… 86
二、壁面和流体间的对流传热速率 ……… 86
三、影响对流传热系数的因素及其一般关联式 …………………………… 87
四、对流传热系数的经验关联式 ………… 88
第四节　间壁两侧流体间的传热 ………… 90
一、传热速率方程 ………………………… 90
二、传热系数的计算及讨论 ……………… 91
三、传热温度差的计算 …………………… 94
四、热负荷的计算 ………………………… 98
五、传热计算的举例 ……………………… 100
第五节　热损失与热绝缘 ………………… 101
一、损失于设备周围介质中的热量 ……… 101
二、设备与管路的热绝缘方法 …………… 102
第六节　换热器 …………………………… 102
一、间壁式换热器 ………………………… 102
二、其他类型换热器 ……………………… 105
三、换热器的强化途径 …………………… 107
思考题 ……………………………………… 107
计算题 ……………………………………… 108

第四章　制冷 …………………………………………………………………… 110
第一节　蒸气压缩制冷机 ………………… 110
一、蒸气压缩制冷机的工作原理 ………… 110
二、温熵图 ………………………………… 112
第二节　蒸气压缩制冷机的计算 ………… 114
一、制冷量的计算 ………………………… 114
二、制冷循环的计算 ……………………… 116
三、制冷剂及冷冻盐水 …………………… 118
第三节　制冷机的主要设备 ……………… 118
一、压缩机 ………………………………… 118
二、冷凝器 ………………………………… 119
三、膨胀阀 ………………………………… 120
四、蒸发器 ………………………………… 120
思考题 ……………………………………… 121
计算题 ……………………………………… 121

第五章　溶液的浓缩 …………………………………………………………… 123
第一节　蒸发 ……………………………… 123
一、概述 …………………………………… 123
二、单效蒸发 ……………………………… 125
三、多效蒸发 ……………………………… 130
四、蒸发设备 ……………………………… 132
五、蒸发器的生产强度及强化 …………… 136
第二节　结晶 ……………………………… 137
一、结晶的基本概念和理论 ……………… 137
二、结晶方法 ……………………………… 139
三、结晶设备 ……………………………… 140
第三节　冷冻浓缩 ………………………… 142
一、冷冻浓缩原理 ………………………… 142
二、冷冻浓缩设备 ………………………… 144
思考题 ……………………………………… 147
计算题 ……………………………………… 148

第六章　蒸馏 …………………………………………………………………… 149
第一节　概述 ……………………………… 149
第二节　蒸馏过程相平衡 ………………… 149
一、液体混合物的蒸气压 ………………… 149
二、拉乌尔定律 …………………………… 150
三、双组分理想溶液的温度-组成图（T-x-y 图） …………………………… 150
四、双组分理想溶液的气液相平衡图 …… 151
五、挥发度和相对挥发度 ………………… 151
第三节　简单蒸馏及精馏原理 …………… 153
一、简单蒸馏 ……………………………… 153
二、平衡蒸馏原理及流程 ………………… 154
三、精馏原理及流程 ……………………… 154
四、双组分连续精馏操作的物料衡算 …… 156
第四节　蒸馏设备 ………………………… 164
一、塔板的结构 …………………………… 164
二、塔板的主要类型 ……………………… 164
三、塔板的流体力学特性 ………………… 165
思考题 ……………………………………… 166
计算题 ……………………………………… 166

第七章　吸收 …………………………………………………………………… 168

第一节　概述 …… 168
一、吸收及其应用 …… 168
二、吸收操作的分类 …… 169
三、吸收流程和设备 …… 169
第二节　吸收的气液相平衡关系 …… 170
一、相组成的表示方法 …… 170
二、气体在液体中的溶解度 …… 172
三、亨利定律 …… 173
四、气液相平衡与吸收过程的关系 …… 174
第三节　吸收过程的机理与吸收速率 …… 175
一、吸收过程的机理——双膜理论 …… 175
二、相际传质的总传质速率方程 …… 176
第四节　吸收塔及吸收过程的计算 …… 176
一、吸收塔的物料衡算 …… 177
二、吸收剂的选择 …… 179
三、填料塔 …… 180
思考题 …… 183
计算题 …… 183

第八章　固体干燥 …… 185
第一节　概述 …… 185
一、固体物料的去湿方法 …… 185
二、湿物料的干燥方法 …… 185
三、空气干燥器的干燥过程 …… 186
第二节　湿空气的性质及湿度图 …… 187
一、湿空气的性质 …… 187
二、湿空气的湿度图及其应用 …… 192
第三节　连续干燥过程的物料衡算与热量衡算 …… 195
一、干燥过程的物料衡算 …… 195
二、干燥系统的热量衡算 …… 196
第四节　干燥过程的机理 …… 198
一、固体物料中水分的性质 …… 198
二、恒定干燥条件下的干燥过程 …… 199
三、恒定干燥条件下干燥时间的计算 …… 201
第五节　常用干燥器简介 …… 202
一、干燥器的性能要求及选用原则 …… 202
二、工业常用干燥器 …… 202
第六节　冷冻干燥 …… 205
一、冷冻干燥理论 …… 205
二、冷冻干燥设备 …… 207
思考题 …… 208
计算题 …… 209

第九章　其他分离过程 …… 210
第一节　液-液萃取 …… 210
一、基础知识 …… 210
二、萃取流程 …… 212
三、常用萃取设备简介 …… 214
四、临界气体萃取简介 …… 216
第二节　浸出 …… 217
一、浸出的基本概念和理论 …… 217
二、浸出操作方式与浸出器分类 …… 219
三、浸出器 …… 220
四、浸出的基本工艺计算 …… 223
五、浸出在食品工业中的应用 …… 224
第三节　膜分离 …… 224
一、膜的分类 …… 224
二、各种膜分离过程 …… 225
三、膜分离设备 …… 226
四、膜分离的理论基础 …… 228
五、膜分离技术的应用 …… 231
第四节　吸附 …… 232
一、吸附概述 …… 232
二、吸附机理 …… 233
三、常用吸附设备及操作 …… 234
四、吸附过程的强化 …… 236
思考题 …… 236
计算题 …… 237

附录 …… 238
附录 1　单位换算 …… 238
附录 2　水的物理性质 …… 240
附录 3　水在不同温度下的黏度 …… 241
附录 4　无机盐水溶液在大气压下的沸点 …… 242
附录 5　某些液体的物理性质 …… 243
附录 6　某些气体的物理性质 …… 244
附录 7　某些固体的物理性质 …… 245
附录 8　饱和水蒸气表（按温度排列） …… 246
附录 9　饱和水蒸气表（按压力排列） …… 247
附录 10　干空气的物理性质 …… 248
附录 11　液体黏度共线图 …… 249
附录 12　气体黏度共线图(101.325kPa) …… 251

附录 13　固体材料的热导率…………………… 252
附录 14　某些液体的热导率…………………… 253
附录 15　气体热导率共线图…………………… 254
附录 16　液体比热容共线图…………………… 256
附录 17　气体比热容共线图（101.325kPa） …………………… 258
附录 18　液体比汽化焓共线图………………… 260
附录 19　管子规格……………………………… 261
附录 20　常用IS型单级单吸离心泵的规格（摘录） ………………………… 263
附录 21　离心通风机规格……………………… 266
附录 22　氨的温熵图…………………………… 267
附录 23　几种冷冻剂的物理性质……………… 268
附录 24　冷冻盐水的物理性质………………… 268
附录 25　管板式热交换器系列标准…………… 269
附录 26　食品工业生产传热设备的总传热系数经验数据………………………… 271
附录 27　壁面污垢热阻………………………… 271
附录 28　萃取剂与临界物性…………………… 272

参考文献 …………………………………………………………………………………… 273

绪　论

学习目标

［**掌握**］单元操作的概念；化工原理研究的对象、内容和任务。

［**熟悉**］化工生产过程中的单元操作种类；生产过程中物料及热量衡算的基本方法。

［**了解**］化工原理课程性质、地位。

一、化工原理与单元操作

化工原理是以化学工业生产过程为研究对象，探讨化工生产过程中的操作规律及其工程性质。尽管化工生产原料广泛，产品种类繁多，生产过程复杂多样且差别很大，各种产品的生产流程和设备型号也各不相同，但是人们经过长期的生产实践总结，根据所用设备相似、原理相近、基本过程相同原则，提出了“单元操作”的概念。

单元操作按其理论基础分为以下三大类。

(1) 流体动力过程　研究流体的流动及流体和与之接触的固体间发生相对运动时的基本规律，以及主要受这些基本规律支配的若干单元操作，如流体的输送、搅拌、沉降、过滤等。

(2) 传热过程　研究传热的基本规律，以及主要受这些基本规律支配的若干单元操作，如热交换、蒸发等。

(3) 传质过程　研究物质通过相界面的迁移过程的基本规律，以及主要受这些基本规律支配的若干单元操作，如吸收、蒸馏、吸附、干燥、结晶、萃取、膜分离等。

常用的单元操作见表 0-1。

由表 0-1 可知，单元操作具有下列特点：①这些操作只改变物料的状态或其物理性质，并不改变物料的化学性质，所以它们都是物理性操作；②单元操作都是化学工业生产过程中共有的操作，例如在制糖工业中稀糖液的浓缩、制碱工业中氢氧化钠稀溶液的浓缩、油厂浸出车间混合油的浓缩等都是通过蒸发这一单元操作而实现的，酒精工业中酒精的提纯、石油化工中烃类的分离、浸出毛油脱臭（分离溶剂油）都是通过蒸馏操作而实现的。因此，各种化工产品的生产过程，可由若干单元操作与化学反应过程作适当的串联组合而构成。由此，单元操作可理解为：在各种化工产品的生产过程中，除化学反应过程外，用物理过程完成产品的生产过程即为单元操作。

在食品、生物工程、冶金等生产中，也能看到单元操作的应用，在这些工业的生产中常需使用独立或多个单元操作的组合来完成一种产品的生产。所以单元操作在食品、生物工程、冶金生产中也有着重要的作用。

单元操作统一了通常被认为各不相同的独立的化工生产技术，使人们系统而深入地研究每一单元操作的内在规律和基本原理，而所有这些单元操作的综合，构成了化学工程的基础学科——化工原理。

表 0-1 常见化工单元操作种类

单元操作名称	操作目的	处理物态	原理
流体输送	输送	液或气	向流体输入机械能
沉降	非均相混合物的分离	液-固 气-固	利用两相密度差异引起沉降运动
过滤	非均相混合物的分离	液-固 气-固	利用过滤介质使固体颗粒与流体分离
加热、冷却	升温、降温,改变相态	气或液	利用温度差引入或导出热量
蒸发与结晶	溶质与非挥发性溶质的分离	液体	供热以气化溶剂
吸收	均相混合物的分离	气体	利用各组分在溶剂中溶解度不同分离
蒸馏	均相混合物的分离	液体	利用各组分的相对挥发度的不同分离
干燥	去湿	固体	供热气化湿物料中的湿分
固-液萃取	固体混合物中组分分离	固体	利用各组分在溶剂中溶解度不同分离

二、本课程的性质、学习内容和任务

化工原理是食品、化工、制药、冶金等专业的一门重要的专业基础课，具有较强的工程性、实用性，它运用质量守恒和能量守恒定律及平衡关系等，研究化工生产中内在的共同规律，讨论生产过程中共有的基本过程——单元操作的基本理论、基本原理、典型设备的构造及其计算方法。

学习本课程的主要任务是掌握各个单元操作的基本规律、操作原理及基本计算方法，并能用以分析和解决单元操作中的一般问题。了解有关典型设备的构造、性能，以便能对现行生产过程进行管理，使设备能正常运转，进而对现行的生产过程及设备作各种改进以提高其效率，从而使生产获得最大限度的经济效益。

三、单元操作中的基本概念

1. 物料衡算

在设计、计算设备尺寸或确定所处理物料量的基本情况时，需要了解整个过程或某一步骤中原料、产物、副产物、废弃物之间的关系，这需要以质量守恒定律为理论依据的物料衡算来完成；在任何一生产过程中，输入该过程的物料总质量必等于从该过程输出的物料总质量与积累于该过程中的物料质量之和，用公式表示为

输入量＝输出量＋积累量

即

$$\sum m_1=\sum m_2+\sum m_A \qquad (0\text{-}1)$$

式中，$\sum m_1$ 为输入物料质量的总和，kg；$\sum m_2$ 为输出物料质量的总和，kg；$\sum m_A$ 为积累物料量，kg。

【例 0-1】 用表 0-2 所列出的甲、乙、丙三种原料酒配制含酒精 16.0%、糖 3%的成品酒 100kg，问需要甲、乙、丙三种原料酒各多少？

表 0-2 甲、乙、丙三种原料酒

组分	甲	乙	丙
酒精含量/%(质量分数)	14.6	16.7	17.0
糖含量/%(质量分数)	0.2	1.0	12.0

解： 依题意，画出混合过程的示意图，如图 0-1 所示。标出各物流的方向、已知量与未知量，并用闭合虚线划定衡算系统。

以成品酒的质量 100kg 作为计算基准。

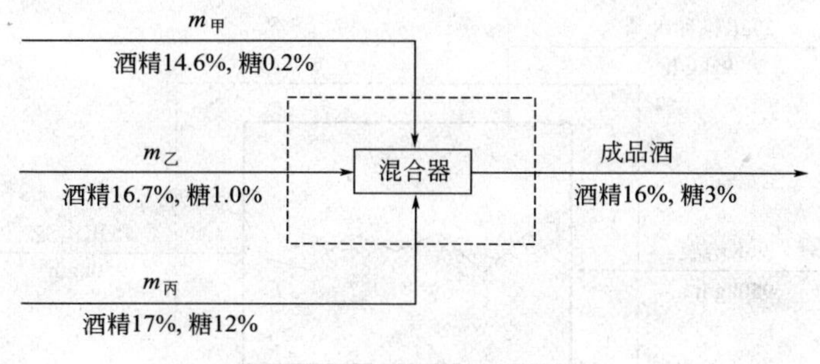

图 0-1

总物料衡算： $m_甲+m_乙+m_丙=100$ (1)

对酒精组分进行衡算： $0.146m_甲+0.167m_乙+0.170m_丙=0.16\times100$ (2)

对糖组分进行衡算：$0.002m_甲+0.01m_乙+0.12m_丙=0.03\times100$ (3)

将式(1)、式(2)、式(3) 联立求解得：

$$m_甲=36.31\ (\text{kg}),\ m_乙=42.87\ (\text{kg}),\ m_丙=20.82\ (\text{kg})$$

根据以上计算过程可总结出物料衡算的基本步骤如下。

① 根据衡算对象，选定适当的衡算系统。衡算系统可以是一个单元设备，也可以是设备的某一部分。

② 根据问题的类型和性质，确定需要补充哪些数据，并设法通过各种途径获得这些数据。

③ 用流程图表示衡算对象。画出过程框图，用进入的箭头表示输入的物料，用引出的箭头表示输出的物料。在每个箭头上注明进、出系统各物流及其组分的名称或代号、相状态、流量和组成（包括已知量和未知量，必要时将它们换算为统一单位）。

④ 确定衡算基准。对于间歇过程，常以一次（或一批）操作为基准，即式(0-1) 中各项分别代表每次操作输入、输出及积累的物料质量；对于连续过程，则常以单位时间为基准，即式(0-1) 中各项分别代表单位时间内输入、输出及积累的物料量。

⑤ 作物料衡算。按划定的衡算范围，列出独立的物料衡算式。

2. 能量衡算

从原料到获得产品的生产过程中，常需要消耗能量，在生产中许多过程以热能为主，所以能量衡算便可简化为热量衡算。热量衡算与物料衡算的方法基本相同，也必须首先明确衡算范围与衡算基准。根据能量守恒定律，向该过程输入的能量必等于从该过程输出的能量，所以，能量衡算基本关系式表示为

$$\sum H_1=\sum H_0+Q' \qquad (0\text{-}2)$$

式中，$\sum H_1$ 为单位时间内进入系统的各物料的总热量（焓）值；$\sum H_0$ 为单位时间内离开系统的各物料的总热量（焓）值；Q'为单位时间内系统与环境交换的总热量。当系统向环境散热时，此值为正，并称为“热损失”。

【例 0-2】 在换热器中，每小时将 950kg 平均比热容为 3.8kJ/(kg·K) 的某种溶液从 298K 加热至 353K，加热介质为 393K 的饱和水蒸气，消耗量为 95kg/h，蒸汽冷凝成同温度的饱和水后排出。试计算此换热过程的损失。

解： 根据题意画出换热过程示意图，如图 0-2 所示。

划定热量衡算范围，如图中虚线方框所示。

以 1h 为计算基准，则

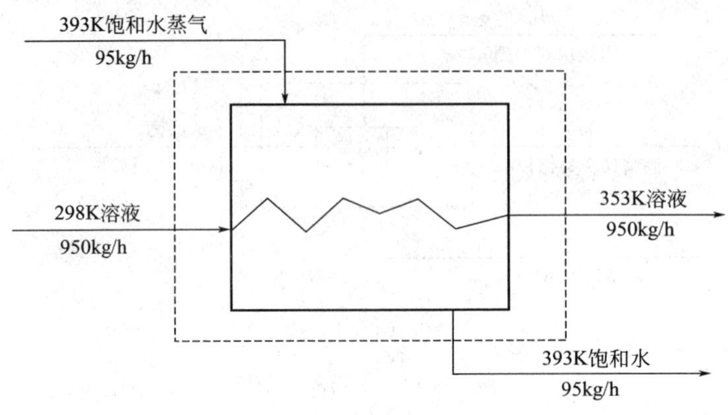

图 0-2

输入系统的溶液的热量＝950×3.8×(298－273)＝90250(kJ/h)

从系统输出的溶液的热量＝950×3.8×(353－273)＝288800(kJ/h)

由附录查得：393K 的饱和水蒸气的焓值为 2708.9 kJ/h；393K 的饱和水的焓值为 503.67 kJ/h。

输入系统的饱和水蒸气的焓＝95×2708.9＝257345.5 (kJ/h)

从系统输出的饱和水的焓＝95×503.67＝47848.65 (kJ/h)

依式(0-2) 列出热量衡算式，即

$$90250+257345.5=288800+47848.65+Q'$$

则热损失为

$$Q'=10946.85\ (\mathrm{kJ/h})$$

3. 过程的极限

某一单元操作在自然发生时，其变化必趋于一定方向，如任其发展，结果必达到平衡关系为止。平衡状态就是表示各种自然发生的过程可能达到的极限程度，除非影响物系的情况有变化，否则其变化的极限是不会改变的。例如盐在水中溶解时，将一直进行到达到饱和时为止；又如热量从较热的物体传向较冷的物体时，将一直进行到两个物体的温度相等为止；再如液体从水位较高的容器流到水位较低的容器时，将一直进行到两个容器中水位相等为止。

对于许多化学工业生产过程，可以从物系平衡关系来推知其能否进行以及能进行到何种程度。平衡关系也为设备尺寸的设计提供了理论依据。

4. 过程速率

任何一个物系，如果不是处于平衡状态，就必然发生使物系趋向平衡的过程，趋向平衡的快慢即为过程速率，但过程以如何的速率趋向平衡，这不决定于平衡关系，而是受多方面的因素所影响，由于对支配各种物系变化速率的因素复杂且有些还不清楚，所以在工程上，过程速率是近似的采用推动力除以阻力的形式表示，即

$$过程速率=\frac{过程的推动力}{过程的阻力}$$

过程推动力、过程的阻力要依具体过程来确定。例如，引起冷物体与热物体间热流动的推动力是冷、热两物体间的温度差，而阻力则较为复杂。

在各种单元操作中，过程的速率对于设备的工艺尺寸及操作性能有决定性影响。

5. 经济核算

任何单元操作都会涉及设备费用和操作费用。生产某种产品所需要的设备，由于设备的类型和材料的不同，可以有若干设计方案。对同一台设备，所选的操作参数不同，会影响到设备费用与操作费用。因此，在单元操作中常用经济核算确定最经济的设计方案。

上述五个基本概念除被引用在研究反应过程中物料的变化规律外，在生产工艺改造时综合运用这五个基本概念，也是制定技术经济比较方案的重要依据。

思 考 题

1. 什么叫单元操作？常用的单元操作有哪些？
2. 化工原理研究的内容是什么，学习完该课程后基本能胜任哪些任务？
3. 物料衡算的理论依据是什么？热量衡算的理论依据是什么？

第一章 流体流动与输送

学习目标

［掌握］流体静力学基本方程、伯努利方程的应用；各种压力之间的换算关系、流体流动型态的确定、流体流动阻力的计算。

［熟悉］稳定流动与不稳定流动、流体的黏度及流动类型、各类泵及流体输送设备的工作原理、固体输送的流态化等。

［了解］有关管路标准及管子的选用方法；流速、流量的测定方法；能够正确选用合适的泵型及气体输送机械；了解固体输送基本原理和方法。

第一节 流体静力学

流体在重力与压力作用下达平衡时，呈现静止状态；若不平衡，便产生流动。流体静力学就是研究流体在静止状态下所受各种力之间的关系，实际上是讨论流体静止时其内部压强的变化规律。

一、流体的主要物理量

1．流体的密度、相对密度

单位体积流体的质量称为流体的密度，单位为 kg/m^3，用符号 ρ 表示。一般来说，其值随压强和温度的变化而改变。密度随压力改变很小的流体称为不可压缩流体，若有显著改变则称之为可压缩流体。流体的密度一般可在物理化学手册或有关资料中查到，必要时可由实验测定。本书附录中列有某些常见液体和气体的密度值。真实气体的压力、温度、体积之间关系复杂，但在常温常压时可按理想气体考虑其密度的表达式为

$$\rho=\frac{m}{V}=\frac{nM}{V}=\frac{pM}{RT} \tag{1-1}$$

式中，ρ 为流体的密度，kg/m^3；m 为流体的质量，kg；V 为流体的体积，m^3；n 为气体的物质的量，kmol；R 为气体常数，即 8.314kJ/(kmol·K)；M 为摩尔质量，kg/kmol；T 为热力学温度，K。

相对密度是指物质密度与4℃时纯水密度之比。

2．压力、表压、绝对压力和真空度

在物理学上，流体垂直作用于单位面积上且方向指向此面积的力，称为压强，在工程上习惯称为压力，也称为流体的静压力（简称压力），其表达式为

$$p=\frac{P}{A} \tag{1-2}$$

式中，P 为垂直作用于表面的力，N；A 为作用面的面积，m^2；p 为作用在该表面上的压强，Pa。压强的法定单位为 Pa，此外还有许多习惯使用的单位。常用的有：物理大气压（atm）、工程大气压（kgf/m^2）、巴（bar）、液柱高（如 mmHg、mmH_2O）。其间换算关系

见附录1。

常用压力表所显示的读数是表内压力比大气压力高出的值。压力的真实值称为绝对压强（绝压），从压力表上读得的压力值称为表压力，二者之间的关系为：

绝对压强＝表压力＋大气压力

真空度是指被测流体内的绝对压力小于当地大气压时，使用真空表进行测量时真空表的读数。真空度与绝压之间关系为：

真空度＝大气压力－绝对压强

显然，真空度越高，说明绝对压力越低。真空度也是表压的绝对值，例如真空度为100kPa，按表压就是－100kPa。因此，工业上真空度亦称为负压。

当压力数值用绝对压强或真空度表示时，应予以注明，以免混淆。如150kPa（绝压），700mmHg（真空）。未标明时视为表压。大气压力未注明时，一律认为是1标准大气压，即101.3kPa。

【例1-1】 某离心泵的出、入口处分别装有压力表和真空表，现已测得真空表上的读数为210mmHg，压力表上的读数为150。已知当地大气压力为100kPa。试求：①泵入口处的绝对压强；②泵出、入口间的压强差。

解： 已知当地大气压强 $p_a=100\text{kPa}$，泵入口处真空度为210mmHg，由附录1查得：1mmHg＝133.3Pa，故真空度为 $210\times133.3\times10^{-3}=28.0\ (\text{kPa})$

① 泵入口处的绝对压强为

$$p_1(\text{绝压})=p_a-\text{真空度}=100-28.0=72(\text{kPa})$$

② 泵出、入口间的压强差为

$$p_2(\text{绝压})=p_2(\text{表压})+p_a=150+100=250(\text{kPa})$$

所以

$$\Delta p=p_2(\text{绝压})-p_1(\text{绝压})=250-72=178(\text{kPa})$$

二、流体静力学基本方程及应用

由于流体本身的重力及外加压力的存在，静止流体内部各点都受这些力的作用。流体处于静止是由于这些作用于流体上的力达平衡的结果。流体静力学就是研究处于静止状态下的力的平衡关系。

1. 流体静力学基本方程

(1) 流体静力学基本方程的推导　如图1-1所示，敞口容器内盛有密度为 ρ 的静止液体，液面上受到外压强为 p_0 的作用（对敞口容器，p_0 即为外界大气压强）。取任一垂直液柱，其上、下端面面积为 A，若以容器底面积为基准面，则液柱上、下端面与容器底面的垂直距离分别为 z_1 和 z_2，作用在上、下端面上并指向此两端面的压强分别为 p_1 和 p_2。

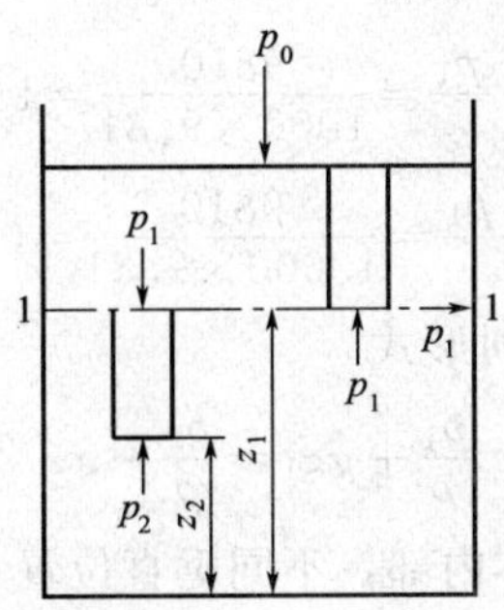

图1-1　静力学方程的推导

在静力场中，该液柱在垂直方向受到的作用力有：

① 作用在液柱上端面的总压力

$$P_1 = p_1 A \quad (\text{方向向下})$$

② 作用在液柱下端面的总压力

$$P_2 = p_2 A \quad (\text{方向向上})$$

③ 液柱受的重力

$$G = \rho g A\ (z_1 - z_2)\ (\text{方向向下})$$

由于液柱处于静止状态，在垂直方向上的三个作用力的合力为零，即有

$$p_1 A + \rho g A\ (z_1 - z_2)\ = p_2 A$$

上式可变为

$$p_2 = p_1 + \rho g(z_1 - z_2) = p_1 + \rho g h \tag{1-3}$$

式中，h 为液柱高度，m。此式为静力学方程式。

当液柱上端面为液面时，为由液面开始的液柱高度，此液柱底部的压强 p 为

$$p = p_0 + \rho g h \tag{1-4}$$

式(1-4) 用来计算液体内部任意水平面上的压强。

(2) 静力学基本方程的讨论

① 式(1-3) 使用于重力场中 ρ 为常数的静止单相连续液体；气体具有较大的压缩性，在密度变化不大时，式(1-3) 也可适用，此时 ρ 可用平均密度计算。

② 式(1-4) 表示静止流体内部某处的压强大小仅与所处的垂直位置有关，而与水平位置无关。位置越低，压强越大。即在同一静止连续流体内部同一水平面上各处的压强是相等的。压强相等的面称为等压面，在静止流体中，水平面即为等压面。而压强的指向仅随所取得作用面的方向而变，如图 1-1 中，1-1 水平面上各点的压强均为 p_1，分别指向所考察的作用面。

③ 由式(1-4) 可知，若液面上方所受压强 p_0 变化时，p 将随之同步增减，即液面上方所受压力能以同样大小传递到液体内部的任一点上。

④ 若将式(1-3) 各项除以 ρg，方程变为

$$\frac{p_2 - p_1}{\rho g} = z_1 - z_2 = h \tag{1-5}$$

式(1-5) 说明，压强差（或压强）的大小可以用一定高度的流体液柱来表示，但必须注明该流体的密度。

【例 1-2】 如图 1-1 所示，在常温下已知 $p_2 - p_1 = 9810\text{Pa}$，取水的密度 $\rho = 1000\text{kg/m}^3$，水银的密度 $\rho_1 = 13600\text{kg/m}^3$。求 $p_2 - p_1$ 相当于多少米水柱？多少米汞柱？

解： 由式(1-5) 得

$$h = \frac{p_2 - p_1}{\rho g} = \frac{9810}{1000 \times 9.81} = 1\ (\text{mH}_2\text{O})$$

$$h_1 = \frac{p_2 - p_1}{\rho g} = \frac{9810}{13600 \times 9.81} = 0.0735\ (\text{mHg})$$

在工程上，式(1-3) 常写成下列形式

$$\frac{p_1}{\rho} + g z_1 = \frac{p_2}{\rho} + g z_2 \tag{1-6}$$

由上式可知，在单一静止的连续流体内部，不同垂直位置上的 p/ρ 与 gz 之和为常数，即有：

$$\frac{p}{\rho} + gz = \text{常数}$$

2. 流体静力学基本方程的应用

流体静力学基本方程常用于某处流体的压强或流体内部两点间压强差的测量、贮罐内物体受到的浮力及液体对壁面的作用力等的计算。

(1) 液柱压力计　以静力学原理为依据测量压力的仪器称为液柱压差计（又称液柱压力计）。这类压差计可测量流体的某点压力，也可测量两点之间的压差。此类仪器结构简单，使用方便，是广泛应用的测压装置。如图 1-2 所示为 U 形管压差计，在一根 U 形的玻璃管内装有液体，称为指示液。指示液要与所测流体不互溶，其密度大于所测流体的密度。

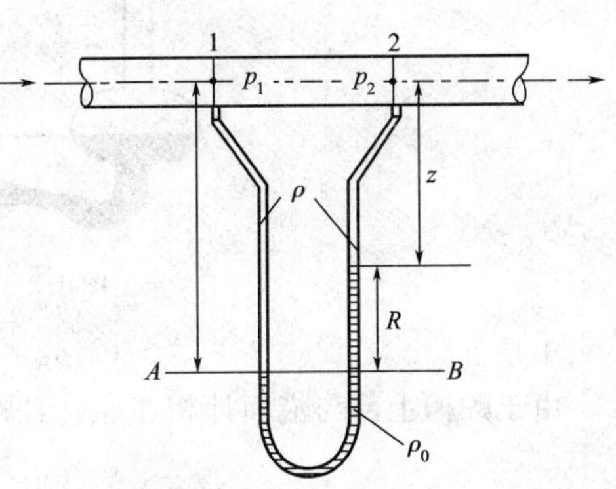

图 1-2　U 形管压差计

将 U 形管与所测的两点连通，若两测压点的压力不等（图中 $p_1>p_2$），则指示液在 U 形管的两侧臂上便显示出高度差 R。

设指示液的密度为 ρ_0，被测流体的密度为 ρ。如图 1-2 所示，两臂在水平面 A、B 处的静压相等，即 $p_A=p_B$，因为这两点都在相连通的同一静止流体内，并且在同一水平面上。1、2 两点的静压力则不等，因为这两点虽在同一水平面上，却不是在相连通的同一种静止流体内。通过式(1-3)，便能求出 p_1-p_2 的值。考虑 U 形管左侧的流体柱，可得

$$p_A=p_1+\rho g\ (z+R)$$

同样，考虑其右侧可得

$$p_B=p_2+\rho gz+\rho_0 gR$$

因 $p_A=p_B$，故

$$p_1+\rho g\ (z+R)\ =p_2+\rho gz+\rho_0 gR$$

简化后即为（由读数 R 计算）压力差 p_1-p_2 的公式

$$p_1-p_2=(\rho_0-\rho)gR \tag{1-7}$$

测量气体时，由于气体的密度比指示液的密度小得多，式(1-7) 中的 ρ 可以忽略不计，于是可简化为

$$p_1-p_2=\rho_0 gR \tag{1-8}$$

若 U 形管的一端与被测流体连接，另一端与大气相通，则读数计反映被测流体的表压。

当将普通 U 形管压差计倾斜放置，以放大读数，此即倾斜式 U 形管压差计。如图 1-3 所示。倾角 α 越小，读数 R 越大，R_1 与 R 的关系为

$$R_1=\frac{R}{\sin\alpha} \tag{1-9}$$

(2) 液位测量　在工业生产中为了了解各种贮槽、计量槽等容器内物料贮存量，或需要控制设备内的液面，都要使用液面计进行液位的测量。许多液面计的作用原理就是以流体静力学方程为依据的。如图 1-4 所示，用一根玻璃管与贮槽上下相连通，玻璃管内液面的高度便反映贮槽的液面高度。因为按流体静力学基本方程，相连通的同一流体在同一水平面上的点 1 和点 2 的静压力相等，即

$$p_1=p_2$$

而

$$p_1=p_A+\rho gz_1$$

$$p_2=p_B+\rho gz_2$$

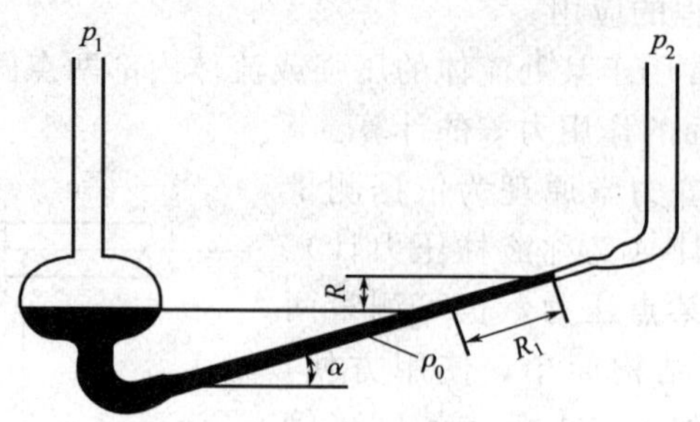

图 1-3　倾斜式 U 形管压差计

于是
$$p_A+\rho g z_1=p_B+\rho g z_2$$
由于贮槽上部与液面计相连通，且贮槽与大气连通，故
$$p_A=p_B=p_{atm}$$
所以
$$z_1=z_2$$

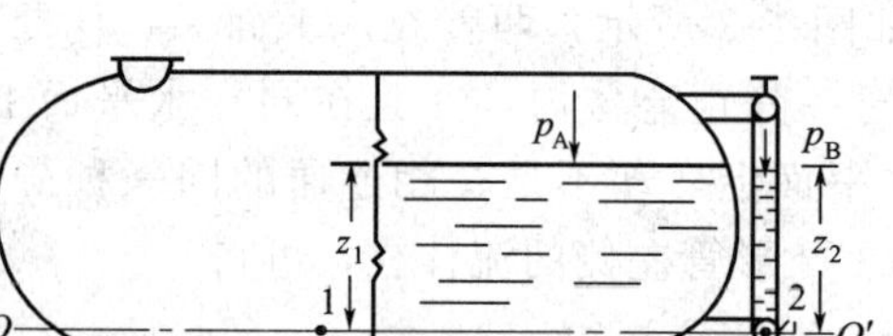

图 1-4　液面计

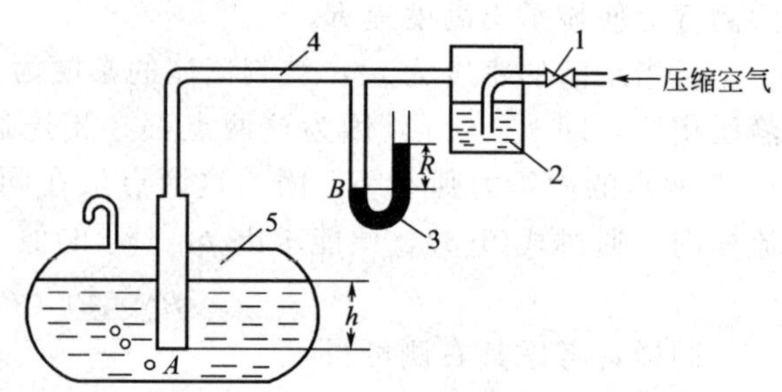

图 1-5

1—调节阀；2—鼓泡观察器；3—U 形管压差计；4—吹气管；5—贮罐

【例 1-3】 现有一远距离测量对硝基氯苯贮罐内液位的装置，如图 1-5 所示。自管口通入压缩空气，用调节阀 1 调节其流量。管内氮气的流速控制的很小，只要在鼓泡观察器 2 看出有气泡缓慢逸出即可。因此，气体通过吹气管 4 的流动阻力可忽略不计。吹气管内压力用 U 形管压差计 3 来测量。压差计读数 R 的大小，即反映贮罐 5 内液面的高度。

已知 U 形管压差计的指示液为水银，读数 $R=100\text{mm}$。罐内液体的密度 $\rho=1250\text{kg/m}^3$，贮罐上方与大气相通，试求贮罐中液面离吹气管出口距离 h 为多少？

解：由于吹气管内氮气流速很小，且管内不能存在液体，故可认为管出口 A 处与 U 形管压差计 B 处的压力近似相等，即 $p_A \approx p_B$。若 p_A 与 p_B 均以表压表示，根据流体静力学基本方程式得
$$p_A=\rho g h \quad p_B=\rho_{Hg} g R$$
所以
$$h=\frac{\rho_{Hg}R}{\rho}=\frac{13600\times 0.1}{1250}=1.09\ (\text{m})$$

(3) 液封高度　在工业生产中，为了保证安全、正常生产，经常需要用液柱产生的压力把气体封闭在设备中，以防止气体泄漏、倒流或有毒气体逸出而污染环境。如图 1-6 所示，为控制器内气体压力不超过给定的数值，常常使用安全液封装置（或水封装置）。其目的是确保设备的安全，若气体压力超过给定值，气体则从液封装置排出。其次，液封还可以达到防止气体外流的目的，而且它的密封效果极佳，甚至比阀门还要严密。例如煤气柜通常用水来封住，以防止煤气泄漏，如图 1-7 所示。

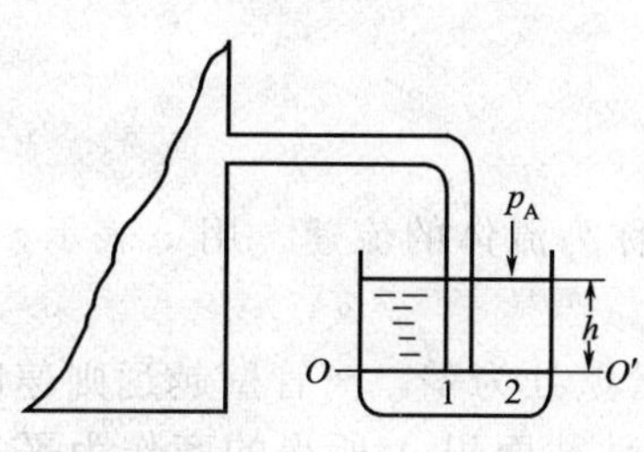

图 1-6　安全液封

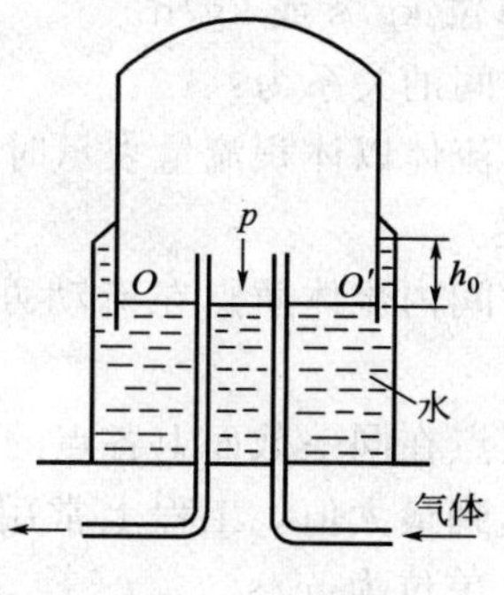

图 1-7　煤气柜

液封高度根据静力学方程式可以进行计算。设器内压力为 p（表压），水的密度为 ρ，则所需的液封高度 h_0 应为

$$h_0=\frac{p}{\rho g} \tag{1-10}$$

为了确保安全，使用过程中，当用于安全控制时，在实际安装时使管子插入液面下的深度应比计算值略小些，而用于密封时应比计算值略大些。

【例 1-4】 如图 1-6 所示，为了控制乙炔发生器内的压力不超过 80mmHg（表压），在炉外装有安全液封（或称为水封）装置。试求炉的安全水封管应插入水面以下的深度。

解：安全操作时，炉内最高表压力为 80mmHg。此时水封管内充满气体，水封槽水面高度保持一定。当炉内压力超过规定值时，气体将通过液封管排出。所以应以炉内允许的最高压力来计算液封高度。

过液封管口作基准水平面 O-O'，在其上取 1、2 两点。

其中　p_1＝炉内压力＝p_A+p

$$p_2=p_A+\rho gh$$

而　$p_1=p_2$

所以　$p_A+p=p_A+\rho gh$

$$p=\rho gh$$

解得　$h=\frac{p}{\rho g}=\frac{80\times 101325}{760\times 1000\times 9.81}=1.09\ (\text{m})$

第二节　流体动力学

工业生产中经常遇到运动着的流体。流体的流动，有的靠两处的位差或压力差，有的利用泵或风机以驱使流体流动。流体运动有什么规律？不同形式的能量之间如何转化？流体沿管道流动过程中，位置、流速和压力会发生哪些变化？它们之间存在着什么样的内在联系和变化规律？本节将具体讨论流体流动的基本规律及其有关问题。

一、流量和流速

1. 流量

单位时间内流经管道任一截面的流体，称为流量。一般有下列表示方法。

(1) 体积流量　单位时间内流经管道任一截面的流体的体积，称为体积流量，用符号 V 表示，单位为 m^3/s 或 m^3/h。

(2) 质量流量　单位时间内流经管道任一截面的流体的质量，称为质量流量。用符号

W 表示，单位 kg/s 或 kg/h。

两者之间的关系为：

$$W=\rho V \tag{1-11}$$

对气体流体以体积流量表示时须注明温度和压力。

2. 流速

单位时间内流体质点在流动方向上流经的距离，称为流体的流速。用 v 表示，单位为 m/s。

流体质点在同一截面上各点的速度并不相等，在管壁处为零，离管壁越远则速度越大，至管中心达到最大值。工程上常用体积流量 V 除以流动截面积 A 所得的商作为平均流速，用 u 表示，单位为 m/s。

$$u=\frac{V}{A} \quad 或 \quad V=uA \tag{1-12}$$

在不会引起混淆的情况下，简称其为速度。用质量流量除以流动截面积所得的商称为质量流量，用 G 表示，单位为 kg/s。显然

$$G=\frac{W}{A}=\frac{\rho V}{A}=\rho u \tag{1-13}$$

工业生产中各种流体往往要求在不同的流速下进行输送。若流速选择太大，管道虽然可以较小，但流体流过管道的阻力增大，动力消耗增加。反之流速选得小，动力费用可以减少，但需要的管道就大，设备投资费用增加。因此设计管道时，需要综合考虑这两个相互矛盾的经济因素，选择一合适的流体流速。根据生产实践经验，常用的流速范围列于表 1-1 中，供使用时参考。

一般设计时，对于密度大的液体，流速应取得小些，如气体的流速就应取得比液体的大。对于黏度较小的流体，可采用较大的流速，而对于黏度较大的流体，如油类、浓酸及浓碱等液体，则取得流速就应比水及稀溶液低。对于含固体杂质的液体，流速不易太低，否则固体杂质在输送时，容易在管道内沉积。

对大流量长距离的管道输送，应根据具体情况并以经济合算为依据来确定适宜的流速，使操作费用与管道的基建费用之和为最低。

表 1-1　某种流体在管道中的常用流速范围

流体类别及情况	流速范围/(m/s)	流体类别及情况	流速范围/(m/s)
自来水(3×10^5Pa 左右)	1～1.5	饱和蒸汽	20～40
水及低黏度液体(1×10^5～1×10^6Pa)	1.5～3.0	过热蒸汽	30～50
高黏度液体	0.5～1.0	蛇管、螺旋管内的冷却水	1.0
工业供水(8×10^5Pa 以下)	1.5～3.0	离心泵吸入管(水类液体)	1.5～2.0
低压空气	12～15	离心泵排出管(水类液体)	2.5～3.0
高压空气	15～25	液体自流速度(冷凝水)	0.5
一般气体(常压)	10～20	真空操作下的气体	<10
鼓风机吸入管	10～15	鼓风机排出管	15～20
锅炉供水(8×10^5Pa 以下)	>3.0		

二、流体稳定流动时物料衡算

1. 稳定流动与非稳定流动

流体在管道中流动时，若流体的流速、压力、密度等物理量随时间而变化，这时流体的流动称为非稳定流动，如图 1-8(a) 所示。随着水的不断流出，水箱中的水面则不断地下降，使得不论是 1-1、2-2 截面还是其他截面上的流速都随时间的推移逐渐降低。因此，这时水

的流速随空间位置和时间的变化而改变。这种流动情况即为非稳定流动。

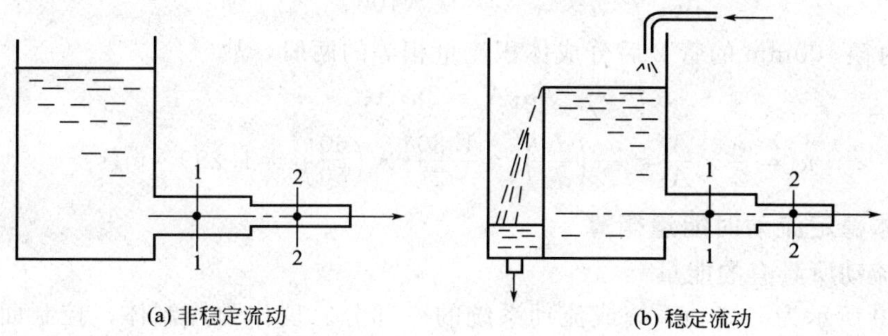

(a) 非稳定流动　　(b) 稳定流动

图 1-8 非稳定流动与稳定流动

如图 1-8(b) 所示，在水箱中加设一溢流板，并保证自始至终有水经挡板溢出，从而维持水箱内的水位恒定不变，则 1-1、2-2 等截面上的流速虽不同，但所有各截面上的流速均不随时间而变化。这种流体流动时其流速、压力、密度等物理量不随时间而变化，称之为稳定流动。

2. 稳定流动时的连续性方程

当流体在管路或容器内流动时，通过在确定范围内对流体进行物料衡算或能量衡算，得到表示流体流动中流速变化与流量变化的基本方程。如图 1-8(b) 所示的流动系统中，液体充满管路，连续通过截面 1-1 和 2-2 构成的控制体（衡算范围）。根据稳定过程中的质量守恒定律，流体进入截面 1-1 的质量流量，等于从截面 2-2 流出的质量流量。

$$\rho_1 u_1 A_1 = \rho_2 u_2 A_2 \tag{1-14}$$

式中，u 为流速；A 为流动截面积；ρ 为密度。将此关系式扩展到任一截面可写为

$$\rho u A = 常数 \tag{1-15}$$

若流体不可压缩，即 ρ= 常数，上式简化为

$$uA = 常数 \tag{1-16}$$

以上是将流体视为无数质点构成的连续体。因此，公式用于管内流动时，流体必须充满全管，不能有间断之处。这也是式(1-14)～式(1-16) 被称为连续性方程的原因。

【例 1-5】 如图 1-9 所示，管路由一段内径 60mm 的管 1、一段内径 100mm 的管 2 及两段内径 50mm 的分支管 3a 及 3b 连接而成。水以 $5.10\times10^{-3}\,m^3/s$ 的体积流量自左侧入口送入，若在两段分支管内的体积流量相等，试求各段管内的流速。

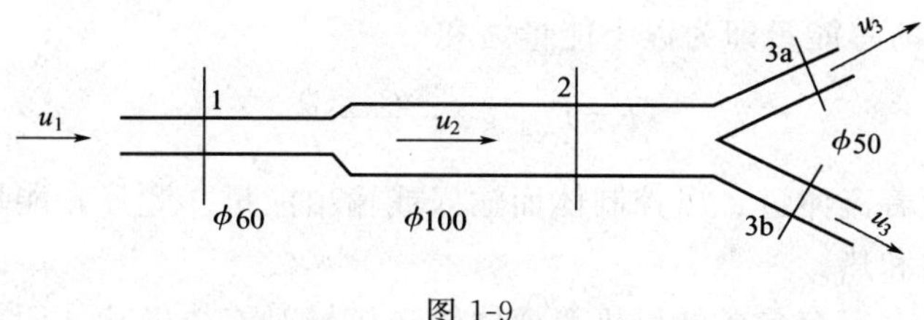

图 1-9

解： 通过内径 60mm 管的流速为

$$u_1 = \frac{V}{A_1} = \frac{5.10\times10^{-3}}{\frac{\pi}{4}\times0.06^2} = 1.804\ (\text{m/s})$$

利用连续性方程 (1-16)，可得

$$u_2=\frac{u_1A_1}{A_2}=\frac{u_1d_1^2}{d_2^2}=1.804\times\left(\frac{60}{100}\right)^2=0.649\ (\text{m/s})$$

水离开内径 100mm 的管 2 后分成体积流量相等的两股，故

$$u_1A_1=2u_3A_3$$

$$u_3=\frac{u_1}{2}\times\frac{A_1}{A_3}=\frac{u_1}{2}\left(\frac{d_1}{d_3}\right)^2=\frac{1.804}{2}\times\left(\frac{60}{50}\right)^2=1.299\ (\text{m/s})$$

三、流体稳定流动时能量衡算

1. 流体流动所具有的能量

如图 1-10 所示为一流动系统或流动系统的一部分。现作为控制体，控制面由壁面和流通截面 1-1、2-2 所组成。在稳定条件下，每单位时间有 1kg 质量的流体通过截面 1-1 进入控制体，亦必有 1kg 流体从截面 2-2 送出。流体本身具有一定的能量，它便带着这些能量输入或输出控制体。能量的形式有（以 1kg 的流体为基准）以下几种。

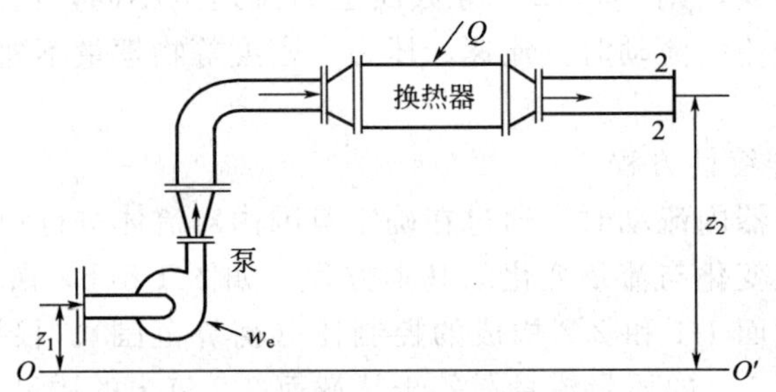

图 1-10　流动系统

（1）内能　内能是贮存于物质内部的能量，由原子与分子的运动及彼此的相互作用而来。符号为 U。

（2）位能　流体因处于地球重力场内而具有的能量。规定一个计算基准水平面，如图 1-10 上的 O-O'，若流体与基准面的垂直距离为 z（基准面以上为正，以下为负），位能等于将流体提升距离所做的功，1kg 流体的位能为 gz。

（3）动能　动能是流体流动所具有的能量，等于将流体从静止状态加速到流速所做的功。1kg 流体的动能为 $u^2/2$。

（4）压力能　将流体压进控制体时所需要对抗压力做功。所做功成为压力能进入控制体。1kg 流体所具有的压力能为 p/ρ。

1kg 流体所具有的总能量即为以上能量之和

$$E=U+gz+\frac{u^2}{2}+\frac{p}{\rho}$$

这些能量均伴随着流体进、出控制体而输入或输出能量。此外，能量还可以以其他途径进出控制体。例如功和热。

（5）功　当管路上安有泵或鼓风机等流体输送机械对流体做功，便有能量从外界输入到流体内。反之，流体也可对外界做功而输出能量。1kg 流体所接受的外功为 w_e，此时为正，对外做功则为负。

（6）热　当管路上装有加热器或冷却器时，流体通过时便吸热或放热。1kg 流体的热量变化用 Q 表示，当流体吸入热量时为正，放出热量时为负。

若将流体通过截面 1-1 输入能量加上下标 1 表示，经过截面 2-2 输出的能量加下标 2 表

示，则在图 1-10 所示以 1kg 流体为基准的稳定流动的总能量衡算式(各项单位均为 J/kg)

$$U_1+gz_1+\frac{u_1^2}{2}+\frac{p_1}{\rho_1}+w_e+Q=U_2+gz_2+\frac{u_2^2}{2}+\frac{p_2}{\rho_2} \tag{1-17}$$

对于不可压缩流体，$\rho_1=\rho_2$，以 ρ 表示可得

$$w_e+Q=U_2-U_1+g(z_2-z_1)+\frac{u_2^2-u_1^2}{2}+\frac{p_2-p_1}{\rho} \tag{1-18}$$

式(1-17) 中所包括的能量可分为两类，一类是机械能，即位能、动能、压力能及功。此类能量在流体流动过程中可以互相转化，转变为热能或内能。另一类包括内能和热，它们都不能转变为可用于流体输送的机械能。

2. 伯努利方程式

在考虑流体输送所需能量及输送过程中能量的转变和消耗时，由于总能量衡算式中的热能和内能都不能直接转变为机械能而用于流体输送，故可将热能和内能除开，只考虑机械能相互转化的关系，从而成为流动系统的机械能衡算问题。

在图 1-10 所示流动系统中，假设流体是不可压缩的，则 $\rho_1=\rho_2=\rho$；流动系统中无热交换器，则 $Q=0$；流体按等温处理，则 $U_1=U_2$。

由于流体在流动时，需克服流动阻力，消耗的这部分机械能转化为热能，不能自动地再转化为机械能而用于流体输送，所以这部分热被流体所吸收，使流体温度略微升高，即流体的内能略有增加。当按等温流动考虑时，则这部分热能即可视为散失到流动系统以外去了。因为在机械能衡算中不计入内能和热，所以把流体流动过程中消耗的能量看作损失能量而列入输出项中。

于是便可列出上述流动系统中衡算范围，以 1kg 流体为基准的机械能衡算式

$$gz_1+\frac{u_1^2}{2}+\frac{p_1}{\rho}+w_e=gz_2+\frac{u_2^2}{2}+\frac{p_2}{\rho}+w_f \tag{1-19}$$

将式(1-19) 的各项都除以重力加速度 g，并令 $w_e/g=h_e$，$w_f/g=h_f$

则上式可写成

$$z_1+\frac{u_1^2}{2g}+\frac{p_1}{\rho g}+h_e=z_2+\frac{u_2^2}{2g}+\frac{p_2}{\rho g}+h_f \tag{1-20}$$

式中，z 为位压头；$p/\rho g$ 为静压头；$u^2/2g$ 为速度头或动压头，位压头、静压头、速度头三项之和称为总压头；h_e 为流体接受外功所增加的压头；h_f 为流体流经衡算范围压头的损失。

假定流动中没有阻力的流体为理想流体。据此可将忽略流动阻力损失的实际流体作为理想流体处理，且无外功加入时，式(1-20) 可简化为

$$z_1+\frac{u_1^2}{2g}+\frac{p_1}{\rho g}=z_2+\frac{u_2^2}{2g}+\frac{p_2}{\rho g} \tag{1-21}$$

上式是伯努利方程的初始形式。伯努利方程将理想流体的几种机械能的互变，形象地表示为压头间的互变，而任一截面上的总压头 h 为常数。

$$h=z+\frac{u^2}{2g}+\frac{p}{\rho g}=\text{常数} \tag{1-22}$$

式(1-21)、式(1-22) 称为伯努利方程。该式也可称为理想流体流动时机械能守恒与转化方程式。式(1-20) 是伯努利方程的引申。

3. 伯努利方程的应用

(1) 确定管路中流体的流速和流量

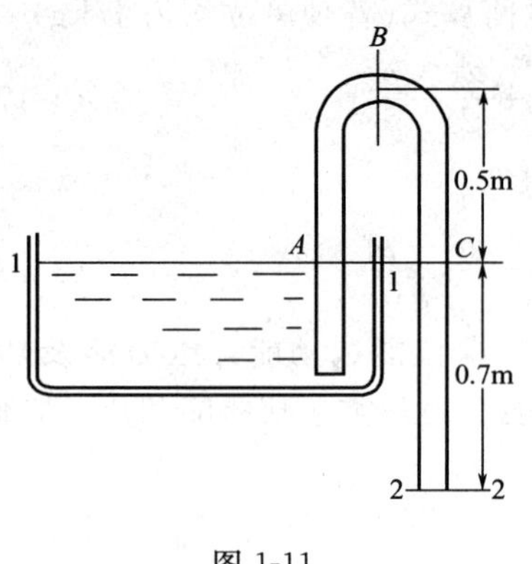

图 1-11

【例 1-6】 如图 1-11 所示，贮槽中的水经虹吸管流出。流动阻力可以忽略。求：管内的流速及管内截面 A、B、C 三处的静压。管径不变，大气压为 101.3kPa。

解： ① 管内水的流速

因无外功加入，流动阻力可以忽略不计，按式(1-21) 计算。

$$z_1+\frac{u_1^2}{2g}+\frac{p_1}{\rho g}=z_2+\frac{u_2^2}{2g}+\frac{p_2}{\rho g}$$

取贮槽内液面为截面 1，管出口为截面 2。

又以截面 2 为计算基准面，则 $u_1=0$（液面下降速度极小可视为零）

$p_1=p_2=101.3$（kPa）（绝压）

$z_1=0.7\text{m}$，$z_2=0$

将已知数据代入式中得

$$\frac{u_2^2}{2g}=0.7$$

$$u_2=3.71\ (\text{m/s})$$

由于管径不变，故水在管内各截面上的速度均为 3.71m/s，速度头均为 0.7m。

② 管内截面 A、B、C 三处的压力

现各截面上的总压头 h 相等。按截面 1 计算 h 值

$$h=z_1+\frac{u_1^2}{2g}+\frac{p_1}{\rho g}=0.7+0+\frac{101.325\times10^3}{1000\times9.81}=11.03\ (\text{m})$$

利用总压头数值可分别计算各截面上的静压头与压力。

截面 A $$\frac{p_A}{\rho g}=h-z_A-\frac{u_A^2}{2g}=11.03-0.7-0.7=9.63\ (\text{mH}_2\text{O})$$

$$p_A=9.63\times1000\times9.81=94.5\text{kPa}\ (\text{绝压})$$

截面 B $$\frac{p_B}{\rho g}=h-z_B-\frac{u_B^2}{2g}=11.03-1.2-0.7=9.13\ (\text{mH}_2\text{O})$$

$$p_B=9.13\times1000\times9.81=89.6\text{kPa}\ (\text{绝压})$$

截面 C $$\frac{p_C}{\rho g}=h-z_C-\frac{u_C^2}{2g}=11.03-0.7-0.7=9.63\ (\text{mH}_2\text{O})$$

$$p_C=9.63\times1000\times9.81=94.5\ (\text{kPa})\ (\text{绝压})$$

【例 1-7】 烟气排气管道某处的直径自 300mm 渐缩到 200mm，为了粗略估计其中烟气的流量，在锥形接头两端各引出测压口与 U 形管压差计相连，用水作指示液测得度数 $R=40\text{mm}$。设烟气流过锥形接头的阻力可以忽略，若烟气的密度为 1.05kg/m^3，求该烟气的体积流量。

解： 依据题意做出示意图，如图 1-12 所示。

管内烟气温度不变，压力变化也很小，管道水平，$z_1=z_2$，可用不可压缩流体的伯努利方程式(1-21) 计算，并简化为

$$\frac{u_1^2}{2}+\frac{p_1}{\rho}=\frac{u_2^2}{2}+\frac{p_2}{\rho}$$

p_1 与 p_2 之差可依据式(1-8) 计算

$p_1-p_2=\rho_A gR=1000\times 9.81\times 0.04=392$ (Pa)

得 $$\frac{u_2^2-u_1^2}{2}=\frac{p_1-p_2}{\rho}=\frac{392}{1.05}=373$$

$$u_2^2-u_1^2=746 \quad (1)$$

利用连续性方程可得 u_2 与 u_1 的另一关系为

$$u_2=u_1\left(\frac{A_1}{A_2}\right)=u_1\left(\frac{d_1}{d_2}\right)^2=\left(\frac{0.3}{0.2}\right)^2 u_1$$

$$u_2=2.25u_1 \quad (2)$$

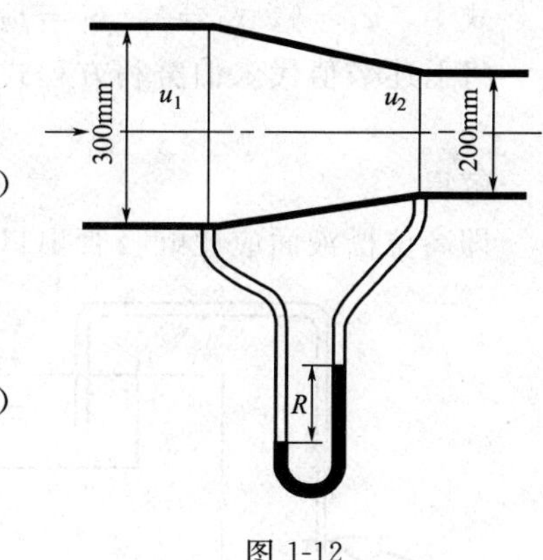

图 1-12

将式(2) 代入式(1) 解得 $u_1=13.6$ (m/s)

烟气体积流量

$$V=\left(\frac{\pi}{4}\right)\times 0.3^2\times 13.6=0.96 \ (\mathrm{m^3/s})$$

(2) 确定送料的压缩气体的压力

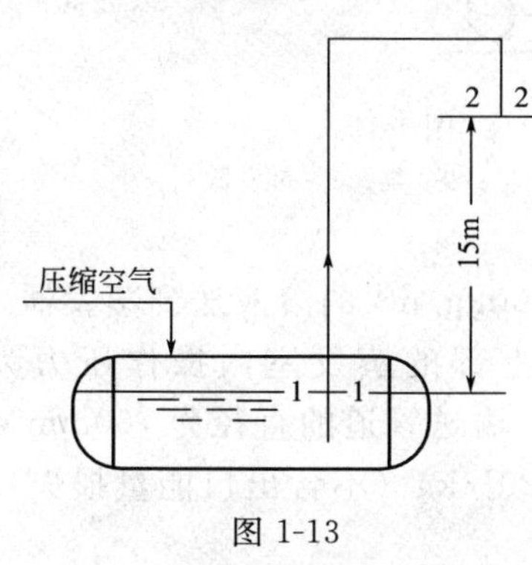

图 1-13

【例 1-8】 某车间用压缩空气来送 98%浓硫酸，压缩装置如图 1-13 所示。每批压送量为 $0.3\mathrm{m^3}$，要求在 10min 内压完，硫酸温度为 20℃。管子规格为 ϕ32mm×3mm 钢管，管子出口在硫酸贮槽液面上垂直距离为 15m，设硫酸流经全部管路的能量损失为 10J/kg，不包括出口能量损失。试求开始压送时，压缩气体的压力。

解： 取硫酸贮槽内液面为截面 1-1，硫酸出口管内侧为截面 2-2，并以 1-1 截面为基准水平面，列伯努利方程式

$$gz_1+\frac{u_1^2}{2}+\frac{p_1}{\rho}+w_e=gz_2+\frac{u_2^2}{2}+\frac{p_2}{\rho}+w_f$$

式中，$z_1=0$，$z_2=15\mathrm{m}$，$u_1=0$

$$u_2=\frac{V}{A}=\frac{0.3}{10\times 60\times 0.032^2\times\frac{\pi}{4}}=0.622 \ (\mathrm{m/s})$$

$p_2=0$（表压），$\rho=1831$ ($\mathrm{kg/m^3}$)（查附录），$w_f=10$ (J/kg)

将以上数值代入伯努利方程式得

$$\frac{p_1}{1831}=15\times 9.81+\frac{0.622^2}{2}+10$$

$$p_1=2.88\times 10^5 \ (\mathrm{Pa})（表压）$$

即压缩气体的压力在开始时最小为 2.88×10^5 Pa（表压）。

(3) 确定容器间的相对位置

【例 1-9】 用虹吸管从高位槽向反应器加料，如图 1-14 所示。高位槽和反应器均与大气相通。要求料液在管内以 1m/s 的速度流动。设料液在管内流动时的能量损失为 20J/kg（不包括出口的能量损失），试求高位槽的液面应比虹吸管的出口高出多少米？

解： 取高位槽液面为截面 1-1，另外虹吸管出口内侧为截面 2-2，并取截面 2-2 为基准面。在两截面间列伯努利方程式，即

$$gz_1+\frac{u_1^2}{2}+\frac{p_1}{\rho}+w_e=gz_2+\frac{u_2^2}{2}+\frac{p_2}{\rho}+w_f$$

式中，$z_1=h$，$z_2=0$，$p_1=p_2=0$（表压），$u_1=0$，$u_2=1\text{m/s}$；$w_f=20\text{J/kg}$，$w_e=0$

将上述数值代入伯努利方程式，并简化得

$$9.81h=0.5+20$$

解得 $$h=2.09\ (\text{m})$$

即高位槽液面应比虹吸管出口高 2.09m。

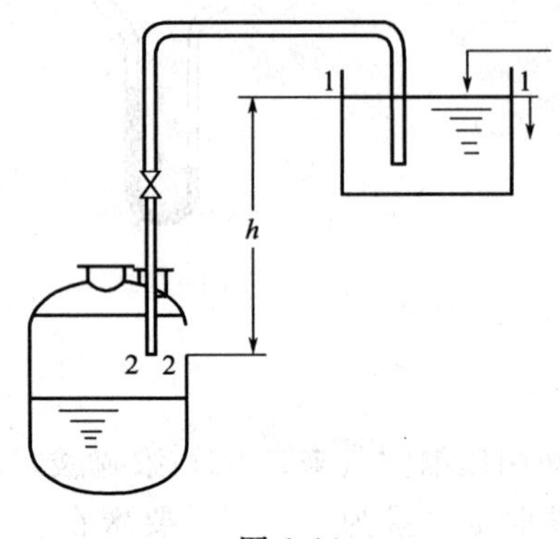

图 1-14

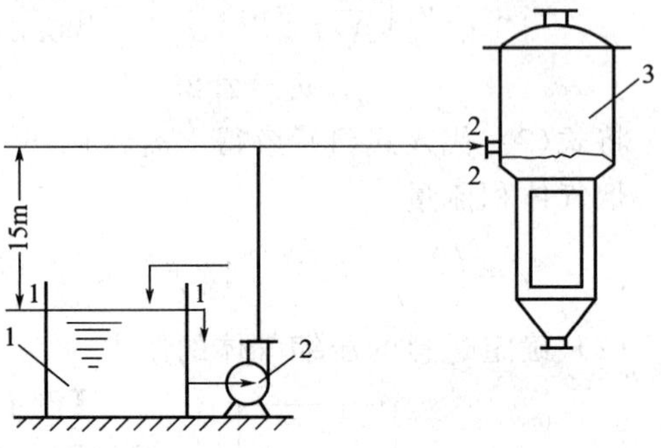

图 1-15

1—贮槽；2—泵；3—蒸发器

(4) 确定输送设备的有效功率

【例 1-10】 如图 1-15 所示，用泵 2 将贮槽 1 中密度为 1200kg/m^3 的溶液送到蒸发器 3 内，贮槽内液面维持恒定，其上方压力为大气压。蒸发器上部的蒸发室内操作压力为 200mmHg（真空度）。蒸发器进料口高于贮槽内的液面 15m，输送管道的直径为 $\phi60\text{mm}\times4\text{mm}$，送液量为 $20\text{m}^3/\text{h}$，溶液流经全部管道的能量损失为 120J/kg（不含出口能量损失），求泵的有效功率。

解： 取贮槽液面为截面 1-1，管道出口内侧为截面 2-2，并以截面 1-1 为基准面。在两截面间列伯努利方程式，得

$$gz_1+\frac{u_1^2}{2}+\frac{p_1}{\rho}+w_e=gz_2+\frac{u_2^2}{2}+\frac{p_2}{\rho}+w_f$$

式中，$z_1=0$，$z_2=15\text{m}$，$p_1=0$（表压）

$$p_2=(200/760)\times1.013\times10^5=26665\text{Pa}(\text{真空度})=-26665\text{Pa}(\text{表压})$$

$$u_1\approx0;\ u_2=\frac{20}{3600\times\frac{\pi}{4}\times(0.06)^2}=1.97\ (\text{m/s})$$

$$w_f=120\ (\text{J/kg})$$

将上述数值代入上式得 $$w_e=15\times9.81+\frac{1.97^2}{2}-\frac{26665}{1200}+120=246.9\ (\text{J/kg})$$

则泵的有效功率

$$N_e=w_e\cdot V_s\cdot\rho=\frac{20\times1200}{3600}\times246.9=1646\ (\text{W})\approx1.65\ (\text{kW})$$

以上所举各例，是伯努利方程在流体流动过程中的具体应用。当然，伯努利方程在其他许多方面还有更多的应用。通过以上例子可以看出用伯努利方程解决实际问题时应注意以下几点。

① 应明确衡算范围。定出上下两截面以明确流动系统的衡算范围。

② 截面的选取。两截面均应与流体流动方向垂直，且两截面之间的流体必须是连续的。

所求未知量在两截面之一上能反映出来，截面上的物理量除所需求的以外，都应该是已知的或能通过其他关系计算出来。若确定外加功时则两截面应分别在输送设备的两侧。

③ 基准水平面的选取。原则上基准水平面可任意选取，但必须是水平面。为了简化计算，通常选衡算范围中的两截面之一作为基准水平面。

④ 单位必须统一。在应用伯努利方程之前，应把式中有关的物理量换算成统一单位，再进行计算。

⑤ 压力表示方法要一致。从伯努利方程的推导过程可知，式中两截面上的压力应为绝对压力，但由于式中所反映的是两截面的压力差的数值，且绝对压力等于大气压力加表压力。因此，两截面上的压力可以同时用表压来表示。

第三节　流体阻力

在实际流体流动过程中，流体是存在流动阻力的。因此，在伯努利方程的应用时，当未给出流动阻力项时，并不能利用伯努利方程进行计算。在这种情况下，流体阻力的计算就颇为重要。

一、流体的黏度及流动型态

1. 流体产生黏度的原因及影响因素

流体的重要特性在于它的流动性，即其内部质点之间极易产生相对的位移。不同流体的黏性不同，气体的黏性小于液体，因而流动性好。流体的黏性只有在流动时才能显现出来。如一桶油和水从桶底放完，油比水要慢，其原因是油的黏度比水大，流动时内摩擦力大，因而流体的阻力大，流动慢。流体流动时产生内摩擦力的这种特性，称为黏性。流体流动时之所以会产生内摩擦力，是由于液体内部相邻液层之间存在流速的差异。导致液层之间产生相互制约的作用力，其大小相等、方向相反，这种力称为内摩擦力。衡量流体黏性大小的物理量称为黏度，以符号 μ 表示，其值由实验测得。液体的黏度随温度升高而减小，气体的黏度则随温度的升高而增大。黏度的单位为“泊”，以 P 表示。$1\mathrm{P}=100\mathrm{cP}=1\times10^{-3}\mathrm{Pa\cdot s}$。

2. 雷诺实验及流体的流动类型

雷诺实验装置（图 1-16）中，有一入口为喇叭状的玻璃圆管浸没在透明的水槽中，管出口有阀门，以调节水的流速。水槽上方置一小瓶，其中的有色液体的流动通过导管及细嘴引入管轴处。从有色液体的流动状况可观察管内水流的情况。

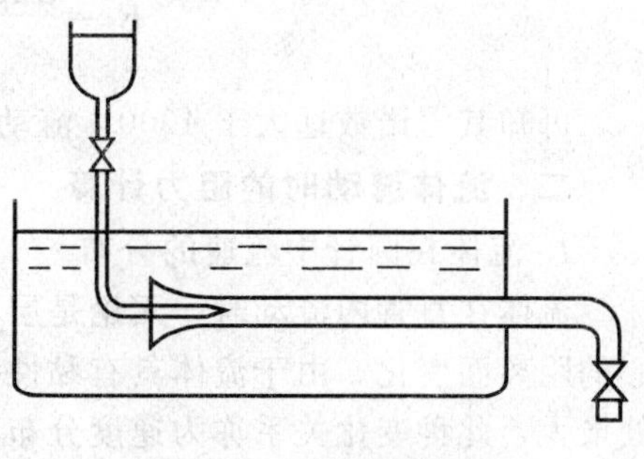

图 1-16　雷诺实验装置

实验表明，流体在管道内流时有两种类型，即层流与湍流。

（1）层流　如图 1-17(a) 所示流体质点是沿着与管轴平行方向作直线运动，质点之间互不混合。因此，整个管的流体就如同一层一层的同心圆在平行地运动。

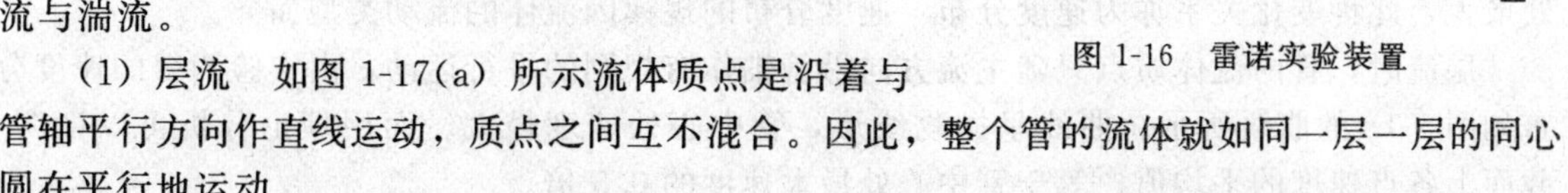

（2）湍流　如图 1-17(b) 所示的流体在管道中流动时，有色液体与水混合，表明流体质点除了沿管道向前流动外，各质点的运动速度在大小和方向上随时都会发生变化，于是质点间彼此碰撞并互相混合。

对不同直径的和不同的流体进行流体实验，可以发现，除了流速 u 外，还有管径、流体的黏度 μ 和密度 ρ 对流动状况也有影响，流动型态由这几种因素共同决定。

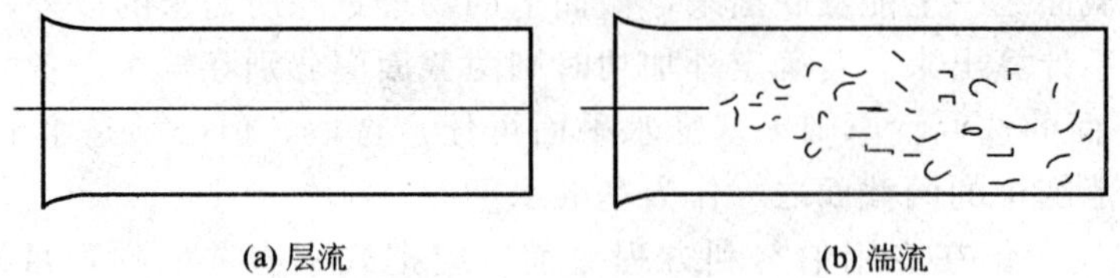
(a) 层流　　(b) 湍流

图 1-17　两种流动型态

雷诺通过大量分析研究，将上述影响因素组合成数群 $du\rho/\mu$，根据其大小，可以判断流动属于层流还是湍流。上述数群称为雷诺数，以符号 Re 表示。其单位为

$$Re = du\rho/\mu = (\mathrm{m})(\mathrm{m/s})(\mathrm{kg/m^3})/(\mathrm{N \cdot s/m^2}) = \mathrm{m^0 \cdot kg^0 \cdot s^0}$$

可见雷诺数是由几个物理量组合而成的无量纲数群，称为特征数。

从雷诺数值可以判断流体流动的型态。工程上一般认为，流体在圆形直管内流动时，当 $Re<2000$ 时属于层流；$Re>4000$ 时一般为湍流；在 2000～4000 时，流动处于过渡状态，可能是层流也可能是湍流，与外界条件有关。

层流与湍流是两种本质不同的流动类型，它们之间可以相互转化。Re 的大小，反映了流体流动的湍动程度。Re 值越大，湍流程度越大，内摩擦力也越大。所以流体的阻力大小与 Re 值有直接的关系。

必须指出，在管内流动的流体即使是湍流时，无论湍动程度多么剧烈，在紧靠管壁处总是保持一层层流流动的流体薄层，称为层流底层。此层流底层的厚度为 Re 的函数，随 Re 数的增大，流体湍流程度的加剧而减薄。该层的存在对传热和传质都有重大影响，在传热与传质有关章节中将进行讨论。

【例 1-11】 25℃的水在内径 50mm 的管内流动，流速为 2m/s，试判断其流动型态。

解： 25℃时水的密度和黏度分别为 $\rho=996$ ($\mathrm{kg/m^3}$)，$\mu=0.894$ (cP❶) $=0.000894$ ($\mathrm{N \cdot s/m^2}$)，$d=0.05$ (m)，$u=2$ (m/s)。

$$Re=\frac{du\rho}{\mu}=\frac{0.05\times2\times996}{0.000894}=111409$$

可知其雷诺数远大于 4000，流动型态为湍流。

二、流体流动时的阻力计算

1. 流体在圆管中流速的分布

流体在直管内流动时，无论是层流或湍流，在管道任意截面各点的速度均随该点与管中心的距离而变化。由于流体具有黏性，使管壁处速度为零，离开管壁后速度渐增，到管中心处最大，此种变化关系称为速度分布。速度分布的规律因流体的流动类型而异。

层流时，管内流体质点只随主流方向沿管轴作有规则的平行运动，由实验测得的速度分布如图 1-18 的曲线所示。曲线呈抛物线形，管中心处速度最大。而用理论分析可以证明，截面上各点速度的平均值，等于管中心处最大速度的 0.5 倍。

湍流时，管内流体质点的运动虽不规则，但从整体上看，流体在整个截面上的平均速度是固定的，某截面各点的速度按一定规律分布。湍流时速度分布曲线通过实验可得，如图 1-19 所示。

---

❶ 1cP=1mPa·s。

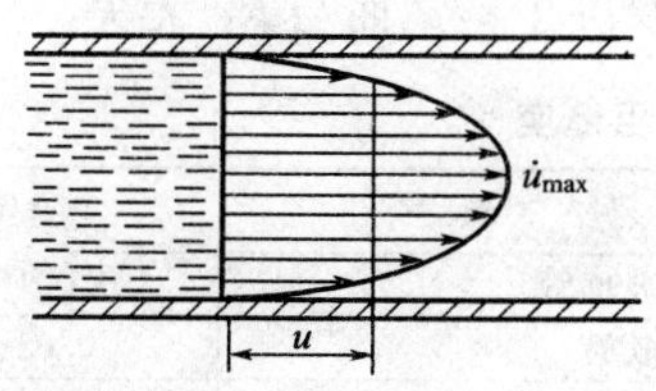

图 1-18　层流时管内的速度分布

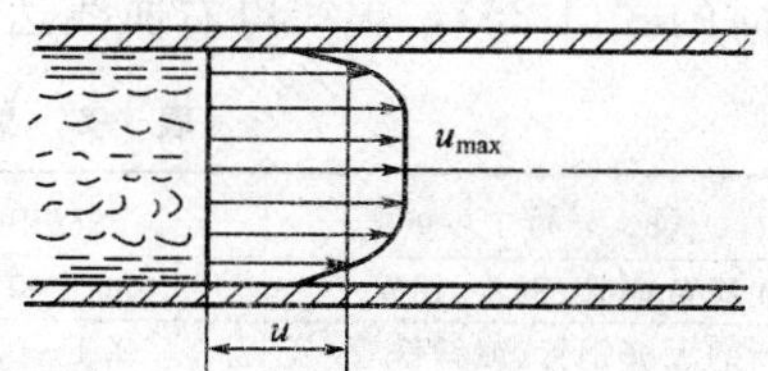

图 1-19　湍流时管内的速度分布

2. 直管阻力的计算

流体流动时会产生阻力，为了克服阻力，需损耗一部分能量，故伯努利方程在实际应用中列有阻力损失一项。这一阻力的产生，是由于流体流动时具有内摩擦力，因此，流体流动时必须克服内摩擦力而做功。当流体呈湍流时，流体内部充满了大小的旋涡，流体质点速度的大小与方向都发生了急剧变化，使质点之间不断地相互碰撞并激烈交换为止，引起质点间的动量交换，于是便产生了湍流阻力（惯性阻力），其结果也会损耗流体的能量。所以，流体的黏性是产生流体阻力的内因，而流体的流动则是产生流体阻力的外因。

流体流动的阻力分为直管阻力与局部阻力两大类。直管阻力是流体流经一定管径的直管时，由于摩擦而产生的阻力。局部阻力是流体在流动中，由于管道的某些局部障碍（如管道中的管件、阀门、流量计以及管径的突变等）引起的阻力。伯努利方程中的阻力项$\sum h_f$是指管道中流动系统的总阻力损失，包括直管阻力和局部阻力。流体流动越快，阻力越大，说明此流动阻力的大小是与动能密切相关的，因此对每项阻力的计算，可以用下列一般计算式表示，即

$$w_f=\zeta\frac{u^2}{2} \tag{1-23}$$

式中，ζ是一个比例系数，其值依据不同的阻力情况确定。

流体在直管内作稳定流动时，流动产生的阻力公式为

$$w_f=\lambda\frac{l}{d}\times\frac{u^2}{2} \tag{1-24}$$

$$h_f=\lambda\frac{l}{d}\times\frac{u^2}{2g} \tag{1-25}$$

或

$$-\Delta p=\lambda\frac{l}{d}\times\frac{\rho u^2}{2} \tag{1-26}$$

式(1-25) 与式(1-26) 为直管流体阻力的计算式，从式中可见，流体在直管内流动的阻力或压强降（压力损失）与管长成正比，与管径成反比，与动能成正比。λ相当于比例系数，称为摩擦系数。λ是无量纲的，是雷诺数 Re 与管粗糙度的函数，其值可由实验确定。

对于$Re<2000$的层流直管流动，管壁上凹凸不平的粗糙度被平稳地滑动着的流体层所掩盖，$\lambda=\Phi(Re)$ 由理论推导出

$$\lambda=\frac{64}{Re} \tag{1-27}$$

根据研究表明，湍流时摩擦系数

$$\lambda=\Phi(Re,\ \varepsilon/d) \tag{1-28}$$

如图 1-20 所示表达这一函数关系，称为莫狄（Moody）摩擦因数图，由莫狄对新商品钢管的实测得到。图中用相对粗糙度ε/d作参变数，其值可查表 1-2。图中左上角的直线代

表层流时的式(1-25)，虚线以右曲线达到水平，即 λ 只取决于 ε/d 而与 Re 无关。

表 1-2 某些工业管材壁面的粗糙度

材料		ε/mm	材料		ε/mm
金属管	无缝黄铜管、钢管、铅管	0.01～0.05	非金属管	干净玻璃管	0.0015～0.01
	新的无缝钢管、镀锌铁管	0.1～0.2		橡皮软管	0.01～0.03
	新的铸铁管	0.3		木管	0.25～1.25
	具有轻度腐蚀的无缝钢管	0.2～0.3		陶瓷排水管	0.45～6.0
	具有显著腐蚀的无缝钢管	0.5 以上		平整的水泥管	0.33
	旧铸铁管	0.85 以上		石棉水泥管	0.03～0.8

λ 值除用 Moody 图查取外，还有一些经验公式，如光滑管内流体呈湍流时可表示为

$$\lambda=0.1\left(\frac{\varepsilon}{d}+\frac{68}{Re}\right)^{0.23} \tag{1-29}$$

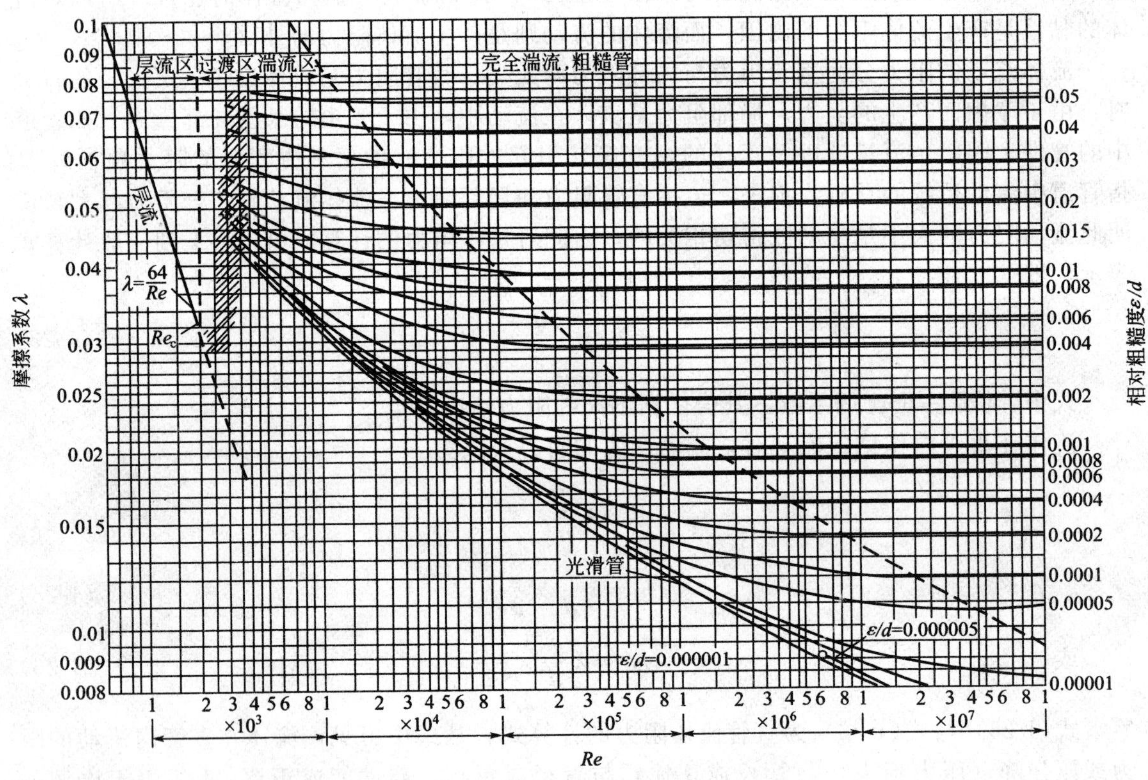

图 1-20 摩擦系数 λ 与 Re 及 ε/d 的实验关系

此式适用于 $\varepsilon/d\leqslant0.005$ 及 $Re\geqslant4000$ 范围内。其计算结果与图 1-20 实验值的误差一般在 5%以内。

【例 1-12】 10℃的水流过钢管，管长 300m，要求达到的流量为 500L/min，流体流动过程中因摩擦损失的压头为 6m，试求管径。

解： 10℃的水的物理性质

$$\rho=1000\text{kg/m}^3,\ \mu=1.308\text{cP}$$

压头损失 $h_f=6\text{m}$

体积流量 $$V=\frac{500}{1000\times 60}=8.333\times 10^{-3}\ (\mathrm{m^3/s})$$

若以 d 表示管径，则流速

$$u=\frac{8.333\times 10^{-3}}{\pi d^2/4}=\frac{0.01061}{d^2} \tag{1}$$

应用式(1-25) 得 $$h_f=\lambda \frac{l}{d}\times\frac{u^2}{2g}$$

有 $$6=\lambda\left(\frac{300}{d}\right)\times\left(\frac{0.01061}{d^2}\right)^2\times\frac{1}{2\times 9.81}$$

$$d^5=2.869\times 10^{-4}\lambda \tag{2}$$

若知 λ 便可算出 d，而 λ 与雷诺数及相对粗糙度有关，这二者又和 d 有关，故式(2) 要与式(1) 及图 1-20 结合，以试差法求解。在试差法中以先设 λ 为最佳，因它比 u 或 d 的范围窄，变化小。

湍流时的 λ 值多在 0.02～0.03，设 $\lambda=0.02$，代入式(2) 中算出

$$d=0.0895\mathrm{m}$$

为检验所设之 λ，先用所算出的 d 求 ε/d 及 Re 值。钢管取 $\varepsilon=0.2\mathrm{mm}$，$\varepsilon/d=0.2/89.5=0.0022$。

$$Re=\frac{du\rho}{\mu}=\frac{d\rho}{\mu}\left(\frac{0.01061}{d^2}\right)=\left(\frac{1000}{0.001308}\right)\times\left(\frac{0.01061}{d}\right)=\frac{8100}{0.0895}=90503$$

由 ε/d 及 Re 值在图 1-20 上读出 $\lambda=0.026$ [按式(1-29) 计算，$\lambda=0.0262$]。此值比原设值要大，将此值代入到式(2) 中重算得：$d=0.0943\mathrm{m}$。

用此 d 值按前面的方法重算 λ，可知与第二次假设值很接近，表明第二次求出的 d 值已基本正确，而钢管尺寸有一定的规格，如附录所示，无需精确计算。

根据钢管规格及应用情况，可选用公称直径为 100mm 的无缝钢管，壁厚 4mm，实际外径为 108mm。此规格表示为 ϕ108mm×4mm。

三、局部阻力

流体流经各种管件时，都会产生阻力损失。化工管路中使用的管件种类繁多，常见的有：弯头、变径接头、三通、阀门等各种管件和阀件。其与直管阻力的沿程均匀分布不同，这种阻力损失是由于管件内流道多变所造成的，因而称为局部阻力。局部阻力是由于流道的急剧变化使流体边界层分离，所产生的大量旋涡消耗了机械能。

局部阻力损失可直接应用式(1-27) 得

$$w_f=\zeta\frac{u^2}{2} \tag{1-30}$$

而在管路计算中，局部阻力量长度表示往往更为方便。若某管件或阀门引起的局部阻力损失，等于一段与它直径相同的长度为 l_e 的直管，则称为管件或阀件的当量长度；这一管件或阀件的阻力系数为

$$\zeta=\lambda\frac{l_e}{d} \tag{1-31}$$

几种最常见的局部阻力情况，讨论如下。

(1) 突然扩大　如图 1-21 所示，在流道突然扩大处流股成一射流注入扩大的流道中，理论分析证明，突然扩大时摩擦损失的计算式为

$$w_f=\left(1-\frac{A_1}{A_2}\right)^2\frac{u_1^2}{2} \tag{1-32}$$

故其局部阻力系数为

$$\zeta=\left(1-\frac{A_1}{A_2}\right)^2 \tag{1-33}$$

式中，A_1、A_2为小管、大管截面积；u_1为小管中的平均流速，m/s。

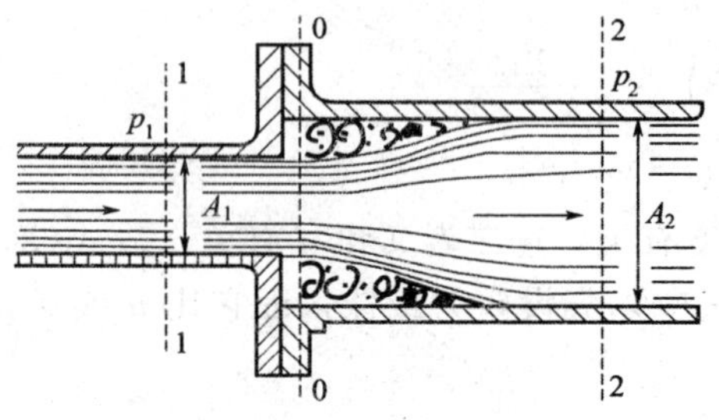

图 1-21　突然扩大

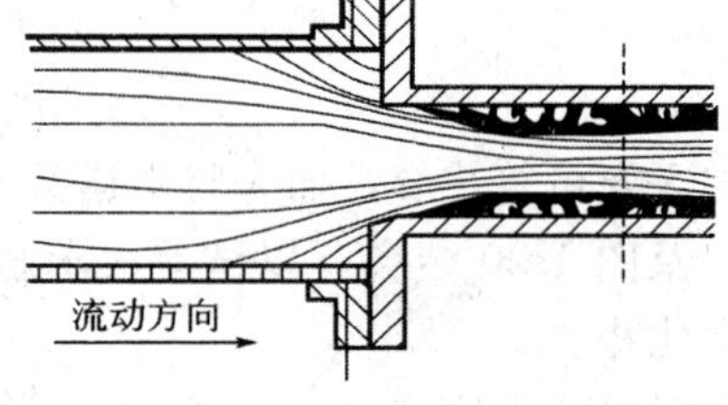

图 1-22　突然缩小

(2) 突然缩小　如图 1-22 所示，流股在突然缩小处以前，基本上不发生边界层分离，但此后却并不能立刻充满缩小后的截面，而是继续缩小，经过一最小截面（称脉缩）之后，才逐渐充满小管整个截面，即有一射流注入收缩后的流道中而出现涡流。突然缩小的机械能损耗，主要是发生在脉缩后面的流段上。

突然缩小的阻力系数ζ为

$$\zeta=\left(\frac{A_2}{A_0}-1\right)^2 \tag{1-34}$$

A_2/A_0的大小取决于A_2/A_1，故ζ随管截面比A_2/A_1而变，其值见表 1-3。

表 1-3　突然缩小的阻力系数ζ值

A_2/A_1	0	0.2	0.4	0.6	0.8	1.0
ζ	0.5	0.45	0.36	0.21	0.07	0

(3) 管出口与管入口　流体自管出口流进容器，相当于突然扩大时$A_1/A_2\approx0$的情况，按式(1-33) 计算，管出口的阻力系数应为

$$\zeta_0=1$$

流体自容器流进管的入口，相当于突然缩小时$A_2/A_1\approx0$。查表 1-3 可知，管入口的阻力系数为

$$\zeta_i=0.5$$

若管入口做得圆滑（逐渐缩小），则ζ可以小很多。

(4) 管件与阀件　管路上常用的管件与阀件的局部阻力系数及管件和阀件的当量长度见表 1-4。表 1-4 中的数值均为湍流状态下。管件、阀件等的构造细节与加工的精细程度往往差别很大，使其当量长度与阻力系数都会有很大变动。

对于一段管路来说，其总阻力损失应为直管的摩擦损失与管件的局部阻力损失之和，计算式可以用以下形式表示

$$w_f=\left(\lambda\frac{l}{d}+\sum\zeta\right)\frac{u^2}{2}=\lambda\left(\frac{l+\sum l_e}{d}\right)\frac{u^2}{2} \tag{1-35}$$

表 1-4 管件和阀门的当量长度、阻力系数

名称	l_e/d	阻力系数 ζ	名称	l_e/d	阻力系数 ζ
弯头(45°)	17	0.35	标准阀		
弯头(90°)	35	0.75	全开	300	6.4
三通	50	1	半开	475	9.5
回弯头	75	1.5	角阀(全开)	100	5
管接头(活接头)	2	0.04	止逆阀		
闸阀	2		球式	3500	70
全开	9	0.17	摇摆式	100	2
半开	225	4.5	水表(盘式)	350	7

【例 1-13】 30℃的有机废气以 2000m³/h 的流量自内径 200mm 的管道流入内径 300mm 的管道，求突然扩大前后的压力变化。废气的密度为 1.165kg/m³。

解： 在突然扩大前后的两截面之间列能量衡算式

$$\frac{u_1^2}{2}+\frac{p_1}{\rho}=\frac{u_2^2}{2}+\frac{p_2}{\rho}+w_f$$

可得压力变化表达式

$$p_2-p_1=\rho\left(\frac{u_1^2-u_2^2}{2}\right)-\rho w_f \tag{1}$$

式中

$$u_1=\frac{2000}{3600\times(\pi/4)\times(0.2)^2}=17.7\ (\mathrm{m/s})$$

$$u_2=17.7\ (200/300)^2=7.87\ (\mathrm{m/s})$$

省略极小的摩擦损失，只考虑扩大损失，按式(1-32) 得

$$w_f=\zeta\frac{u_1^2}{2}=\left(1-\frac{A_1}{A_2}\right)^2\frac{u_1^2}{2}$$

$$=\left(1-\frac{200}{300}\right)^2\times\frac{17.7^2}{2}=17.405\ (\mathrm{J/kg})$$

$$\rho w_f=1.165\times17.405=20.28\ (\mathrm{Pa})$$

代入式(1) 得

$$p_2-p_1=1.165\times\left(\frac{17.7^2-7.87^2}{2}\right)-20.28$$

$$=146.4-20.28=126.12\ (\mathrm{Pa})$$

换算成水柱高度

$$\frac{126.12}{9.81}=12.86\ (\mathrm{mm})$$

通过计算可知，由于突然扩大抵消了速度头转变成静压头的一部分，所抵消的量占全部转变量的比例为$\frac{20.28}{146.4}=0.139$。

【例 1-14】 经净化的废气从鼓风机后的缓冲罐经过一段内径 300mm、长 30m 的水平钢管送出，出口接大气。管道进、出口两处的废气密度可认为相同，为 1.2kg/m³，黏度为 0.018cP。若体积流量为 6000m³/h，试核算缓冲罐内废气的表压。

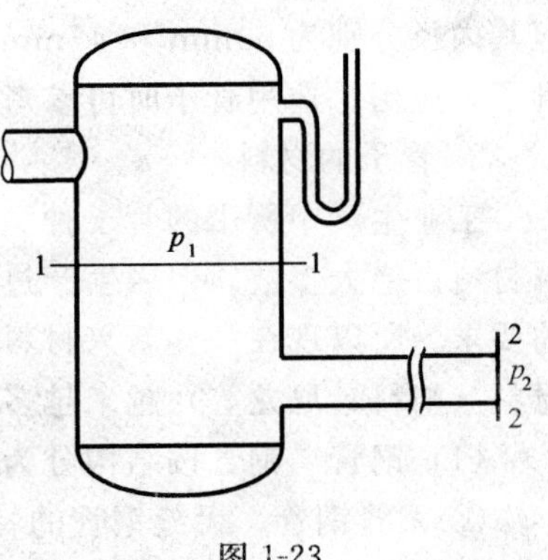

图 1-23

解： 如图 1-23 所示，在 1-1 与 2-2 两截面间列伯努利方程衡算式

$$\frac{u_1^2}{2}+\frac{p_1}{\rho}=\frac{u_2^2}{2}+\frac{p_2}{\rho}+\frac{\sum\Delta p_f}{\rho} \tag{1}$$

现 $u_1=0$，$p_2=0$（表压）

$$u_2=\frac{6000}{3600\times\left(\frac{\pi}{4}\right)\times(0.3)^2}=23.6\ (\mathrm{m/s})$$

$$\frac{\sum\Delta p_f}{\rho}=\left(\zeta+\lambda\frac{l}{d}\right)\frac{u^2}{2}=\left(0.5+\lambda\frac{l}{d}\right)\frac{u^2}{2} \tag{2}$$

$$Re=\frac{\rho ud}{\mu}=\frac{0.3\times23.6\times1.2}{0.018/1000}=472000$$

$$\varepsilon/d=0.2/300=0.00067$$

查得 $\lambda=0.0185$，代入式(2)

$$\sum\Delta p_f/\rho=\left(0.5+0.0185\times\frac{30}{0.3}\right)\times\frac{23.6^2}{2}=654$$

代入式(1) 得
$$\frac{p_1}{1.2}+0=\frac{23.6^2}{2}+0+654$$

故：
$$p_1=1.2\times(279+654)=1120\ (\mathrm{Pa})\ (表压)$$

第四节 化工管路

管路是用管子、管件和阀门连接而成。在工程中，管路四通八达、纵横各处，有的是用来沟通生产中的设备，如贮槽、高位槽、换热器及反应器；有的用来输送加热蒸汽、冷却水、压缩气体、废气及连接真空系统等。管路系统在工业生产中具有相当重要的作用。生产过程中的管路，必须根据所输送物料的性质、温度及压力，选取适当的管路和结构，并根据物料的输送量计算管路的直径，以确定管路的规格尺寸。

一、管子、管件、阀门

1. 管和管子的标准

流体输送的管路中，用在管件与阀门之间连接管子，其规格有多种。具体选用过程中，应根据具体情况进行合理选择。目前，工业生产中，可供选用的管子主要有：钢管、铸铁管、有色金属管、非金属管等。管子选用的主要依据的参数是公称直径和公称压力。其中，公称直径可以等于实际管子直径，也可大于或小于实际管子的内径。以 D_g 表示。而公称压力是指管内工作介质的温度在 0～120℃范围内的最高允许工作压力，一般大于或等于实际工作的最大压力。以 p_g 表示。

由于管子规格大多以外径为标准，所以管子的内径随管壁厚度不同而略有差异，如外径为 57mm、壁厚为 3.5mm 和外径为 57mm、壁厚为 5mm 的无缝钢管，其公称直径为 50mm，但其内径分别为 50mm 和 47mm。所以，在实际工作过程中应根据实际情况选择相应标准的管子来应用。选用管子时可参考附录 19。

2. 管子的材料

工业生产中所用的管子种类繁多，按材料可分为金属材料和非金属材料两大类。其中金属材料占绝大多数。但因生产过程中介质常具有腐蚀性，同时又有各种不同的特殊工艺条件的要求。所以现在一些新兴材料的应用不断出现，非金属材料的品种——特别是有机聚合物材料（塑料、尼龙等）越来越多地代替了金属材料。

（1）钢管　钢管按结构分为无缝钢管和有缝钢管两种。

① 无缝钢管　无缝钢管的特点是质地均匀、强度高，可用于输送有压力的物料，如水蒸气、高压水及高压气体等，极限工作温度为 435℃。输送强腐蚀性及高温介质（900～

950℃）则可用合金钢或耐热钢制成的无缝钢管。

② 有缝钢管 分水煤气钢管、直缝电焊钢管和螺旋缝钢管三种。使用最广的是水煤气钢管。

水煤气钢管分镀锌管及黑铁管（不镀锌）两种。常作为水、煤气、暖气、压缩空气、低压蒸汽及无腐蚀性物料管路，其极限工作温度为 175℃。水、煤气管有普通管与加强管两级。普通管工作压力可达 980kPa，加强管则达 1569kPa。

(2) 铸铁管 铸铁管一般作为埋在地下的给水管、煤气管及污水管等，或用来输送碱液及浓硫酸。工作压力分为 441kPa、736kPa、980kPa 三级，即相应的低压管、普通管和高压管三种，工作温度低于 175℃。这类管价廉且耐蚀，但强度低、紧密性差，不能输送有压力的蒸汽、爆炸性及有毒性气体。

(3) 有色金属管

① 铜管和黄铜管。铜管导热性好，适用于制造换热管子，具有良好展性，易弯曲成形，故油压系统、润滑系统多以铜管传送有压力的液体。铜管还适用于低温管路。

② 铅管。铅管因抗蚀性好，能抗硫酸及 10%以下的盐酸。故用于硫酸工业及稀盐酸管路。但铅管不能耐浓盐酸、硝酸和醋酸。最高工作温度 140℃。铅管机械强度差、笨重且性软，因此逐渐被塑料管所代替。

③ 铝管。多用于通入浓硝酸和浓硫酸的管路，但不耐碱。

(4) 非金属管

① 陶瓷管。其特点为耐腐蚀性强，除氢氟酸外，对其他物料均是耐蚀的，但是性脆，机械强度低，不耐压及不耐温剧变。

② 塑料管。材料有酚醛塑料、聚氯乙烯、聚甲基丙烯酸甲酯、增强塑料（玻璃钢）、聚乙烯及聚四氟乙烯等。塑料管具有抗蚀性好、质轻、加工容易。缺点是耐热性差、强度低。

③ 水泥管。多作为地下污水管，一般作无压流体输送。

以上各种材质的管子规格可从有关管子标准或手册查得。

3. 管件

把管子安装成管路时，需要接上各种构件，使管路能够连接、拐弯、分叉，这些构件如短管、弯头、三通、异径管等，通常称为管路附件，简称管件。可按功能分为五类：

① 改变管路的方向，如图 1-24 中 (a)、(c)、(f)、(m) 各种管件；

② 连接管路支管，如图 1-24 中 (b)、(d)、(e)、(g)、(l) 各种管件；

③ 改变管道的直径，如图 1-24 中 (j)、(k) 等；

④ 堵塞管路，如图 1-24 中 (h)、(n) 等；

⑤ 连接两管，如图 1-24 中 (i)、(o) 等。

除此之外，管子还有许多种类型。各种管件必须与相当规格的管子相连接，因而管件与管子一样都有一定的标准规格，可查有关手册。

4. 阀门

在管路中用作调节流量、切断或切换管路以及对管路起安全、控制作用的管件，通常称为阀门。阀门根据作用不同分为切断阀、节流阀、止回阀、安全阀等。根据其结构形式不同，分为闸阀、球阀、蝶阀、隔膜阀、衬里阀等。此外，根据制作材料不同，可分为不锈钢阀、铸铁阀、陶瓷阀等。各种阀门的选用和规格可从有关手册中查得。

二、简单管路的布置与计算

1. 管路布置的一般原则

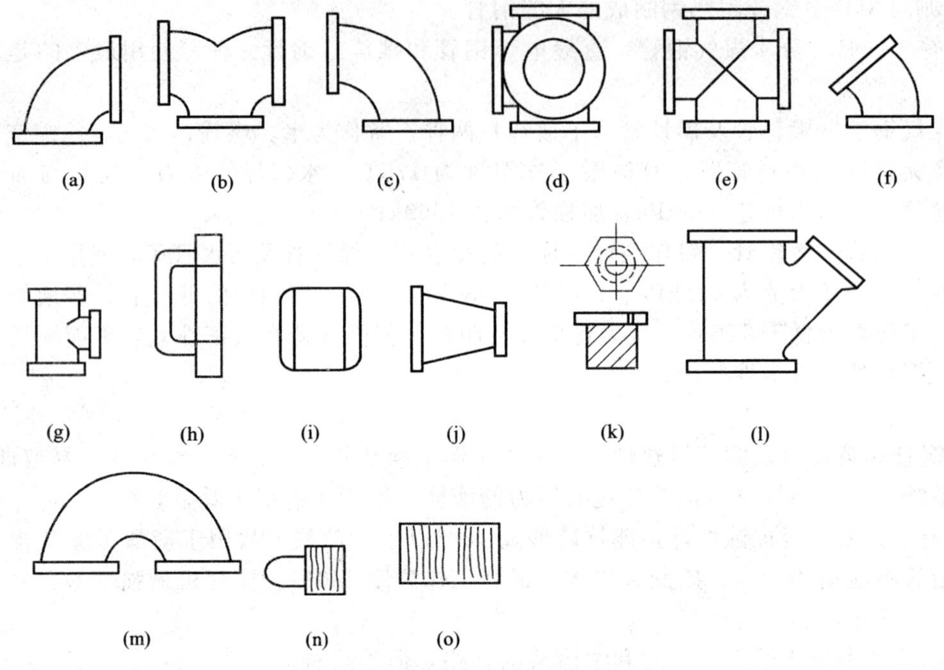

图 1-24　管件

管路的布置应便于安装、检修和操作管理，多数应是明线设置的。管路布置应考虑到减少基建投资、保证生产操作安全，便于安装和检修和节约动力、美观整齐等。其基本原则如下。

① 布置管路时，应对车间所有的管路（生产系统管路、辅助系统管路、电缆、照明、仪表管路、采暖通风管路等）全盘规划，各安其位。

② 为了节约基建费用、便于安装和检修，以及操作上的安全，管路铺设应尽可能采用明线（下水管、上水管和煤气管除外）。

③ 各种管线应成列平行铺设，便于共用管架；尽量走直线，少拐弯，少交叉，以节约管材，减少阻力，同时力求做到整齐美观。

④ 为了便于操作或安装检修，并列管路上的管件和阀门位置应错开安装。

⑤ 在车间内，管路应尽量沿厂房墙壁安装。管架可以固定在墙上，或沿天花板及平台安装；在露天的生产装置，管路柱架或吊架安装。管与管及墙之间的距离，以能容纳活接管、活法兰以及进行检修为宜，具体尺寸可参考表 1-5 的数据。

表 1-5　管与墙间的安装距离

管径/in①	1	1.5	2	3	4	5	6	8
管中心离墙的距离/mm	120	150	120	170	190	210	230	270

① 1in＝0.025m。

⑥ 为了防止滴漏，对于不需拆卸的管路连接，通常都用焊接；在需要拆修的管路中，适当配置一些法兰和活接管。

⑦ 管路应集中铺设，当穿过墙壁时，墙壁上应开预留空，过墙时，管外再加夹套管，套管与管子间的环隙应充满填料；管路穿过楼板时最好也是这样。

⑧ 管路离地面的高度，以便于检修为宜；但通过人行道时，最低离地点不得低于 2m；

通过公路时，不得小于4.5m；与铁轨面净距不得小于6m；通过工厂主要交通干线，一般高度为5m。

⑨ 长管路要有支架支撑，以免弯曲存液及受震动，跨距应按设计规范或计算决定。管路倾斜度对气体或易流动流体为0.3%～0.5%，对含固体结晶或粒度较大的物料为1%或大于1%。

⑩ 一般上下水管及废水管适宜埋地铺设，埋地管路的安装深度，在冬季结冰地区，应在当地冰冻线以下。

⑪ 输送腐蚀性流体管路的法兰，不得位于通道的上空，以免发生滴漏时影响安全。

⑫ 输送易燃、易爆如醇类、醚类、液体烃类等物料时，因它们在管路中流动而产生静电，使管路变为导热体。为防止这种静电积聚，必须将管路可靠接地。

⑬ 蒸汽管路上，每隔一定距离，应装置冷凝水排出器。

⑭ 平行管路的排列应考虑管路的相互影响。在垂直排列时，热介质管路在上，冷介质管路在下，这样，减少热管对冷管的影响；高压管在上，低压管在下；无腐蚀性介质在上，有腐蚀性介质在下，以免腐蚀性介质滴漏时影响其他管路。在水平排列时，低压管在外，高压管靠近墙柱；检修频繁的在外，不常检修的靠墙柱；重量大的要靠管架支柱或墙。

⑮ 管路安装完毕后，应按规定进行强度或严密度试验。未经试验合格，焊缝及连接处不得涂漆及保温。管件在开工前需用压缩空气或惰性气体进行吹扫。

⑯ 对于各种非金属管路及特殊介质管路的布置和安装，还应考虑一些特殊性的问题，如聚氯乙烯管应避开热和管路，氧气管路在安装前应脱油等。

2. 简单管路的计算

简单管路及全部流体从入口到出口只在一根管路中连续流动，分为以下两种。

(1) 等径管路　它是最简单的一种管路，流体流动的总阻力可直接应用式(1-30) 或式(1-35) 进行计算。

(2) 串联管路　由不同管径的管道组成的串联管路，在稳定流动下其特点是：

① 连续方程可使用，通过各段管的质量流量不变，对于不可压缩流体有

$$w_1 = w_2 = w_3 = w \tag{1-36}$$

② 整个管路的总阻力等于各段阻力之和（含直管阻力和局部阻力）即

$$\sum w_f = \sum w_1 + \sum w_2 + \sum w_3 + \cdots = \sum_{i=1}^{n} (\sum w_f)_i \tag{1-37}$$

在简单管路中，常见的问题如下。

① 已知管径、管长（包括所有管件的当量长度）和流量，求输送所需总压头或输送机械的功率。

② 已知输送系统可提供的总压头，求一定管路的输送量或输送一定流量的配置。

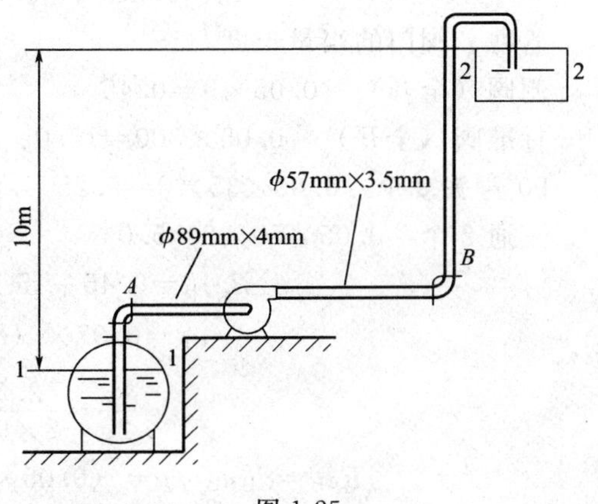

图 1-25

【例 1-15】 如图 1-25 所示，用泵将某液体从地面以下的贮罐送到高位槽，流量为 300L/min。输送管出口比贮罐液面高 10m，泵吸入管段用 ϕ89mm × 4mm 无缝钢管，直管长度为 15m，并有一底阀（可按摇摆式止回阀求其当量长度），一个 90°弯头，泵排出管段用 ϕ57mm×

3.5mm 无缝钢管，直管长为 50m，并有一个闸阀、一个标准阀、3 个 90°弯头和两个三通。运行时闸阀全开。操作温度下该溶液的物性为：$\rho=879\text{kg/m}^3$，$\mu=0.00074\text{Pa}\cdot\text{s}$。试求泵的轴功率，已知此泵的效率为 70%。

解：如图 1-25 所示，在贮罐液面与高位槽液面之间列伯努利方程式。进出口截面都为大气压，$p_1=p_2=0$，取贮罐液面为基准面，$\Delta z=z_2-z_1=10\text{m}$，流速 $u_1=u_2=0$。将式(1-20）中的 h_f 改写为 $\sum h_f$，以表示管路各压头损失之和，即总压头，此式可简化为

$$h_e=\Delta z+\sum h_f$$

算出 $\sum h_f$，便可得所需的压头 h_e。由于泵进、出口的管径不同，故管路要分两段计算。

① ϕ89mm×4mm 吸入管路的损失 $(h_f)_A$

$$d_A=(89-2\times4)\times10^{-3}=0.081\ (\text{m})$$

$$l_A=15\text{m},\varepsilon=0.2\ (\text{mm})$$

管件、阀门的当量长度（查表 1-4）

底阀　　　$0.081\times100=8.1$

90°弯头　　$0.081\times35=2.8$

$$(\sum l_e)_A=8.1+2.8=10.9\ (\text{m})$$

流速　　$$u_A=\frac{300}{1000\times60\times\left(\frac{\pi}{4}\right)\times(0.081)^2}=0.97\ (\text{m/s})$$

速度头　　$$\frac{u_A^2}{2g}=\frac{0.97^2}{2\times9.81}=0.048\ (\text{m})$$

所以　　$$Re_A=\frac{d_Au_A\rho}{\mu}=\frac{0.081\times0.97\times879}{0.00074}=93328$$

又　　$$\varepsilon/d_A=0.2/81=0.0025$$

查图 1-20 得，$\lambda_A=0.02525$；或按式(1-29）计算得

$$\lambda_A=0.0267$$

$$(h_f)_A=\left[\zeta_A+\lambda_A\left(\frac{l+\sum l_e}{d}\right)_A\right]\left(\frac{u_A^2}{2g}\right)=[0.5+(0.0267)\times(15+10.9)/0.081]\times(0.048)$$
$$=0.43\ (\text{m})$$

② ϕ57mm×3.5mm 排出管的损失

$$d_B=(57-2\times3.5)\times10^{-3}=0.05\ (\text{m})$$

$$l_B=50\text{m},\ \varepsilon=0.2\ (\text{mm})$$

管件、阀门的当量长度

闸阀（全开）　$0.05\times9=0.45$

标准阀（全开）　$0.05\times300=15.0$

90°弯头 3 个　$0.05\times35\times3=5.25$

三通 2 个　$0.05\times50\times2=5.0$

$$(\sum l_e)_B=0.45+15.0+5.25+5.0=25.70\ (\text{m})$$

$$u_B=0.97\times(81/50)^2=2.55\ (\text{m/s})$$

$$\frac{u_B^2}{2g}=\frac{2.55^2}{2\times9.81}=0.33\ (\text{m})$$

$$Re_B=d_Bu_B\rho/\mu=(0.05\times2.55\times879)/0.00074=151449$$

$$\varepsilon/d_B=0.2/50=0.004$$

$$\lambda_B=0.029 \text{ 或计算得 } \lambda_B=0.0288$$

$$(h_f)_B=\left[\zeta_B+\lambda_B\left(\frac{l+\sum l_e}{d}\right)_B\right]\left(\frac{u_B^2}{2g}\right)=[1+(0.0288)\times(50+25.7)/0.05]\times(0.33)$$
$$=14.7\ (\text{m})$$

③ 全管路所需的压头和泵的功率

所需总压头

$$h_e=\Delta z+(h_f)_A+(h_f)_B=10+0.43+14.7=25.1\ (\text{m})$$

质量流量　$w=\dfrac{300\times879}{1000\times60}=4.40\ (\text{kg/s})$

有效功率

$$N_e=wgh_e=4.40\times25.1\times9.81=1083\ (\text{J/s})$$

泵轴功率　$N=N_e/\eta=1083/0.7=1547\ (\text{W})=1.547\ (\text{kW})$

第五节　流速与流量测定

化工生产中要经常对各种操作参数进行测量，并加以调节、控制。流体的流速、流量是其中的重要参数之一。测量流速、流量的仪器种类很多，下面仅限于根据流体力学原理制作而成的仪器进行介绍。

一、毕托管

毕托管又称测速管，如图 1-26 所示。它由两根同心圆管组成，在管道中与流动方向平行安装。内管前端敞开，朝着迎面而来的被测流体。外管前端封闭，但管侧壁在距前端一定距离处开有几个小孔，流体在小孔旁流过。内、外管另一端都露在管道外边各与压差计的一个接口相连。

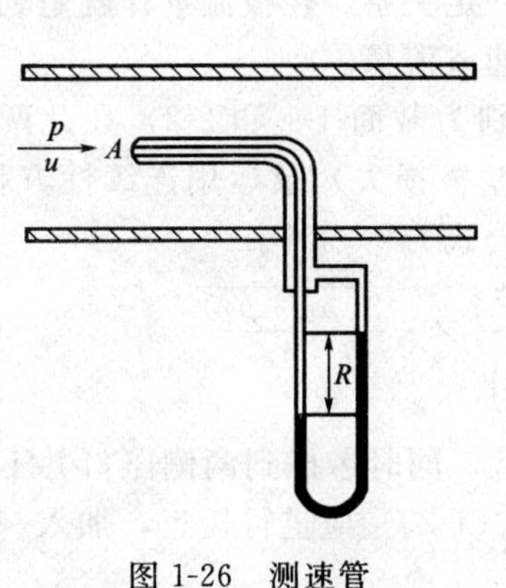

图 1-26　测速管

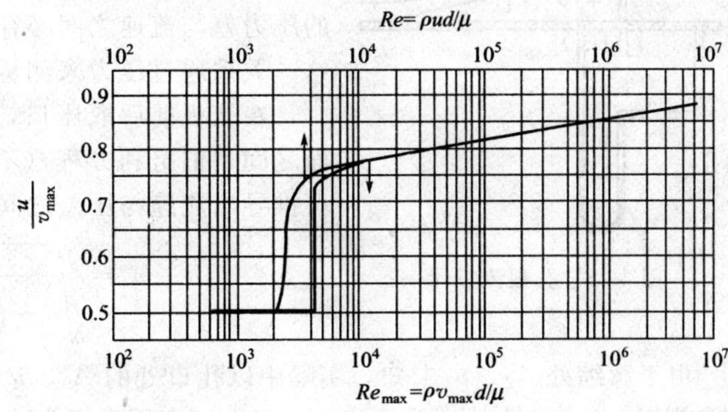

图 1-27　u/v_{max} 与 Re_{max} 或 Re 的关系

当流体沿外管侧壁上的小孔流过时，其速度没有改变，故通过侧壁小孔从外管传递出的压力 p 与该处流体的静压头相当。

压强为 P 的流体以局部速度 v 流向测速管，因为管中已充满被测液体，故液体到达管口 A 处即被遏制住，速度 v_A 降为零，于是流体的动压头在 A 处全部转变为静压头，因此内管所测的是流体在 A 处的动压头与静压头之和，称为冲压头，根据伯努利方程有

$$\frac{p_A}{\rho g}=\frac{p}{\rho g}+\frac{v^2}{2g}$$

得
$$v^2=\frac{2\ (p_A-p)}{\rho}$$

若 U 形管压差计内充满密度为 ρ_0 的指示液，其读数为 R，由式(1-7) 得

$$p_A-p=R(\rho_0-\rho)g$$

故
$$v=\sqrt{2gR(\rho_0-\rho)/\rho} \tag{1-38}$$

测速管的内管口直径甚小，故所测的是管道截面上某一点的速度。图 1-26 所测得的为管中心处的最大速度 v_{max}。若要测截面上的平均速度 u，可先测出管中心的速度 v_{max}，根据 v_{max} 与平均速度 u 的关系求出后者。此关系随 Re 的大小而变，如图 1-27 所示。

为了保证速度分布达到充分发展且不受干扰，毕托管之前要有一段长度约等于管径 50 倍的直管作为稳定段，且毕托管的直径不应超过管道直径的 1/15。

毕托管的优点是阻力小，适于测量最大直径管道内的流速，缺点是不能直接测出平均速度，且一般是用于测气体，其压差读数小，常要放大才读得较准。

二、孔板流量计

在管道内垂直于流动方向上插入一片中央开有较小的圆孔的薄金属板，如图 1-28 所示，就构成了孔板流量计。板上孔口经精致加工，一般呈 45°倒锐角。当流体流过孔板的孔口时流道发生突然收缩，流股通过孔口后将继续收缩，流至一定距离（约等于 $\frac{d}{3}\sim\frac{2d}{3}$）时达到最大。而后，流股再转而逐渐扩大，直至又充满整个流道。孔板前后的动能的变化必引起静压能的变化，图 1-28 所示为孔板前后静压力变化情况。在流股扩大过程中，由于逆压流动，致使边界层分离，产生大量旋涡，消耗大量机械能。显然流速越大，压力降也越大，因此，若在孔板前后各引出一个取压口，则在孔板结构的一定条件下，这两个测压点间的压力差与流速之间必存在一定关系。孔板流量计就是利用这一关系通过压力来测量流速或流量。

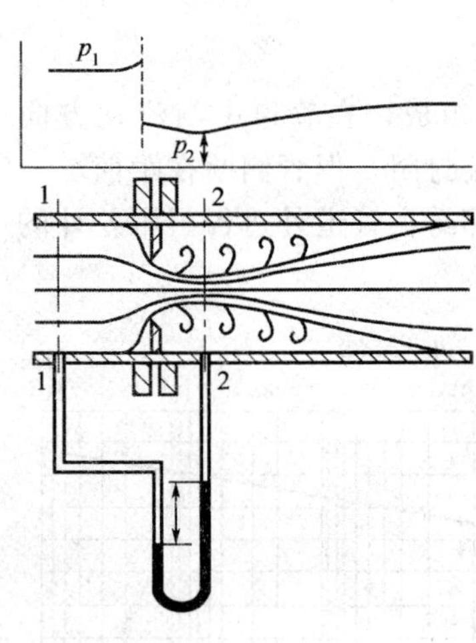

图 1-28 孔板流量计

在孔板前后取压口，分别为截面 1-1 和 2-2，在此两截面之间列伯努利方程（不计摩擦损失）及运用连续性方程，可推导出流速与压差之间的公式为

$$u_2=\sqrt{\frac{1}{1-\left(\frac{A_2}{A_1}\right)^2}}\times\sqrt{\frac{2(p_1-p_2)}{\rho}} \tag{1-39}$$

由于脉缩处 A_2、u_2 未知，实际中以孔口处的 A_0、u_0 代替，同时考虑到两侧压口并不一定在截面 1-1 与 2-2 处，并且流体流经孔口有压力损失，故式(1-39) 应进行校正，加入一个系数，称为排出系数 C_D，于是得

$$u_0=C_D\sqrt{\frac{1}{1-\left(\frac{A_0}{A_1}\right)^2}}\times\sqrt{\frac{2(p_1-p_2)}{\rho}} \tag{1-40}$$

式中，C_D 取决于截面积比 $\frac{A_0}{A_1}$、管内雷诺数 Re_1、取压位置、孔口的形状及加工精度等，将它与 $\sqrt{\frac{1}{1-\left(\frac{A_0}{A_1}\right)^2}}$ 合并，并将压力差（p_1-p）用压头表示（压头差 h_0）。

得 $$u_0=C_0\sqrt{2gh_0} \tag{1-41}$$

体积流量 $$V=C_0A_0\sqrt{2gh_0} \tag{1-42}$$

质量流量 $$W=C_0A_0\sqrt{2(p_1-p_2)/\rho} \tag{1-43}$$

式中，C_0称为孔板的流量系数，简称孔板系数，由实验确定；u_0 的单位为 m/s，W 的单位为 kg/s。注意孔板应保持清洁并不在腐蚀情况下使用。其安装位置的上下游要各有一段等径直管作为稳定管，其长度至少应为上游 $10d_1$、下游 $5d_1$。孔板构造简单，制造与安装都方便。其主要缺点是阻力损失大，永久压降常达到压差计读数的 90%以上；d_0/d_1 越小，阻力损失越大。设计中决定孔口的直径时，既要考虑孔板在规定流量下的压降便于准确读数，又要考虑它所造成的永久压降不宜过大。

三、转子流量计

孔板或文丘里流量计的收缩口面积是固定的，流量的大小由流体通过收缩口的压力降来指示。另一类流量计中，流体通过时的压力降是固定的，而收缩口的面积却随流量变化，此种流量计的典型代表为转子流量计。

转子流量计系有一根垂直安装在流体管路上的锥形玻璃管，其截面积自上而下稍微扩大，并在管内装有一个金属（或其他材料）制成的浮子而构成。浮子平时沉在管下端，有流体自下而上流动时，它即被推起而悬浮在管内的流体中。

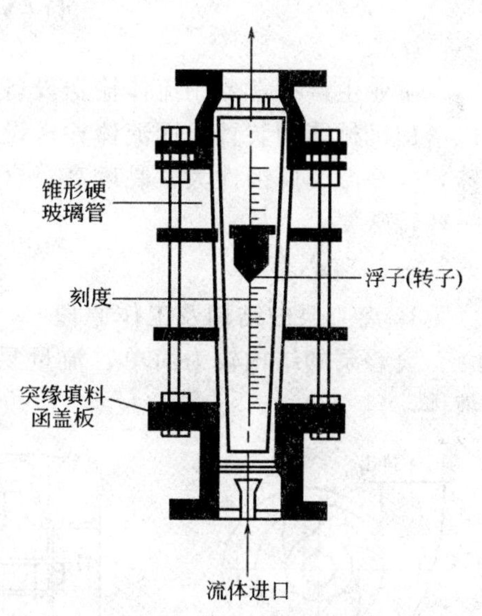

图 1-29 转子流量计

随流量大小不同，浮子将悬浮在不同的位置上（图 1-29）。浮子顶部边沿一般刻有斜槽，操作时可发生旋转，故又称转子。浮子之所以能停留在锥形内某一位置上，是因为作用在浮子上的各力达到了平衡。悬浮于流体中的浮子受到重力与浮力作用，重力与浮力之差为净重力，其值恒定，作用方向朝下。流体以一定的体积流量自下而上通过浮子与管壁之间的环隙时，由于流速增大及克服该处的局部阻力，而在浮子上下两侧产生一定的压力差，下侧压力较大，将浮子推向上，故总压力的作用方向朝上。若浮子整个截面上所受的总压力与作用于浮子的净重力大小相等，浮子便停在这一位置上。若流量增大，则流体通过环隙前后的速度变化及压力差增大，平衡受破坏，浮子升高。由于管截面积往上渐增，环隙面积亦随之变大，浮子达到一个新位置后，流体通过时所造成的压力差恢复原值，与浮子所受净重力重新达到平衡。于是根据浮子位置的高低，可以测出流量的大小。转子流量计中浮子受力为：

$$\text{向下作用于浮子的静重力}=(\rho_f-\rho)V_f g$$

$$\text{向上作用于浮子的总压力}=(p_1-p_2)A_f$$

式中，V_f、A_f为浮子的体积与截面积（截面最大处）；ρ_f、ρ 为浮子与流体的密度；p_1、p_2为浮子下方与上方的流体静压。

依据二力平衡，将上述物理量代入孔板公式可求出转子流量计中通过环隙的流速为

$$u_2=C_R\sqrt{\frac{1}{1-(A_2/A_1)^2}}\times\sqrt{\frac{2g(\rho_f-\rho)V_f}{\rho A_f}} \tag{1-44}$$

环隙面积 A_2 比管截面 A_1 小得多，$\sqrt{1-(A_2/A_1)^2}$ 可取为 1，式(1-44) 简化为

$$u_2=C_R\sqrt{\frac{2g(\rho_f-\rho)V_f}{\rho A_f}} \tag{1-45}$$

体积流量为

$$V=u_2A_2=C_RA_2\sqrt{\frac{2g(\rho_f-\rho)V_f}{\rho A_f}} \tag{1-46}$$

排出系数 C_R 的值主要取决于浮子的构形，也与流体通过环隙流动的雷诺数有关。对图 1-29 中所示的浮子构形，当此雷诺数达到 10000 以后，C_R 值便恒定地等于 0.98。式(1-46) 表明与环隙截面积 A_2 有关，在圆锥形筒与浮力的尺寸固定时，此 A_2 决定于浮子在筒内的位置，故转子流量计一般都以转子的位置来指示流量，而将刻度标示于筒壁上。

转子流量计的优点是压力损失较小，可测的流量范围宽，流量计前后无需保留稳定段，但流体只能垂直地向上流动，且耐压不高，一般只适用于 0.5MPa 以内。

第六节　流体输送设备

工业生产中常要用流体输送设备驱动流体通过各种设备。流体输送设备就是向流体做功以增加机械能的装置。而流体输送设备又需要外来的动力驱动。加之输送流体的性质比较特殊，如高温、腐蚀性大、黏度高、含固体悬浮物等。因此，工业上对所用的泵与风机往往有一些特殊要求。

一、离心泵

1. 离心泵的结构及工作原理

离心泵的结构较为简单，流量易调节，并适于输送有腐蚀性、含悬浮物等性质特殊的液体。

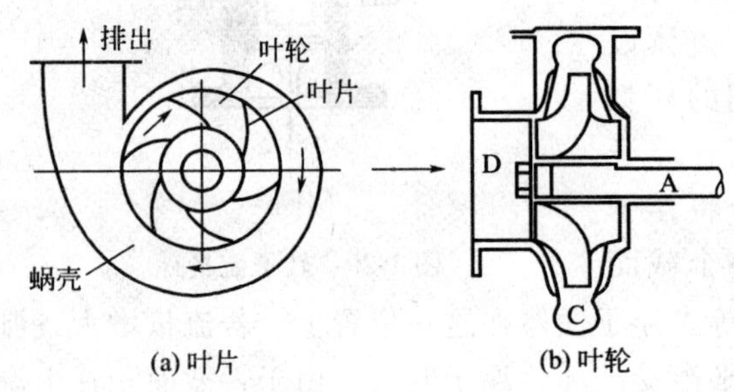

图 1-30　离心泵工作原理

(1) 工作原理　图 1-30 为离心泵的工作原理图。图 (a) 为叶轮上的若干弯曲的叶片，图 (b) 为泵轴上所装叶轮。泵轴由外界的动力带动时，叶轮便在泵壳内旋转。液体由入口沿轴向垂直于叶轮进入其中央，在叶片之间通过而进入泵壳，最后从泵的切线出口排出。

离心泵在启动前泵内要先灌满所输送的液体。启动后，叶轮旋转，产生离心力。液体因而从叶轮中心被抛向叶轮外周，压力增高；并以很高的速度 (15～25m/s) 流入泵壳，在壳内减速，使动能转换为压力能，然后经排出口进入排出管路。

叶轮内的液体被抛出后，叶轮中心处形成真空。泵的吸入管路一端与叶轮中心处相通，另一端则浸没在输送的液体内，在液面压力 (多为大气压) 与泵内压力 (负压) 的压差作用下，液体便经吸入管路进入泵内，填补了被排出液体的位置。只要叶轮不停地转动，离心泵便不断地吸入和排出液体。由此可见，离心泵之所以能输送液体，主要是依靠高速旋转的叶轮所产生的离心力，故称离心泵。

离心泵开动时如果泵内和吸入管路内没有充满液体，它便没有足够的抽吸和排送液体的能力，这是因为空气的密度比液体小得多，叶轮旋转所产生的离心力不足以造成吸上液体所

需的真空度。因此，离心泵启动前需使泵内充满液体，这一步骤称为灌泵，而在吸入管道底部一般装有止逆阀。泵在运转时吸入管路和泵的轴心处常处于负压状态，若管路及轴封密封不良，则因漏入空气而使泵内液体的平均密度下降。泵将无法吸上液体，像这种因泵壳内存在气体而导致吸不上液的现象，称为“气缚”。

(2) 离心泵的结构　离心泵最基本的部件是叶轮与泵壳。

叶轮是离心泵的心脏部件。普通离心泵的叶轮如图 1-31 所示，它分为闭式、开式和半开式三种。图 1-31(c) 为闭式，前后两侧有盖板，26 片弯曲的叶片装在盖板内，构成与叶片数相等的液体通道。液体从叶轮中央进入后，经过这些通道流向叶轮的周边。有些离心泵的叶轮没有前、后盖板，轮叶完全外露，称开式，如图 1-31(a) 所示；有些只有后盖板，称为半开式，如图 1-31(b) 所示。它们用于输送黏性大或有固体颗粒悬浮物的液体。输送时不易堵塞，但液体在叶片间运动时易发生倒流，故效率较低。

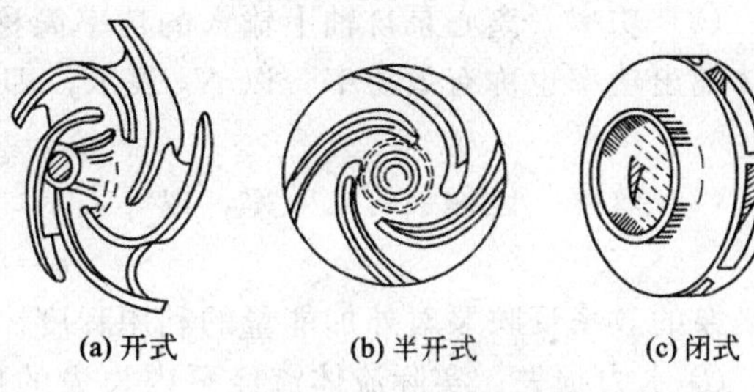

图 1-31　离心泵叶轮

有些叶轮的后盖板上钻有小孔，以把后盖板前后的空间连通起来，叫平衡孔。因为叶轮在工作时，离开叶轮周边的液体压力已增大，有一部分会渗到叶轮后侧，而叶轮前侧液体入口处为低压，因而产生了轴向推力，将叶轮推向泵入口一侧，引起叶轮与泵壳接触处的磨损，严重时还会发生振动。平衡孔能将一部分高压液体泄漏到低压区，减轻叶轮两侧的压力差，从而起到减小轴向推力的作用，但会降低泵的效率。

泵壳是泵体的外壳，它包围旋转的叶轮，并设有与叶轮垂直的液体入口和切线出口。泵壳在叶轮四周形成一个截面积逐渐扩大的蜗牛壳形通道，故常称为蜗壳，如图 1-30(a) 所示。叶轮在壳内旋转的方向是顺着逐渐扩大的蜗壳形通道，越近出口，壳内所接受的液体量越大，所以通道的截面积必须逐渐增大。更为重要的是以高速从叶轮四周抛出的液体在通道内逐渐降低速度，使大部分动能转变为静压能，既提高了液体的出口压力，又减少了液体因流速过大而引起的泵体内部的能量损耗。所以，泵壳既作为泵的外壳汇集液体，它本身又是个将动能转化为静压能的能量转换装置。

图 1-32 所示为一 IS 型离心泵的结构图。图中除示出了泵体 1、叶轮 3 和轴 4 外，还表示了泵轴穿过泵壳处的密封环 5 等。由于泵轴转动而泵壳不动，其间必有缝隙，泵运转时叶轮中心处常为负压，要防止空气经缝隙漏入泵内，需将在该环隙上作密封环，其中填入柔软而无刮磨性的填料（如浸油或渗涂石墨的石棉带），将泵壳内、外隔开，而轴依然能自由转动。此密封也称填料函密封。对于输送酸、碱或油的泵，要求密封严格，可采用机械密封。

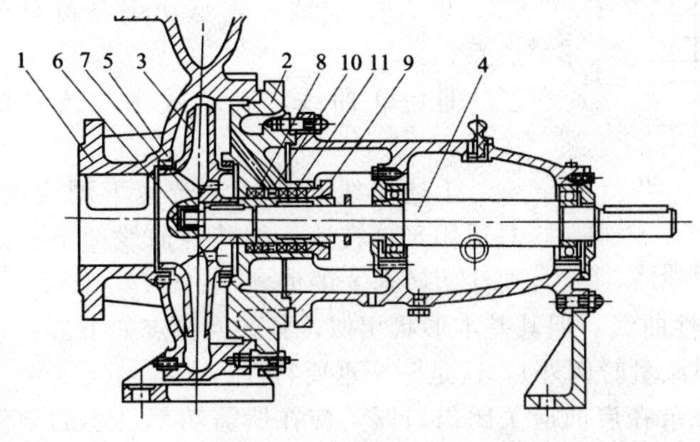

图 1-32　IS 型离心泵结构

1—泵体；2—泵盖；3—叶轮；4—轴；5—密封环；6—叶轮螺母；7—止动垫圈；8—轴盖；9—填料压盖；10—填料环；11—填料

2. 离心泵的主要性能及特性曲线

离心泵的主要性能参数有压头、流量、功率、效率、转速、比转数等。

（1）压头　也称扬程，以 H 表示，单位为 m，其取决于泵的结构（叶轮直径、叶片形状等）、转速和流量。压头 H 随流量变化的关系通过实验测定。

（2）流量　离心泵的流量是指离心泵在单位时间内泵能排入到管路系统的液体体积，以 Q 表示，单位为 m^3/s 或 m^3/h，其取决于泵的结构（主要是叶轮的直径与叶片的宽度）和转速，以及输液管路的阻力等。

（3）功率　离心泵自轴上输入的功率简称轴功率，以 N 表示，单位为 W 或 kW，泵对液体输出功率也称有效功率，以 N_e 表示，即

$$N_e = \rho g Q H$$

（4）效率　也称泵的总效率，以 η 表示，即

$$\eta = N_e / N$$

泵的效率反映泵对外加能量的利用程度。泵内机械损失包括下面几部分。

① 水力损失。实际流体流经泵内损失的机械能，这部分损失称为水力损失。包括环流损失、摩擦损失以及流体进入叶轮时的冲击损失。

② 机械损失。包括联轴器、轴承、轴封装置以及液体与高速转动叶轮前后盘面之间的摩擦损失等。

③ 容积损失。叶轮出口处压力高而进口处压力低，在此压差作用下，一部分高压液体将通过旋转叶轮与泵体之间的缝隙漏至吸入口。为了提高容积效率，常在叶片两侧装设前后盖板，即将叶轮制成闭式。但输送浆料或含固体颗粒物料时应采用开式或半开式。

一般小型泵的最高效率为50%～70%；大型泵可达90%左右。离心泵的主要性能参数可以用特性曲线关联。

离心泵的流量 Q 可以在其设计值上下较大范围内变动，而泵的压头 H、功率 N、效率 η 都随 Q 而变化。将这些实测的变化关系绘成曲线，称为离心泵的特性曲线。可供泵的选择与操作时使用。

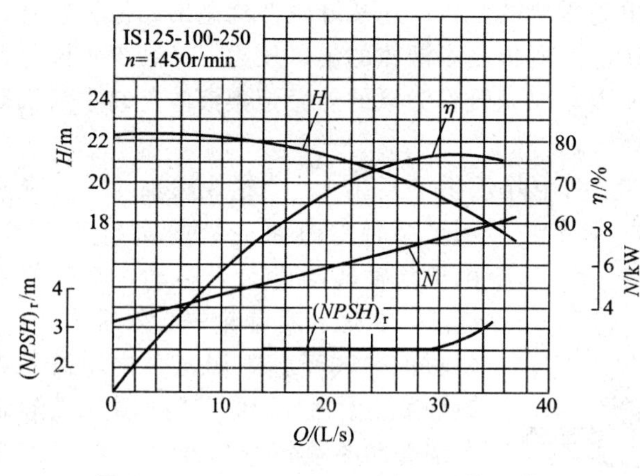

图 1-33　IS125-100-250 型离心泵特性曲线

图 1-33 所示为 IS125-100-250 型离心泵特性曲线示意图，由下列曲线组成。

Ⅰ H-Q 曲线，表示压头与流量的关系；

Ⅱ N-Q 曲线，表示功率与流量的关系；

Ⅲ η-Q 曲线，表示效率与流量的关系。

上述曲线是在特定转速下测定的，只适用于该转速，故特性曲线图上一定要注明转速 n 的值。

不同型号的离心泵有各自不同的特性曲线，但其基本形状相似，其共同特点如下。

① 压头随流量的增大而下降（很小流量时例外），这是一个重要特性。

② 功率随流量增大而上升，故离心泵在启前应关闭出口阀，使在所需功率最小的条件下启动，以减少电动机的启动电流，同时也避免出口管线的水力冲击。

③ 效率先随流量的增大而上升，达到一最大值后开始逐步下降。离心泵铭牌上标明的 Q、H、N、η，通常是最高效率点（设计点）之值。生产中选用离心泵时，应使泵在最高效

率点附近操作。

3. 离心泵的汽蚀与安装高度

液面比泵低的液体能被吸入泵的进口，是因为叶轮将液体甩向外周的同时，在叶轮进口处形成负压，压力的最低值为叶片间通道入口附近 K 处的 p_K（图 1-34）。若提高泵的安装高度，将导致泵内压力降低；当降至被输送液体的饱和蒸气压时，将发生沸腾，生成的蒸气泡在随液体从入口向外周流动中，因压力迅速增大而急剧冷凝。使液体以很大速度从周围冲向气泡中心，产生频率很高、瞬时压力很大的冲击波，这种现象称为“汽蚀”。传递到叶轮及泵壳的冲击波，加上液体中微量溶解氧对金属化学腐蚀的共同作用，在一定时间后，可使其表面出现斑痕及裂缝，甚至呈海绵状逐步脱落，发生汽蚀时，还会发出噪声，进而使泵体振动。同时由于蒸汽的生成使得液体的表观密度小，于是泵的实际流量、出口压力和效率都下降，严重时甚至无法输出液体。

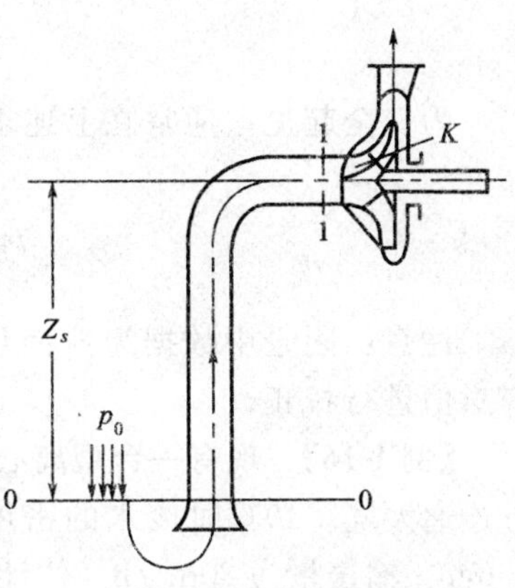

图 1-34 离心泵的安装高度

为避免发生汽蚀，要求泵的安装高度不超过某一定值。用“汽蚀余量”（$NPSH$）来表示。即为了避免汽蚀，在安装高度上需要留出的余量。

在泵正常运转时，泵内最低压力 p_K 与入口接管 1 处的压力 p_1 密切相关（图 1-34）。在截面 1-1 与 K-K 截面之间列伯努利方程式

$$\frac{p_1}{\rho g}+\frac{u_1^2}{2g}=\frac{p_K}{\rho g}+\frac{u_K^2}{2g}+\sum h_{h,1\text{-}K} \tag{1-47}$$

由该式可见，在一定流量下，p_1 与 p_K 等量地递减。当泵内发生汽蚀时，p_K 等于被输送液体的饱和蒸气压 p_V，而 p_1 等于某个最小值 $p_{1,\min}$。在此条件下，上式改写为

$$\frac{p_{1,\min}}{\rho g}+\frac{u_1^2}{2g}=\frac{p_V}{\rho g}+\frac{u_K^2}{2g}+\sum h_{h,1\text{-}K}$$

或

$$\frac{p_{1,\min}}{\rho g}+\frac{u_1^2}{2g}-\frac{p_V}{\rho g}=\frac{u_K^2}{2g}+\sum h_{h,1\text{-}K} \tag{1-48}$$

上式表明，在泵内刚发生汽蚀的临界条件下，泵入口处的机械能$\frac{p_{1,\min}}{\rho g}+\frac{u_1^2}{2g}$比汽化时的势能$\frac{p_V}{\rho g}$要大，其差值称为临界汽蚀余量，以符号 $(NPSH)_c$ 表示，即

$$(NPSH)_c=\frac{p_{1,\min}}{\rho g}+\frac{u_1^2}{2g}-\frac{p_V}{\rho g}=\frac{u_K^2}{2g}+\sum h_{h,1\text{-}K}$$

为使泵正常运转，p_1 必须高于 $p_{1,\min}$，即实际汽蚀余量 $NPSH=\frac{p_1}{\rho g}+\frac{u_1^2}{2g}-\frac{p_K}{\rho g}$必须大于临界汽蚀余量 $(NPSH)_c$。

临界汽蚀余量可由实验确定，为保证泵工作安全，通常规定必需汽蚀余量$(NPSH)_r=(NPSH)_c=0.3\text{m}$，其值可从泵样本中查取，在图 1-34 中的截面 0-0 与 K-K 之间列伯努利方程，可求泵的最大安装高度为

$$Z_{s,\max}=\frac{p_0-p_V}{\rho g}-\sum h_{h,0\text{-}1}-\left[\frac{u_K^2}{2g}+\sum h_{h,1\text{-}K}\right]$$

$$=\frac{p_0-p_V}{\rho g}-\sum h_{h,0\text{-}1}-(NPSH)_c \tag{1-49}$$

为安全起见，通常在上述求出的最大值基础上，实际应用中再低 0.5m，即泵允许安装高度为

$$Z_s=\frac{p_0-p_V}{\rho g}-\sum h_{h,0\text{-}1}-[(NPSH)_c+0.5]$$

注意：附录中数据为液面压力为 101.3kPa，水温 20℃。若输送液体密度与水不同时，应对值进行校正。

【例 1-16】 现有一台型离心泵将 40℃的废水从沉淀池送往气浮池进一步处理，沉淀池上方连通大气。40℃时废水的密度为 1000kg/m^3，饱和蒸气压为 7.87kPa。已知吸入管内径为 50mm，输送量为 20m^3/h，估计此时吸入管的阻力 4mH_2O。求大气压分别为 101.3kPa 的平原和 71.4kPa 的高原地带泵的允许安装高度，查得上述流量下泵的必需汽蚀余量为 3.3m。

解：根据式(1-49) 得

平原地带：$$Z_1=\frac{(101.3-7.87)\times10^3}{1000\times9.81}-4-3.3=2.22\ (\text{m})$$

高原地带：$$Z_2=\frac{(71.4-7.87)\times10^3}{1000\times9.81}-4-3.3=-0.82\ (\text{m})$$

由计算可见，在高原处为负值，表示所选泵要装得使其入口位于液面以下，才能保证操作正常。为安全计，将入口再降低 0.5m，即安装高度选定为－1.3m。

4. 离心泵的类型与选用

（1）离心泵的类型　离心泵种类繁多，相应的分类方法也多种多样，可按输送液体的性质分类，也可按泵的结构特点分类。各种类型的泵自成相应的系列，并以一个或几个英语或汉语拼音字母作为系列代号，在每一系列中，因规格不同，因而附以不同的字母和数字来区别。将每种系列泵的适宜工作范围绘于一张坐标纸上称为系列特性曲线，又称型谱。如图 1-35 所示为 IS 型离心泵的型谱。

常用的离心泵有以下几种。

① 清水泵。适用于输送清水以及物理、化学性质类似于水的清洁液体，是最常用的离心泵，泵体和泵壳都是用铸铁制成。图 1-36 所示为多级离心泵。

② 耐腐蚀泵。输送酸、碱等腐蚀性液体时采用耐腐蚀泵，其主要特点是和液体接触的部件用耐腐蚀材料制成。

③ 油泵。输送石油产品的泵称为油泵。油品的特点之一是易燃易爆，因此对密封性的要求较高。

④ 杂质泵。输送悬浮液及稠厚的浆液等常用杂质泵。

⑤ 屏蔽泵。屏蔽泵是一种无泄漏泵，它的叶轮和电动机联为一整体并密封在同一泵壳内，不需要轴封装置，又称无密封泵。

⑥ 液下泵。泵体直接安装在液体贮槽内，无需考虑泄漏问题。但缺点是效率较低。

（2）离心泵的选用　离心泵的选用，通常按下列原则进行。

① 根据被输送流体的性质和操作条件，初步确定泵的系列及其生产厂；根据输送介质决定选用清水泵、油泵、耐蚀泵或屏蔽泵等；根据现场安装条件决定选用卧式泵、立式泵等；根据扬程大小选用单级泵、多级泵等；根据单级泵流量大小选用单吸泵、双吸泵等。

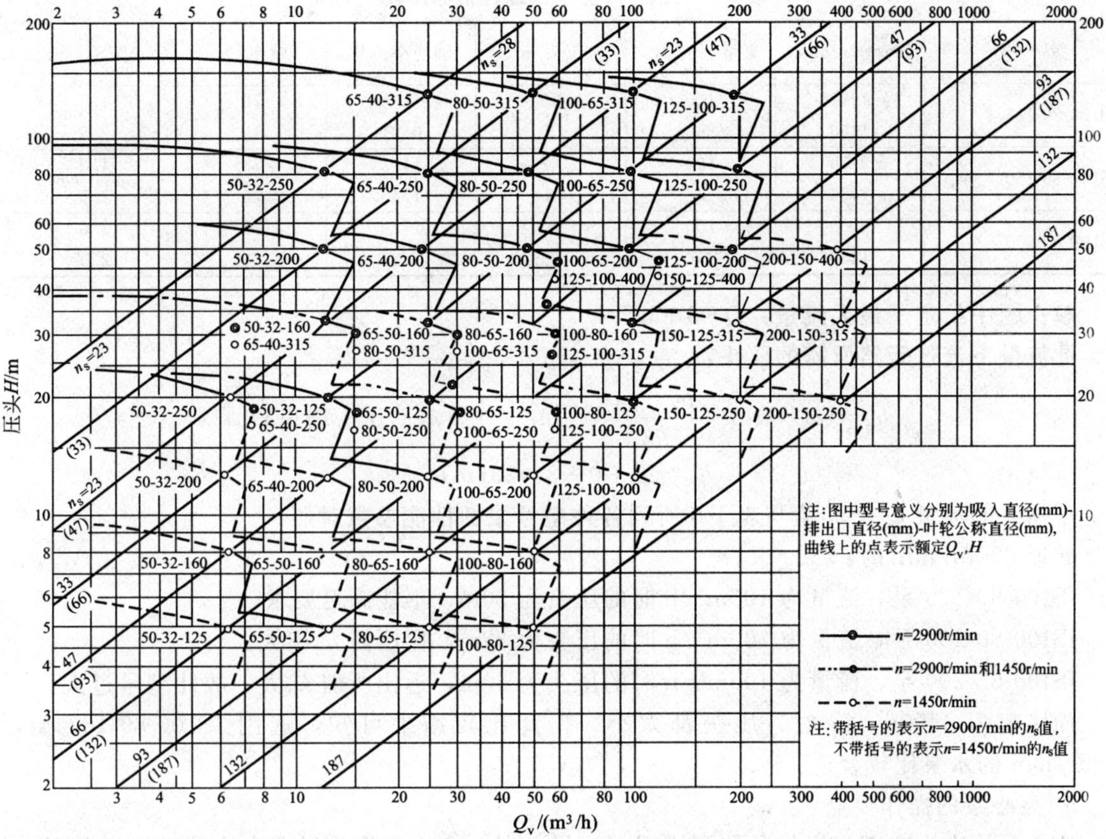

图 1-35　IS 型离心泵的型谱

② 根据具体流量和压头的要求确定泵的可用型号。在工业生产中，输送的液体流量和压头往往在一定范围内变动。采用可能出现的最大流量作为所选泵的额定流量，如缺少最大流量值时，常取正常流量的 1.1～1.15 倍作为额定流量；取所需扬程的 1.05～1.1 倍作为所选泵的额定扬程；按额定扬程和流量，利用系列型谱图，初步选择一种或几种可用的泵的型号。

③ 校核和最终选型。按泵的性能曲线校核泵的额定工作点是否在高效工作区内，泵的汽蚀余量是否符合要求；若有几种型号同时可用，则应选择综合指标高者为最终选择。综合指标主要有：效率（高者优先）、汽蚀余量（小者优先）、价格（低者优先）、质量（轻者优先）。

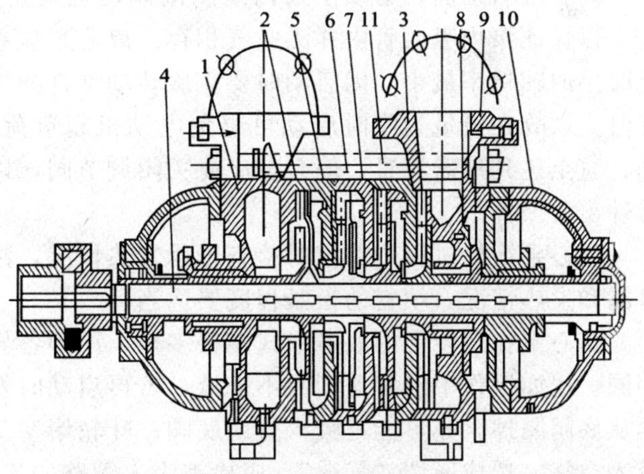

图 1-36　多级离心泵

1—吸入段；2—中段；3—压出段；4—轴；5—叶轮；6—导叶；7—密封环；8—平衡盘；9—平衡盖；10—轴承盖；11—螺栓

【例 1-17】 要用泵将水送到 25m 高处，流量为 $100m^3/h$。此流量下管路的压头损失为 3m。试在表 1-6 所列型号的 IS 型水泵中，选定合用的一个。

表 1-6　三种 IS 型水泵综合指标比较

型　　号	转速/(r/min)	流量/(m^3/h)	压头/m	轴功率/kW	效率/%	$NPSH$/m
IS100-80-125	2900	100	20	7.0	78	4.5
	1450	50	5	0.91	75	2.5
IS100-80-160	2900	100	32	11.2	78	4.0
	1450	50	8	1.45	75	2.5
IS100-65-200	2900	100	50	17.9	76	3.6
	1450	50	12.5	2.33	73	2.0

解：题中给定了最大流量：$Q=100\text{m}^3/\text{h}$

此流量下流过管路所需的压头：

$$h_e=(z_2-z_1)+\frac{p_2-p_1}{\rho g}+\sum h_f \quad \text{（忽略动压头增量）}$$

$$h_e=25+0+3=28(\text{m})$$

根据泵的流量 Q 及 h_e 值与表 1-6 所列各种型号泵的性能参数对照。

转速 2900r/min 时：

IS100-80-125 泵，流量为 $100\text{m}^3/\text{h}$ 时的压头为 20m，不能满足要求。

IS100-80-160 泵，流量为 $100\text{m}^3/\text{h}$ 时的压头为 32m，比所需 h_e 稍大。

IS100-65-200 泵，流量为 $100\text{m}^3/\text{h}$ 时的压头为 50m，远比所需 h_e 大。故此型号过大。

而转速为 1450r/min 时，压头都太小。据此比较结果可知，选用 IS100-80-160 型，2900r/min 的水泵比较合适。

5. 离心泵的操作要点

离心泵均有生产部门提供的使用说明书可供参考。离心泵操作过程中应着重注意以下几个问题。

离心泵启动前，必须于泵内灌满液体，至泵壳顶部的小排气旋塞开启时有液体冒出为止，以保证泵内吸入管内并无空气积存。离心泵应在出口阀关闭即流量为零的条件下启动，此时泵的轴功率最小。因启动时要克服转动部件的惯性力，而电动机本身的启动功率亦较运转时大，故在流量为零时启动可避免电动机超负荷。电动机运转正常后，再逐渐开启调节阀，直至达到所需流量。停泵前应先关闭调节阀，以免压出管路内的液体倒流入泵内使叶轮受冲击而损坏。

离心泵运转过程中要定时检查轴承发热情况，注意润滑。若采用填料函密封，应注意其泄漏和发热情况，填料的松紧程度要适当。

离心泵在运转中的故障形式多种多样，原因各异，不同类型的泵容易发生的故障也不尽相同。比如操作中经常遇到吸不上液，若再启动时发生，可能是由于注入的液体量不足或液体从底阀漏掉，亦可能是吸入管或底阀、叶轮堵塞。在运转过程中停止吸液，常是由于泵内吸入空气，造成所谓“气缚”，应检查吸入管路的连接处及填料函等处漏气情况。涉及的具体问题如何解决，则可根据各类泵的安装说明书来处理。

二、往复泵

如图 1-37 所示为往复泵装置简图。泵缸 1 内有活塞 2，通过活塞杆 3 与传动机械相连接。活塞在缸内作往复运动。泵缸左侧是阀室，内有吸入阀 4 和排出阀 5，它们都是单向阀。泵缸内和阀室内活塞与阀之间的空间称为工作室。

当活塞自左向右移动时，工作室内容积增大，形成低压。贮槽内的液体被大气压力压进吸入管，顶开吸入阀而进入阀室或泵缸。而排出阀因受排出管中液体的压力而关闭。当活塞移到右端时，工作室的容积为最大，此时吸入的液体量也达到最大。此后活塞便开始向左移动，液体受挤，使吸入阀关闭，同时工作室内压力增高，排出阀被推开，液体进入排出管。活塞移到左端时，排液完毕，完成一个工作循环。此后活塞又向右移动，开始另一个工作循环。

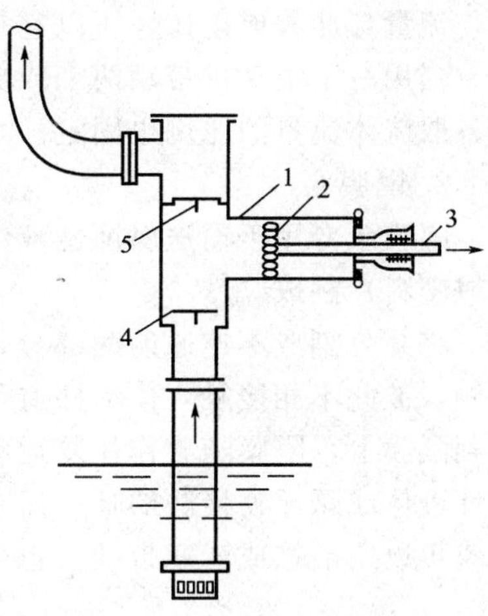

图 1-37　往复泵装置简图

1—泵缸；2—活塞；3—活塞杆；4—吸入阀；5—排出阀

往复泵即靠活塞在泵缸左右两端点间作往复运动而吸入和压出液体。活塞在两端点间移动的距离称为冲程。往复泵的流量取决于活塞截面积、冲程或冲数（每分钟往复次数）。上述往复泵在活塞往复一次的过程中，吸液或排液各一次，交替进行，输出液体不连续，称为单动泵。若活塞左右两侧都装有阀室，则可使吸液与排液同时进行，采用这种结构的泵称为双动泵，可以基本上不间歇吸排液，但仍不均匀，这是因为活塞杆的运动不均匀。在工作室的顶部设置空气室，可改善排液的均匀性。

往复泵多用交流电动机带动，也可用蒸汽机直接带动。前者活塞往复次数和输送量较难改变；而蒸汽机带动的往复泵在蒸汽压力变化时，单位时间的活塞往复次数随之变化，从而改变输送量。往复泵靠挤压作用压出液体，其压头原则上只受泵体强度和输入功率的限制。若泵出口关闭，便可在工作室内造成很大压力。应注意压头过大会使电动机或传动机构超负荷而损坏；对蒸汽机或内燃机带动的泵，则会停止运转。

往复泵是借助贮槽液面上的大气压力来吸入液体，所以安装高度也有一定的限制。但往复泵内的低压是靠工作室的扩张来造成的，所以在开动之前没有液体充满，亦能吸入液体，即有自吸作用。另一不同之处是：在冲程、冲数一定时，往复泵的流量为定值，而压头则随管路特性而变化，因此其特性曲线近于垂直；当然，在压头较高时，泵内泄漏量较大，因而流量也会略微减小。

往复泵的效率一般在 70％以上，最高可超过 90％，它适用于需要高压头的液体输送。也可用于输送黏度较大的液体，但不宜直接用于输送腐蚀性液体和含有固体颗粒的悬浮液，因泵内阀门、活塞受腐蚀或被颗粒磨损、卡住，都会导致严重的泄漏。

三、其他类型的泵

1. 计量泵（比例泵）

工业生产中使用较普遍的计量泵是往复泵的一种。有些反应器操作，要求进入的流体量十分准确而又便于调整，有时又要求两种或两种以上的液体严格按流量比例送入，于是利用往复泵流量固定的特点，发展出了计量泵，它们多数是小流量的。如图 1-38 所示的是计量泵的一种形式。它是一个活柱泵，用轴向长度大的活柱代替活塞，由转速稳定的电动机通过偏心轮来带动。偏心轮的偏心程度可以调整，于是活塞的冲程也就跟着改变。在活柱单位时间内往复次数不变的情况

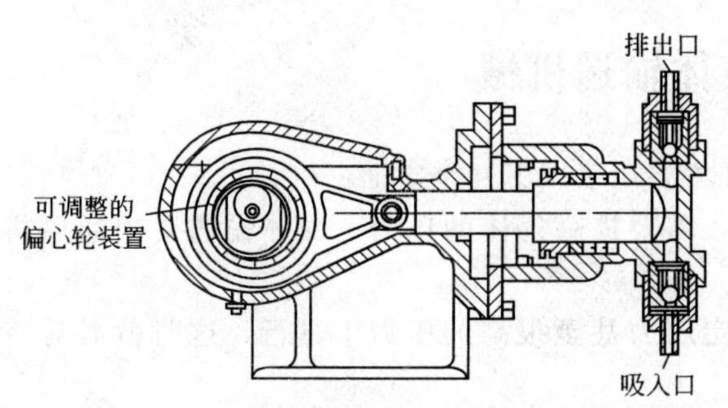

图 1-38　计量泵结构示意图

下，流量与冲程成正比，所以它是通过冲程的改变而成比例地改变流量的。

当用一个电动机带动两个或更多的计量泵时，不但可达到每股流体的流量固定，并能达到各股流体流量的比例也固定。

2. 隔膜泵

隔膜泵专用于输送腐蚀性液体或含有悬浮物的液体。它的特点是用弹性薄膜（橡胶、皮革或塑料）制成。

将泵分割成不连通的两部分，如图 1-39 所示，被输送的液体位于隔膜一侧，活柱在另一侧，彼此不相接触，使活柱避免受腐蚀或被磨损。活柱的往复运动通过介质（油或水）传递到隔膜上，隔膜随着作往复运动，使另一侧被输送液体经球形活门吸入或排除。泵内与腐蚀性液体或悬浮物接触的唯一活动部件是活门，它是易于设计成不受输送液体侵害的形式。隔膜可以用活柱或活塞带动，也可以用压缩空气来带动。

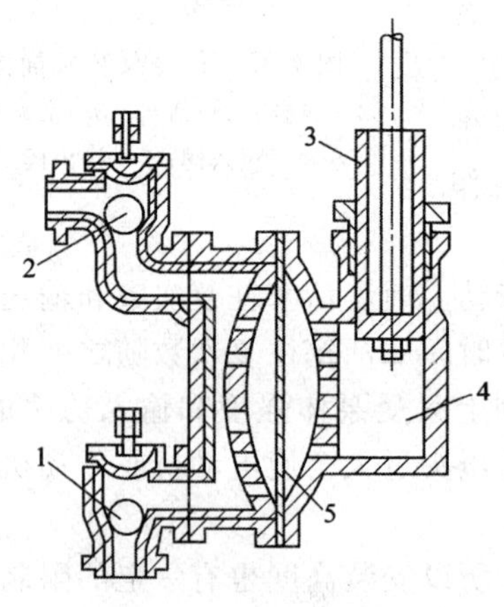

图 1-39　隔膜泵结构示意图

1—吸入活门；2—压出活门；3—活柱；
4—水（或油）缸；5—隔膜

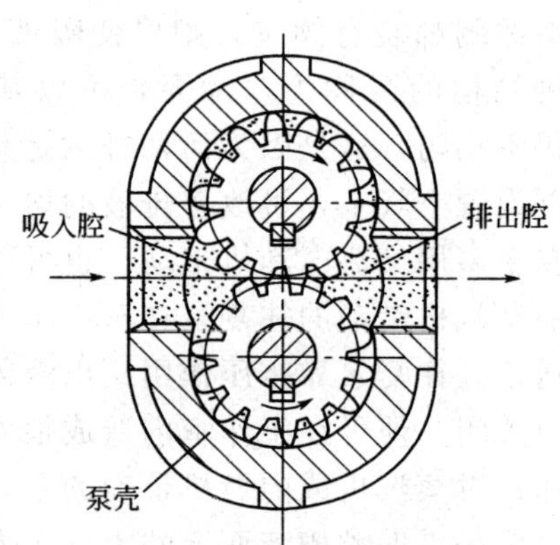

图 1-40　齿轮泵结构示意图

3. 齿轮泵

齿轮泵属于转动式容积泵，其构造如图 1-40 所示。泵壳内有两个齿轮，一个用电动机带动旋转，另一个被啮合着旋向相反方向转动。啮合处形成密封，齿间空间的液体因齿轮转动由吸入腔到达排出腔。并形成排出液体所需的压力，出口压力可略高于 1MPa。

与离心泵相比，齿轮泵的压头较高而流量较小，可用于输送黏稠液体以至膏状物料，但不能用于输送含有固体颗粒的悬浮液。它是常用的辅助设备，如往离心油泵的填料函灌注封油。

第七节　气体输送机械

气体输送与压缩机械在生产中应用广泛，主要用于以下几个方面。

① 气体输送。为了克服管路的阻力损失，需要提高气体的压力。气体输送要用通风机或鼓风机。

② 产生高压气体。有些化学反应要在一定压力甚至很高的压力下进行，这时就需对空气或气体进行压缩。

③ 产生真空。某些化学反应或蒸馏、蒸发、干燥等过程要在减压下进行，于是要用真

空泵从设备中抽气以产生真空。

气体输送机械可按其终压（出口表压）或压缩比（气体加压后与加压前的绝压之比）分为四类。

① 通风机。终压不大于15kPa。

② 鼓风机。终压为15～300kPa，压缩比小于4。

③ 压缩机。终压在300kPa以上，压缩比大于4。

④ 真空泵　在容器或设备内造成真空。

气体输送机械基本上有离心式、往复式和旋转式等类型。但因气体在操作压力之下，其密度远比液体小，故气体压送机械的运转速度常较高，其中的活动部分如活门、转子等比较轻巧。气体黏度较低，泄漏的可能性较大，故加工要求精密，各部件之间的缝隙要留得很小。此外，多设置冷却器。

一、通风机

通风机常用类型为离心式，其操作原理与离心泵类似，依靠叶轮的旋转运动产生离心力以提高气体的压力。通风机通常为单级。

离心式通风机按出口气体压力的不同，分为低压（1kPa）、中压（1～3kPa）和高压（3～15kPa）三种。

离心式通风机的机壳为蜗壳形，壳内逐渐扩大的气体通道及出口的截面通常不是圆形而是矩形，因其加工方便又可直接与矩形截面的气体管道连接。通风机叶轮上叶片数目比较多，叶片比较短。叶片有平直的、后弯的和前弯的。通风机在不追求高效率时，用前弯叶片以利于减少叶轮及风机的直径。如图1-41所示为离心通风机的简图，图1-42为低压离心通风机所用的平叶片叶轮。

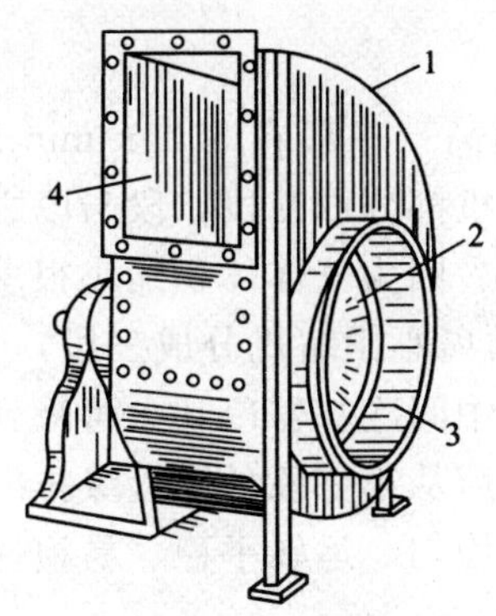

图1-41　离心通风机简图

1—机壳；2—叶轮；3—吸入口；4—排出口

图1-42　低压离心通风机的叶轮

二、鼓风机

1. 离心鼓风机

其作用原理与离心泵相似，蜗壳形通道的截面亦为圆形（图1-43），但鼓风机的外壳直径与宽度比较离心泵大，叶轮上叶片的数目较多，以适应大的流量。同时，转速也较高，如此才能达到较大的风压。固定的导轮（扩散圈）是鼓风机中不可缺少的，以保证较高的效率。单级离心鼓风机的出口表压多在30kPa以内，多级离心鼓风机可达300kPa。

2. 罗茨鼓风机

其作用原理与齿轮泵类似，如图1-44所示。机壳内有两个渐开摆线形的转子，两转子的旋转方向相反，两转子之间、转子与机壳之间缝隙很小，使转子既能自由运动又无过多的泄漏。还可使气体从机壳一侧吸入，从另一侧排出。若改变转子的旋转方向，则吸入口和排出口互换。

罗茨鼓风机的出口应安装气体缓冲罐，并装置安全阀。流量调节一般可用支路，而不是出口阀。这类鼓风机的使用温度不能过高（不超过 80～85℃），否则易引起转子受热膨胀而卡死。

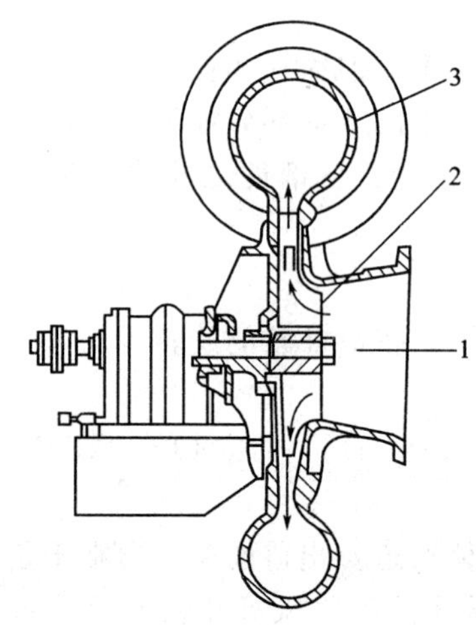

图 1-43　单级离心鼓风机

1—进口；2—叶轮；3—蜗壳

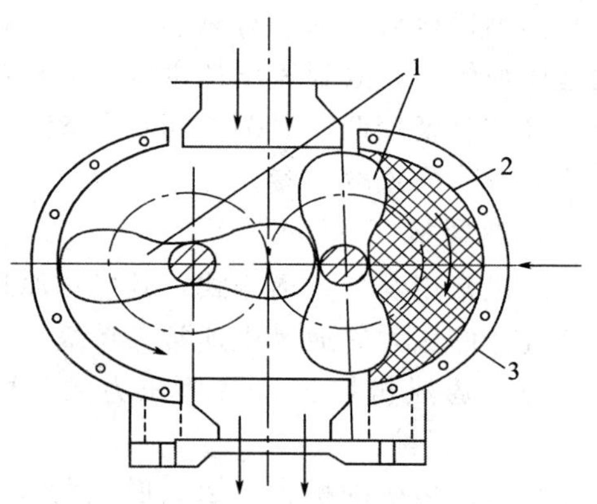

图 1-44　罗茨鼓风机

1—工作转子；2—被输送气体；3—机壳

三、压缩机

1. 离心压缩机

为达到更高出口压力，要使用压缩机。其特点是转速高（一般在 5000r/min 以上），故能产生高达 1MPa 以上的出口压力。由于压缩比高，压缩机都分成几段，段与段之间设有中间冷却器，以使升温后的压缩气体降温。每段包括若干级。因为气体体积缩小很多，叶轮直径逐渐缩小，叶轮宽度也逐级略有缩小。如图 1-45 所示的离心压缩机分成三段，每段两级。气体在第一段内经两次压缩后，从蜗形壳引到压缩机外的中间冷却器冷却，再吸到第二段进行压缩，又同样引出进行冷却，吸到第三段进行压缩，最后从第三段的第六级排出。

离心压缩机具有体积与质量都较小而流量很大、供气均匀、运转平稳、易损件少、维护方便的优点。因此，已有取代往复压缩机的趋势。

2. 往复压缩机

往复压缩机工作原理与往复泵相似。但因其体密度小，可压缩，故压缩机的吸入与排出活门必须更加灵巧精密。为移除压缩放出的热量以降低气体温度，必须附设冷却装置。

四、真空泵

从真空容器中抽气，加压后排向大气的压缩机即为真空泵。

1. 往复真空泵

其结构与往复压缩机类似，只是真空泵在低压下操作，气缸内外压差不大，所用的阀门更为轻巧。所达到的真空度较高时，压缩比很大，故余隙必须很小。为了降低余隙的影响，还在气缸左右两端之间设置有平衡气道，活塞排气阶段终了，一很短时间平衡气道连通，残留于余隙中的气体可从活塞一侧流到另一侧，于是其压力降低。往复真空泵有干式与湿式

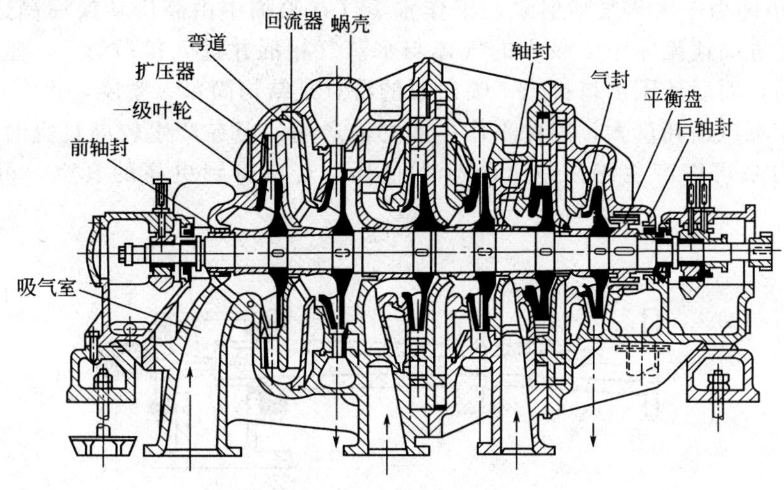

图 1-45 多级离心压缩机

之分。

2. 水环真空泵

水环真空泵外壳呈圆形，其中有一叶轮偏心安装，如图 1-46 所示。水环真空泵工作时，泵内注入一定量的水，当叶轮旋转时，由于离心力的作用，将水甩至壳壁形成水环。此水环具有密封作用，使叶片间的空隙形成许多大小不同的密封室，将气体从吸入口吸入；继而密封室在泵的左半部由大变小，气体由压出口排出。水环真空泵在吸气中可允许夹带少量液体的，属于湿式真空泵，结构简单紧凑，最高真空度达 85%。水环真空泵运转时，要不断地充水以维持泵内液封，同时也起冷却作用。

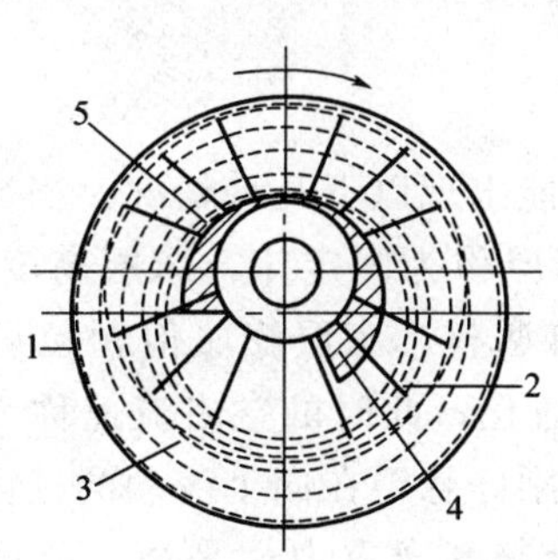

图 1-46 水环真空泵

1—外壳；2—叶片；3—水环；4—吸入口；5—排出口

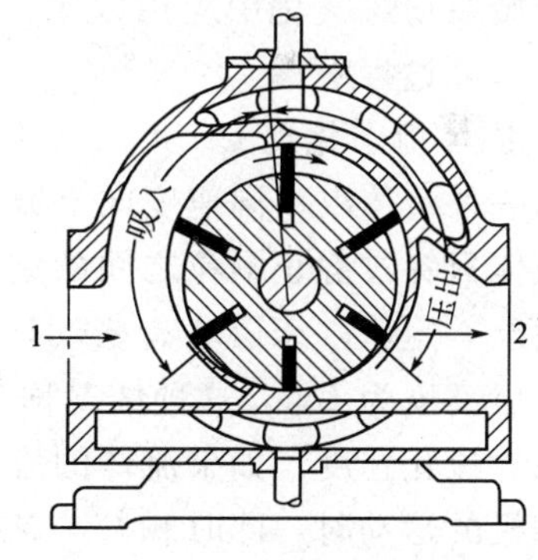

图 1-47 滑片真空泵

1—吸入口；2—排出口

3. 旋转真空泵

又称滑片真空泵，如图 1-47 所示，泵壳内装一偏心的转子，转子上有若干槽，槽内有可以滑动的片。转子转动时槽内的滑片向四周伸出，与泵壳的内周密切接触。气体于滑片与泵壳所包围的空间扩大的一侧吸入，于二者所包围的空间缩小的另一侧排出。滑片真空泵所产生的低压可接近 1MPa。

4. 喷射泵

喷射泵利用流体流动时的能量转变以达到输送的目的，它可以输送液体，也可以输送气体。在生产过程中，常用以抽真空，此时称喷射真空泵。喷射泵的工作流体为水，或是水蒸气。图 1-48 所示即为一水蒸气喷射泵。工作水蒸气在喷嘴中由高压转换后高速喷出，将低压气体或蒸汽带进高速流体中。吸入的气体与水蒸气相混并进入扩散管 5，速度逐渐降低，静压力因而升高，而后从压出口排出。喷射泵的特点是结构简单、紧凑，没有活动部分，但效率较低，工作蒸汽消耗量大，因此不作一般的输送用，但在产生较高真空时却比较经济。单级水蒸气喷射泵可以产生绝压约 13kPa 的低压。若要得到更高的真空，可采用多级喷射泵。

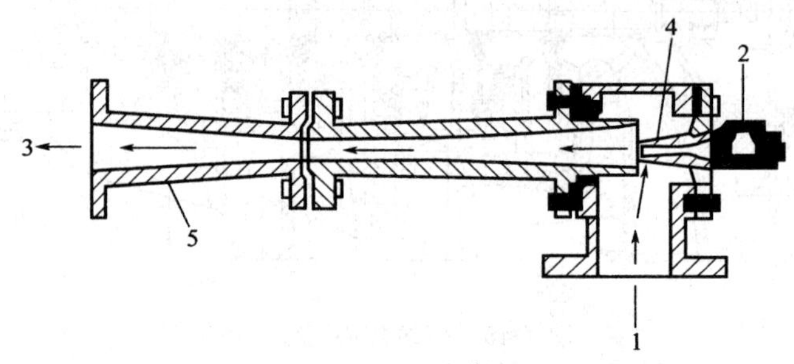

图 1-48 水蒸气喷射泵

1—气体吸入口；2—蒸汽入口；3—排出口；
4—喷嘴；5—扩散管

第八节 固体输送

一、固体流态化

流态化是一种使固体颗粒通过与流体接触而转变成类似流体状态的操作。自 20 世纪 20 年代开始在粉煤气化中应用以来，该技术已广泛应用于颗粒物料的加热、干燥、混合、浸取、吸附等过程中。

1. 固体流态化现象

当一种流体以不同速度向上通过颗粒床层时，可能出现以下几种情况：当流体的速度低时，流体只穿过静止颗粒之间的空隙而流动，这种床层称为固定床，床层高度为 L_0。若流速增大至一定值，床层略有松动，有的颗粒位置稍有调整，床层膨胀但颗粒仍不能自由运动，床层高度为 L_{mf}，这种情况称为初始流化或临界流化；此时的空塔流速称为初始流化速度或临界流化速度。如果流体的流速升高到全部颗粒刚好悬浮在向上流动的气体或液体中而能做随机的运动时，此时颗粒与流体之间的摩擦力恰与其净重力相平衡。此后床层高度 L 将随流速提高而升高。床层具有类似于流体的性质，这种床层称为流化床。若流速再升高达到某一极限值后，流化床上界面消失，颗粒悬浮在气流中，并被气流带走，这种情况称为气力输送。颗粒开始带出的速度称为带出速度，其数值等于颗粒在该流体中的沉降速度。

2. 流化床的流体力学特性

流化床中的气固运动状态很像沸腾的液体，并且在许多方面表现出类似于液体的性质。流化床具有像液体那样的流动性，固体颗粒可从小孔喷出，并像液体那样，从一个容器流入另一个容器。比床层密度小的物体可很容易地推入床层，而一松开，它就弹起并附在床层的表面上。当容器倾斜时，床层的上表面保持水平，而且当两个床层相通时，它们的床面会自行调整至同一水平。床层中任意两截面间的压强变化大致等于这两截面间单位面积床层的重力。

利用流化床类似液体的特性，固体颗粒的流出是一个具有实际意义的重要特性，它使流化床的操作能够实现固体的连续加料和卸料。

(1) 流化床的压降 对于等截面流化床(床层直径不变)的情况，如果流体自下而上通过颗粒床层，流速以空塔流速 u 来表示，通过床层的压降 Δp_B 在理想情况下，如图 1-49 所示。

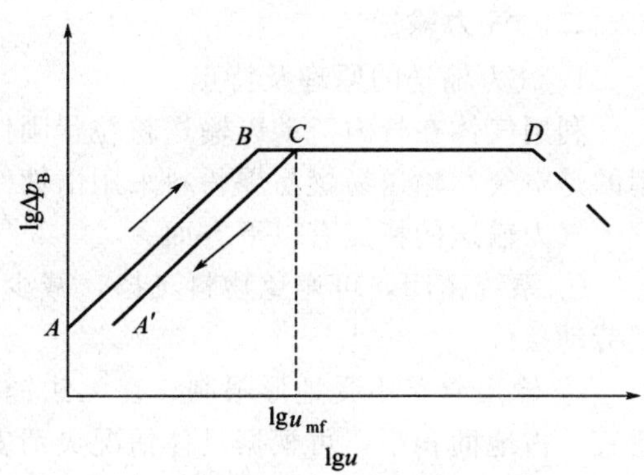

图 1-49 流化床 Δp_B-u 关系

① 固定床阶段。床层压降 Δp_B 随流速的增加而增大，对于细粒子

$$\frac{\Delta p_B}{L}=K''\frac{a^2(1-E)^2}{E^3}\mu u \tag{1-50}$$

式中，E 为床层空隙率；a 为比表面积。颗粒尺寸一定时为定值，E 在固定床阶段为定值。流速从小到大时，Δp_B-u 关系如图 1-49 中 AB 段所示。

当流速增大至 B 点，床层开始膨胀，颗粒发生振动重新排列，但不能自由运动，如图 1-49 中 BC 段所示。

② 流化床阶段。当流速增至 u_{mf} 点时，床层开始流化，床层颗粒开始悬浮在流体中，可以自由移动。

如果在临界点后流速继续增大，床层空隙率 E 增大，使床层高 L 增加，但 $L(1-E)$ 等于定值。因此，在这一阶段 Δp_B 不变。

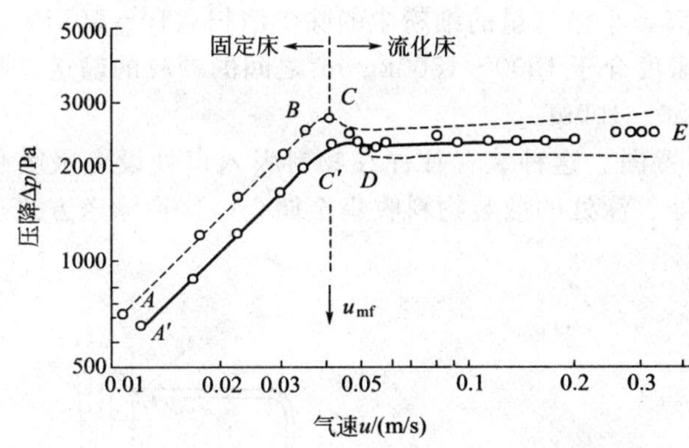

图 1-50 气体流化床的实际 Δp-u 关系图

③ 气力输送阶段。当流速大到某一数值后，床层上界面消失，床层空隙率增大，所以颗粒都悬浮在气流中并被气流带走，这时气流中颗粒浓度降低，由密相变为稀相，这种状态成为气流输送。此阶段的起始点的速度称为带出速度或最大流化速度，以 u_t 表示。它是流化床操作所允许的理论上最大气速。

图 1-50 所示的 Δp-u 关系是流化床的理想情况。

(2) 临界流化速度 流化床中，当气体速度达到某一数值后，固体颗粒处于悬浮状态，此时，流化床进入流化状态，对应的流速称为临界流化速度，以 u_{mf} 表示。

确定临界流化速度可以通过实测和计算两种方法。实测法时，测取固体颗粒床层从固定状态到流化状态的一系列压降与气体流速的对应值。将这些数据标在对数坐标上，得到如图 1-50 的 $ABCDE$ 曲线。若在床层达到流化状态后，再继续降低气速，则床层高度下降至压强降为 C' 点所对应的床层高度时，固体颗粒互相接触而成为静止的固定床。气速再降低则流速与压降曲线沿 $C'A'$ 变化。与 C' 点对应的流速即为所测的临界流化速度。

(3) 最大流化速度 流速达到某一数值时，颗粒都悬浮在气流中并被气流带走，此时对应的流速称为最大流化速度。其算式为

$$u_t=\sqrt{\frac{4gd(\rho_s-\rho)}{3\rho\zeta}} \tag{1-51}$$

式中，ζ为阻力系数。计算中注意颗粒直径应用最小直径。

二、气力输送

1. 气力输送的原理及特点

利用气体在管内流动以输送粉粒状固体的方法称为气力输送。作为输送介质的气体最常用的是空气，输送易燃易爆粉料采用惰性气体。

气力输送的特点有以下方面。

① 系统密闭，可避免物料飞扬，减少了物料的损失，避免了物料受潮、受污染，改善了劳动条件。

② 输出管路不受地形限制，在无法铺设道路或安装输送设备的地方使用气力输送尤为适宜。占地面积小，可根据具体情况灵活安排线路。

③ 设备紧凑，易于实现连续化、自动化操作，便于同连续化生产的化工过程相衔接。

④ 在气力输送过程中可同时进行粉料的干燥、粉碎、冷却、加热等操作。

气力输送消耗的动能较大，颗粒尺寸受到一定限制，并且在输送过程中粒子易破碎，管壁也受到一定程度的磨损。对含水量多、有黏附性或高速运动时产生静电的物料，不宜用气力输送，而以机械输送为宜。

2. 气力输送流程及设备

气力输送按输送气源压力分为吸引式和压送式。按固相浓度分为稀相输送与密相输送。其输送常见流程具体如下。

（1）吸引式　输送管路中的压强低于常压的输送称为吸引式气力输送。气源真空度不超过 10kPa 的称为低真空式，主要用于近距离、小输送量的细粉尘的除尘清扫；10～50kPa 之间的称为高真空式，主要用在粒度不大，密度介于 1000～1500kg/m^{3}之间的颗粒的输送。吸引式输送量一般不大，输送距离也不超过 50～100m。

如图 1-51 为典型的吸引式气力输送装置图。这种装置往往在物料吸入口处设有吸嘴形状的挠性管，以便将分散于各处的或在低处、深处的散装物料收集至储仓。这种输送方式适用于需要输送起始处避免粉尘飞扬的场合。

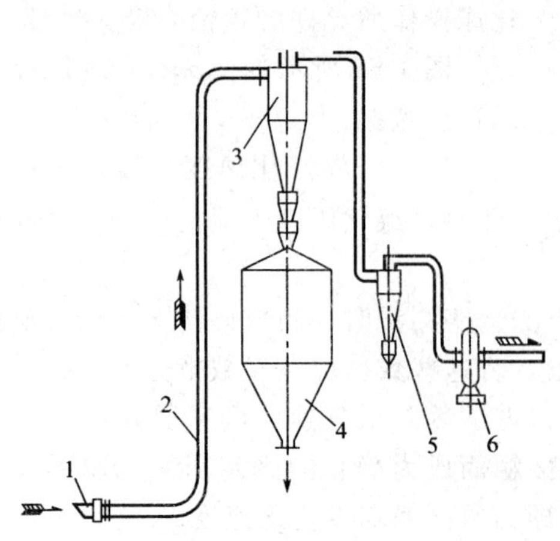

图 1-51　吸引式气力输送装置图

1—吸嘴；2—输送管；3—一次旋风分离器；4—料仓；5—旋风分离器；6—抽风机

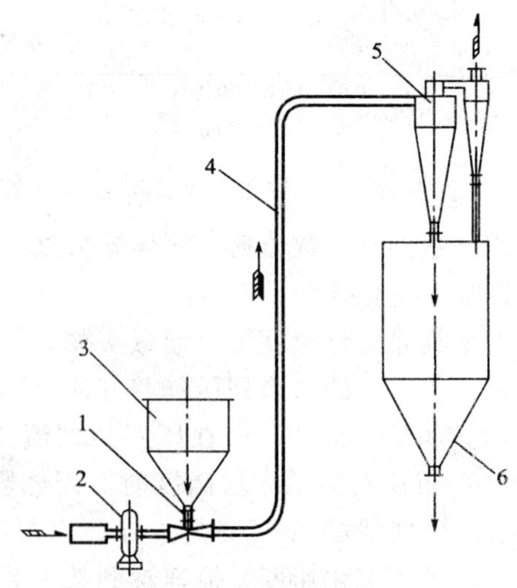

图 1-52　压送式气力输送装置图

1—回转式供料器；2—压气机械；3—料斗；4—输料管；5—二次旋风分离器；6—料仓

（2）压送式　输送管中的压强高于常压的输送称为压送式气力输送。分为高压式与低压式两种。低压式的气源表压不超过 50kPa，这种输送方式在一般化工厂中应用较多，适用于小量粉粒状物料的近距离输送。高压式的表压强可达 700kPa，用于大量粉状物料的输送，输送距离可达 600～700m。其典型装置流程图如图 1-52 所示。

（3）密相输送　在气力输送中，气流中固相的浓度以混合比 R 来表示。混合比即单位质量气体所输送的固体质量。一般当混合比大于 25 时采用密相输送。如图 1-53 所示，压缩空气通过发送罐 1 内的喷气环将粉料吹松，另一股表压为 150～300kPa 的气流通过脉冲式发生器 5 以 20～40 次 /min 的频率间断地吹入输料管入口处，将流出的粉料割成料栓，凭借空气的压力推动料栓在输送管道中向前移动。

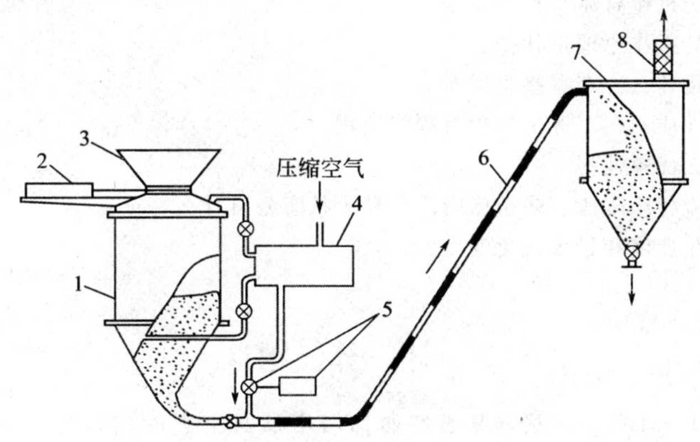

图 1-53　脉冲式密相输送装置

1—发送罐；2—气相密封插板；3—料斗；4—气体分配器；
5—脉冲式发生器和电磁阀；6—输送管路；7—收槽；8—袋滤器

此类装置输送能力大，输送距离可达 100～1000m，尾部所需的气固分离设备简单。由于物料或多或少呈集团状低速运动，物料的破碎及管道磨损较轻。因而得到了广泛应用。

思　考　题

1. 何谓流体？液体和气体各有什么特征？
2. 什么是密度？液体与气体密度有何不同？
3. 压力的定义是什么？压力可用什么单位表示？
4. 压力表示方法有几种？它们之间有何关系？
5. 应用静力学方程式时，必须具备什么条件？
6. 静压强有什么特征？
7. 静力学方程在生产中有哪些应用？
8. 什么是流体的连续性？稳定的连续性方程有几种表示方法？
9. 什么是稳定流动和非稳定流动？举例说明。
10. 在实际流体的伯努利方程式中，损失能量是如何造成的？
11. 实际流体的伯努利方程式，应用条件有哪些？
12. 连续性方程和伯努利方程的依据和应用条件是什么？应用伯努利方程为什么要选取计算截面和基准面？如何选取？
13. 流体在直管中流动时，产生的阻力原因是什么？
14. 雷诺试验说明什么问题？

15. 什么是流动过程中的层流底层？雷诺数非常大时还有此层吗？

16. 流量测量仪中，孔板流量计、文丘里管和转子流量计是依据什么原理测量流量的？

17. 管路布置的原则是什么？

18. 节流阀与安全阀各有何作用？

19. 离心泵的工作原理如何？

20. 什么是离心泵的汽蚀现象？如何防止汽蚀现象的发生？

21. 离心泵有哪些类型？如何选用？

22. 若离心泵的实际安装高度大于允许安装高度会发生什么现象？

23. 往复泵是如何工作的？

24. 启动往复泵时能否关闭出口阀门？

25. 常用的气体输送机械有哪些？

26. 往复式压缩机的工作原理是什么？

27. 真空泵的作用是什么？有哪些类型？

28. 流化床有哪些性质？在工业生产中有哪些应用？

29. 气力输送有什么优越性？

30. 固定床阶段、流化床阶段、输送床阶段、粒子状态各有什么特征？

31. 什么是临界流化速度和最大流化速度？

计 算 题

1. 在大气压为 760mmHg 的地区，某真空蒸馏塔塔顶真空表的读数为 738mmHg。若在大气压为 655mmHg 的地区使塔内绝对压力维持相同的数值，则真空表读数应为多少？

2. 敞口容器底部有一层深 0.52m 的水（$\rho=1000\text{kg/m}^3$），其上为深 3.46m 的油（$\rho=916\text{kg/m}^3$）。求器底的压力，以 Pa、mmHg、mH_2O 三种单位表示。这个压力是绝压还是表压？

3. 如图 1-54 所示，封闭的罐内存有密度为 1000kg/m^3 的水。水面上所装的压力表读数为 42kPa。又在水面以下装一压力表，表中心线在测压口以上 0.55m，其读数为 58kPa。求罐内水面至下方测压口的距离。

4. 如图 1-55 所示，用一复式 U 形管压差计测定水流管道 A、B 两点的压差，压差计的指示液为汞，两段汞柱之间放的是水，今若测得 $h_1=1.2\text{m}$，$h_2=1.3\text{m}$，$R_1=0.9\text{m}$，$R_2=0.95\text{m}$，问管道中 A、B 两点间的压差为多少？

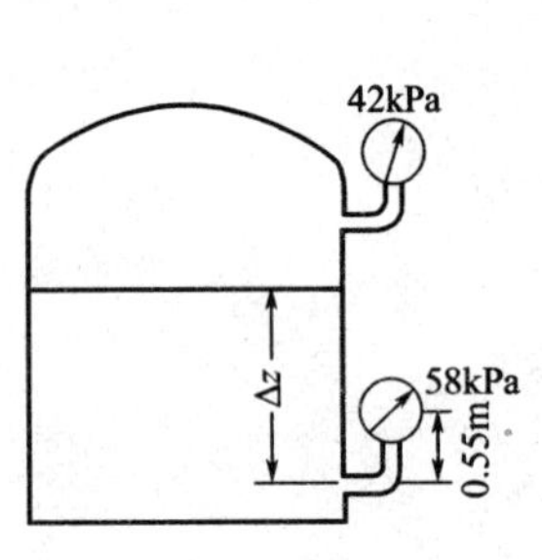

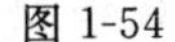

图 1-54

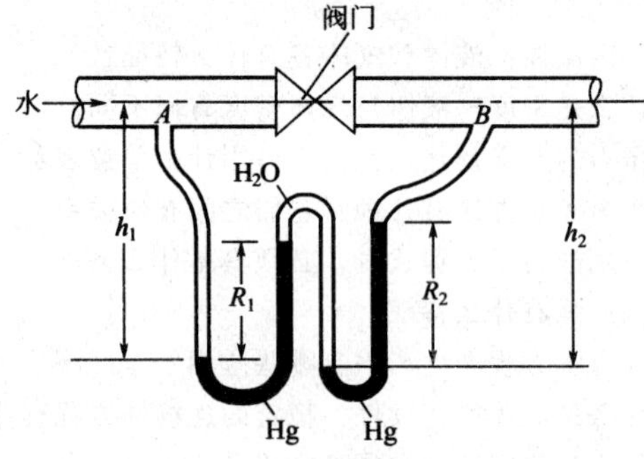

图 1-55

5. 如图 1-56 所示的开口容器内盛有油和水，油层的高度为 $h_1=0.7\text{m}$，密度为 $\rho_1=800\text{kg/m}^3$；水层的高度为 $h_2=0.6\text{m}$，密度为 $\rho_2=1000\text{kg/m}^3$。①判断下列关系是否成立：$P_A=P'_A$；$P_B=P'_B$。②计算水在玻璃管中的高度 h。

6. 如图 1-57 所示的输水管道内径为 $d_1=2.5\text{cm}$，$d_2=10\text{cm}$，$d_3=5\text{cm}$。①当流量为 4L/s 时，各段管的平均流量流速为多少？②当流量增至 8L/s 或减至 2L/s 时，平均流速如何变化？

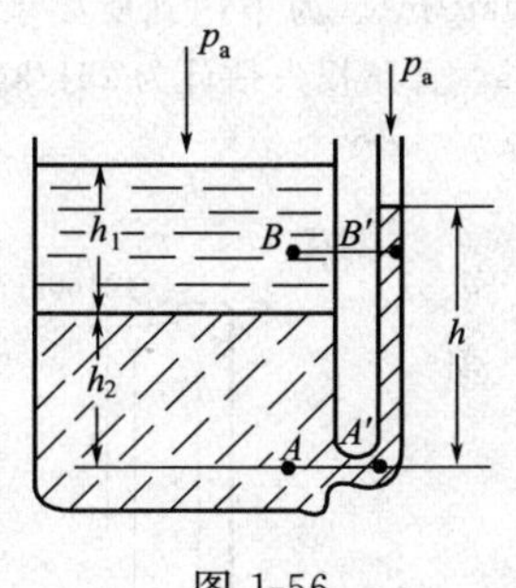

图 1-56

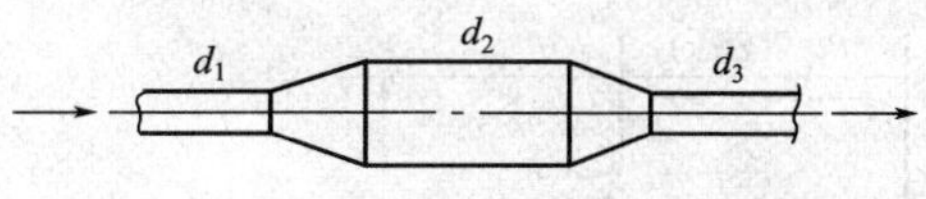

图 1-57

7. 如图 1-58 所示，用双液体 U 形管压差计测定两处空气的压差，读数为 320mm。由于 U 形管上的两个小室不够大，致使小室内两液面产生 4mm 的高度差。求实际的压差为多少 Pa？若计算时不考虑两小室内液面高度差，会造成多大的误差？

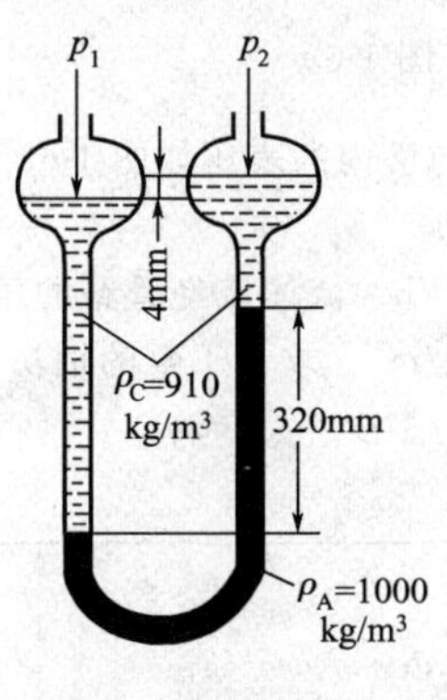

图 1-58

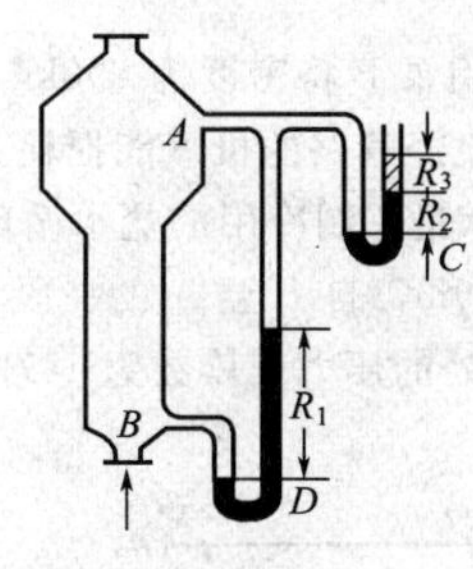

图 1-59

8. 某硫化反应器上装有两个 U 形管压差计，如图 1-59 所示。测得 $R_1=400$mm，$R_2=50$mm，指示液为水银。为了防止水银蒸气向空间扩散，于右侧的管与大气连通的玻璃管内注入一段水，其高度为 $R_3=50$mm。试求 A、B 两处的表压力。

9. 硫酸相对密度为 1.83，体积流量为 150L/min，流经由大小管组成的串联管路，管尺寸分别为 ϕ57mm×3.5mm 和 ϕ76mm×4mm，试分别求小管和大管中的：①质量流量；②平均流速；③质量流速。

10. 如图 1-60 所示，在槽 A 中装有 NaOH 和 NaCl 的混合水溶液，现需将该溶液放入反应槽 B 中，阀 C 和阀 D 同时打开。问如果槽液面降至 0.3m 需要多少时间？已知槽 A 与槽 B 的直径皆为 2m，管道尺寸为 ϕ32mm×2.5mm，溶液在管中的瞬时流速 $u=0.7\sqrt{\Delta z}$m/s，式中 Δz 为该瞬时两槽的液面高度差。

11. 如图 1-61 所示，将相对密度为 0.85 的原料从高位槽送入精馏塔，高位槽的液面维持不变，塔内操作压力为 0.1kgf/cm² （表压），管子用 ϕ38mm×2.5mm 的钢管，欲使原料液以 5m³/h 的流量进入塔内，问高位槽液面应比塔进口处高几米？（设流动过程损失压头 3m 液柱）

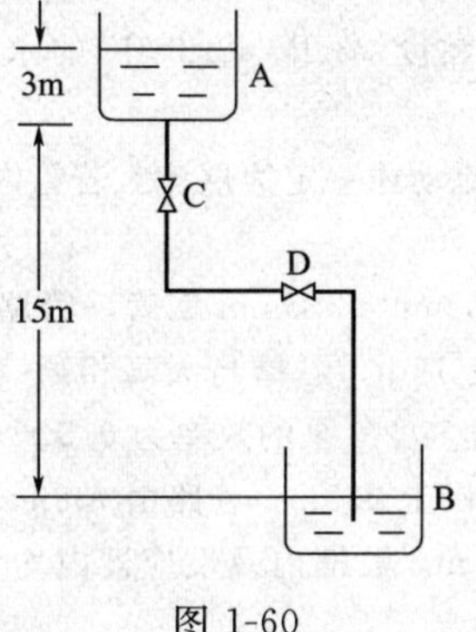

图 1-60

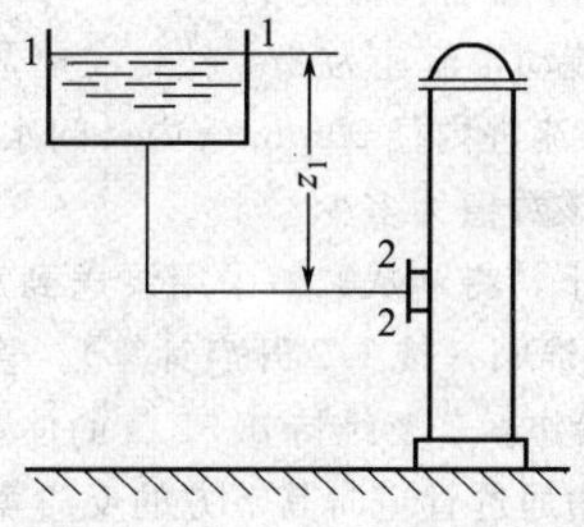

图 1-61

12. 如图 1-62 所示，一高位槽向喷头供应液体，液体密度为 1050kg/m^3。为了达到所要求的喷洒条件，喷头入口处要维持 40.5kPa 的压力。液体在管路内的流速为 2.2m/s，管路损失估计为 25J/kg（从高位槽算至喷头入口为止）。求高位槽内的液面至少要在喷头入口以上多少米？

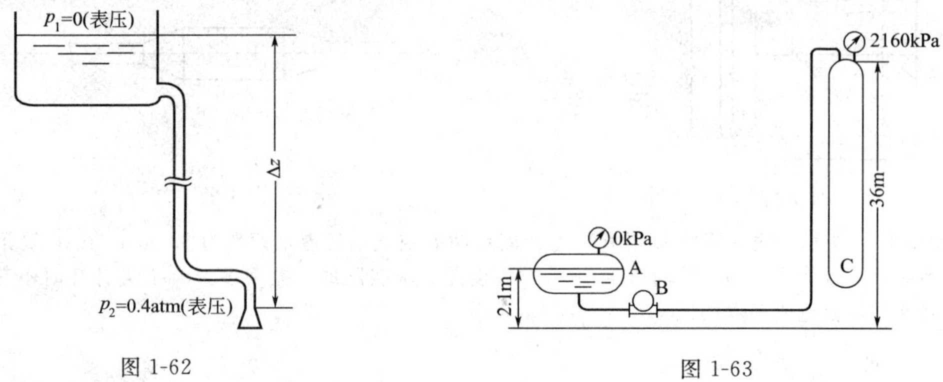

图 1-62　　图 1-63

13. 从容器 A 用泵 B 将密度为 890kg/m^3 的液体送入塔 C。容器内与塔内的表压如图 1-63 所示。输送量为 15kg/s。流体流经管路的机械能损耗为 122J/kg。求泵的有效功率。

14. 图 1-64 所示是一制冷用的盐水循环系统。盐水的循环量为 45m^3/h。流体流经管路的压头损失为：自 A 至 B 的一段为 9m，自 B 至 A 的一段为 12m。盐水的密度为 1100kg/m^3。求：①泵的轴功率，设其效率为 0.65。②若 A 处的压力表读数为 147kPa，则 B 处的压力表读数应为多少？

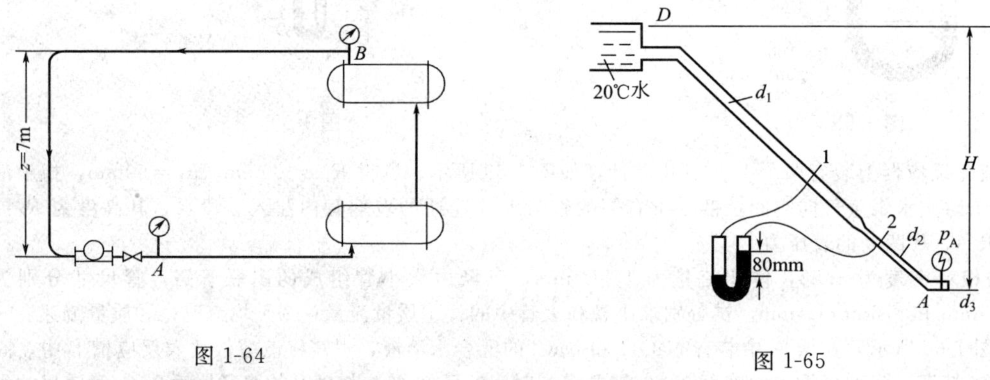

图 1-64　　图 1-65

15. 某列管式换热器中共有 250 根换热管。流经管内的总水量为 144m^3/h，平均水温 10℃，为了保证换热器的冷却效果，需使管内水流处于湍流状态，问对管径有何要求？

16. 如图 1-65 所示，水由高位水箱经管道从喷嘴流出，已知 $d_1=125$mm，$d_2=100$mm，喷嘴 $d_3=75$mm，压差计读数 R=80mm 汞柱。若忽略阻力损失，求 H 和喷嘴前的 p_A。

17. 分析计算在下列情况下，流体流过 100m 直管的损失压头和压力降。①293K、98%的硫酸在内径为 50mm 的铅管内流动，流速为 0.5m/s，硫酸密度为 1830kg/m^3，黏度 23cP。②293K 的水在内径为 63mm 的钢管中流动，流速为 2m/s。

18. 90℃的水流进内径 20mm 管内，问水的流速不超过哪一数值时流动才一定为层流？若管内流动的是 90℃的空气，则该数值为多少？

19. 在 20℃下，将苯从贮槽中用泵送到反应器，经过长 40m 的 ϕ57mm×2.5mm 钢管，管路上有两个 90°弯头，一个标准阀（按 1/2 开启计算）。管路出口在贮槽的液面以上 12m。贮槽与大气相通，而反应器是在 500kPa 下操作。若要维持 0.5L/s 的体积流量，求泵所需的功率为多少？泵的效率为 0.5。

20. 一酸贮槽通过管道向其下方的反应器送酸，槽内液面在管出口以上 2.5m。管路由 ϕ38mm×2.5mm 无缝钢管组成，全长（包括管件的当量长度）为 25m，粗糙度取 0.15mm。贮槽内及反应器内均为大气压。求每分钟可送酸多少立方米？酸的密度 $\rho=1650$kg/m^3，黏度 $\mu=12$cP。

21. 某离心泵的允许汽蚀余量为 3.5m，今在海拔 1000m 的高原上使用。已知吸入管路的全部阻力损失为 3J/N。今拟将该泵装在水源之上 3m 处，试问此泵能否正常操作？该地大气压为 90kPa，夏季的水温为 20℃。

22. 有下列输送任务，试分别提出合适的泵的类型。

① 往空气压缩机的气缸中注润滑油。

② 输送番茄浓汁至装罐机。

③ 输送带有结晶的饱和盐溶液至过滤机。

④ 将水从水池送到冷却塔顶（塔高 30m，水流量 $5000m^3/h$）。

⑤ 将洗衣粉浆液送到喷雾干燥器的喷头中（喷头内压力 10MPa，流量 $5m^3/h$）。

⑥ 配合控制器，将碱液接控制的流量加进参与化学反应的物流中。

23. 现需输送温度为 200℃，密度为 $0.75kg/m^3$ 的烟气，要求输送流量为 $12700m^3/h$，全风压为 $120mmH_2O$。工厂仓库中一台风机，其铭牌上流量为 $12700m^3/h$，风压为 $160mmH_2O$。试问该风机是否可用？

24. 要向某换热器和常压干燥器系统输送空气。空气的温度为 293K，质量流量为 30t/h。若所需的全风压为 $380mmH_2O$，试选一台合适的通风机。

第二章　非均相混合物的分离

学习目标

［掌握］重力沉降与离心沉降基本原理；过滤操作的基本原理和过滤基本参数；恒压过滤方程及过滤常数的测定方法。

［熟悉］重力沉降速度及离心沉降速度的计算；常用过滤设备的结构、特点及生产能力的计算；旋风分离器及常用离心机的结构、工作原理及性能。

［了解］非均相混合物的分离目的、依据和方法；气体的净制方法；气体净制设备结构、工作原理及性能。

凡物系内部有隔开两相的界面存在且界面两侧的物料性质截然不同的混合物，称为非均相混合物。在非均相混合物中，处于分散状态的物质，如分散于流体中的固体颗粒、液滴或气泡，称为分散物质或分散相；包围分散物质且处于连续状态的物质称为分散介质或连续相。根据连续相的状态，非均相混合物分为两种类型：①气态非均相混合物，如含尘气体、含雾气体等；②液态非均相混合物，如悬浮液、乳浊液及泡沫液等。

工业上分离非均相混合物的目的如下。

① 回收有价值的分散物质以获得固体产品　如糖厂从糖膏中分离出砂糖晶体，淀粉厂从淀粉液中分离出淀粉，以及从它们的干燥器排放的废气中回收被夹带的固体颗粒。

② 净化分散介质以获得纯净的气体或液体　如发酵厂的空气净化，糖厂糖液的澄清，以及食品厂各种液体饮料的净制等。

③ 环境保护和安全生产　生产过程中常常产生大量的废气、废液，为了保护人类生态环境，清除工业污染，要求对排放的废气、废液中有毒的物质加以处理，使其浓度符合规定的排放标准，同时还可以从中提取有用物质，变废为宝。

非均相混合物的分离主要是根据两相物理性质（如密度）不同进行分离的。要实现分离，必须使两相作相对运动。沉降是使分散相运动；过滤是使分散介质运动；离心分离是使物系处于离心力场下，将两相加以分离。

第一节　重力沉降

利用分散相和连续相之间的密度差，使分散相相对于连续相运动而实现悬浮液分离的操作称为沉降。如果沉降在重力场中进行，则称为重力沉降。

一、基本概念

1. 沉降速度

如果颗粒在重力沉降过程中不受周围颗粒和器壁的影响，称为自由沉降。

颗粒的重力沉降速度是指颗粒相对于周围流体的沉降运动速度。影响重力沉降速度的因素很多，有颗粒的形状、大小、密度，流体的种类、密度、黏度等。为了便于讨论，现以表面光滑的球形颗粒在静止流体中的沉降为例，考察单个颗粒的自由沉降过程。设颗粒的密度为 ρ_s，直径为 d，流体的密度为 ρ，如果颗粒的密度大于流体密度，则颗粒所受重力大于浮力，颗粒将在重力作用下作沉降运动。此时颗粒受三个力的作用：重力、浮力和阻力，如图 2-1 所示。颗粒所受的三个力的公式分别为

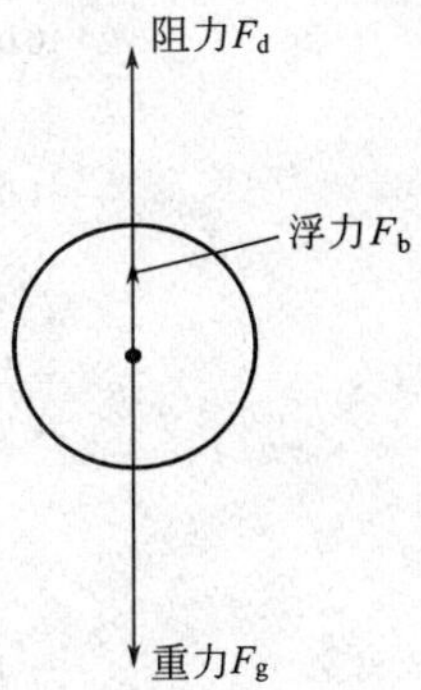

阻力F_d

浮力F_b

重力F_g

图 2-1 颗粒受力情况分析

重力 $$F_g = mg = \frac{\pi}{6} d^3 \rho_s g \tag{2-1}$$

浮力 $$F_b = \frac{\pi}{6} d^3 \rho g \tag{2-2}$$

阻力 $$F_d = \zeta \frac{\pi}{4} d^2 \frac{1}{2} \rho u^2 \tag{2-3}$$

式中，ζ 为阻力系数；u 为颗粒相对于流体的降落速度，m/s。

重力的方向与颗粒沉降方向一致，浮力和阻力的方向与沉降的方向相反。根据牛顿第二定律，有

$$F_g - F_b - F_d = ma \tag{2-4}$$

式中，m 为颗粒的质量，kg；a 为颗粒沉降时的加速度，m/s^2。

对于一定的颗粒和一定的流体，重力和浮力的大小是固定的，而阻力却随降落速度而变化。颗粒开始沉降的瞬间，初速度 u 为 0，因而阻力 $F_d = 0$，因此加速度 a 为最大值。颗粒开始沉降后，阻力随速度 u 的增加而加大，当阻力增大到等于重力与浮力之差时，即三力的合力为 0，于是颗粒开始作匀速沉降运动。

由此可见，颗粒的沉降过程应分为两个阶段，第一阶段为加速阶段，第二阶段为匀速阶段。在匀速阶段中，颗粒相对于流体的运动速度称为沉降速度 u_t。由于该速度是加速段终了时颗粒相对于流体的运动速度，故又称为"终端速度"，也可称为自由沉降速度。

沉降速度关系式可由式(2-4) 推导，当 $a=0$ 时，$u=u_t$，则

$$\frac{\pi}{6} d^3 \rho_s g - \frac{\pi}{6} d^3 \rho g - \zeta \frac{\pi}{4} d^2 \frac{1}{2} \rho {u_t}^2 = 0$$

整理得

$$u_t = \sqrt{\frac{4d(\rho_s - \rho) g}{3\zeta\rho}} \tag{2-5}$$

式中，u_t 为球形颗粒的自由沉降速度，m/s。

式(2-5) 即为沉降速度计算式。

化工生产中，小颗粒沉降最为常见，其 $(F_g - F_b)$ 较小，而阻力 F_d 增加很快，加速阶段非常短暂，常可忽略，可以认为颗粒在流体中始终以终端速度下降。

2. 阻力系数

通过量纲分析法可知阻力系数 ζ 是颗粒与流体相对运动雷诺数 Re_t 的函数，即

$$\zeta = f(Re_t) = f\left(\frac{d u_t \rho}{\mu}\right)$$

根据实验结果做出的阻力系数 ζ 与 Re_t 的关系如图 2-2 所示。

由图 2-2 可见，对于球形颗粒 $(\varphi=1)$，ζ-Re_t 关系曲线可以分为三个区域，各区域的曲线段可分别用不同的计算公式表示：

① 层流区 $(10^{-4} < Re_t \leqslant 2)$ $$\zeta = \frac{24}{Re_t} \tag{2-6}$$

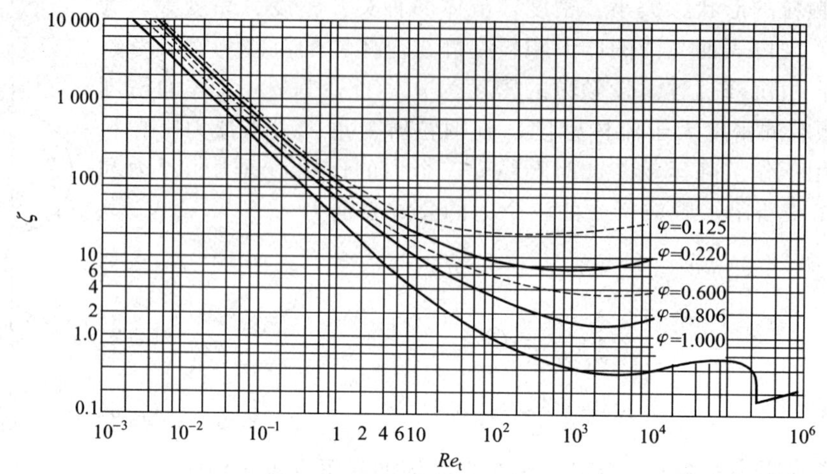

图 2-2　ζ 与 Re_t 的关系

② 过渡区（$2<Re_t<10^3$）　　$$\zeta=\frac{18.5}{Re_t^{0.6}} \tag{2-7}$$

③ 湍流区（$10^3 \leqslant Re_t<2\times10^5$）　　$$\zeta=0.44 \tag{2-8}$$

将式(2-6)、式(2-7) 及式(2-8) 分别代入式(2-5)，便可得到球形颗粒在相应各区的沉降速度公式，即

① 层流区　　$$u_t=\frac{gd^2(\rho_s-\rho)}{18\mu} \tag{2-9}$$

② 过渡区　　$$u_t=0.153\left[\frac{gd^{1.6}(\rho_s-\rho)}{\rho^{0.4}\mu^{0.6}}\right]^{1/1.4} \tag{2-10}$$

③ 湍流区　　$$u_t=1.74\sqrt{\frac{d(\rho_s-\rho)g}{\rho}} \tag{2-11}$$

式(2-9)、式(2-10) 及式(2-11) 分别称为斯托克斯（Stokes）公式、艾伦（Allen）公式和牛顿（Newton）公式。球形颗粒在流体中的沉降速度可根据不同流型，分别选用上述三式进行计算。由于沉降操作中涉及的颗粒直径都较小，操作通常处于层流区，因此，斯托克斯公式应用较多。

【例 2-1】 某烧碱厂拟采用重力沉降净化粗盐水。粗盐水的密度为 1200kg/m^3，黏度为 2.3mPa·s，其中固体颗粒可视为球形，密度取 2640kg/m^3。求：①直径为 0.1mm 的颗粒的沉降速度；②沉降速度为 0.02m/s 的颗粒直径。

解： ① 在沉降区域未知的情况下，先假设沉降处于层流区，应用斯托克斯公式：

$$u_t=\frac{gd^2(\rho_s-\rho)}{18\mu}=\frac{9.81\times(10^{-4})^2\times(2640-1200)}{18\times2.3\times10^{-3}}=3.41\ (\text{m/s})$$

校核流型　$$Re_t=\frac{du_t\rho}{\mu}=\frac{10^{-4}\times3.41\times10^{-3}\times1200}{2.3\times10^{-3}}=0.178<2$$

层流区假设成立，$u_t=3.41\text{m/s}$ 即为所求。

② 假设沉降处于层流区，应用斯托克斯公式：

$$d=\sqrt{\frac{18\mu u_t}{g\ (\rho_s-\rho)}}=\sqrt{\frac{18\times2.3\times10^{-3}\times0.02}{9.81\times\ (2640-1200)}}=2.42\times10^{-4}\ (\text{m})$$

校核流型　$$Re_t=\frac{du_t\rho}{\mu}=\frac{2.42\times10^{-4}\times0.02\times1200}{2.3\times10^{-3}}=2.53>2$$

原假设不成立。再设沉降属过渡区，应用艾伦公式：

$$d=\left[\left(\frac{u_t}{0.153}\right)^{1.4}\times\frac{\rho^{0.4}\mu^{0.6}}{g(\rho_s-\rho)}\right]^{1/1.6}$$

$$=\left[\left(\frac{0.02}{0.153}\right)^{1.4}\times\frac{1200^{0.4}\times(2.3\times10^{-3})^{0.6}}{9.81\times(2640-1200)}\right]^{1/1.6}$$

$$=2.59\times10^{-4}\ \text{(m)}$$

校核流型 $$Re_t=\frac{d^2u_t\rho}{\mu}=\frac{2.59\times10^{-4}\times0.02\times1200}{2.3\times10^{-3}}=2.70$$

过渡区假设成立，$d=0.259$mm 即为所求。

二、沉降设备

利用重力沉降的原理来分离散布于流体中固体颗粒的设备称为重力沉降设备，简称沉降器。如分离气-固相混合物的降尘室和分离液-固相悬浮物的沉降槽。

1. 降尘室

降尘室是应用最早的重力沉降设备，常用于含尘气体的预分离。其类型很多，图 2-3 为典型的气体作水平流动的降尘室。

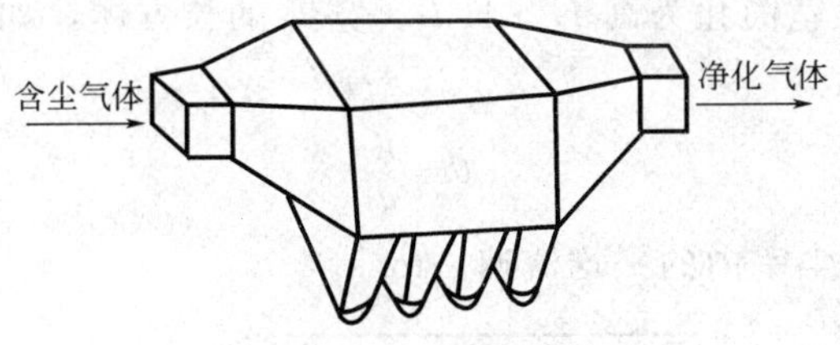

图 2-3 降尘室示意图

含尘气体进入降尘室后，由于流动截面增大，流速降低，在室内有一定的停留时间使尘粒能在气体离室之前沉至室底而被除去。显然，气流在降尘室内的均匀分布是十分重要的。若设计不当，气流分布不均甚至有死角存在，则必有部分气体在室内停留时间较短，其中所含尘粒就来不及沉降而被带出室外。图 2-3 降尘室采用锥形进出口，其目的也是为了使气体在室内分布均匀些。另外，为减小占地面积，增加其生产能力，降尘室往往做成多层。

降尘室结构简单，气流阻力小，但体积庞大，分离效率低，一般仅适用于分离直径在 75μm 以上的较大颗粒。

2. 沉降槽

沉降槽是利用重力沉降来分离悬浮液并得到澄清液体的设备，又称增稠器。可间歇操作，也可连续操作。

生产中多采用连续沉降槽，如图 2-4 所示，它的主体部分是一个具有锥形底的浅槽。料浆由位于中央的进料口送至液面下，分散到槽的横截面上，液体向上流动，清液经由槽顶端四周的溢流槽连续流出，称为溢流。四周颗粒下沉至底部，形成沉淀层，在槽底通过缓慢转动的耙将颗粒收集至中央后经卸料口排出，称为底流。

沉降槽有澄清液体和增稠悬浮液的双重功能。为了获得澄清液体，沉降槽必须有足够大的横截面积，以保证任何瞬间液体向上的速度小于颗粒的沉降速度。为了把沉渣增浓到指定的稠度，要求颗粒在槽中间有足够的停留时间。所以沉降槽加料口以下的增浓段必须有足够的高度，以保证压紧沉渣所需要的时间。

为了减少占地面积，有效地利用空间，增大沉降槽的生产能力，沉降槽与降尘室一样常

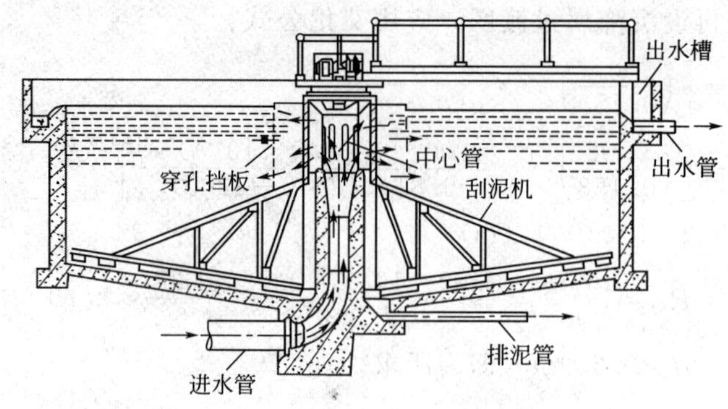

图 2-4　连续沉降槽

做成多层，如糖厂广泛使用的四层或五层沉降槽，称为多尔型连续沉降槽。

连续沉降槽结构简单，操作连续，处理量大，沉淀物浓度均匀。但设备庞大，占地面积大，分离效果不高。常用来分离固体粒子较大、浓度低而处理量又较大的悬浮液。

3. 沉降器的计算

为简化计算，将降尘室简化为高 H、长 L、宽 B 的长方体，如图 2-5 所示。则气体的停留时间为

$$\theta=\frac{L}{u} \tag{2-12}$$

式中，u 为气体在降尘室内的平均流速，m/s。

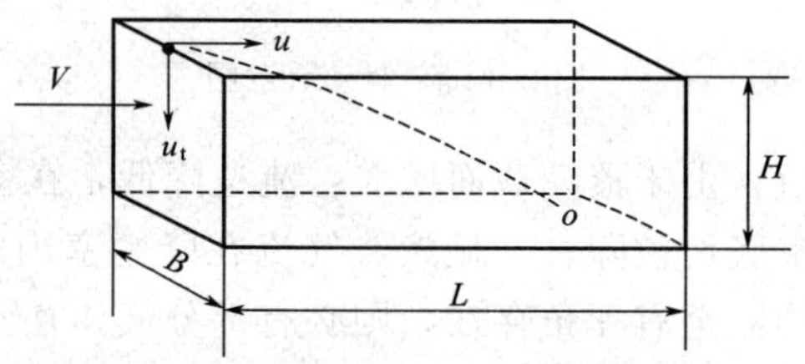

图 2-5　颗粒在降尘室中的运动

位于降尘室最高点的颗粒沉降至室底需要的时间为

$$\theta_t=\frac{H}{u_t} \tag{2-13}$$

一般地说，只要微粒在室内的停留时间 θ 大于或等于它的沉降时间 θ_t，则颗粒就可以从气流中分离出来。所以颗粒被除去的条件为

$$\theta\geqslant\theta_t$$

即

$$\frac{L}{u}\geqslant\frac{H}{u_t} \tag{2-14}$$

气体在降尘室内的水平通过速度为

$$u=\frac{V}{BH}$$

式中，V 为以气体体积流量表示的含尘气体处理量，又称降尘室的生产能力，m^3。

将上式代入式(2-14) 并整理得

$$V\leqslant BLu_t \tag{2-15}$$

式(2-15) 表明，降尘室的生产能力仅与降尘室的沉降面积 BL 及颗粒的沉降速度 u_t 有

关，而与降尘室的高度无关，因此降尘室应设计成扁平形状。为提高降尘室的最大生产能力，可在室内设置多层水平隔板构成多层降尘室，隔板间距一般为 40～100mm。但是降尘室高度的降低将导致气速的增加，容易引起湍流而将已沉降下来的颗粒重新卷起。因此气流速度不应过高，一般应控制在 1.5～3m/s 以内。

【例 2-2】 拟采用降尘室回收常压炉气中所含的球形固体颗粒。降尘室底面积为 $10m^2$，宽和高均为 2m。操作条件下，气体的密度为 $0.75kg/m^3$，黏度为 $2.6\times10^{-5}Pa\cdot s$，固体的密度为 $3000kg/m^3$，降尘室的生产能力为 $3m^3/s$。试求：①理论上能完全捕集下来的最小颗粒直径；②粒径为 40μm 的颗粒的回收率；③如欲完全回收直径为 10μm 的尘粒，在原降尘室内需设置多少层水平隔板？

解：① 理论上能完全捕集下来的最小颗粒直径

由式(2-15) 可知，在降尘室中能够完全被分离出来的最小颗粒的沉降速度为

$$u_t=\frac{V}{BL}=\frac{3}{10}=0.3\ (m/s)$$

假设沉降在层流区，则可用斯托克斯公式求最小颗粒直径，即

$$d_{min}=\sqrt{\frac{18\mu u_t}{(\rho_s-\rho)g}}\approx\sqrt{\frac{18\times2.6\times10^{-5}\times0.3}{3000\times9.81}}=6.91\times10^{-5}(m)=69.1\ (\mu m)$$

核算沉降流型　$$Re_t=\frac{d_{min}u_t\rho}{\mu}=\frac{6.91\times10^{-5}\times0.3\times0.75}{2.6\times10^{-5}}=0.598<2$$

原假设在层流区沉降正确，求得的最小粒径 $d_{min}=69.1\mu m$。

② 40μm 颗粒的回收率

假设颗粒在炉气中的分布是均匀的，则在气体的停留时间内颗粒的沉降高度与降尘室高度之比即为该尺寸颗粒被分离下来的分数，即 $\frac{u_t\theta}{H}$。由于各种尺寸颗粒在降尘室内的停留时间均相同，故 40μm 颗粒的回收率也可用其沉降速度 u_t' 与 69.1μm 颗粒的沉降速度 u_t 之比来确定，在斯托克斯定律区则为

$$回收率=\frac{u_t'}{u_t}=\left(\frac{d'}{d_{min}}\right)^2=\left(\frac{40}{69.1}\right)^2=0.335$$

即回收率为 33.5%。

③ 需设置的水平隔板层数

由上面计算可知，10μm 颗粒的沉降必在层流区，可用斯托克斯公式计算沉降速度，即

$$u_t=\frac{d^2(\rho_s-\rho)g}{18\mu}\approx\frac{(10\times10^{-6})^2\times3000\times9.81}{18\times2.6\times10^{-5}}=6.29\times10^{-3}\ (m/s)$$

所以　$$n=\frac{V_s}{BLu_t}-1=\frac{3}{10\times6.29\times10^{-3}}-1=46.69$$

需设置 47 层水平隔板。

第二节　过　　滤

一、基本概念

过滤为分离悬浮液的有效方法。沉降分离往往需要很长时间，因此当悬浮液不能在适当时间内用沉降方法得到分离，或由于沉降操作不能满足脱水的要求时，常采用过滤操作。

1. 过滤的机理

过滤是在外力作用下，悬浮液流过多孔物质，其中液体穿过多孔物质，固体颗粒被截留下来，而实现固液分离的操作过程。其中多孔物质称为过滤介质，所处理的悬浮液称为滤浆或料浆，被过滤介质截留下来的固体颗粒称为滤饼或滤渣，通过滤饼及过滤介质的液体称为滤液。

工业上的过滤方式主要有两种，即滤饼过滤和深层过滤。

滤饼过滤时，如图 2-6(a) 所示，液体通过过滤介质而颗粒沉积在过滤介质的表面形成滤饼。当颗粒尺寸比过滤孔径大时，会形成滤饼；而当颗粒尺寸比过滤孔径小时，过滤开始时会有部分颗粒进入过滤介质孔道里，迅速发生“架桥现象”，如图 2-6(b) 所示。还有少量颗粒穿过过滤介质与滤液一起流走，随着滤渣的逐渐堆积，过滤介质上面会形成滤饼层。此后，滤饼层就成为有效过滤介质而得到澄清的滤液。它适用于颗粒含量较高的悬浮液。

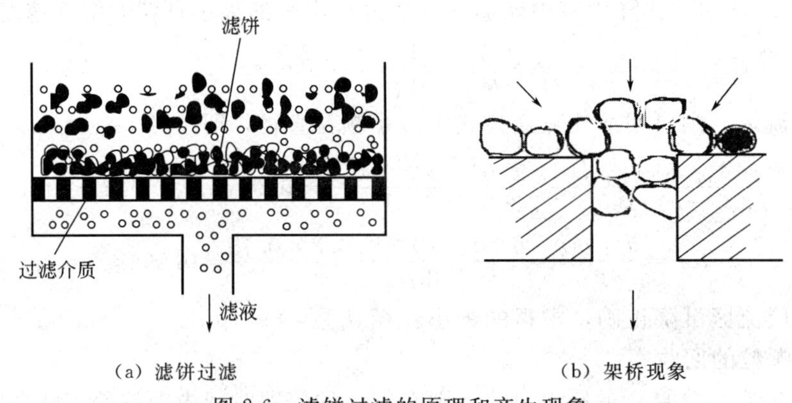

(a) 滤饼过滤　　(b) 架桥现象

图 2-6　滤饼过滤的原理和产生现象

深层过滤中，颗粒的直径远远小于过滤介质的孔道，因而颗粒沉积在床层内部的孔道壁上但并不形成滤饼。当颗粒在过滤介质床层的曲折通道中穿过时，由于惯性力、表面力、静电力的综合作用而黏附在过滤介质上。这种过滤适用于净化颗粒尺寸甚小且含量甚微的悬浮液。

2. 过滤介质

过滤介质的作用是使液体通过而使固体颗粒截留，促进滤饼形成并对其起支撑作用。工业生产中，过滤介质必须具有足够的机械强度来支撑越来越厚的滤饼。此外，还应具有适宜的孔径使液体的流动阻力尽可能小并使颗粒容易被截留，以及相应的耐热性和耐腐蚀性，以满足各种悬浮液的处理。工业上常用的过滤介质有以下几种。

(1) 织物介质　又称滤布，工业上应用最为广泛。包括由棉、麻、丝、毛等天然纤维和由各种合成纤维制成的织物，以及由玻璃丝、金属丝等编织成的网。织物介质来源广泛、价格便宜，更换方便，可截留的最小微粒直径约为 5～65μm。

(2) 粒状介质　又称堆积介质，一般由细砂、石砾、活性炭、玻璃碴、硅藻土等细小坚硬的粒状物堆积成一定厚度的床层构成。粒状介质可截留小于 1μm 的颗粒，多用于深层过滤。

(3) 多孔性固体介质　是由多孔陶瓷、多孔玻璃、多孔塑料等材料制成的管或板，其优点是耐腐蚀性好、孔隙小，一般可截留 1～3μm 的微粒，常用于过滤含有少量微粒的悬浮液及其他特殊场合。

3. 滤饼的压缩性及助滤剂

滤饼可分为可压缩及不可压缩两类。当滤饼由坚硬不易变形的颗粒如硅藻土等组成时，各个颗粒间相互排列的位置以及颗粒之间的孔道均不因床层所受压力的增加而有所改变，单位厚度床层的流动阻力可视为恒定，这种滤饼称为不可压缩滤饼。反之，若组成滤饼的固体颗粒的形状以及滤饼颗粒间的孔道随操作压力的增加而变化，因而使单位厚度滤饼层的阻力也相应增大，这种滤饼称为可压缩性滤饼，如氢氧化铝、染料等。

为了降低可压缩滤饼的过滤阻力，可加入助滤剂以改变滤饼的结构。助滤剂是一些不可压缩的粒状或纤维状固体，它的加入可以改变滤饼结构，提高刚性，增加空隙，减少流动阻力。可以将助滤剂直接加入料浆，以使形成较疏松的滤饼。也可以先用只含助滤剂颗粒的料浆过滤，在滤布上形成一层助滤剂饼层，从而防止过滤介质孔道的堵塞，这种方法称为预涂。

作助滤剂的物质应能较好地悬浮于料液中，且颗粒大小合适，助滤剂中还不应含有可溶于滤液的物质，以免污染滤液。常用于作助滤剂的物质有硅藻土、珍珠岩粉、碳粉和石棉粉等。必须指出的是，当滤饼作为产品时不能使用助滤剂。

4. 过滤速率、过滤阻力及推动力

单位时间内获得的滤液体积称为过滤速率，单位为 m^3/s。单位时间内单位过滤面积上获得的滤液体积称为过滤速度，单位为 m/s。若过滤面积为 A，过滤时间为 τ，滤液体积为 V，则过滤速率为 $dV/d\tau$，过滤速度为 $dV/Ad\tau$。

过滤阻力是指滤液通过滤饼和过滤介质时的流动阻力。在过滤操作过程中，介质阻力仅在过滤刚开始时较为显著，而当滤饼形成相当厚度时，介质阻力则忽略不计，滤饼阻力成为过滤中的主要阻力。

过滤过程中，在上游和下游之间需维持一定的推动力以克服过滤阻力，过滤过程才能进行。过滤推动力可以是重力、离心力或压力差。单纯依靠重力的过滤速度慢，仅适用于小规模或大颗粒、含量少的悬浮液过滤。离心过滤速度快，但设备投资和动力消耗也较大，多用于颗粒浓度高的悬浮液。在压力差作用下的压差过滤应用最广，分为加压过滤和真空过滤，操作压差可根据生产需要进行调节。随着过滤操作的进行，滤饼厚度逐渐增大，过滤阻力也随之增大。若维持操作压强差不变，过滤速度必然逐渐下降，这种操作称为恒压过滤。若逐渐增大压力差以维持过滤速度不变的操作称为恒速过滤。本书只讨论恒压过滤过程。

过滤过程也遵循一般传递过程的普遍规律，即过滤速率与推动力成正比，而与过滤阻力成反比。可以写成

$$\text{过程速率}=\frac{\text{过滤推动力}}{\text{过滤阻力}}$$

式中，过滤推动力是指施加在由滤饼和过滤介质所组成的过滤层两侧的压力差。过滤阻力也由两部分组成，包括滤饼阻力和过滤介质阻力。

二、过滤机的构造及操作

工业生产中需要分离的悬浮液的性质往往有很大的差异，过滤的目的和原料的处理量也各不相同。为适应不同的要求，过滤设备的形式也是多种多样的。典型的过滤设备是以压力差为推动力的过滤机，包括板框压滤机、加压叶滤机和回转真空过滤机。

1. 板框压滤机

板框压滤机是广泛应用的一种间歇操作的加压过滤设备，主要由尾板、滤框、滤板、机头、主梁和压紧装置等组成，如图 2-7 所示。两根主梁把尾板和压紧装置连在一起构成机架。机架上靠近压紧装置端放置头板，在头尾板之间依次交替排列着滤板和滤框，板框间夹着滤布。

板和框大多做成正方形，四角开有小孔，当板、框叠合时即形成滤浆、滤液及洗涤液的进出通道。滤板两侧表面做成纵横交错的沟槽，形成凹凸不平的表面，凸部用来支撑滤布，凹槽是滤液的通道。滤板右上角的小孔是滤浆通道；左上角的小孔是洗水通道。滤板有两种，一种是左上角的洗水通道与两侧表面的凹槽相通，使洗水流进凹槽，这种滤板称为洗涤板；而另一种是洗水通道与两侧表面的凹槽不相通，称为非洗涤板，如图 2-8 所示。三者的排列顺序为非洗涤板→框→洗涤板→框→非洗涤板等，一般两端均为非洗涤板，通常也就是两端机头。

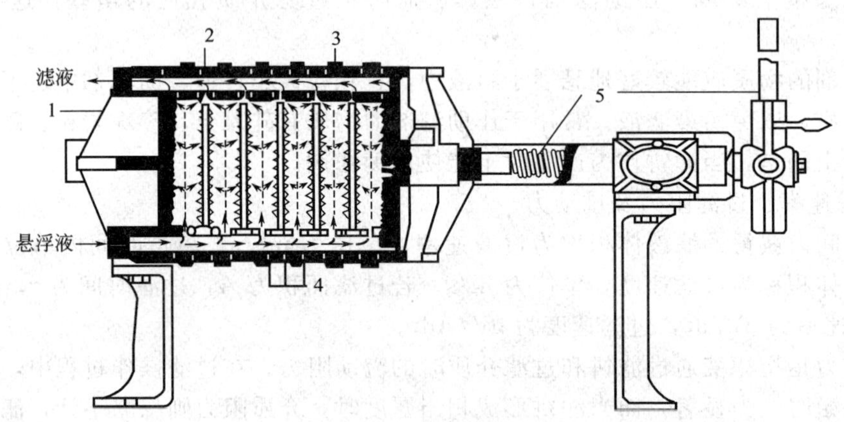

图 2-7　板框压滤机

1—机头；2—滤板；3—滤框；4—滤布；5—压紧装置

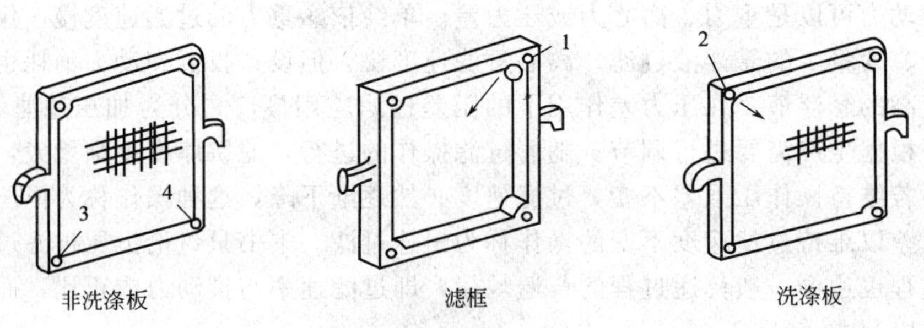

图 2-8　滤板和滤框

1—悬浮液通道；2—洗涤液入口通道；3—滤液通道；4—洗涤液出口通道

过滤时，洗涤水通道入口关闭，滤浆通道入口开启。滤浆在操作压力下由滤浆通道经滤框角端的暗孔进入框内，滤液分别横穿过两侧滤布，自相邻板流到滤液出口排走。固体颗粒被截留于框内，形成滤饼，如图 2-9(a) 所示。待滤饼充满滤框后，即停止过滤。

如果滤饼需要洗涤，先将滤浆通道入口阀和洗涤板下方滤液出口阀关闭，再将洗水压入洗水通道，经由洗涤板角上的暗孔进入板面与滤布之间。洗水横穿一层滤布及滤框内的滤饼层，然后再横穿另一层滤布，最后由过滤板底部的滤液出口排出，如图 2-9(b) 所示。洗涤结束后，旋开压紧装置并将板框拉开，卸下滤饼，清洗滤布，重新装好，以进行下一个操作循环。

板框压滤机结构简单，制造方便，占地面积较小而过滤面积较大，操作压力高，适应能力强，故应用颇为广泛。但因为是间歇操作，故生产效率低，劳动强度大，滤布损耗较多。目前国内已生产出自动操作的板框压滤机，使上述缺点在一定程度上得到改善。

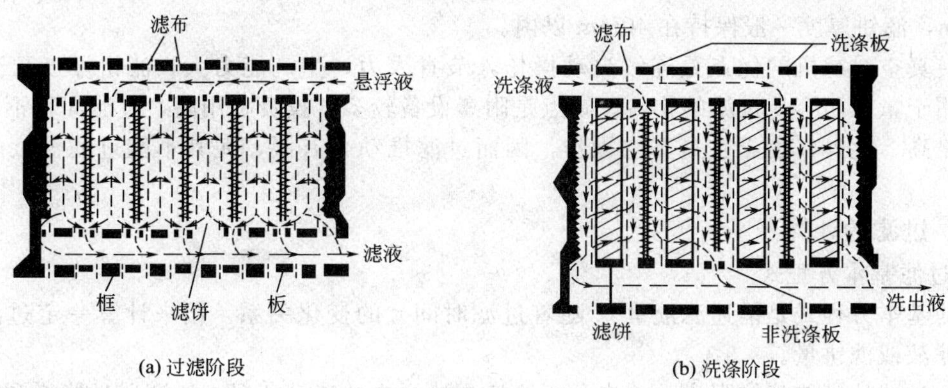

图 2-9 板框压滤机的操作

2. 加压叶滤机

加压叶滤机也是间歇式过滤机。它由许多不同的长方形或圆形滤叶组成，滤叶是由金属丝网制成，外罩滤布，如图 2-10 所示。过滤时，滤浆用泵压送到机壳内，滤液穿过滤布进入叶内，汇集至总管后排出机外，颗粒积于滤布外侧形成滤饼。根据滤饼的性质和操作压强的大小，滤饼层厚度可达 5～35mm。过滤完毕后，若要洗涤，可通入洗涤水，洗涤结束后打开机壳上盖，拔出滤叶，卸下滤饼。叶滤机密闭操作，过滤面积较大，劳动条件较好。但因其结构比较复杂，造价较高。

3. 回转真空过滤机

回转真空过滤机是连续操作的过滤机，已广泛应用于各工业部门。如图 2-11 所示，设备的主体是一个水平转鼓，表面有一层金属网，上面覆盖滤布，转鼓的下部浸入滤浆中。转鼓的内部空间被径向分隔为若干扇形格，每室都有单独的孔道通至分配头。转鼓转动时，借助分配头的作用使这些孔道依次分别与真空管及压缩空气管相通。因而在回转一周的过程中，每个扇形格表面即可依次进行过滤、洗涤、吹松、再生等操作。各个扇格的操作是周期性的，而整个转鼓的操作则是连续的。

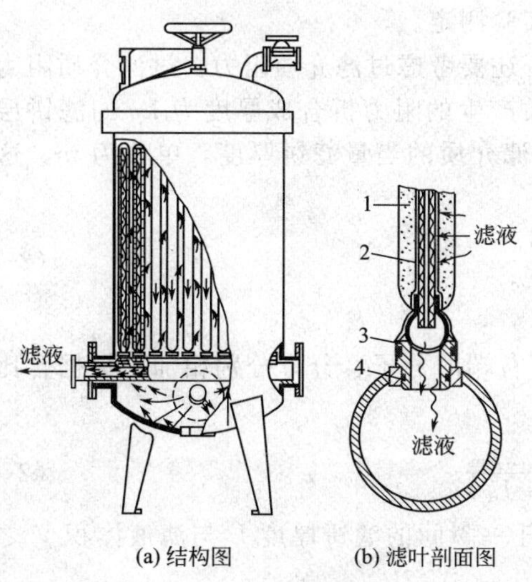

图 2-10 叶滤机

1—滤饼；2—滤布；3—拔出装置；4—橡胶圈

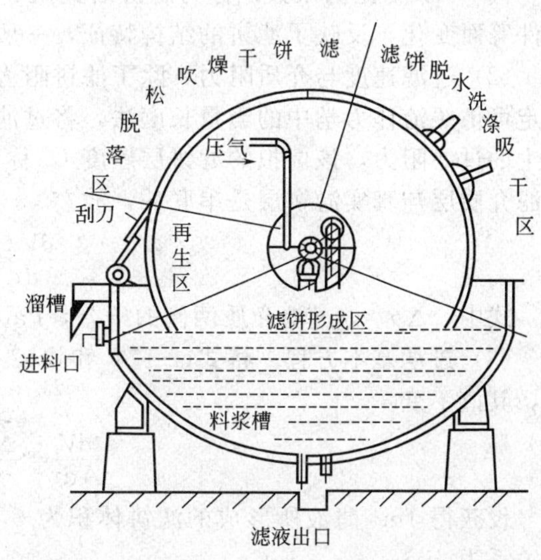

图 2-11 外滤式转鼓真空过滤机的工作工程图

转鼓的过滤面积一般为 $5\sim40m^2$，浸没部分约占总面积的 30%～40%，转速约为 0.1～

3 转/min，滤饼厚度一般保持在 40mm 以内。

回转真空过滤机的优点是连续自动操作，节省人力，生产能力大，滤饼厚度可自由调节，适用于量大而容易过滤的物料。缺点是附属设备较多，投资费用高，过滤面积不大，滤饼含液量高。此外，由于它是真空操作，因而过滤推动力有限，尤其不能过滤温度较高的滤浆。

三、过滤的计算

1. 过滤基本方程式

过滤基本方程式是描述滤液量 V 随着过滤时间 τ 的变化关系，用来计算一定过滤时间所获得滤液或滤饼量。

(1) 过滤速度与滤饼阻力　首先分析滤液在滤饼中的流动情况。滤液通过滤饼和过滤介质时，其内部孔道细微，且弯曲不一，滤液所受到的流动阻力很大，导致流速很低，使滤液在孔道中的流动处于层流状态。此时滤液的流动速度可用下式表示，即：

$$u=\frac{d^2\Delta p_c}{32\mu l} \tag{2-16}$$

式中，u 为滤液在滤饼孔道中的平均流速，m/s；d 为滤饼孔道的平均直径，m；Δp_c 为滤饼两侧的压差，Pa；μ 为滤液黏度，Pa・s；l 为滤饼孔道的平均长度，m。

过滤速度$\frac{dV}{Ad\tau}$与平均流速 u 成正比关系，滤饼厚度 L 与 l 成正比，引入比例因数 c，式(2-16) 可以写成

$$\frac{dV}{Ad\tau}=\frac{\Delta p_c}{32c\mu L/d^2}$$

式中，c 为比例系数。对于一定性质的滤饼层，滤饼孔道的平均直径应为常数，因此，上式可以写成

$$\frac{dV}{Ad\tau}=\frac{\Delta p_c}{r\mu L} \tag{2-17}$$

式中，r 为比例系数，称为滤饼的比阻，单位为 $1/m^2$，其大小随着滤浆的性质、操作条件等而变化，反映了滤饼的结构特征，一般由实验测定。

(2) 过滤速度与介质阻力　除了滤饼阻力外，还要考虑过滤介质阻力。过滤介质阻力的确定可仿照流体力学中的当量长度法，将过滤介质产生的阻力折合成厚度为 L_e 的滤饼层所产生的过滤阻力，该虚拟的滤饼层厚度 L_e 称为过滤介质的当量滤饼厚度，单位为 m。这样过滤介质层与真实滤饼层是串联的，故

$$\frac{dV}{Ad\tau}=\frac{\Delta p_m}{r\mu L_e} \tag{2-18}$$

式中，Δp_m 为过滤介质两侧的压差，Pa。

(3) 过滤基本方程　将式(2-17) 和式(2-18) 右端的分子、分母分别相加，根据合比定律，其值不变：

$$\frac{dV}{Ad\tau}=\frac{\Delta p_c+\Delta p_m}{r\mu(L+L_e)} \tag{2-19}$$

设获得 $1m^3$ 滤液所形成的滤饼体积为 v，则任一瞬间的滤饼厚度 L 与滤液体积 V 之间的关系为

$$LA=vV$$

则

$$L=\frac{vV}{A} \tag{2-20}$$

式中，v 为滤饼体积与相应的滤液体积之比，m^3/m^3。

同理
$$L_e=\frac{vV_e}{A} \tag{2-21}$$

式中，V_e 为过滤介质当量滤液体积，或称虚拟滤液体积，m^3。

在一定的操作条件下，以一定介质过滤一定的悬浮液时，V_e 为定值，但在同一介质不同的过滤操作中，V_e 值不同。式(2-19) 可以写成
$$\frac{dV}{d\tau}=\frac{A^2\Delta p}{\mu rv(V+V_e)} \tag{2-22}$$

式(2-22) 称为过滤基本方程式。它表示过滤过程中，某一时刻过滤速率$\frac{dV}{d\tau}$与各有关因素间的关系，是过滤计算的基本依据。

2. 恒压过滤

(1) 恒压过滤方程式　恒压过滤时，Δp 保持恒定，对于一定的悬浮液与过滤介质，若滤饼不可压缩，则 μ、r、v、V、A 均为定值，可将式(2-22) 分离变量并积分
$$\int_0^V (V+V_e)dV=\frac{A^2\Delta p}{\mu rv}\int_0^\tau d\tau$$
$$V^2+2V_eV=\frac{2\Delta p}{\mu rv}A^2\tau$$

令 $K=\frac{2\Delta p}{\mu rv}$，则得
$$V^2+2V_eV=KA^2\tau \tag{2-23}$$

令 $q=\frac{V}{A}$，$q_e=\frac{V_e}{A}$，则式(2-23) 可写成如下形式，即
$$q^2+2q_eq=K\tau \tag{2-24}$$

式(2-23)、式(2-24) 称为恒压过滤方程。它表明恒压过滤时滤液体积与过滤时间的关系为抛物线。

恒压过滤方程中，K 是反映物料特性和压力差大小的常数，单位为 m^2/s；V_e、q_e 是反映过滤介质阻力大小的常数，也称为介质常数，单位分别为 m^3、m^3/m^2。三者统称为过滤常数，其值由实验测定。

当过滤介质阻力可以忽略不计时，$V_e=0$，$q_e=0$，恒压过滤方程可化简为
$$V^2=KA^2\tau \tag{2-25}$$
$$q^2=K\tau \tag{2-26}$$

(2) 过滤常数的测定　在恒压过滤工艺计算中，必须首先确定过滤常数 V_e、q_e、K。通常的作法是用同一悬浮液在同类小型过滤设备上进行实验测定。

根据式(2-23)，可以通过过滤过程中任意两个时刻 τ_1、τ_2 所获得的滤液量 V_1、V_2 建立方程组
$$\begin{cases}V_1^2+2V_eV_1=KA^2\tau_1\\V_2^2+2V_eV_2=KA^2\tau_2\end{cases}$$

解方程组，即可估算出 K、V_e 及 q_e 的值。

在实验室测定过滤常数时，为减小实验误差，往往需要测定多组 V-τ 数据。

恒压过滤方程式(2-24) 两边均除以 qK，得
$$\frac{\tau}{q}=\frac{1}{K}q+\frac{2q_e}{K} \tag{2-27}$$

在纵轴为$\frac{\tau}{q}$，横轴为 q 的直角坐标系下，式(2-27) 为一直线，其斜率为$\frac{1}{K}$，截距为$\frac{2q_e}{K}$，采用作图法可求出 K 和 q_e。

要保证测得的 K、q_e 及 V_e 有足够的可信度，以便用于工业过滤装置，实验条件必须尽可能与工业条件相吻合，要求采用相同的悬浮液，相同的操作温度和压力差。

【例 2-3】 采用过滤面积为 $0.2m^2$ 的过滤机，测定某悬浮液的过滤常数，操作压力差为 0.15MPa，温度为 20℃。过滤进行到 5min 时，共得滤液 $0.034m^3$；进行到 10min 时，共得滤液 $0.050m^3$。试求：①过滤常数 K 和 q_e；②过滤进行到 1h 时，总共得到的滤液量是多少？

解：① $\tau_1=300s$ 时 $$q_1=\frac{V_1}{A}=\frac{0.034}{0.2}=0.17\ (m^3/m^2)$$

$\tau_2=600s$ 时 $$q_2=\frac{V_2}{A}=\frac{0.050}{0.2}=0.25\ (m^3/m^2)$$

根据式(2-24)，有 $$\begin{cases}0.17^2+2\times0.17q_e=300K\\0.25^2+2\times0.25q_e=600K\end{cases}$$

解得 $$K=1.26\times10^{-4}\ (m^2/s)$$
$$q_e=2.61\times10^{-2}\ (m^3/m^2)$$

② $$V_e=q_eA=2.61\times10^{-2}\times0.2=5.22\times10^{-3}\ (m^3)$$

由式(2-23) 得 $$V^2+2\times5.22\times10^{-3}V=1.26\times10^{-4}\times0.2^2\times3600$$

解得 $$V=0.130\ (m^3)$$

【例 2-4】 用过滤机过滤例 2-3 中的悬浮液。已知过滤面积为 $12m^2$，容纳滤饼的总容积为 $0.15m^3$，且得到 $1m^3$ 滤液可形成 $0.0342m^3$ 滤饼，试求：①在此过滤面积上的滤饼的最终厚度，以及充满此容积所需的过滤时间；②过滤最终速率$\left(\frac{dV}{d\tau}\right)_E$是多少？

解：① 滤饼的最终厚度为

$$L=\frac{V_c}{A}=\frac{0.15}{12}=0.0125\ (m)=12.5\ (mm)$$

得到的滤液总体积

$$V=\frac{V_c}{v}=\frac{0.15}{0.0342}=4.38\ (m^3)$$

$$q=\frac{V}{A}=\frac{4.38}{12}=0.365\ (m^3/m^2)$$

根据式(2-24)，得

$$\tau=\frac{q^2+2qq_e}{K}=\frac{0.365^2+2\times0.365\times0.0261}{1.26\times10^{-4}}=1209\ (s)$$

② 将式(2-23) 微分，可得

$$\frac{dV}{d\tau}=\frac{KA^2}{2(V+V_e)}$$

过滤终了时，V 为相应时间内获得的滤液体积

$$V_e=q_eA=0.0261\times12=0.313\ (m^3)$$

所以 $$\left(\frac{dV}{d\tau}\right)_E=\frac{1.26\times10^{-4}\times12^2}{2\times(4.38+0.313)}=1.93\times10^{-3}\ (m^3/s)=6.95\ (m^3/h)$$

3. 滤饼的洗涤

洗涤滤饼的目的在于回收有价值的滤液或除去滤饼中的杂质。单位时间内消耗的洗涤水体积称为洗涤速率，以$\left(\frac{dV}{d\tau}\right)_W$表示。由于洗涤过程中滤饼不再增厚，过滤阻力不变，因而，在恒定的压力差推动力下洗涤速率基本为常数。若每次过滤后以体积为V_W的洗涤水洗涤滤饼，则所需洗涤时间为

$$\tau_W=\frac{V_W}{\left(\frac{dV}{d\tau}\right)_W}$$

对于连续式过滤机及叶滤机等所采用的是置换洗涤法，洗涤水所通过的路径与过滤时滤液的路径相同，而且洗涤液的流通面积与过滤面积也相同，故洗涤速率$\left(\frac{dV}{d\tau}\right)_W$与过滤终了时的过滤速率$\left(\frac{dV}{d\tau}\right)_E$应大致相等。

板框叶滤机采用的是横穿洗涤法，洗涤水将穿过两次滤布及整个滤框厚度的滤饼，故流经长度约为过滤终了时滤液路径的两倍，而洗涤水流通面积却是过滤面积的一半，因此板框叶滤机的洗涤速率$\left(\frac{dV}{d\tau}\right)_W$约为过滤终了时过滤速率$\left(\frac{dV}{d\tau}\right)_E$的 1/4。

4. 过滤机的生产能力

过滤机的生产能力通常是指单位时间内获得的滤液体积。少数情况也有按滤饼的产量或滤饼中固相物质的产量来计算的。

(1) 间歇过滤机的生产能力　间歇式过滤机在每一循环周期中，依次进行过滤、洗涤、卸渣、清洗、装合等操作。因此在计算生产能力时，应以整个操作周期为基准。操作周期为

$$\sum\tau=\tau+\tau_W+\tau_D \tag{2-28}$$

式中，$\sum\tau$为一个操作循环的时间，即操作时间，s；τ、τ_W、τ_D分别为一个操作循环内的过滤时间、洗涤时间和卸渣清洗装合等辅助操作时间，单位都为秒，s。

则过滤机生产能力的计算式为

$$Q=\frac{V}{\sum\tau}=\frac{V}{\tau+\tau_W+\tau_D} \tag{2-29}$$

式中，Q为生产能力，m^3/s；V为一个操作循环内所获得的滤液体积，m^3。

【例 2-5】 某板框压滤机的滤框尺寸为 450mm×450mm×25mm，操作条件下过滤常数$K=1.26\times10^{-4}\ m^2/s$，$q_e=0.0261m^3/m^2$。生产要求在一次操作 20min 的时间内得到 $3.87m^3$ 的滤液，已知得到 $1m^3$ 滤液可形成 $0.0342m^3$ 滤饼，试求：①共需多少个滤框？②若洗液性质与滤液性质相同，洗涤时压力差与过滤时相同，洗涤液量为滤液体积的 1/10，问洗涤时间为多少？③若辅助操作时间为 15min，求压滤机的生产能力。

解： ① 由恒压过滤方程$V^2+2V_eV=KA^2\tau$和$V_e=Aq_e$，可得

$$3.87^2+2\times(0.0261\times A)\times3.87=1.26\times10^{-4}\times A^2\times20\times60$$

$$A=10.6\ (m^2)$$

每一滤框的两侧均有滤布，每框的过滤面积为　$0.45\times0.45\times2=0.405\ (m^2)$

所需滤框数为　$10.6/0.405=26.2$

取 27 个滤框，滤框总容积为　$0.45\times0.45\times0.025\times27=0.137\ (m^3)$

滤饼体积为　$V_c=vV=0.0342\times3.87=0.132\ (m^3)<0.137\ (m^3)$

实际过滤面积为 $27\times0.405=10.9\ (m^2)$

故采用 27 个滤框可以满足要求。

② $$V_e=q_eA=0.0261\times10.9=0.284\ (m^3)$$

洗涤液量为 $$V_W=3.87/10=0.387\ (m^3)$$

洗涤时间为 $$\tau_W=\frac{8V_W(V+V_e)}{KA^2}=\frac{8\times0.387\times(3.87+0.284)}{1.26\times10^{-4}\times10.9^2}=859.1\ (s)$$

③ 压滤机的生产能力

$$Q=\frac{V}{\tau+\tau_W+\tau_D}=\frac{3.87}{1200+859.1+900}=1.308\times10^{-3}\ (m^3/s)\ =4.71\ (m^3/h)$$

(2) 连续式过滤机的生产能力　以回转真空过滤机为例，这类设备的过滤、洗涤、卸饼等操作在转鼓表面的不同区域内同时进行。任何时刻总有一部分表面浸没在滤浆中进行过滤，任何一块表面在转鼓回转一周过程中都只有部分时间进行过滤操作。

连续式过滤机计算也应以一个操作周期为基准。若转鼓的转速为 n，单位为 r/s，转鼓浸入面积占全部转鼓面积的分数为 φ，则每转一周转鼓表面上任何一小块过滤面积所经历的过滤时间均为

$$\tau=\frac{\varphi}{n}$$

转鼓真空过滤机是在恒压差下操作的，根据恒压过滤方程式(2-24) 可知转鼓每转一周所得的滤液体积为

$$q=\sqrt{q_e^2+K\tau}-q_e$$

设转鼓面积为 A，则回转真空过滤机的生产能力为

$$Q=nqA$$

$$Q=n\left(\sqrt{V_e^2+\frac{\varphi}{n}KA^2}-V_e\right) \tag{2-30}$$

若过滤介质阻力可忽略不计，则上式可简化为

$$Q=\sqrt{KA^2\varphi n} \tag{2-31}$$

式(2-31) 指明了提高连续过滤机生产能力的途径，即适当加大转速及浸没程度并使 K 值增大。

【例 2-6】 用回转真空过滤机在恒定真空度下过滤某种悬浮液，已知转鼓长度为 0.8m，直径为 1m，转速为 0.18r/min，浸没角度为 130°，悬浮液中每送出 $1m^3$ 的滤液可获得 $0.4m^3$ 的滤饼。液相为水，测得过滤常数 $K=8.30\times10^{-6}\ m^2/s$，过滤介质阻力可忽略。试求：①过滤机生产能力 Q；②转鼓表面的滤饼厚度 L。

解： ① 生产能力

转鼓过滤面积 $$A=\pi dl=3.14\times1.0\times0.8=2.51\ (m^2)$$

浸没率 $$\varphi=\frac{130°}{360°}=0.36$$

转速 $$n=\frac{0.18}{60}=3\times10^{-3}\ (r/s)$$

由式(2-31) 可得

$$Q=\sqrt{KA^2\varphi n}=\sqrt{8.30\times10^{-6}\times2.51^2\times0.36\times3\times10^{-3}}=2.38\times10^{-4}\ (m^3/s)$$

② 滤饼厚度

转鼓每转一周所需时间为　$\frac{1}{n}=\frac{1}{3\times10^{-3}}=333$ (s)

一周内获得的滤液量为　$V=\frac{Q}{n}=2.38\times10^{-4}\times333=0.079$ (m^3)

获得的滤饼体积为　$V_c=0.4V=0.4\times0.079=0.032$ (m^3)

故滤饼层厚度为　$L=\frac{V_c}{A}=\frac{0.032}{2.51}=0.0127$ (m)

第三节　离心分离

一、基本概念

1. 离心分离的原理

前述的沉降和过滤是在重力场中进行的，对于具有细小颗粒的悬浮液或乳状液用这两种方法分离，其速度十分缓慢，甚至不可能进行。此时，可用比重力场更强的离心力场来实现分离。利用惯性离心力分离非均相混合物的操作统称为离心分离。

由力学原理可知，当容器中的液体绕轴线旋转时，液体分子和液体中各种颗粒都将受到器壁所施加的向心力的作用。如果各种颗粒密度相同，无相对运动；但如果各种粒子密度各不相同，以液体或器壁作为参考系统时，则重者作离心运动，集中于器壁部分，轻者做向心运动，集中于容器中心部分，从而达到悬浮物与液体的分离。

按离心力产生方式不同，离心分离设备可分为两种类型。

① 旋流分离器。将高速流动的非均相混合物切向导入圆筒形容器内，使其变为在筒内的高速旋流运动而产生惯性离心力。应用广泛的旋风分离器和旋液分离器就属于此类。

② 离心机。通过离心机的高速旋转使其内的物料产生惯性离心力从而进行固液分离或液液分离。

2. 离心沉降速度

当固体颗粒随同流体在一起作旋转运动时，由于两相物质的密度不同，所产生的离心力不等，颗粒对流体产生相对运动，并在径向方向沉降。与重力沉降一样，当颗粒在沉降方向上所受的力（有离心力、浮力和阻力）相互平衡时，颗粒即作等速沉降，此时对应的速度称为离心沉降速度，以符号 u_r 表示，m/s。

用推导重力沉降速度计算式的方法可以推导出忽略重力影响下的离心沉降速度计算式为

$$u_r=\sqrt{\frac{4d(\rho_s-\rho)}{3\rho\zeta}\times\frac{u_T^2}{r}}$$

此式与式(2-5) 相比，可知颗粒的离心沉降速度 u_r 与重力沉降速度 u_t 具有相似的关系式，只是式(2-5) 中的重力加速度 g 换为离心加速度 $\frac{u_T^2}{r}$ 而已。但离心沉降速度 u_r 不是颗粒运动的绝对速度，而是绝对速度在径向上的分量，且方向不是向下而是沿半径向外。另外，离心沉降速度 u_r 是随旋转半径而变的变数，而重力沉降速度 u_t 在颗粒的沉降过程中为常数。

离心沉降时，若颗粒与流体的相对运动处于层流区，则利用斯托克斯公式计算离心沉降速度，即

$$u_r=\frac{d^2(\rho_s-\rho)u_T^2}{18\mu r} \tag{2-32}$$

式(2-32) 与式(2-9) 相比可知，同一颗粒在相同介质中的离心沉降速度与重力沉降速度之比为

$$\frac{u_r}{u_t}=\frac{u_T^2}{gr}=K_c \tag{2-33}$$

比值 K_c 就是颗粒所在位置上的惯性离心力场强度与重力场强度之比，称为离心分离因数。分离因数是离心分离设备的重要指标。

3. 离心机的种类及作用

根据分离方式，离心机可分为过滤式、沉降式和分离式三种基本类型。过滤式离心机转鼓壁上开孔，在鼓内壁上覆以滤布，悬浮液加入鼓内并随之旋转，液体受离心力作用被甩出而颗粒被截留在鼓内。沉降式或分离式离心机的鼓壁上没有开孔。若被处理物料为悬浮液，其中密度较大的颗粒沉积于鼓壁而密度较小的液体集于中央并不断引出，此种操作称为离心沉降。若被处理物料为乳浊液，则两种液体按轻重分层，重者在外，轻者在内，各自从适当的径向位置引出，此种操作称为离心分离。

根据分离因数大小又可将离心机分为以下几种。

① 常速离心机。$K_c<3000$，主要用于当量直径为 0.01～1.0mm 的颗粒悬浮液的分离和物料的脱水。

② 高速离心机。$3000<K_c<50000$，通常都是沉降式或分离式，适用于含极细颗粒的稀薄悬浮液及乳浊液的分离。

③ 超高速离心机。$K_c>50000$，主要适用于分离极不易分离的超细颗粒悬浮液和高分子的胶体悬浮液。

离心机的操作方式也有间歇式与连续式之分。间歇式离心机卸料时必须停车或减速，然后采用人工或机械方法卸出物料。如三足式离心机、上悬式离心机等。连续式离心机整个操作均连续化，如活塞推料离心机等。

此外，还可根据转鼓轴线的方向将离心机分为立式和卧式。

二、离心分离设备

1. 旋流分离器

(1) 旋风分离器　旋风分离器是利用离心沉降原理，从气流中分离固体颗粒的离心分离设备，图 2-12 所示为一标准型旋风分离器。主体为圆筒，下部为圆锥筒。顶部中心管为出气口，进气口位于圆筒上方，与圆筒切向连接，锥底部为颗粒出口。含尘气体以一定速度由进气管沿切线方向进入，因受筒体器壁约束向下作螺旋运动，生产上把这股气流称为外旋气流。在惯性离心力和重力作用下，颗粒被抛向器壁而与气流分离，再沿壁面落至锥底排出。净化后的气体运动到锥底后，因压力的增大，迫使气流旋向中心的低压柱而形成上旋的气流，通常把这部分气流叫内旋气流。内旋气流最后从顶部的排气管排出，排出的气体中夹带的颗粒已经非常少，达到了分离气体中固体颗粒的目的。

评价旋风分离器性能的主要指标是分离效率和气流经过旋风分离器的压降，而临界粒径是判断分离效率高低的重要指标。

① 临界粒径。临界粒径是指在旋风分离器中能够被完全分离下来的最小颗粒直径，用 d_c 表示。d_c 值越小，表明旋风分离器的分离效率越高。

② 分离效率。旋风分离器的分离效率有两种表示方法，即总效率 η_0 和粒级效率 η_{pi}。

η_0 是指被除去的颗粒占气体进口总颗粒的质量分数。η_0 只能反映被除去颗粒的量的多少，但却不能反映出所除去颗粒的粒度范围，因此无法准确表示出旋风分离器的性能好坏。

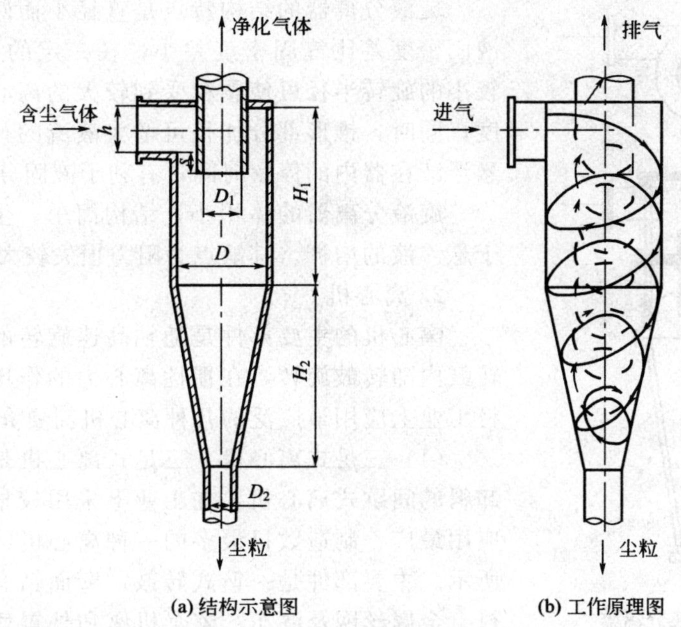

(a) 结构示意图　　(b) 工作原理图

图 2-12　标准型旋风分离器

为此，可引入粒级效率的概念。

粒级效率是按颗粒的大小分别表示某一尺寸的颗粒被除去的质量分数。粒级效率为50%的颗粒直径称为分割粒径 d_{50}。分割粒径与临界粒径一样，也是判断旋风分离器分离效率的一个重要依据，但临界粒径只具有理论意义，实际情况下常以分割粒径来判别旋风分离器的性能。分割粒径越小，设备的分离性能越好。一些高效旋风分离器的分割粒径可小至3～10μm。

③ 压降。气体通过旋风分离器的压降可按下式计算

$$\Delta p=\zeta\rho u_{\mathrm{T}}^{2}/2$$

式中，ζ 为阻力系数，对同一型号设备，为常数。

压降大小是评价旋风分离器性能好坏的重要指标。受整个工艺过程总压降的限制及节能降耗的需要，气体通过旋风分离器的压降应尽可能低。但压降低的要求对分离效率有影响，因而，应选择适宜的气速以满足对分离效率和压降的要求。一般进口气速保持在 10～25m/s 的范围之间为宜，最高不超过 35m/s，而压降也控制在低于 2000Pa 的范围内。

除了前面提到的标准型旋风分离器，还有一些对标准型进行改造后的其他形式的旋风分离器，如 CLT、CLT/A、CLP、CLP/A、CLP/B 及扩散式旋风分离器，其结构及主要性能可查阅相关手册。

旋风分离器结构简单，造价低廉，性能稳定，分离效率高，可以分离微米级的颗粒，主要用于食品工业上奶粉、蛋粉等制品的后期分离，也可用于气流干燥以及通风除尘等。它的缺点是对气流的阻力较大，处理有腐蚀性的颗粒时易被磨损。

(2) 旋液分离器　旋液分离器又称水力旋流器，是利用离心沉降原理从悬浮液中分离固体颗粒的设备。它的结构与操作原理和旋风分离器类似，设备主体也是由圆筒和圆锥两部分组成，如图 2-13 所示。悬浮液经入口管沿切向进入圆筒部分，向下作螺旋形运动，固体颗粒受惯性离心力作用被甩向器壁，随下旋流降至锥底的出口，由底部排出的增浓液称为底流。清液或含有微细颗粒的液体则为上升的内旋流，从顶部的中心管排出，称为溢流。

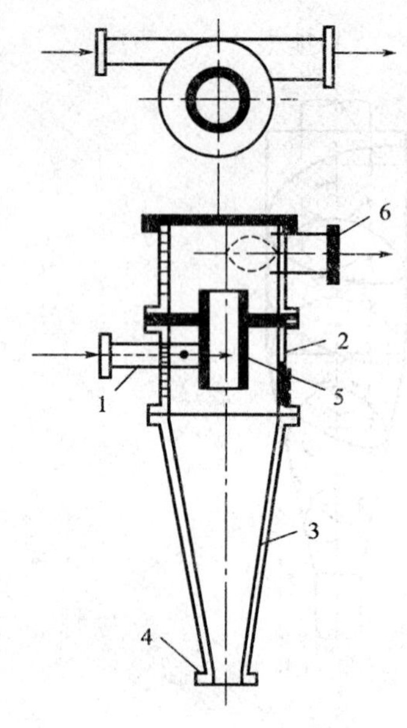

图 2-13　旋液分离器

1—悬浮液入口；2—壳体；3—锥体；4—底流出口；5—中心管；6—溢流

旋液分离器的结构特点是直径小而圆锥部分长。因为液固密度差比气固密度差小，在一定的切线进口速度下，较小的旋转半径可使颗粒受到较大的离心力而提高沉降速度；同时，锥形部分加长可增大液流的行程，从而延长了悬浮液在器内的停留时间，有利于液固分离。

旋液分离器的体积小，结构简单，生产能力大，常用于悬浮液的增稠。其缺点为阻力损失较大，磨损较严重。

2. 离心机

离心机的主要部件是随轴高速旋转的转鼓，料浆送入转鼓内随转鼓旋转，在惯性离心力的作用下实现分离。现将工业上应用最广泛的几种离心机简要介绍如下。

(1) 三足式离心机　三足式离心机是一种常用的人工卸料的间歇式离心机，在工业上采用较早，目前仍是国内应用最广、制造数目最多的一种离心机，其结构如图 2-14 所示。主要部件是一篮式转鼓，壁面钻有许多小孔，内壁衬有金属丝网及滤布。整个机座和外罩凭借三根拉杆弹簧悬挂于三足支柱上，以减轻运转时的振动。悬浮液加入转鼓后，当转鼓由电动机经三角皮带带动而旋转时，滤液穿过转鼓于机座下部排出，滤渣沉积于转鼓内壁上成为滤饼。待一批料液过滤完毕或转鼓内的滤渣量达到设备允许的最大值时，可停止加料并继续运转一段时间以沥干滤液。必要时，也可于滤渣表面洒清水进行洗涤，洗净后停车卸料，清洗设备。

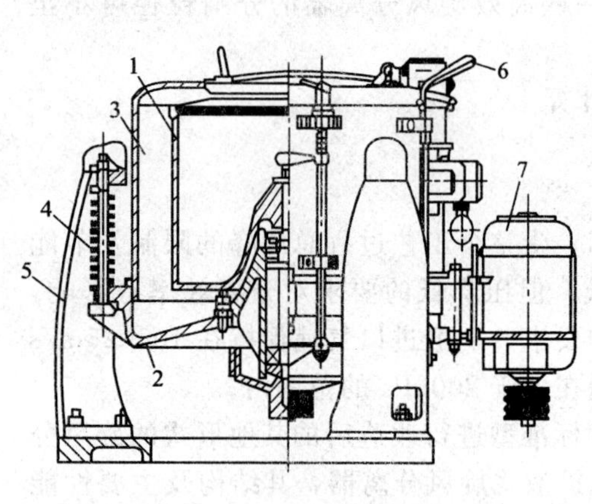

图 2-14　三足式离心机

1—转鼓；2—机座；3—外壳；4—拉杆；5—支脚；6—手制动器；7—电动机

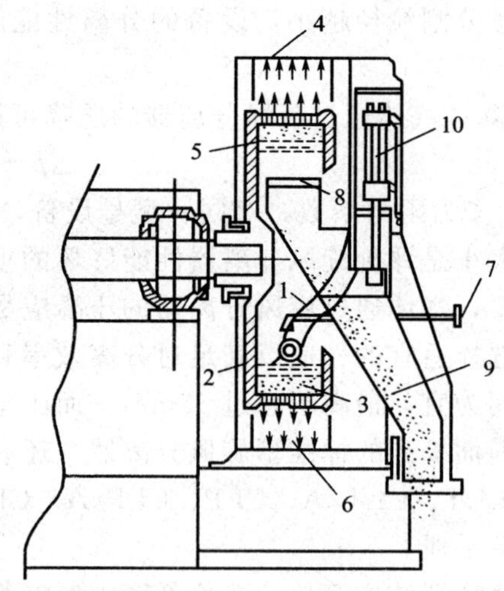

图 2-15　卧式刮刀卸料离心机

1—进料管；2—转鼓；3—滤网；4—外壳；5—滤饼；6—滤液；7—冲洗管；8—刮刀；9—溜槽；10—液压缸

三足式离心机的优点是结构简单、操作平稳、占地面积小、适应性强和滤渣颗粒不易磨损。它适用于过滤周期长、处理量不大、要求滤渣含液量较低的场合。它的缺点是卸料时的劳动条件较差，转动部位位于机座下部，检修不方便。

(2) 卧式刮刀卸料离心机　如图 2-15 所示，其特点是在转鼓全速运转的情况下能够自动地依次进行加料、分离、洗涤、甩干、卸料、洗网等工序的循环操作。每一工序的操作时间可按预定要求实行自动控制。

操作时，进料阀门自动定时开启，悬浮液进入全速运转的鼓内，液相经滤网和鼓壁小孔被甩到鼓外，再经机壳的排液口流出。留在鼓内的固相被耙齿均匀分布在滤网表面上。当滤饼达到指定厚度时，进料阀门自动关闭，停止进料。随后冲洗阀门自动开启，洗涤水喷洒在滤饼上，再甩干一定时间后，刮刀自动上升，滤饼被刮下并经倾斜的溜槽排出。刮刀升至极限位置后自动退下，同时冲洗阀又开启，对滤网进行冲洗，即完成一个操作循环。

卧式刮刀卸料离心机的优点是生产能力大、分离与洗涤效果好、对物料的适应性强、操作的自动化程度高，适用于大规模连续生产。其主要缺点是振动较大、刮刀易磨损、颗粒易被粉碎，对于必须保持晶粒完整的物料不宜采用。

(3) 活塞推料离心机　如图 2-16 所示。在全速运转方式下，加料、分离、洗涤、甩干、卸渣等工序可连续进行，滤渣由一往复运动活塞推送器脉动推送出来。整个操作自动进行。

悬浮液从进料管送入，沿锥形进料斗的内壁流到转鼓的滤网上，滤液穿过网孔经滤液出口不断排出，滤渣截留于过滤介质上，待滤饼形成一定厚度之后，被活塞推动器沿转鼓内壁推出。滤渣在被推至出口的途中依次进行洗涤、甩干等过程。

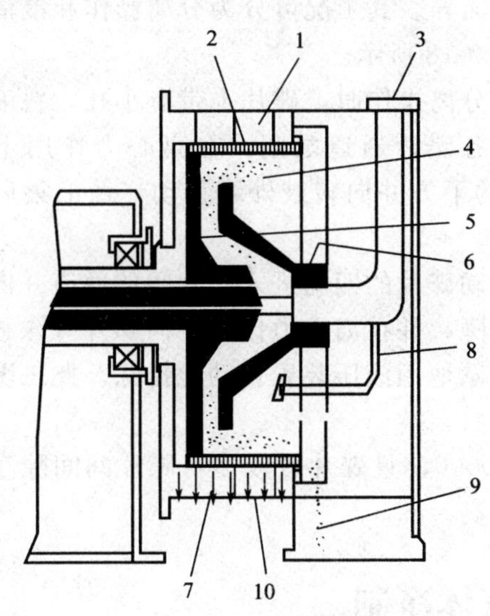

图 2-16　活塞推料离心机

1—转鼓；2—滤网；3—进料管；4—滤饼；5—活塞推送器；6—进料斗；7—滤液出口；8—冲洗管；9—固体排出；10—洗水出口

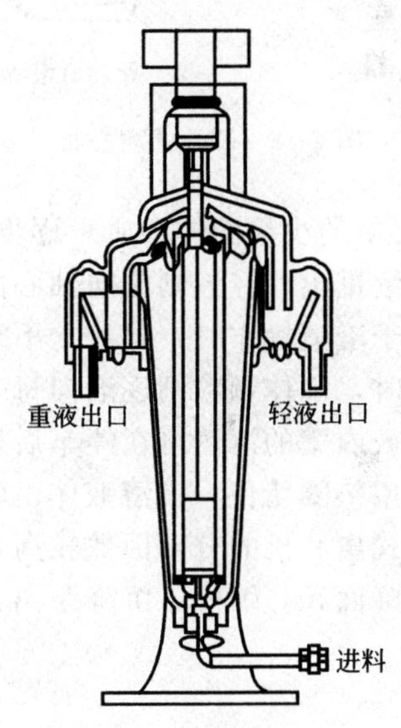

图 2-17　管式超速离心机

活塞推料离心机过滤强度大，劳动生产率高，可控制滤饼最终湿含量，适于含固相 30%～50%、粒度为 0.25mm 以上悬浮液的过滤分离。

(4) 高速管式离心机　其整机由细长的管状机壳和转鼓等部件构成，如图 2-17 所示。常见的转鼓直径为 70～160mm，其长度与直径比一般为 4～8。这种转鼓允许大幅度地增加转速，即在不过度增加鼓壁应力的情况下可获得很大的离心力。其转速一般可达 8000～10000r/min，分离因数可达 15000～60000。

操作时，料液经进料管流入底部空心轴后进入鼓底，利用圆形挡板将其分配到鼓的四周。为使液体不致脱离鼓壁，在鼓内设有十字形挡板。液体在鼓内由挡板被加速至转鼓速度，在管内自下而上的流动过程中，因受离心力的作用，依密度不同而分成内外两个液层，外层为重液，内层为轻液，到达顶部时通过环状隔盘分别由轻、重溢流口排出。

若将重液出口关闭，只留轻液的中央溢流口，则可用于悬浮液的澄清。悬浮液进入转鼓后，固体微粒沉积于鼓壁而不被连续排出，待固体积聚到一定数量后，可间歇停机，将转鼓取出进行清除。

管式离心机的优点是结构紧凑、运转平稳、密封性能好、分离强度高，故常用于油类的脱水，果汁、糖浆等的澄清。其缺点是容量小、生产能力低，对处理悬浮液的澄清系间歇操作，要拆下转鼓才能除去滤渣。

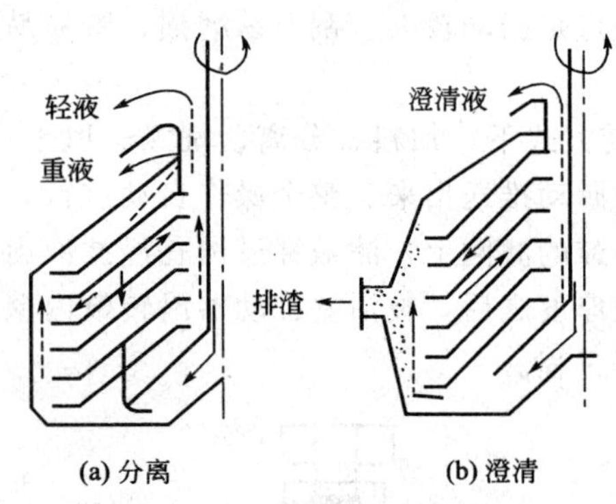

图 2-18　碟片式离心机

(5) 碟片式离心机　蝶片式离心机的转鼓与管式离心机相比，其直径较大，长度较短，转速较低，一般为 5500～1000r/min。转鼓的底部中央有轴座，驱动轴安装在其上。转鼓内部有一开孔中心套管，其上装有一束叠置的倒锥形碟片。料液自进料管进入随轴旋转的中心套管后，从下部的孔眼流出，在离心力作用下进入碟片间的间隙内。此后的流动路径随碟片上有无孔眼而异。其工况可分为分离操作和澄清操作两种，如图 2-18 所示。

用于分离操作时，碟片上带有小孔，料液通过小孔分配到各碟片通道之间。在离心力作用下，重液（及其夹带的少量固体杂质）逐步沉于每一碟片的下方并向转鼓外缘移动，经汇集后由重液出口连续排出。轻液则流向轴心由轻液出口排出。

用于澄清操作时，碟片上不开孔，料液从转动碟片的四周进入碟片间的通道并向轴心流动。同时，固体颗粒则逐渐向每一碟片的下方沉降，并在离心力作用下向碟片外缘移动。沉积在转鼓内壁的沉渣可在停车后用人工卸除或间歇地用液压装置自动地排除。此工况下，重液出口用垫圈堵住，澄清液体由轻液出口排出。

蝶式离心机的分离因数较高，可达 3000～10000，且碟片数较多，碟片间间隙小，且增大了沉降面积，缩短了沉降距离，因此分离效率高。

第四节　气体净制

化工生产过程中，常常要将悬浮在气体中的固体或液体颗粒自气体中分离出去，这种操作称为气体的净制。

一、气体净制的方法

按照净制的原理不同，将气体净制方法分为以下四类。

① 气体的机械净制。利用重力、惯性力和离心力等机械力的作用使微粒从气体中分离出来，典型设备为降尘室、惯性除尘器和旋风分离器。

② 气体的湿法净制。使气体与液体接触，用液体洗去气体中的微粒，从而使气体净化，所用设备是各种湿式洗涤器。

③ 气体的过滤净制。气体通过过滤介质时微粒被截留而气体得到净化，典型设备为袋式过滤器。

④ 气体的电净制。使气体通过高压电场，其中的微粒在电场的作用下沉降，从而使气

体净化，所用设备为电除尘器。

二、气体净制设备

1. 惯性分离器

惯性分离器是利用夹带气流中的颗粒或液滴的惯性力不同而实现分离的设备。在气体的通道上设置挡板，以使气体在流动时发生突然的转向，而夹带在气流中的固体颗粒或液滴由于惯性大，不易改变流动方向，因而撞击挡板后则落入底部，被捕集下来。图 2-19 所示为惯性分离器组，在其中每一容器内，气流中的颗粒撞击挡板后落入底部。操作时，容器中的气速必须控制适当，使之既能进行有效的分离，又不致将沉下来的颗粒重新卷起。

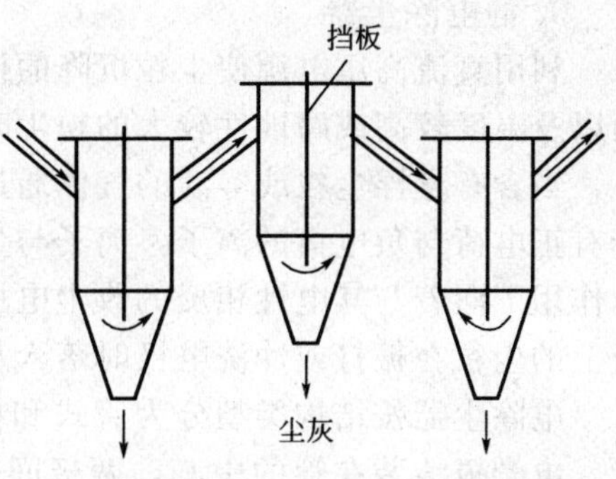

图 2-19　惯性分离器组

惯性分离器结构简单、阻力小，但分离效率不高，一般作预除尘。常设置在蒸发器及精馏塔与吸收塔顶部用作除沫器。

2. 袋滤器

使含尘气体穿过袋状滤布，以除去其中的尘粒的设备为袋滤器。袋滤器主要由滤袋及其骨架、壳体、清灰装置和排灰阀等部件构成，图 2-20 所示为一脉冲式袋滤器。

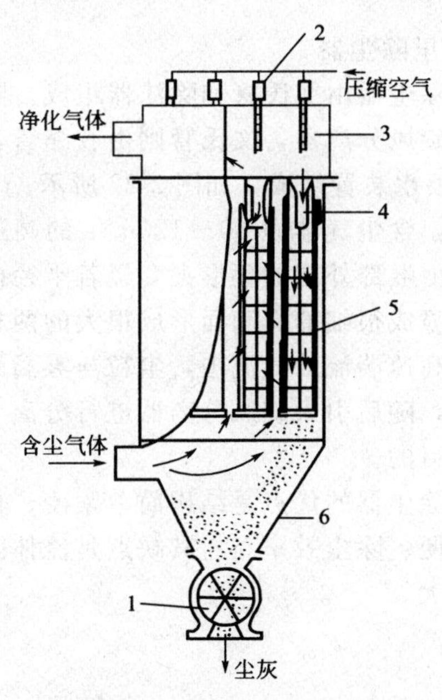

图 2-20　脉冲式袋滤器

1—排灰斗；2—电磁阀；3—喷嘴；4—文丘里管；5—滤袋骨架；6—灰斗

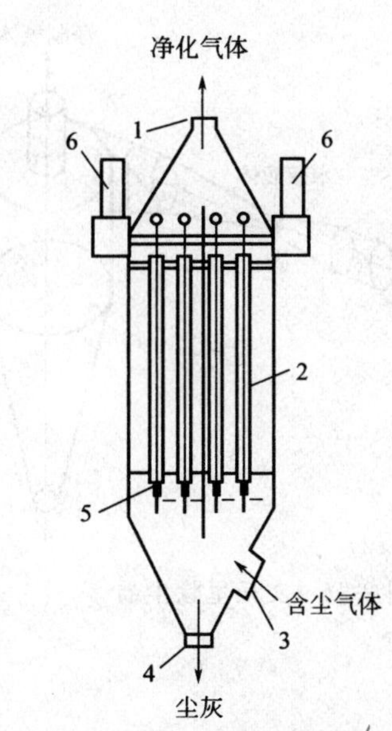

图 2-21　静电除尘器

1—净气出口；2—收尘电极；3—含尘气入口；4—尘灰出口；5—放电电极；6—绝缘箱

工作时，含尘气体从袋的下端进入袋内，气体由外向内穿过滤袋，洁净气体汇集于上部出口管排出，尘粒则被截留在滤袋外表面上。颗粒的清理称清灰操作，清灰操作时需先关闭气体进出口阀，开动压缩空气反吹系统，脉冲气流从布袋内向外吹出，使尘粒落入灰斗。多个滤袋同时过滤时，可将过滤和清灰交替进行，既可保证连续操作，又可使滤袋不断地得到更新，以保证过滤速率。

脉冲喷吹袋滤器使用时间长、除尘效率高、连续操作、处理量大，常做旋风分离器的后操作和粉碎的后处理工序，以进一步净化气体和回收细微固体颗粒。缺点是投资费用较高，袋滤器磨损较快，除灰较麻烦，不适于净制高温或潮湿的含尘气体。

3. 静电除尘器

利用直流高压电源使尘粒沉降的设备为静电除尘器。当气体中含有某些极小的尘粒或雾滴以及温度较高或腐蚀性较大的粉尘时，则可用静电除尘器予以分离。

当含有悬浮尘粒或雾滴的气体通过金属极间的高压直流电场时，气体便发生电离，生成带有正电荷与负电荷的离子，离子与尘粒或雾滴相遇而附于其上，带电的尘粒或雾滴在电场力作用下向着与其电性相反的收尘电极运动，到达该电极后发生中和而恢复中性。收集在电极上的尘粒在振打或冲洗电极时落入灰斗。

电除尘器按结构类型分为管式和板式两种，如图 2-21 为一管式电除尘器，沉降极为圆管，电晕极线装在管的中心，两极间距均相等，电场强度变化较均匀，具有较高的电场强度，但清灰比较困难，一般采用湿式除尘，用清水连续或定期清洗粉尘。板式电除尘器的沉降极由平板组成，电场强度变化不够均匀，但清灰较方便，制作及安装比较容易。

电除尘器能有效地捕集 0.1μm 或更小的尘粒或雾滴。电除尘器的优点是分离效率高(可达 99.9%)、阻力较小、气体处理量大、低温操作性能亦良好，操作可以达到全自动化。其缺点是设备体积庞大、设备费用和操作费用都较高、维护及管理等均要求严格，所以限制其使用范围。

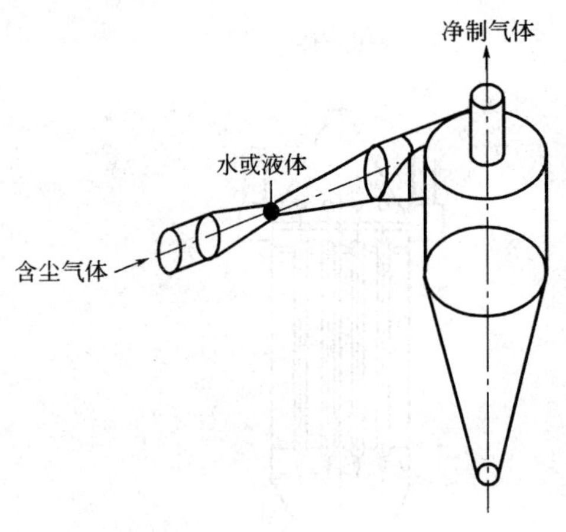

图 2-22　文丘里除尘器

4. 文丘里除尘器

文丘里除尘器由文氏管和除沫器组成。除沫器一般均采用旋风分离器，文氏管则由收缩管、喉管和扩散管、喷水装置组成，如图 2-22 所示。

操作时，含尘气体以 60～120m/s 的高速通过喉部时，把由喉部外围的环形夹套经若干径向小孔引入的液体喷成很细的雾滴而形成很大的两相接触表面积，在高速湍流的气流中，尘粒与雾滴聚集成较大的颗粒，随后引入旋风分离器进行分离，达到净化气体的目的。

文丘里除尘器的优点是结构简单紧凑、价格低廉、操作简便、除尘效率高。其缺点是流体阻力较大、用水量大。

思　考　题

1. 什么是均相混合物？什么是非均相混合物？
2. 什么是颗粒的沉降速度或终端速度？
3. 为什么计算沉降速度要用试差？如何计算？
4. 为满足除尘要求，气体的停留时间与颗粒的沉降时间应满足什么关系？
5. 怎样理解降尘室的生产能力与降尘室的高度无关？
6. 何谓离心沉降速度？与重力沉降速度相比有何不同？
7. 什么叫离心分离因数？其值大小说明什么？
8. 如何测定过滤常数？

9. 使用同样体积的洗涤液，板框压滤机和叶滤机上的洗涤速率分别为过滤终了时过滤速率的多少倍？

10. 评价旋风分离器的主要指标有哪些？

11. 三足式离心机的支座为什么采用三足？

12. 在一个气-固分离过程中同时使用了旋风分离器和袋滤器两种分离设备，试考虑哪个放在前面，哪个放在后面，为什么？

计 算 题

1. 计算直径为 50μm 及 3mm 的水滴在 30℃常压空气中的自由沉降速度。

2. 若石英砂粒在 20℃的水和空气中以同一速度沉降，并假定沉降处于斯托克斯区，试问这两种介质中沉降颗粒的直径比是多少？已知石英密度 $\rho_s=2600\text{kg/m}^3$。

3. 在底面积为 40m^2 的除尘室内回收气体中的球形固体颗粒。气体的处理量为 $3600\text{m}^3/\text{h}$，固体的密度为 3000kg/m^3，操作条件下气体的密度为 1.06kg/m^3，黏度为 $2\times10^{-5}\text{Pa}\cdot\text{s}$。试求理论上能完全除去的最小颗粒直径。

4. 用总高 4m、宽 1.7m、长 4.55m 的重力降尘室分离空气中的粉尘。中间等高安排 39 块隔板，每小时通过降尘室的含尘气体为 2000m^3，在气体的密度为 1.6kg/m^3（标况）、气体温度为 400℃时，黏度为 $3\times10^{-5}\text{Pa}\cdot\text{s}$，粉尘的密度为 3700kg/m^3。试求：①此降尘室能分离的最小尘粒的直径；②除去 6μm 颗粒的百分率。

5. 用一多层除尘室除去炉气中的矿尘。矿尘最小粒径为 8m，密度为 4000kg/m^3。除尘室长 4.1m，宽 1.8m，高 4.2m，气体温度为 427℃，黏度为 $3.4\times10^{-5}\text{Pa}\cdot\text{s}$，密度为 0.5kg/m^3。若每小时的炉气量为 2160m^3（标准立方米），试确定降尘室内隔板的间距及层数。

6. 过滤面积为 0.093m^2 的小型板框压滤机，恒压过滤含有碳酸钙颗粒的水悬浮液。过滤时间为 50s 时，获得滤液 $2.27\times10^{-3}\text{m}^3$；过滤时间为 100s 时，共获得滤液 $3.35\times10^{-3}\text{m}^3$。问过滤时间为 200s 时，共获得多少滤液？

7. 用一台 BMS50/810-25 型板框压滤机过滤某悬浮液，悬浮液中固相质量分数为 0.139，固相密度为 2200kg/m^3，液相为水。每 1m^3 滤饼中含 500kg 水，其余全为固相。已知操作条件下的过滤常数 $K=2.72\times10^{-5}\text{m}^2/\text{s}$，$q_e=3.45\times10^{-3}\text{m}^3/\text{m}^2$，滤框尺寸为 810mm×810mm×25mm，共 38 个框。试求：①过滤至滤框内全部充满滤渣所需的时间及所得的滤液体积；②过滤完毕用 0.8m^2 清水洗涤滤饼，求洗涤时间。注意：洗涤水温度及表压与滤浆的相同。

8. 某厂用一台规格为 635mm×635mm×25mm 板框压滤机（共 25 个框）来恒压过滤某悬浮液，经过滤 52min 后，再用清水洗涤滤渣，洗水温度、压力与过滤时相同，而其体积为滤液体积的 8%，又已知卸渣、清理和装合等辅助时间为 30min，过滤常数 $K=1.7\times10^{-4}\text{m}^2/\text{s}$，试求不考虑过滤介质阻力时，该机器的生产能力为多少滤液（m^3/h）？

9. 有一直径为 1.75m、长为 0.9m 的转鼓真空过滤机。操作条件下浸没角度为 126°，转速为 1r/min，滤布阻力可忽略，过滤常数 $K=2.72\times10^{-5}\text{m}^2/\text{s}$，$q_e=3.45\text{m}^3/\text{m}^2$，求其生产能力。

10. 直径为 10μm 的石英颗粒随 20℃的水作旋转运动，在旋转半径 $r=0.05\text{m}$ 处的切向速度为 12m/s，求该处的离心沉降速度和离心分离因数。

第三章　传　　热

学习目标

[掌握] 单层、多层传热面稳定传热的导热速率的计算；对数平均温度差、传热过程的热负荷、总传热系数及传热面积的计算；热导率、总传热系数的意义；影响传热的因素，强化传热的措施；控制传热速率的关键因素。

[熟悉] 传热的三种方式及特点；间壁式换热的传热过程；对流传热系数的计算方法及经验关联式适用范围。

[了解] 影响对流传热的因素及各特征数的意义；换热器的结构、特点；热损失的计算方法；传热设备保温方法。

食品、轻工、生物技术等工业与传热的关系甚为密切，因为在这些工业生产中的许多单元操作都需要进行加热和冷却。加热和冷却就是向设备中的物料输入或移出一定热量的过程，此过程即为传热，也就是热量的传递过程。此外，有许多设备和管路是在高温或低温下操作的，为了减少设备与外界的热交换，即减少热损失，常需对设备进行保温或绝热。另外，生产中热能的合理利用以及废热的回收等，都涉及传热的问题。由此可见，传热普遍地存在于食品、轻工、生物技术等生产中，且具有重要的作用。

传热过程要解决的问题有两大类：一类是要求传热设备的传热情况良好，强化传热，另一类是对高温设备与管道的保温以及对低温设备与管道的隔热，减少或抑制传热。

第一节　概　　述

一、传热在生产中的应用

传热在食品、轻工、生物工程生产中的应用主要有以下几个方面。

① 为满足生产、反应等的要求，对原料的预热、物料的加热、冷却或冷凝；为满足贮存的要求对产品的冷却。

② 以加热或冷凝的方式获得浓度更高的产品及分离混合液中组分。

③ 为减少热损失而对进行的设备和管道的保温、绝热。

④ 生产过程中热能的合理利用、废热的回收及利用。

二、工业换热方式

在工业生产中，传热的目的是将热流体的热量传递给冷流体，产生热量交换以达到生产工艺要求，要完成换热过程需要换热设备，换热器即是实现换热的基本设备。工业中的换热方式，按工作原理和设备类型，可分为以下三种方式。

1. 间壁式换热

这是生产中使用最广泛的一种方式，其主要特点是在换热过程中，冷、热流体互不接触，两种流体被一固体间壁所隔开，两种流体分别在间壁两侧流动。在流动过程中，热流体将热量传给间壁，然后间壁将其所得的热量传给冷流体以达到换热目的。实现此种换热方式的设备，称为间壁式换热器。典型的间壁式换热器有以下两种。

（1）套管式换热器　套管式换热器是由两根直径不同的管子套在一起组成的。冷、热流体分别流经内管和内、外管构成的环隙空间，进行热交换。其结构如图 3-1 所示。

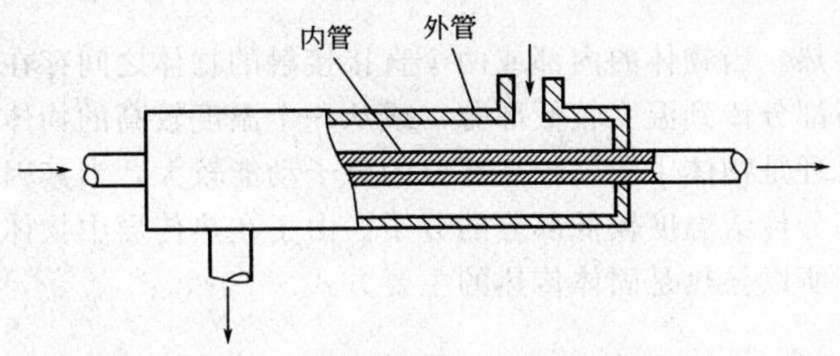

图 3-1　套管式换热器

（2）列管式换热器　列管式换热器主要由壳体、管束、管板和封头等部件构成，其结构如图 3-2 所示。一种流体由一侧接管进入封头，流经各管内后汇集于另一封头，并从该封头接管流出，该流体称为管程流体。另一种流体由壳体接管流入，在壳体与管束间的空隙流过，然后从壳体的另一接管流出，该流体称为壳程流体。管束的表面积即为传热面积。流体一次通过管程的称为单管程，一次通过壳程的称为单壳程。

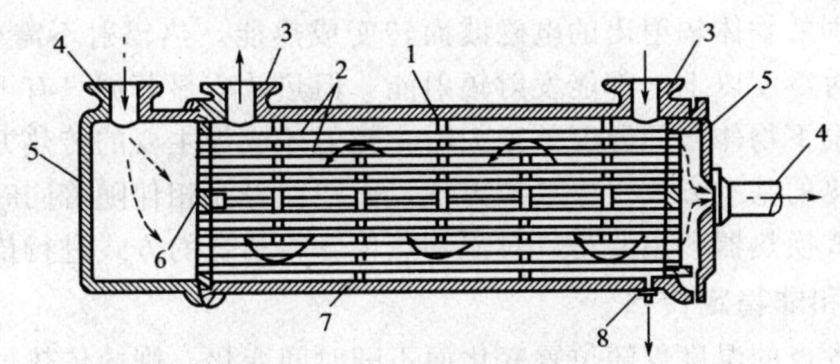

图 3-2　单程列管式换热器

1—外壳；2—管束；3,4—接管；5—封头；6—管板；7—挡板；8—泄水管

2. 混合式换热

混合式换热是通过冷、热两流体直接接触和混合过程实现热交换的。它具有传热速度快、效率高、设备简单等优点。实现此种换热方式的设备有：凉水塔、喷洒式冷却塔、混合式冷凝器等。这种混合式换热方式适用于用水来冷凝水蒸气等允许冷热两种流体直接接触的场合。

3. 蓄热式换热

蓄热式换热是在一个被称为蓄热器的设备内进行的，器内装有耐火砖之类的固体填充物，用以储蓄热量。冷、热流体交替流过蓄热器，当热流体流经蓄热器时，热量被填充物壁面吸收，并储蓄在壁面内；当冷流体流过蓄热器时，壁面把所储蓄的热量又传给冷流体。这种换热方式一般用于气体介质之间的换热。由于这种换热方式，在操作中难免在交替时发生两种流体的混合，所以在生产中使用的不多。

在生产中常见的换热方式是间壁式换热和混合式换热。但在许多情况下，冷、热两流体不允许直接接触，因此在生产中，间壁式换热方式用得最为广泛。

三、传热的基本方式

热的传递是由于物体内部或物体之间的温度不同而引起的。当无外功输入时，热总是自动地从温度较高的部分传给温度较低的部分。根据传热机理的不同，传热的基本方式有热传导、对流和辐射三种。

1. 热传导

热传导，简称导热。当物体的内部或两个直接接触的物体之间存在着温度差异时，热能就从物体的温度较高部分传到温度较低部分，或从一个温度较高的物体传递给直接接触的温度较低的物体。其机理是物体中温度较高部分的分子动能较大，当其因振动而与相邻分子碰撞时就将能量的一部分传给温度较低部分的分子。由于在热传导中物体中的分子或质点不发生宏观的相对位移，所以导热是固体传热的主要方式。

2. 对流

对流又称对流传热，对流是指不同温度的流体质点在运动中发生的热量传递。显然，对流仅发生在流体中，若流体质点的相对移动是因流体内部各处温度不同而引起的局部密度差异所致，则称为自然对流。用机械能（如搅拌流体）使流体发生对流运动的称为强制对流。但在实际上，对流的同时，流体各部分之间还存在着导热，故形成一种较复杂的热传递过程。

3. 辐射

辐射又称热辐射，是依靠电磁波传递热能的过程。一切物体都能把热能以电磁波形式发射出去，也能吸收别的物体辐射出的电磁波而转变成热能。热辐射不需要任何物质作介质。任何物体只要在绝对零度以上，都能发射辐射能，但热效应显著的只有可见光和红外线这一波段，故只有在高温下物体之间温度差很大时，辐射才成为主要的传热方式。

上述的三种传热的基本方式很少单独出现，而往往是互相伴随着同时出现。例如在生产中普遍使用的间壁式换热器，主要是以对流和热传导相结合的方式进行传热。

四、稳定传热和非稳定传热

若传热系统中各点的温度仅随位置变化而不随时间变化，则此传热过程为稳定传热，若传热系统中各点的温度不仅随位置不同而不同，且随时间变化而发生变化，这种传热过程称为非稳定传热。稳定传热的特点是单位时间通过传热间壁的热量是一个常量。

连续生产过程中所进行的传热多为稳定传热。在间歇操作的换热设备中或连续操作的换热设备处于开、停车阶段所进行的传热，都属于非稳定传热。本章只讨论稳定传热。

第二节 热 传 导

一、通过单层平壁的导热方程

图 3-3 为一个由均匀材料构成的平壁，两侧表面积都等于 A，壁厚为 δ，壁的两侧表面上温度保持为 t_{w_1} 和 t_{w_2}。如果 $t_{w_1}>t_{w_2}$，则热量以热传导的方式从温度为 t_{w_1} 的平面传递到温度为 t_{w_2} 的平面上，实践证明，单位时间内由高温壁面传导到低温壁面的热量与传热面积和导热温差成正比，而与壁面厚度成反比，即

$$Q \propto \lambda A \frac{t_{w_1}-t_{w_2}}{\delta}$$

引入比例常数 λ，把比例式写成等式，得

$$Q=\lambda A\frac{t_{w_1}-t_{w_2}}{\delta} \tag{3-1}$$

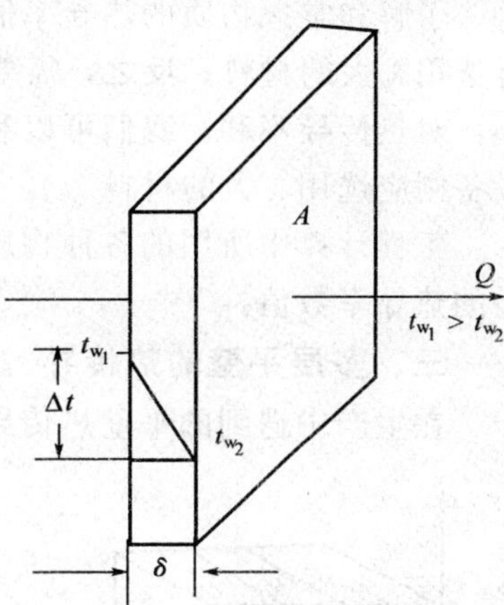

图 3-3 单层平壁的热传导

式中，Q 为单位时间内通过平壁的导热量，即导热速率，W；$t_{w_1}-t_{w_2}=\Delta t$ 为平壁两侧表面的温度差，℃；A 为垂直于导热方向的截面积，m^2；δ 为平壁的厚度，m；λ 为材料的热导率，W/(m·℃)。

式(3-1) 是热传导的基本定律，或称傅里叶定律，也就是通过单层平壁的导热速率方程。

将式(3-1) 变换可得

$$Q=\frac{t_{w_1}-t_{w_2}}{\frac{\delta}{\lambda A}}=\frac{\Delta t}{R} \tag{3-2}$$

式中，$\Delta t=t_{w_1}-t_{w_2}$ 为导热的推动力，℃；而$\frac{\delta}{\lambda A}=R$ 为导热热阻，℃/W。

二、热导率

由式(3-1) 得

$$\lambda=\frac{Q}{A\frac{t_{w_1}-t_{w_2}}{\delta}} \tag{3-3}$$

式(3-3) 为热导率的定义式，由该式可知：当 $A=1m^2$、$\delta=1m$、$t_{w_1}-t_{w_2}=1℃$ 时，则单位时间内的导热量 Q 就和热导率相等。即热导率在数值上等于一个厚度为 1m、表面积为 $1m^2$ 的平壁两侧维持 1℃温度差时，每单位时间通过该平壁的热量。所以热导率是物质的一种物理性质，它表示物质的导热能力的大小，λ 数值越大，则物质的导热性能越好。

物质的热导率与物质组成、结构、密度、温度和压力有关。一般来说，金属的热导率最大，非金属的固体次之，液体的较小，而气体的最小。现分述如下。

1. 固体的热导率

在所有的固体中，金属是最好的导热体，纯金属的热导率一般随温度升高而降低。金属的热导率大都随其纯度的增加而增大；非金属建筑材料或绝热材料的热导率与温度、组成和结构的紧密程度有关，通常其 λ 值随密度增加而增大，也随温度升高而增大。

在工程计算中，对于各处温度不同的固体，其热导率可以用固体两侧面的温度下 λ 值的算术平均值，此外，热导率也可根据物体温度的算术平均值查得。在以后的热传导计算中，一般都是采用平均热导率。

2. 液体的热导率

液体分成金属液体和非金属液体两类，前者热导率较高而后者较低。大多数液态金属的热导率随温度的升高而降低。在液态金属中，纯钢具有较高的热导率。

在非金属液体中，水的热导率最高，除水和甘油外，绝大多数液体的热导率均随温度升高而略有减小。一般来说，溶液的热导率低于纯液体的热导率。

3. 气体的热导率

气体的热导率随温度的升高而增大。在通常压力范围内，气体的热导率随压力增减的变化很小，可忽略不计。但在过高或过低的压力下（高于 1.96×10^4kPa 或低于 2.66kPa），则应考虑压力对热导率的影响，此时热导率随压力的增高而增大。

了解和掌握物质的热导率值在生产实际中有着重要的作用，通常，需要提高导热速率时可选用 λ 大的材料；反之，需要降低导热速率时应选用 λ 小的材料。例如，气体的热导率很小，对热传导不利，我们可以利用它的这种性质对设备和管道进行保温和绝热，而制造换热设备则应选用 λ 大的材料。

工程计算中所用的各种物质的热导率值都是经实验测定出来的。附录 13 列举了某些物质的热导率数值。

三、多层平壁的热传导

在生产中遇到的平壁热传导，通常都是多层平壁。如图 3-4 所示为三层平壁，各层的壁厚分别为 δ_1、δ_2 和 δ_3，热导率分别为 λ_1、λ_2 和 λ_3，平壁面积为 A。假设层与层间接触良好即相接触的两表面的温度相同，各表面温度分别为 t_{w_1}、t_{w_2}、t_{w_3} 和 t_{w_4}，设 $t_{w_1}>t_{w_2}>t_{w_3}>t_{w_4}$，现在要确定通过这个三层平壁的导热速率。

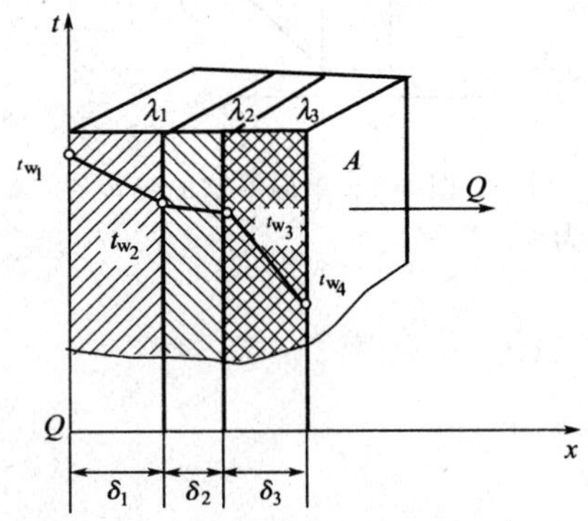

图 3-4 三层平壁的导热

对第一层平壁，由式(3-1) 得

$$Q_1=\frac{t_{w_1}-t_{w_2}}{\dfrac{\delta_1}{\lambda_1 A}}$$

即

$$\Delta t_1=t_{w_1}-t_{w_2}=Q_1\frac{\delta_1}{\lambda_1 A}=Q_1R_1 \tag{3-4}$$

同样对第二层平壁得

$$\Delta t_2=t_{w_2}-t_{w_3}=Q_2\frac{\delta_2}{\lambda_2 A}=Q_2R_2 \tag{3-5}$$

对第三层平壁得

$$\Delta t_3=t_{w_3}-t_{w_4}=Q_3\frac{\delta_3}{\lambda_3 A}=Q_3R_3 \tag{3-6}$$

在稳定导热时，通过上述串联平壁的导热速率 Q 都是相等的，即

$$Q=Q_1=Q_2=Q_3$$

所以将式(3-4)、式(3-5)、式(3-6) 三式等号左、右各项相加，得

$$\begin{aligned}\Delta t_1+\Delta t_2+\Delta t_3=t_{w_1}-t_{w_4}&=Q\left(\frac{\delta_1}{\lambda_1 A}+\frac{\delta_2}{\lambda_2 A}+\frac{\delta_3}{\lambda_3 A}\right)\\&=Q(R_1+R_2+R_3)\end{aligned}$$

通过三层平壁的导热速率为

$$Q=\frac{t_{w_1}-t_{w_4}}{\dfrac{\delta_1}{\lambda_1 A}+\dfrac{\delta_2}{\lambda_2 A}+\dfrac{\delta_3}{\lambda_3 A}}=\frac{\Delta t_1+\Delta t_2+\Delta t_3}{R_1+R_2+R_3} \tag{3-7}$$

式(3-7) 即为三层平壁的导热速率方程式。

对于 n 层平壁，其导热速率方程可以表示为

$$Q=\frac{t_{w_1}-t_{w_{n+1}}}{\sum\limits_{i=1}^{n}\dfrac{\delta_i}{\lambda_i A}}=\frac{\sum\Delta t}{\sum R} \tag{3-8}$$

式(3-8)等号右边的分子是 n 层壁两侧的温度差，分母就相当于 n 层壁的总热阻，显然它就是各层热阻之和。即多层平壁导热的推动力为总温度差，总热阻为各层导热热阻之和。

【例 3-1】 锅炉的厚度 $\delta_1=20\text{mm}$，材料的热导率 $\lambda=58\text{W}/(\text{m}\cdot℃)$。若黏附在锅炉内壁的水垢厚 $\delta_2=1\text{mm}$，水垢的热导率 $\lambda=1.16\text{W}/(\text{m}\cdot℃)$。已知锅炉钢板处表面温度为 $t_{w_1}=250℃$，水垢的内表面温度为 $t_{w_3}=200℃$，求锅炉每平方米表面积的导热速率及钢板与水垢相接触一面的温度 t_{w_2}。

解： 由式(3-7)得

$$\frac{Q}{A}=\frac{t_{w_1}-t_{w_3}}{\dfrac{\delta_1}{\lambda_1}+\dfrac{\delta_2}{\lambda_2}}=\frac{250-200}{\dfrac{0.02}{58}+\dfrac{0.001}{1.16}}=41428\ (\text{W/m}^2)$$

由式(3-1)得

$$t_{w_2}=t_{w_1}-\frac{Q}{A}\times\frac{\delta_1}{\lambda_1}=250-41428\times\frac{0.02}{58}=235.7\ (℃)$$

【例 3-2】 某平壁燃烧炉是由一层耐火砖与一层普通砖砌成，两层的厚度均为 100mm，其热导率分别为 $0.9\text{W}/(\text{m}\cdot℃)$ 及 $0.7\text{W}/(\text{m}\cdot℃)$。待操作稳定后，测得炉壁的内表面温度为 700℃，外表面温度为 130℃。为减少燃烧炉的热损失，在普通砖的外表面增附一层厚度为 40mm、热导率为 $0.06\text{W}/(\text{m}\cdot℃)$ 的保温层。待操作稳定后，又测得炉内表面温度为 740℃，外表面温度为 90℃。今设原来的两层材料的热导率不变，试计算加上保温层后炉壁的热损失比原来的减少百分之几？

解： 加保温层以前，单位面积炉壁的热损失 $(Q/A)_1$

此为双层平壁的热传导，依式(3-7)得

$$\left(\frac{Q}{A}\right)_1=\frac{t_{w_1}-t_{w_3}}{\dfrac{\delta_1}{\lambda_1}+\dfrac{\delta_2}{\lambda_2}}=\frac{700-130}{\dfrac{0.1}{0.9}+\dfrac{0.1}{0.7}}=2245(\text{W/m}^2)$$

加保温层以后，单位面积的热损失 $(Q/A)_2$

此为三层平壁的热传导，依导热速率方程得

$$\left(\frac{Q}{A}\right)_2=\frac{t_{w_1}-t_{w_4}}{\dfrac{\delta_1}{\lambda_1}+\dfrac{\delta_2}{\lambda_2}+\dfrac{\delta_3}{\lambda_3}}=\frac{740-90}{\dfrac{0.1}{0.9}+\dfrac{0.1}{0.7}+\dfrac{0.04}{0.06}}=706(\text{W/m}^2)$$

增加保温层后，热损失比原来减少的百分数为

$$\frac{\left(\dfrac{Q}{A}\right)_1-\left(\dfrac{Q}{A}\right)_2}{\left(\dfrac{Q}{A}\right)_1}\times100\%=\frac{2245-706}{2245}\times100\%=68.6\%$$

四、通过圆筒壁的热传导

生产中的导热常在圆筒壁中进行。例如通过管壁和圆筒形设备的导热，它与平壁导热的不同之处在于圆筒壁的导热面积不是常量，而是随半径而变，同时温度也随半径而变。

1. 通过单层圆筒壁的热传导

设圆筒的内半径为 r_1，外半径为 r_2，长度为 L。圆筒内、外壁面的温度分别为 t_{w_1} 和 t_{w_2} 且 $t_{w_1}>t_{w_2}$。若在半径为 r 处沿半径取微分厚度 $\mathrm{d}r$ 的薄壁圆筒，此处的导热面积 $A=2\pi rL$ 可视为定值，同时通过该薄层的温度变化为 $\mathrm{d}t$（见图 3-5）。仿照平壁热传导公式，则通过该薄圆筒壁的导热速率可以写成

$$Q=-\lambda A\frac{dt}{dr}=-\lambda(2\pi rL)\frac{dt}{dr} \tag{3-9}$$

式中的负号表示热流的方向和温度增加的方向相反。将上式分离变量进行积分，得

$$\int_{r_1}^{r_2}\frac{dr}{r}=-\frac{2\pi L\lambda}{Q}\int_{t_{w_1}}^{t_{w_2}}dt$$

$$Q=\frac{2\pi L\lambda(t_{w_1}-t_{w_2})}{\ln\frac{r_2}{r_1}} \tag{3-10}$$

式(3-10) 即为单层圆筒壁导热速率方程式。为了便于理解此式，也可以写成与平壁导热速率方程相类似的形式，即

$$Q=\frac{\lambda A_m(t_{w_1}-t_{w_2})}{\delta}=\frac{\lambda A_m(t_{w_1}-t_{w_2})}{r_2-r_1} \tag{3-11}$$

比较式(3-10) 和式(3-11)，可解得平均面积 A_m 为

$$A_m=\frac{2\pi L(r_2-r_1)}{\ln\frac{r_2}{r_1}}=2\pi r_m L \tag{3-12}$$

其中

$$r_m=\frac{r_2-r_1}{\ln\frac{r_2}{r_1}}$$

式(3-11) 和式(3-12) 中，A_m 为圆筒壁的内、外表面的对数平均面积，m^2；r_m 为圆筒壁的对数平均半径，m。

若圆筒壁的厚度较薄，当 $r_2/r_1\leqslant 2$ 时，r_m 也可以用 r_1、r_2 的算术平均值近似计算。由式(3-10) 可知单层圆筒壁的导热热阻为

$$R=\frac{\ln\frac{r_2}{r_1}}{2\pi L\lambda}$$

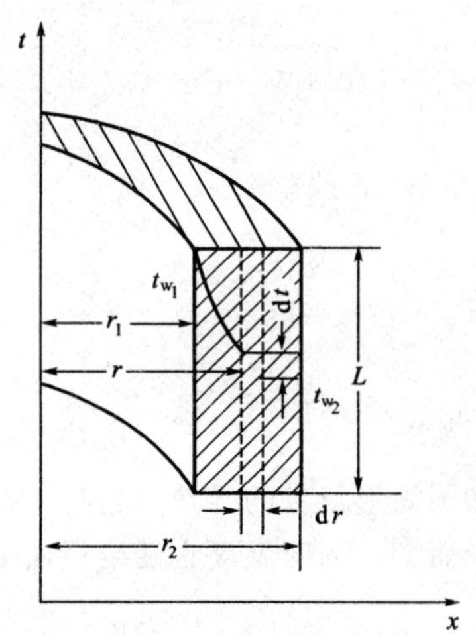

图 3-5 单层圆筒壁的热传导

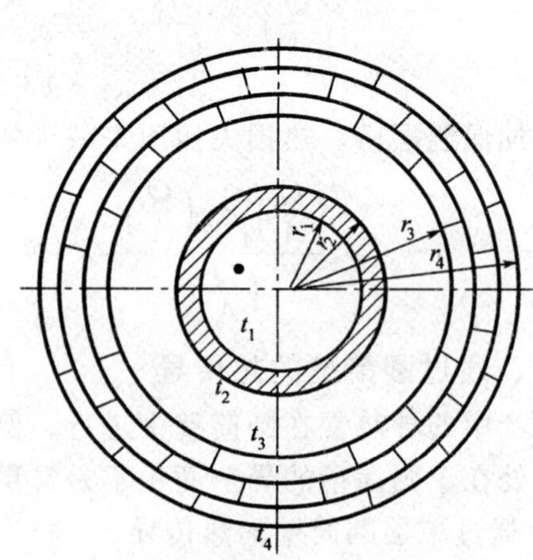

图 3-6 多层圆筒壁的热传导

2. 通过多层圆筒壁的热传导

在生产操作中，如果在圆筒形设备外包有绝热层或在设备内表面有垢层生成，这样就形成多层圆筒壁的导热，热由多层圆筒壁的最内壁传到最外壁要依次经过各层，所以多层圆筒

壁的导热过程可看成是各单层圆筒壁串联进行的导热过程。对稳定导热过程来说，单位时间内由多层圆筒壁所传导的热量，等于经过串联的各单层壁所传导的热量。

即
$$Q=Q_1=Q_2=Q_3$$

假定图 3-6 中各层壁厚分别为 $\delta_1=r_2-r_1$，$\delta_2=r_3-r_2$，$\delta_3=r_4-r_3$。各层材料的热导率分别为 λ_1、λ_2 和 λ_3，且视其为常数。层与层之间接触良好，相互接触的表面温度相等，各等温面皆为同心圆柱面，则其导热计算可参照多层平壁，由式(3-10) 得

$$Q=\frac{t_{w_1}-t_{w_4}}{\dfrac{\ln\dfrac{r_2}{r_1}}{2\pi L\lambda_1}+\dfrac{\ln\dfrac{r_3}{r_2}}{2\pi L\lambda_2}+\dfrac{\ln\dfrac{r_4}{r_3}}{2\pi L\lambda_3}}=\frac{t_{w_1}-t_{w_4}}{R_1+R_2+R_3} \tag{3-13}$$

式(3-13) 即为三层圆筒壁的导热速率方程式。

对于 n 层圆筒壁，其导热速率方程可以表示为

$$Q=\frac{t_{w_1}-t_{w_{n+1}}}{\sum\limits_{i=1}^{i=n}\dfrac{\ln\dfrac{r_{i+1}}{r_i}}{2\pi L\lambda_i}}=\frac{\sum\Delta t}{\sum R} \tag{3-14}$$

式中，下标“i”表示圆筒壁的序号。由式(3-14) 可见，多层圆筒壁导热的推动力为总温度差，其总热阻亦等于串联的各层热阻之和。

【例 3-3】 外径为 426mm 的蒸汽管道，其外包扎一层厚度为 426mm 的保温层，保温材料的热导率可取为 0.615W/(m·℃)。若蒸汽管道的外表面温度为 177℃，保温层的外表面温度为 38℃，试求每米管长的热损失。

解： 已知
$$r_2=\frac{0.426}{2}=0.213\ (\mathrm{m}),\ t_{w_2}=177℃$$
$$r_3=0.213+0.426=0.639\ (\mathrm{m})$$
$$t_{w_3}=38℃$$

由式(3-12) 可得每米管长的热损失为

$$\frac{Q}{L}=\frac{2\pi\lambda(t_{w_2}-t_{w_3})}{\ln\dfrac{r_3}{r_2}}=\frac{2\pi\times0.615\times(177-38)}{\ln\dfrac{0.639}{0.213}}=489\ (\mathrm{W/m})$$

【例 3-4】 在一个 ϕ60mm×3.5mm 的钢管外包有两层绝热材料，里层为 40mm 的氧化镁粉，平均热导率=0.07W/(m·℃)，外层为 20mm 的石棉层，其平均热导率=0.15W/(m·℃)。现测知管内壁温度为 500℃，最外层温度为 80℃，管壁的热导率=45W/(m·℃)。试求每米长的管的热损失及两层保温层界面的温度。

解： ① 每米管长的热损失。此题为三层圆筒壁导热。

已知 $r_1=\dfrac{0.053}{2}=0.0265(\mathrm{m})$，$r_2=0.0265+0.0035=0.03(\mathrm{m})$，$r_3=0.03+0.04=0.07(\mathrm{m})$，$r_4=0.07+0.02=0.09(\mathrm{m})$，$t_{w_1}=500℃$，$t_{w_4}=80℃$，$\lambda_1=45\mathrm{W/(m·℃)}$，$\lambda_2=0.07\mathrm{W/(m·℃)}$，$\lambda_3=0.15\mathrm{W/(m·℃)}$。

由式(3-13) 可得

$$\frac{Q}{L}=\frac{2\pi(t_{w_1}-t_{w_4})}{\dfrac{1}{\lambda_1}\ln\dfrac{r_2}{r_1}+\dfrac{1}{\lambda_2}\ln\dfrac{r_3}{r_2}+\dfrac{1}{\lambda_3}\ln\dfrac{r_4}{r_3}}$$
$$=\frac{2\pi\times(500-80)}{\dfrac{1}{45}\ln\dfrac{0.03}{0.0265}+\dfrac{1}{0.07}\ln\dfrac{0.07}{0.03}+\dfrac{1}{0.15}\ln\dfrac{0.09}{0.07}}=191.4\ (\mathrm{W/m})$$

② 保温层界面温度 t_{w_3}。依式(3-13) 可得

$$\frac{Q}{L}=\frac{2\pi(t_{w_1}-t_{w_3})}{\frac{1}{\lambda_1}\ln\frac{r_2}{r_1}+\frac{1}{\lambda_2}\ln\frac{r_3}{r_2}}$$

$$191.4=\frac{2\pi\times(500-t_{w_3})}{\frac{1}{45}\ln\frac{0.03}{0.0265}+\frac{1}{0.07}\ln\frac{0.07}{0.03}}$$

解得 $t_{w_3}=131.0$（℃）

第三节 对流传热

对流传热是指流体与固体壁面间或固体壁面与流体间的传热过程，对流传热是在流体流动的过程中发生的热量传递过程，所以和流体的流动状况密切相关。

一、对流传热的分析

由第一章的讨论可知，在管内流动着的流体无论其湍动程度如何，靠近管壁附近总有一层很薄的层流内层存在。在传热中，冷、热流体主要作湍流流动，由于湍流主体中的流体质点存在着剧烈的湍动，使湍流主体中的温度基本上相同，热量主要以对流方式传递。在靠近壁面的层流内层中，质点间没有混合，所以热量传递主要以导热的方式进行，由于大多数流体的热导率较小，使层流内层中的导热热阻就很大，因此温度差也较大。在湍流主体和层流内层之间的缓冲层内，热传导和热对流均起作用，使该层内温度发生缓慢的变化。图 3-7 即表示了流体在壁面两侧的流动情况以及和流体流动方向垂直的某一截面上流体的温度分布情况。

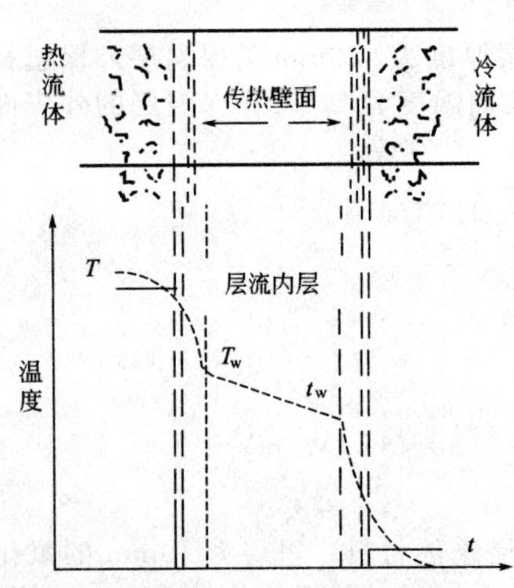

图 3-7 流体在壁面两侧流动情况及温度分布情况

由上分析可知，对流传热的热阻主要集中在层流内层中，因此减薄层流内层的厚度，是强化对流传热的重要途径。

二、壁面和流体间的对流传热速率

1. 对流传热速率方程

由对流传热分析可知，对流传热是一复杂的传热过程，影响对流传热速率的因素很多。用纯理论方式计算对流传热速率是相当困难的，牛顿提出了普遍适用的式子，即

流体被加热 $$Q=\alpha_{冷}A(t_w-t) \tag{3-15}$$

流体被冷却 $$Q=\alpha_{热}A(T-T_w) \tag{3-16}$$

式中，Q 为对流传热速率，W；A 为传热面积，m^2；T、t 为任一截面热、冷流体的平均温度，℃；T_w、t_w 为任一截面处传热壁的温度，℃；$\alpha_{热}$、$\alpha_{冷}$ 为热、冷流体的对流传热系数（又称对流给热系数），W/(m^2·℃)。

上述两式是对流传热速率方程，又称牛顿冷却定律。式中，由于不同流动截面上的流体温度、传热壁面的温度不同，对流传热系数也不同，所以用上两式还不能计算出对流传热

速率。

2. 对流传热系数

式(3-15) 可改写为

$$\alpha=\frac{Q}{A\Delta t} \tag{3-17}$$

由上式可知：当 $A=1\text{m}^2$、$\Delta t=1$℃时，则对流传热速率 Q 就和对流传热系数相等。也就是说，对流传热系数在数值上等于总传热面积为 1m^2、流体与壁面温度差的平均值为 1℃时，每单位时间流体与壁面之间的传热量。所以 α 值越大，在相同的温度差条件下，换的热量就越多，即对流传热过程越强烈，故对流传热系数是度量对流传热过程强烈程度的数值。

三、影响对流传热系数的因素及其一般关联式

1. 影响对流传热系数的因素

实验表明，影响对流传热系数的因素很多，凡是影响到流动情况的因素，必然也会影响对流传热系数 α 值。这些因素大致可以归纳为以下五个方面。

(1) 流体的物理性质　流体的物理性质中影响较大的有比热容、热导率、密度、黏度、体积膨胀系数及汽化焓等。

(2) 流体的种类和相变化　液体、气体和蒸汽的对流传热系数各不相同。一般地说，对于同一种流体，有相变时的对流传热比无相变时的对流传热要强烈得多，所以，有相变时的对流传热系数 α 值也较大。

(3) 流体的流动状况　当流体呈湍流时，随着 Re 数的增加，层流内层的厚度减薄，所以对流传热系数就增大。而当流体呈层流时，流体在热流的方向上基本上没有混杂运动，此时 α 值就较湍流时小。往往湍流时的 α 值要比层流时的值大好几倍甚至更多。

(4) 流体的对流状况　流体流动产生的原因可分为自然对流和强制对流。由于两种对流状况引起的流动状况不同，所以，自然对流和强制对流的 α 值不同，通常，强制对流传热系数比自然对流传热系数大几倍至几十倍。

(5) 传热表面的形状、位置和大小　传热管、板、管束等不同的传热面的形状，管子的排列方式，水平或垂直放置，管径、管长或板的高度等，都会影响流体在换热面附近的流动情况，所以都会影响对流传热系数 α 值。

由上所述，影响对流传热系数的因素很多，所以对流传热系数是一个多变量的函数。即

$$\alpha=f(\mu,\ \rho,\ c_{\text{p}},\ \lambda,\ u,\ l,\ \Delta t\cdots)$$

2. 对流传热系数的一般关系式

由于影响 α 的因素太多，要建立一个通式来求各种条件下的 α 是很困难的。目前通常将这些影响因素经过分析组成若干特征数，然后再用实验方法确定这些特征数间的关系，而得到在不同情况下求算 α 的具体特征数关联式。计算对流传热系数的特征数有：

$Nu=\dfrac{\alpha d}{\lambda}$——努塞尔数，表示对流传热系数的特征数。

$Pr=\dfrac{c_p\mu}{\lambda}$——普朗特数，表示物性影响的特征数。

$Re=\dfrac{du\rho}{\mu}$——雷诺数，确定流动状态的特征数。

$Gr=\dfrac{gl^3\rho^2\beta\Delta t}{\mu^2}$——格拉斯霍夫数，表示自然对流影响的特征数。

特征数是无单位数群，其中包括的各物理量必须用统一的单位制。

α 为对流传热系数，W/(m^2·℃)；u 为流速，m/s；ρ 为流体密度，kg/m^3；l 为传热面的特征尺寸，可以是管内径或外径，或者平板高度等，m；μ 为流体的黏度，Pa·s；c_p 为流体的定压比热容，kJ/(kg·℃)；Δt 为流体与壁面间的温度差，℃；β 为流体的体积膨胀系数，1/℃；g 为重力加速度，m/s^2；λ 为流体的热导率，W/(m·℃)；d 为管径，m。

以上各特征数之间的关系可以用函数式或指数函数的形式表示为：

$$Nu = cRe^m Pr^n Gr^i \tag{3-18}$$

式中，c、m、n、i 值，都是针对各种不同情况下的具体条件测定的，n 值与热流方向有关，当流体被加热时，$n=0.4$，被冷却时，$n=0.3$。当测得这些值之后，即可依式(3-18)计算对流传热系数 α。

四、对流传热系数的经验关联式

1. 流体无相变时的对流传热系数

(1) 流体在圆形直管内作强制湍流时对流传热系数

① 低黏度流体（$\mu<2$ 倍常温水的黏度）

$$\alpha = 0.023\frac{\lambda}{d}\left(\frac{du\rho}{\mu}\right)^{0.8}\left(\frac{c_p\mu}{\lambda}\right) \tag{3-19}$$

适用范围：$Re>10^4$，$0.7<Pr<120$，管长与管径之比>60。

定性温度：取流体进、出口温度的算术平均值。

特征尺寸：d 取管内径。

② 高黏度液体

$$\alpha = 0.027\frac{\lambda}{d}\left(\frac{du\rho}{\mu}\right)^{0.8}\left(\frac{c_p\mu}{\lambda}\right)^{0.33}\left(\frac{\mu}{\mu_w}\right)^{0.14} \tag{3-20}$$

(2) 流体在管外作强制对流　流体在管外垂直流过时，分为流体垂直流过单管和管束两种情况。由于工业上所用换热器中多为流体垂直流过管束的情况，所以仅介绍流体垂直流过管束的对流传热系数经验式。

换热器中管子的排列分直列和错列两种，错列中又有正方形和等边三角形两种，如图3-8所示。

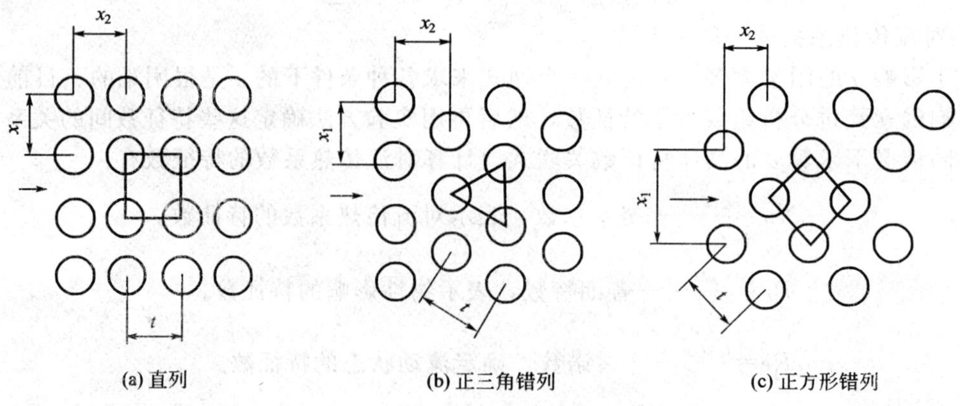

图 3-8　管子的排列

流体在管束外作强制垂直流过时的对流传热系数可用下计算。即

$$Nu=c\varepsilon Re^{n}Pr^{0.4} \tag{3-21}$$

式中，c、ε、n 均由实验确定，ε、n 值视管束中管子排列方式不同而异。

2. 流体有相变时的对流传热系数

(1) 蒸汽冷凝的对流传热　当饱和蒸汽与温度较低的壁面相接触时，蒸汽将放出潜热并在壁上冷凝成液体。蒸汽冷凝有膜状冷凝和滴状冷凝两种方式。

膜状冷凝是冷凝液能够润湿壁面，在壁面上形成一层完整的液膜，故称为膜状冷凝，如图 3-9(a) 和 (b) 所示。

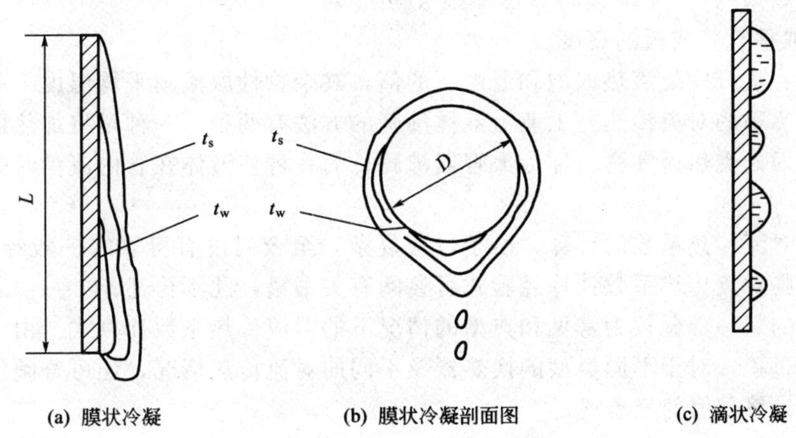

图 3-9　蒸汽在壁面上的冷凝方式

t_w—壁温，℃；t_s—饱和蒸汽温度，℃

滴状冷凝是由于冷凝液不能润湿壁面而在表面张力的作用，在壁面上将形成许多液滴，并沿壁面落下，故称滴状冷凝，如图 3-9(c) 所示。

膜状冷凝时，壁面上所形成的液膜越积越厚，最后凝液自壁上坠落下来，但壁面上所覆盖的液膜始终存在，此时蒸汽冷凝只能在液膜表面上进行，使蒸汽冷凝后放出的潜热，必须通过液膜后才能传给壁面，此时液膜成了附加的热阻，从而使其对流传热膜系数值减小。而滴状冷凝时，冷凝液不能全部润湿壁面，而是集聚成液滴，待液滴长大后，将自壁面上落下，重复露出壁面，于是再次生成新液滴，故其热阻较膜状冷凝小，所以对流传热系数较膜状冷凝时的对流传热系数为大，有时大几倍甚至十几倍之多。由此可见，蒸汽在壁面上的冷凝方式不同，使两种情况下的对流传热系数值相差很大。

工业生产中遇到的大多是膜状冷凝方式。所以下面介绍纯净的饱和蒸汽膜状冷凝的对流传热系数的计算方法。

① 蒸汽在水平管外冷凝

单根水平圆管

$$\alpha=0.725\left(\frac{\lambda^3\rho^2 gr}{d_0\mu\Delta t}\right)^{\frac{1}{4}} \tag{3-22}$$

水平管束

$$\alpha=0.725\left(\frac{\lambda^3\rho^2 gr}{n^{\frac{2}{3}}d_0\mu\Delta t}\right)^{\frac{1}{4}} \tag{3-23}$$

式中，n 为水平管束在垂直列上的管数；d_0 为管外径，m；r 为蒸汽冷凝潜热，kJ/kg；

$\Delta t = t_s - t_w$。

定性温度取膜平均温度。

② 蒸汽在垂直管内、外或垂直平板侧的冷凝

若膜层为层流，即 $Re<2100$ 时

$$\alpha = 1.13\left(\frac{g\rho^2\lambda^3 r}{\mu l \Delta t}\right)^{0.25} \tag{3-24}$$

若膜层为湍流，即 $Re>2100$ 时

$$\alpha = 0.0077\left(\frac{g\rho^2\lambda^3}{\mu^2}\right)^{\frac{1}{3}} Re^{0.4} \tag{3-25}$$

式中，l 取垂直管或板的高度。

定性温度：蒸汽冷凝潜热取饱和温度下的值，其余物性取液膜平均温度下的值。

(2) 液体沸腾的对流传热　工业上液体沸腾的方法有两种：一种是将加热面浸没在液体中，液体在壁面处受热而沸腾，称为大容器沸腾；另一种使液体在管内流动时受热沸腾，称为管内沸腾。

关于沸腾对流传热系数的计算，由于过程复杂，至今尚没有可靠的一般经验性关联式，各种液体的沸腾对流传热系数计算经验式可参阅有关书籍，此不再述。

本节介绍的是一部分较为常见和典型的情况下的对流传热系数计算式。由于对流传热是一个较复杂的过程，对于不同类型的换热器及不同的对流传热情况，还可查阅传热的专著或手册得到更多计算 α 值的经验式。

第四节　间壁两侧流体间的传热

在间壁式换热器中，热量是通过冷、热两种流体之间的壁面传递的，所以在热交换的过程中，就要研究热量经过固体壁面的热传导、间壁两侧流体与壁面之间的对流传热，有时还需要考虑到辐射传热。在生产中常遇到的热交换问题，一般温度不高，所以热辐射的影响可以忽略，而看作是对流传热与导热两种基本传热方式的联合。下面就讨论冷、热两流体通过间壁式换热器进行热交换的问题。

一、传热速率方程

在间壁式换热器中由三个连续的过程完成热交换，这三个连续过程由下列步骤组成：首先是热流体和管壁面之间的对流传热，将热量传给管壁面。然后，热量由管的壁面以热传导的方式传给管的另一壁面。最后，热量再由管的另一壁面和冷流体间进行对流传热，而将热量传给冷流体。

图 3-10 为一单程列管式换热器操作示意图。在此换热器内两种流体呈逆流流动，假定热流体在管内流动并放出热量，进口温度为 T_1，出口温度下降到 T_2，冷流体在管外流动吸收热量，进口温度为 t_1，出口温度上升到 t_2。

实验表明，在稳定传热情况下，单位时间内通过换热器传递的热量和传热面积成正比，和冷、热流体间的温度差亦成正比。倘若温度差沿传热面是变化的，则取换热器两端温度差的平均值。上述关系可表示为

$$Q = KA\Delta t_m \tag{3-26}$$

式中，Q 为单位时间内通过换热器传递的热量，即传热速率，W；A 为换热器的传热面积，m^2；Δt_m 为冷、热流体间传热温度差的平均值，它是传热的推动力；K 为比例系数，

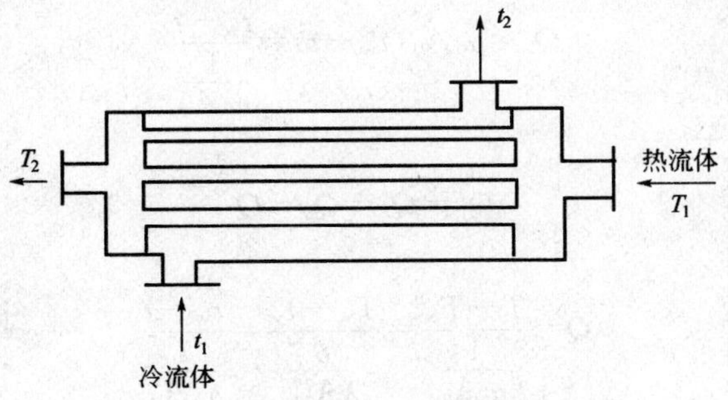

图 3-10　单程列管式换热器操作示意图

也称传热系数，W/(m^2·℃)。

式(3-26) 为传热速率方程，在列管式换热器中，两流体的传热是通过管壁进行的，故管壁表面积可视作传热面积。

式(3-26) 也可以写成如下形式

$$Q=\frac{\Delta t_m}{\frac{1}{KA}}=\frac{\Delta t_m}{R} \tag{3-27}$$

式中，$R=\frac{1}{KA}$ 为传热总热阻。式(3-27) 表明传热速率等于传热推动力与传热总热阻之比。

二、传热系数的计算及讨论

由式(3-26) 可得

$$K=\frac{Q}{A\Delta t_m} \tag{3-28}$$

由式(3-28) 可知总传热系数的物理意义，传热系数 K 为当冷热两流体之间温度差为 1℃时，在单位时间内通过单位传热面积由热流体传给冷流体的热量。所以 K 值越大，在相同的温度差条件下，所传递的热量就越多，它是表征传热过程强弱程度的数值。

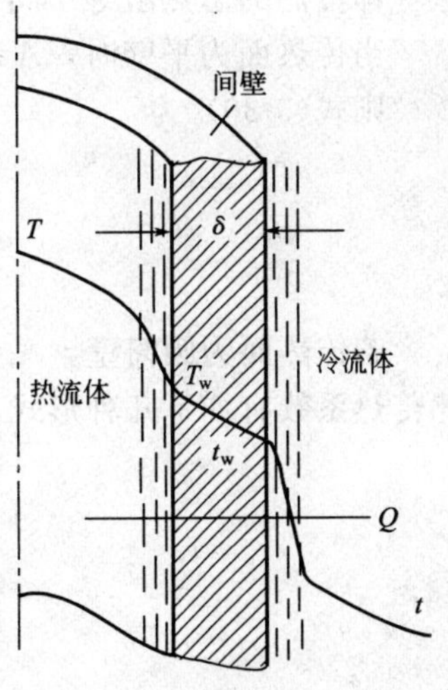

图 3-11　流体通过间壁的热交换

1. 传热系数的计算

现以两种流体通过间壁的恒温传热为例，推导传热系数的计算式。如图 3-11 所示，设管内热流体的温度为 T，管外冷流体的温度为 t，热流体一侧的壁面温度为 T_w，冷流体一侧的壁面温度为 t_w，A_i和 A_0分别为内、外两侧的传热面积，A_m为管壁的平均面积，α_i和 α_0分别为热流体与冷流体的对流传热系数，λ 为管壁的热导率，δ 为壁厚。

热流体向内壁的对流传热

$$Q_1=\alpha_i A_i(T-T_w)=\frac{T-T_w}{\frac{1}{\alpha_i A_i}}$$

通过管壁的导热

$$Q_2=\frac{\lambda}{\delta}A_m(T_w-t_w)=\frac{T_w-t_w}{\frac{\delta}{\lambda A_m}}$$

管外壁面向冷流体的对流传热

$$Q_3=\alpha_0 A_0(t_w-t)=\frac{t_w-t}{\dfrac{1}{\alpha_0 A_0}}$$

在稳定传热的情况下

$$Q_1=Q_2=Q_3=Q$$

所以

$$Q=\frac{T-T_w}{\dfrac{1}{\alpha_i A_i}}=\frac{T_w-t_w}{\dfrac{\delta}{\lambda A_m}}=\frac{t_w-t}{\dfrac{1}{\alpha_0 A_0}}$$

将上面三式相加得

$$Q=\frac{(T-T_w)+(T_w-t_w)+(t_w-t)}{\dfrac{1}{\alpha_i A_i}+\dfrac{\delta}{\lambda A_m}+\dfrac{1}{\alpha_0 A_0}}$$

$$=\frac{T-t}{\dfrac{1}{\alpha_i A_i}+\dfrac{\delta}{\lambda A_m}+\dfrac{1}{\alpha_0 A_0}}=\frac{\Delta t_m}{\dfrac{1}{\alpha_i A_i}+\dfrac{\delta}{\lambda A_m}+\dfrac{1}{\alpha_0 A_0}} \tag{3-29}$$

式中，Δt_m即为冷热流体的传热温度差。对于恒温传热即为（$T-t$），对于变温传热则用平均传热温度差。

式(3-29）与$Q=KA\Delta t_m$比较，可得

$$\frac{1}{KA}=\frac{1}{\alpha_i A_i}+\frac{\delta}{\lambda A_m}+\frac{1}{\alpha_0 A_0} \tag{3-30}$$

即传热的总热阻等于间壁两边对流传热热阻与间壁本身导热热阻之和。

当传热面为平壁时，$A=A_i=A_m=A_0$。

则式(3-30）为

$$K=\frac{1}{\dfrac{1}{\alpha_i}+\dfrac{\delta}{\lambda}+\dfrac{1}{\alpha_0}} \tag{3-31}$$

若传热面为圆筒壁，$A_i\neq A_m\neq A_0$，这时传热系数K则随着所取的传热面不同而异。因此传热系数有如下几种形式：

$$K_i=\frac{1}{\dfrac{1}{\alpha_i}+\dfrac{\delta A_i}{\lambda A_m}+\dfrac{A_i}{\alpha_0 A_0}} \tag{3-32}$$

$$K_0=\frac{1}{\dfrac{A_0}{\alpha_i A_i}+\dfrac{\delta A_0}{\lambda A_m}+\dfrac{1}{\alpha_0}} \tag{3-33}$$

$$K_m=\frac{1}{\dfrac{A_m}{\alpha_i A_i}+\dfrac{\delta}{\lambda}+\dfrac{A_m}{\alpha_0 A_0}} \tag{3-34}$$

式(3-31）～式(3-34）分别称为基于平壁、管内表面、管外表面、管壁平均面的传热系数。应该指出的是，计算传热速率时，选用的传热系数要与所取的基准传热面相对应，因为所取的基准传热面不同，所得K值也不相同。只要所选的传热系数与所取的基准的传热面相对应，所计算的传热速率值都相同。

即

$$Q=K_i A_i\Delta t_m=K_0 A_0\Delta t_m=K_m A_m\Delta t_m=KA\Delta t_m$$

2. 污垢热阻

换热器在实际运转中，在传热管的内、外传热面上常有污垢沉积，对传热产生附加热阻，使传热速率减小。由于垢层的热导率很小，即使污垢层很薄，但对传热影响还是会很大，会使传热系数降低。由于污垢厚度及其热导率不易估计，工程计算时，通常是选用污垢热阻的经验值作为计算 K 值的依据。如传热面两侧表面上的污垢热阻分别用 R_{A_i} 及 R_{A_0} 表示，此时对传热面为单层平壁而言，传热系数计算式为

$$K=\frac{1}{\frac{1}{\alpha_i}+R_{A_i}+\frac{\delta}{\lambda}+R_{A_0}+\frac{1}{\alpha_0}} \tag{3-35}$$

在生产中对于易结垢的流体、换热器使用时间过长，污垢热阻会增加致使换热器的传热速率严重下降。由式(3-35) 可知，减小管内、外两侧的污垢热阻，可增大传热系数，所以换热器要根据具体工作条件，定期进行清洗。

总传热系数除了通过计算求得，还可通过实验测定、根据生产经验选择经验值获得。列管式换热器的经验 K 值大致范围可参阅各种传热专著。

【例 3-5】 某列管式换热器由 ϕ25mm×2.5mm 的钢管组成。热空气流经管程，冷却水在管外与空气呈逆流流动。已知管内空气一侧的 α_i 为 50W/(m^2·℃)，管外一侧的 α_0 为 1000W/(m^2·℃)，钢的 λ 为 45W/(m^2·℃)。取空气侧的污垢热阻 $R_{A_i}=0.5\times10^{-3}$m^2·℃/W，水侧的污垢热阻 $R_{A_0}=0.2\times10^{-3}$m^2·℃/W。试求基于管外表面积的传热系数 K，及按平壁计的传热系数 K。

解： 按圆管计算时，则

$$K_0=\frac{1}{\frac{A_0}{\alpha_i A_i}+R_{A_i}+\frac{\delta A_0}{\lambda A_m}+R_{A_0}+\frac{1}{\alpha_0}}$$

$$=\frac{1}{\frac{d_0}{\alpha_i d_i}+R_{A_i}+\frac{\delta d_0}{\lambda d_m}+R_{A_0}+\frac{1}{\alpha_0}}$$

$$=\frac{1}{\frac{0.025}{50\times0.02}+0.5\times10^{-3}+\frac{0.0025\times0.025}{45\times0.225}+0.2\times10^{-3}+\frac{1}{1000}}$$

$$=37.4[\mathrm{W/(m^2\cdot ℃)}]$$

若按平壁计算时，则

$$K=\frac{1}{\frac{1}{\alpha_i}+R_{A_i}+\frac{\delta}{\lambda}+R_{A_0}+\frac{1}{\alpha_0}}$$

$$=\frac{1}{\frac{1}{50}+0.5\times10^{-3}+\frac{0.0025}{45}+0.2\times10^{-3}+\frac{1}{1000}}$$

$$=46[\mathrm{W/(m^2\cdot ℃)}]$$

计算按平壁计算传热系数的误差为

$$\frac{K-K_0}{K_0}\times100\%=\frac{46-37.4}{37.4}\times100\%=23\%$$

3. 传热系数的讨论

当传热面为平壁或管壁很薄时，$A_0\approx A_i\approx A_m$，污垢热阻又忽略不计，式(3-35) 可简

化为

$$K=\frac{1}{\frac{1}{\alpha_i}+\frac{1}{\alpha_0}}$$

若 $\alpha_i>\alpha_0$，则 $K\approx\alpha_0$；若 $\alpha_0>\alpha_i$，则 $K\approx\alpha_i$。

由此可知，传热系数总是接近对流传热系数小的。即总热阻是由热阻大的那一侧的对流传热所控制，所以当两个对流传热系数相差较大时，要提高 K 值，关键在于提高对流传热系数小的一侧 α 值，也要尽量减小其中最大的分热阻。若两侧 α 值相差不大时，则应同时考虑提高两侧的 α 值，以达到提高传热系数 K 值的目的。

【例 3-6】 在例 3-5 中，若管壁热阻和污垢热阻可以忽略。为了提高传热系数，在其他条件不变的情况下，①将 α_i 提高一倍；②将 α_0 提高一倍。试分别计算 K_0 值。

解： ① 将 α_i 提高一倍，即 $\alpha_i=2\times50=100$[W/(m² · ℃)]

则

$$K_0=\frac{1}{\frac{A_0}{\alpha_i A_i}+\frac{1}{\alpha_0}}=\frac{1}{\frac{d_0}{\alpha_i d_i}+\frac{1}{\alpha_0}}=\frac{1}{\frac{0.025}{100\times0.02}+\frac{1}{1000}}=74\ [\mathrm{W/(m^2\cdot ℃)}]$$

② 将 α_0 提高一倍，即 $\alpha_0=2\times1000=2000$ [W/(m² · ℃)]

则

$$K_0=\frac{1}{\frac{A_0}{\alpha_i A_i}+\frac{1}{\alpha_0}}=\frac{1}{\frac{d_0}{\alpha_i d_i}+\frac{1}{\alpha_0}}=\frac{1}{\frac{0.025}{50\times0.02}+\frac{1}{2000}}=39\ [\mathrm{W/(m^2\cdot ℃)}]$$

计算结果表明，K 值总是接近热阻大的一侧流体的 α 值。

三、传热温度差的计算

1. 热交换过程中冷、热流体的流向类型

冷、热流体在换热器中的流向有逆流、并流、错流、折流四种基本类型。图 3-12 为两种流体作不同流向时的流向类型。

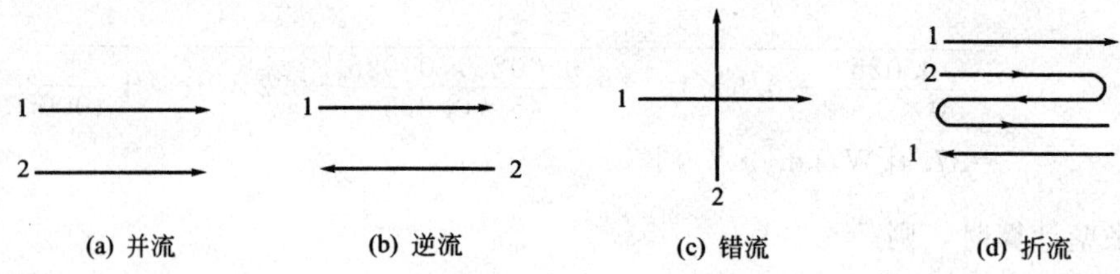

图 3-12 换热器中流体流向示意图

在间壁式换热器中，根据参加热交换的两种流体温度的变化情况，可将传热过程分为恒温传热与变温传热两种，这两种传热过程的传热温度差计算方法是不相同的。

2. 恒温传热时的传热温度差

在热交换过程中，每一流体在换热器内的任一位置、任一时间的温度都相等，称为恒温传热。显然，这种情况下两流体间的传热温度差亦为定值。例如换热器内间壁一边为液体沸腾，另一边为蒸汽冷凝，则两边流体的温度都不发生变化。

$$\Delta t_m=T-t \tag{3-36}$$

式中，T 为热流体的温度，℃；t 为冷流体的温度，℃。

3. 变温传热时的传热温度差

在热交换过程中，间壁一侧或两侧流体的温度仅沿传热面随流动的距离而变化，但不随时间而变化的传热，称为稳定变温传热。间壁一侧或两侧流体的温度不仅沿传热面随流动距离而变化，也随时间而变化，则此种传热称为不稳定变温传热。在稳定变温传热中，两流体间的传热温度差，显然将沿传热面随流动距离变化而变化，如图 3-13 所示。

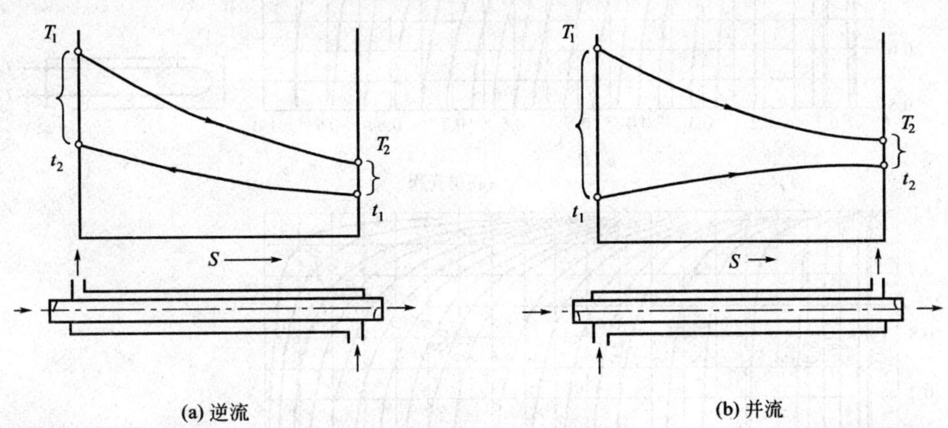

图 3-13 变温传热时的温度差变化

在进行传热计算时，必须取其平均值。经理论推导，传热温度差的平均值用对数平均温度差计算。

(1) 并流和逆流时的平均温度差

并流时
$$\Delta t_m=\frac{(T_1-t_1)-(T_2-t_2)}{\ln\dfrac{T_1-t_1}{T_2-t_2}}=\frac{\Delta t_1-\Delta t_2}{\ln\dfrac{\Delta t_1}{\Delta t_2}} \tag{3-37}$$

逆流时
$$\Delta t_m=\frac{(T_1-t_2)-(T_2-t_1)}{\ln\dfrac{T_1-t_2}{T_2-t_1}}=\frac{\Delta t_1-\Delta t_2}{\ln\dfrac{\Delta t_1}{\Delta t_2}} \tag{3-38}$$

在计算平均温度差时常取两端温度差中大者作为 Δt_1，小者作为 Δt_2，以使式中分子与分母都是正数，这样计算 Δt_m 时较为简便。

当 $\dfrac{\Delta t_1}{\Delta t_2}\leqslant 2$ 时，在工程计算中，可以用算术平均温度差 $\dfrac{\Delta t_1+\Delta t_2}{2}$ 代替对数平均温度差。

【例 3-7】 在某换热器内用 500kPa（绝压）的饱和水蒸气加热空气。空气由进口的 20℃升温到 120℃。求此换热过程的传热温度差。

解： 恒压下用饱和水蒸气作热源加热空气时，蒸汽一侧的温度是恒定的。查附录中饱和水蒸气表可得 500kPa 的饱和水蒸气温度为 151.7℃。所以

热流体温度 $T=151.7$℃

冷流体进口温度 $t_1=20$℃，出口温度 $t_2=120$℃

$$\Delta t_1=T-t_1=151.7-20=131.7\ (℃)$$
$$\Delta t_2=T-t_2=151.7-120=31.7\ (℃)$$

$$\frac{\Delta t_1}{\Delta t_2}=\frac{131.7}{31.7}=4.15>2$$

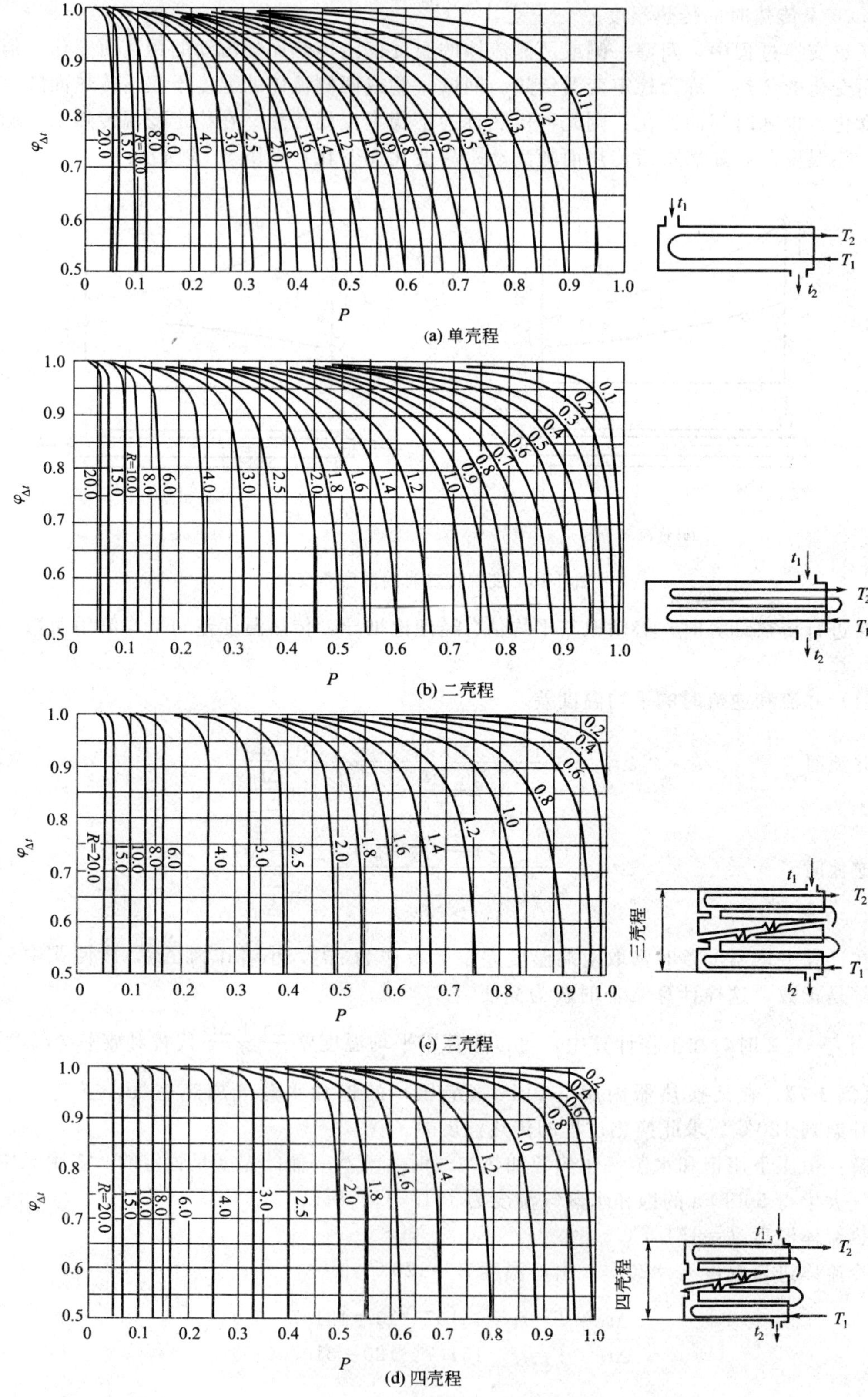

图 3-14 对数平均温度差校正系数 $\varphi_{\Delta t}$ 值

所以应按对数平均法计算平均传热温度差

$$\Delta t_m=\frac{\Delta t_1-\Delta t_2}{\ln\frac{\Delta t_1}{\Delta t_2}}=\frac{131.7-31.7}{\ln\frac{131.7}{31.7}}=70.2\ (℃)$$

【例 3-8】 在一列管式换热器中，热流体由 300℃冷却至 200℃，冷流体进入换热器的温度 $t_1=25℃$，拟预热到 $t_2=180℃$。试计算分别采用逆流和并流时的平均传热温度差 Δt_m。

解： ① 两种流体逆流流动

$$T_1=300℃\qquad T_2=200℃$$
$$t_2=180℃\qquad t_1=25℃$$
$$\Delta t_2=120℃\qquad \Delta t_1=175℃$$

$$\Delta t_m=\frac{\Delta t_1-\Delta t_2}{\ln\frac{\Delta t_1}{\Delta t_2}}=\frac{175-120}{\ln\frac{175}{120}}=146\ (℃)$$

由于
$$\frac{\Delta t_1}{\Delta t_2}=1.46<2$$

所以用算术平均值也能满足工程上的要求

$$\Delta t_m=\frac{\Delta t_1+\Delta t_2}{2}=\frac{175+120}{2}=147.5\ (℃)$$

② 两种流体并流流动

$$T_1=300℃\qquad T_2=200℃$$
$$t_2=180℃\qquad t_1=25℃$$
$$\Delta t_1=275℃\qquad \Delta t_2=20℃$$

$$\Delta t_m=\frac{\Delta t_1-\Delta t_2}{\ln\frac{\Delta t_1}{\Delta t_2}}=\frac{275-20}{\ln\frac{275}{20}}=97.3\ (℃)$$

由上例可知，参加热交换的两种流体，虽然其进出口温度分别相同，但逆流时的 Δt_m 比并流时大。因此，就增加传热过程的推动力 Δt_m 而言，逆流操作总是优于并流的。

(2) 错流和折流时的平均温度差　错流和折流的平均温度差，通常是先按逆流计算，然后再根据具体流动形式乘以校正系数 $\varphi_{\Delta t}$，即

$$\Delta t_m=\varphi_{\Delta t}\Delta t_{m逆} \tag{3-39}$$

校正系数 $\varphi_{\Delta t}$ 与冷、热两流体的温度变化有关，可以根据 P 和 R 两个参数从相应的图中查得。

$$P=\frac{t_2-t_1}{T_1-t_1}\quad 冷流体的温升/两流体最初温度差$$

$$R=\frac{T_1-T_2}{t_2-t_1}\quad 热流体的温降/冷流体的温升$$

图 3-14(a)、(b)、(c) 和 (d) 分别适用于壳程为一至四，管程均为 2、4、6、8 的多程列管式换热器。对于其他流型的 $\varphi_{\Delta t}$ 值线图，可参阅传热手册。

由图可见，$\varphi_{\Delta t}$ 值恒小于 1，这是由于各种较复杂的流动同时存在逆、并流的缘故。因此它们的 Δt_m 比纯逆流时小。一般 $\varphi_{\Delta t}$ 不宜小于 0.8，否则使 Δt_m 过小，很不经济。采用错流和折流常可使换热器的结构比较紧凑合理。

【例 3-9】 在一单壳程、2 管程的列管换热器中，用水冷却热油，冷却水在管内流动，进口水温为 15℃，出口为 32℃。油的进口温度为 120℃，出口温度为 40℃。试求两流体间的平均传热温度差。

解：此题为求简单折流时的平均传热温度差，先按逆流计算，即

$$\Delta t_{m逆}=\frac{\Delta t_1-\Delta t_2}{\ln\dfrac{\Delta t_1}{\Delta t_2}}=\frac{(120-32)-(40-15)}{\ln\dfrac{120-32}{40-15}}=50\ (℃)$$

现

$$R=\frac{T_1-T_2}{t_2-t_1}=\frac{120-40}{32-15}=4.71$$

$$P=\frac{t_2-t_1}{T_1-t_1}=\frac{32-15}{120-15}=0.162$$

由图 3-14(a) 中查得 $\varphi_{\Delta t}=0.89$

所以

$$\Delta t_m=\varphi_{\Delta t}\Delta t_{m逆}=0.89\times50=44.5\ (℃)$$

四、热负荷的计算

换热器中单位时间内冷、热流体间所交换的热量称为换热器的热负荷，它是由生产中的换热任务所决定的，所以热负荷是要求换热器应具有的换热能力。而换热器的换热能力是由传热速率方程中的传热速率所决定的。一个能满足生产要求的换热器，必须使其传热速率等于（或略大于）热负荷。热负荷和传热速率虽然在数值上一般看作相等，但其含意却不相同。在操作过程中若忽略热量损失时，根据能量守恒的原理，对冷、热流体进行热量衡算，可得到：热流体在单位时间内所放出的热量 $Q_热$ 等于冷流体在单位时间内吸收的热量 $Q_冷$，即 $Q_热=Q_冷$。热负荷的计算有以下几种方法。

1. 焓差法

焓的数值决定于冷、热流体的物态和温度。通常气体和液体的焓取 0℃为计算基准，即规定 0℃的液体（或气体）的焓为 0J/kg，蒸汽焓则取 0℃的液体的焓为 0J/kg 作计算基准。

用焓差法计算热负荷的计算式如下

$$Q_热=W_热(H_1-H_2) \tag{3-40}$$

$$Q_冷=W_冷(h_2-h_1) \tag{3-41}$$

式中，$W_热$、$W_冷$ 为热流体和冷流体的质量流量，kg/s；H_1、H_2 为单位质量热流体最初和最终的焓（也称比焓），J/kg；h_1、h_2 为单位质量冷流体最初和最终的焓，J/kg。

本书附录中列有水蒸气焓的数据，其他物质的焓可查有关手册，当缺乏焓数据时，热负荷亦可按下述方法计算。

2. 显热法

冷、热流体在热交换过程中无相变化，热负荷计算式为：

$$Q_热=W_热c_热(T_1-T_2) \tag{3-42}$$

$$Q_冷=W_冷c_冷(t_2-t_1) \tag{3-43}$$

式中，$c_热$、$c_冷$ 为热流体和冷流体在进出口温度范围内的平均比热容，kJ/(kg·℃)；T_1、T_2 为热流体最初和最终温度，℃；t_1、t_2 为冷流体最初和最终温度，℃。

3. 潜热法

冷、热流体在热交换中发生相变化（如冷凝或蒸发），热负荷计算式为：

$$Q_热=W_热r_热 \tag{3-44}$$

$$Q_{冷}=W_{冷}r_{冷} \tag{3-45}$$

式中，$r_{热}$、$r_{冷}$为单位质量热流体和冷流体的汽化焓，J/kg。

如果考虑热损失，则应分析单位时间内热损失是否通过换热器的传热面，从而决定是否应该将这部分热量包括在热负荷之中。

【例 3-10】 试计算压力为 140kPa（绝对）、流量为 1500kg/h 的饱和水蒸气冷凝后，且降温至 50℃时所放出的热量。

解： ① 此题用焓差法计算

查水蒸气表得 $p=140$kPa（绝对）时，饱和水蒸气的焓 $H_1=2692.1$（kJ/kg），50℃水的焓 $H_2=209.3$（kJ/kg）。

则饱和水蒸气冷凝后并降温至 50℃放出的热量

$$Q_{热}=W_{热}(H_1-H_2)=\frac{1500}{3600}\times(2692.1-209.3)=1034.5\ (\text{kW})$$

② 此题用以下两步计算：一是饱和水蒸气冷凝成水，放出潜热；二是水温降至 50℃时所放出的显热。

Ⅰ 蒸汽冷凝成水所放出的热量为 Q_1

查水蒸气表得：$p=140$kPa（绝压）下的水饱和温度 $t_1=109.2$℃，汽化焓 $r=2234$kJ/kg。

则 $$Q_1=W_{热}r=\frac{1500}{3600}\times2234=930.8\ (\text{kW})$$

Ⅱ 水由 109.2℃降温到 50℃时放出的热量 Q_2

平均温度$=\frac{109.2+50}{2}=79.6$℃，查此温度下水的比热容为 4.2kJ/(kg·℃)

则 $$Q_2=W_{热}C_{热}\ (t_1-t_2)\ =\frac{1500}{3600}\times4.2\times(109.2-50)\ =103.6\ (\text{kW})$$

Ⅲ 共放出热量 $Q_{热}$

$$Q_{热}=Q_1+Q_2=930.8+103.6=1034.4\ (\text{kW})$$

【例 3-11】 将 0.417kg/s、80℃的硝基苯，通过一换热器冷却到 40℃，冷却水初温为 30℃，出口温度不超过 35℃。如热损失可以忽略，试求该换热器的热负荷及冷却水用量。

解： ① 由附录中比热容共线图中查得硝基苯和水的比热容分别为 1.6kJ/(kg·℃) 和 4.187kJ/(kg·℃)，所以热负荷为

$$Q_{热}=W_{热}C_{热}(T_1-T_2)$$
$$=0.417\times1.6\times10^3\times(80-40)\ =26.7\ (\text{kW})$$

② 依热量守恒原理可知，当 $Q_{损}$略去不计时，则冷却水用量可依 $Q_{热}=Q_{冷}$ 计算，得

$$Q_{热}=W_{硝基苯}C_{硝基苯}(T_1-T_2)=W_{水}(t_2-t_1)$$
$$26.7\times10^3=W_{水}\times4.187\times10^3\times(35-30)$$
$$W_{水}=1.275(\text{kg/s})=4590(\text{kg/h})\approx4.59\ (\text{m}^3/\text{h})$$

【例 3-12】 上题中如将冷却水的流量增加到 6m³/h，问冷却水的终温将是多少？

解： 依 $Q_{热}=Q_{冷}$ 计算得

$$Q_{热}=Q_{冷}=W_{水}C_{冷}(t_2-t_1)$$

$$26.7\times10^3=\frac{6\times1000}{3600}\times4.187\times10^3(t_2-30)$$

解得　$t_2=33.8$（℃）

由计算结果可知，增大冷却水用量，可降低冷却水的出口温度。

五、传热计算的举例

传热单元操作中一个重要内容就是传热计算，传热计算的目的有两个，一是要根据生产要求的热负荷，确定换热器的传热面积，以完成换热任务；另一个则是判断一个现有的换热器能否完成指定的生产任务，或者预测某些参数的变化对换热能力的影响。两类计算都以热量衡算方程和传热速率方程为基础。

【例 3-13】 一单程列管式换热器，由直径为 ϕ25mm×2.5mm 的钢管管束组成。苯在换热器的管内流动，流量为 1.25kg/s，由 80℃冷却到 30℃。冷却水在管间和苯作逆流流动，进水温度为 20℃，出口温度不超过 50℃。若已知水侧和苯侧的对流传热系数分别为 1700W/(m^2·℃) 和 860W/(m^2·℃)，污垢热阻和换热器的热损失可以忽略，试求应选用多大传热面积的换热器？苯的平均比热容为 1.9kJ/(kg·℃)，管壁材料的热导率为 45W/(m·℃)。

解：依传热基本方程式求传热面积，即

$$Q=K_0A_0\Delta t_m$$

其中

$$Q=Q_{热}=W_{热}C_{热}(T_1-T_2)$$
$$=1.25\times1.9\times10^3\times(80-30)=118.8\times10^3\ (\mathrm{W})$$

$$\Delta t_m=\frac{\Delta t_1-\Delta t_2}{\ln\dfrac{\Delta t_1}{\Delta t_2}}=\frac{(80-50)-(30-20)}{\ln\dfrac{80-50}{30-20}}=18.2\ (℃)$$

故

$$K_0=\frac{1}{\dfrac{A_0}{\alpha_iA_i}+\dfrac{\delta A_0}{\lambda A_m}+\dfrac{1}{\alpha_0}}$$

$$=\frac{1}{\dfrac{0.025}{860\times0.02}+\dfrac{0.0025\times0.025}{45\times0.225}+\dfrac{1}{1700}}=488\ [\mathrm{W/(m^2\cdot ℃)}]$$

$$A_0=\frac{Q}{K_0\Delta t_m}=\frac{118.8\times10^3}{488\times18.2}=13.4\ (\mathrm{m^2})$$

【例 3-14】 某食品厂使用初始温度为 25℃的冷却水将流量为 1.4kg/s 的气体从 50℃逆流冷却至 35℃，换热器的面积为 20m^2，经测定传热系数约为 230W/(m^2·℃)。已知气体平均比热容为 1.0kJ/(kg·℃)，试求冷却水用量及出口温度？

解：　$Q=Q_{热}=W_{热}C_{热}(T_1-T_2)=1.4\times1.0\times10^3\times(50-35)=2.1\times10^4(\mathrm{W})$

取冷却水的平均比热容为 4.18kJ/(kg·℃)，则

$$W_{冷}=\frac{Q}{C_{冷}(t_2-t_1)}=\frac{2.1\times10^4}{4.18\times10^3\times(t_2-25)} \quad (1)$$

根据传热速率方程：

$$2.1\times10^4=230\times20\times\frac{(50-t_2)-(35-25)}{\ln\dfrac{50-t_2}{35-25}} \quad (2)$$

用试差法求式(2) 得　　　　$t_2=48.4$℃

将 $t_2=48.4$℃代入式(1) 得　　$W_{水}=0.215$ (kg/s)

【例 3-15】 某套管换热器，空气从管内流过，温度从 t_1 升至 t_2，管间为水蒸气冷凝，管壁及污垢热阻均可忽略。现欲使空气流量增大一倍，并要求空气出口温度不变，问加热管需比原来长多少倍？

解： 由于管壁及污垢热阻可略，故

$$\frac{1}{K}=\frac{1}{\alpha_0}+\frac{1}{\alpha_i}$$

又因管内空气强制对流的 α_i 远远小于管间的水蒸气冷凝的 α_0，所以，$K\approx\alpha_i$。

原工况：　$$Q=W_{冷}C_{冷}(t_2-t_1)=KA\Delta t_m \tag{1}$$

新工况：　$$Q'=W'_{冷}C_{冷}(t_2-t_1)=K'A'\Delta t_m \tag{2}$$

由题给条件知：　$W'_{冷}=2W_{冷}$，Δt_m 未变，空气的物性未变。

由式(3-19) 知：　$\alpha_i\propto Re^{0.8}\propto W^{0.8}$，$\dfrac{\alpha'_i}{\alpha_i}=\left(\dfrac{W'_{冷}}{W_{冷}}\right)^{0.8}=2^{0.8}$

所以　$$K'\approx\alpha'_i=2^{0.8}\alpha_i\approx2^{0.8}K$$

由式(1) /式(2) 得　$$2=\frac{K'}{K}\times\frac{A'}{A}=\frac{K'}{K}\times\frac{l'}{l}=2^{0.8}\frac{l'}{l}$$

所以　$$\frac{l'}{l}=1.15$$

即换热器的管长需增加 15%。

第五节　热损失与热绝缘

在食品、轻化工生产的换热中，许多管路和设备的外壁温度要高于周围环境温度，在这种情况下，热将由壁面不断地以对流传热和辐射传热的方式向周围介质传递，这种传递的热量称为设备和管路的热损失。

一、损失于设备周围介质中的热量

壁面向周围介质中散失的热量，等于对流传热与辐射传热之和，即

$$Q_{损}=\alpha_{联}A_{壁}(T_{壁}-T_{介}) \tag{3-46}$$

式中，$Q_{损}$ 为壁面向周围介质损失的热量，W；$\alpha_{联}$ 为对流、辐射联合传热系数，W/(m^2·℃)；$A_{壁}$ 为设备的外表面，m^2；$T_{壁}$ 为设备的外表面温度，℃；$T_{介}$ 为周围空气的温度，℃。

对流、辐射联合传热系数可用以下经验公式计算

1. 空气自然对流时

在平壁保温层外，当 $T_{壁}<150$℃时

$$\alpha_{联}=9.8+0.07(T_{壁}-T_{介}) \tag{3-47}$$

在管或圆筒壁保温层外，当 $T_{壁}<150$℃时

$$\alpha_{联}=9.4+0.052(T_{壁}-T_{介}) \tag{3-48}$$

2. 空气沿粗糙壁面强制对流时

当空气流速 $u<5\text{m/s}$ 时

$$\alpha_{联}=6.2+4.2u \tag{3-49}$$

当空气流速 $u>5\text{m/s}$ 时

$$\alpha_{联}=7.8u^{0.78} \tag{3-50}$$

【例 3-16】 为减少热损失，在一换热器外包裹了一层保温层，保温层外表温度为 70℃，试计算其单位面积的散热量为多少？设环境温度为 15℃。

解：依题意，该题应用式（3-48）进行计算

$$\alpha_{联}=9.4+0.052\times(70-15)=12.26\ [\text{W}/(\text{m}\cdot℃)]$$

单位传热面积的热损失为

$$Q_{损}=\alpha_{联}A_{壁}(T_{壁}-T_{介})=12.26\times1\times(70-15)=674.3\ [\text{W}/(\text{m}\cdot℃)]$$

二、设备与管路的热绝缘方法

设备和管路的保温是企业降低生产能耗、节约能源、降低生产成本、提高生产效率的重要举措，也是保持设备内高温或低温操作条件、维持正常的生产工作环境的需要。所以在传热过程中对外表有较高温度的设备和管路，都要采取保温措施，进行热绝缘，尽可能减少或抑制传热过程，降低设备和管路的传热速率。

保温通常的做法是在设备和管路外包裹热导率小的保温材料，以增加设备和管路的导热热阻，减少热损失。保温材料的种类很多，选择时应遵循以下原则：①材料的热导率小，一般 $\lambda<0.2\text{W}/(\text{m}\cdot℃)$；②材料的空隙率大，单位容积的质量小；③温度变化或有机械振动时不易损坏；④价格便宜，易于获得。

在对设备和管路进行保温时，确定绝热层厚度也是需要认真考虑的，绝热厚度可选用经验公式进行计算，也可根据经验选用（表 3-1），增加绝热层厚度，可减少热损失，即可节省操作费用。但增加绝热层厚度，材料费也相应的增加，节省的操作费能否抵消材料费的增加，只有通过经济核算方可确定。

表 3-1 适宜的保温层厚度/mm

管径/mm	温度/K		
	373	473	573
25	14～20	36～30	62～35
100	37～40	70～60	105～65
400	60～55	106～80	157～90
平壁	83～65	153～100	242～120

第六节 换 热 器

换热器是完成生产任务的重要设备，在食品生产及相关企业中应用广泛。根据冷、热流体间热量交换的方式基本上可分为间壁式、混合式和蓄热式三类。在这三类换热器中，以间壁式换热器应用最为普遍，本节主要讨论此类换热器。

一、间壁式换热器

间壁式换热器的特点是冷、热两种流体被固体面隔开，不相互混合，通过间壁进行热量交换。此类换热器种类很多，现简要介绍几种重要的间壁式换热器。

1. 夹套式换热器

如图 3-15 所示，夹套式换热器的夹套安装在容器外部，夹套与器壁之间形成密封空间为载热体的通道。夹套通常用钢和铸铁制成，可焊在器壁上或者用螺钉固定在容器的法兰或器盖上。

夹套式主要应用于反应过程的加热或冷却。当用蒸汽进行加热时，蒸汽由上部接管进入夹套，冷却水则由下部接管流出。作为冷却时，冷却剂（如冷却水）由夹套下部接管进入，而由上部接管流出。

这种换热器的传热系数较小，传热面又受容器的限制，因此适用于传热量不太大的场合。为了提高其传热性能，可在容器内安装搅拌器，使器内液体作强制对流，为了弥补传热面的不足，还可在容器内加设蛇形管等。

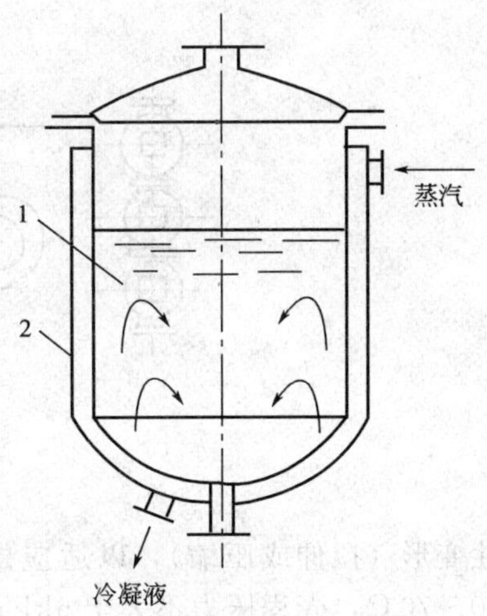

图 3-15 夹套式换热器

1—容器；2—夹套

2. 沉浸式蛇形管换热器

图 3-16 所示为沉浸式蛇形管换热器及几种蛇形管。蛇形管沉浸在容器中，两种流体分别在管内、外流动而进行热交换。其优点是结构简单、价格低廉、便于防腐蚀、能承受高压。主要缺点是由于容器体积较蛇形管的体积大得多，故管外流体的对流传热系数 α 较小。因而传热系数 K 值也较小。如在容器内加搅拌器或减小管外空间，则可提高传热系数。

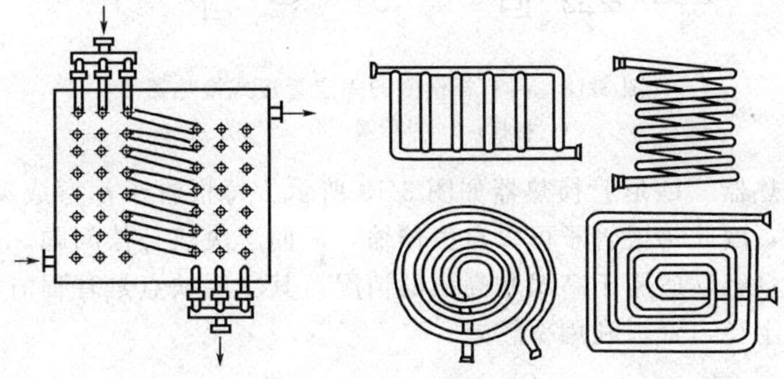

图 3-16 沉浸式蛇形管换热器及几种蛇形管

3. 套管式换热器

如图 3-17 所示，套管式换热器是用管件将两种直径不同的标准管连接成为同心圆的套管，然后由多段这种套管连接而成。套管换热器的优点为：构造简单、能耐高压。其缺点为：管间接头较多，易发生泄漏，占地面积较大，单位换热器长度具有的传热面积较小。

4. 列管式换热器

列管式换热器是目前生产上应用最为广泛的一种换热器。主要优点是单位体积所具有的传热面积大且传热效果好。此外，结构较简单，制造材料也较为广泛，适应性强，尤其是在高温、高压和大型装置中采用更为普遍。

列管式换热器有以下几种主要类型。

(1) 固定管板式　固定管板式换热器如前述图 3-2 所示。所谓固定管板式，即两端管板和壳体连接成一体的结构类型，因此它具有结构简单和造价低廉的优点，但壳程清洗困难，因此要求壳内流体应是较清洁且不容易结垢的物料。当两流体的温度差较大时，应考虑热补偿。图 3-18 为具有补偿圈的固定管板式换热器，当外壳和管束膨胀不同时，补偿圈发生弹

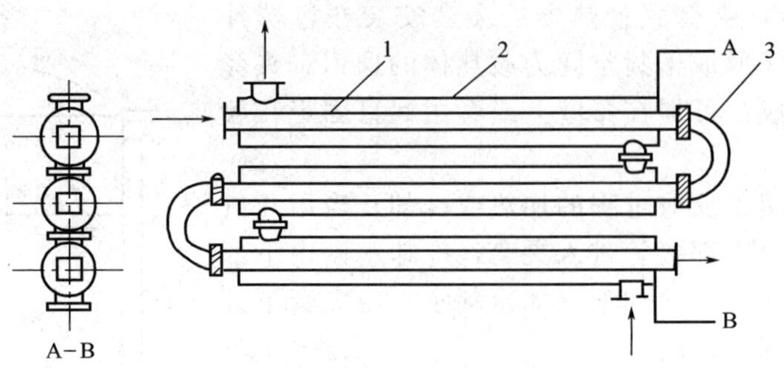

图 3-17　套管式换热器

1—内管；2—外管；3—U 形管

性变形（拉伸或压缩），以适应外壳和管束的不同热膨胀。此法适用于两流体温度差小于60～70℃，壳程压力不大于 6kPa 的场合。

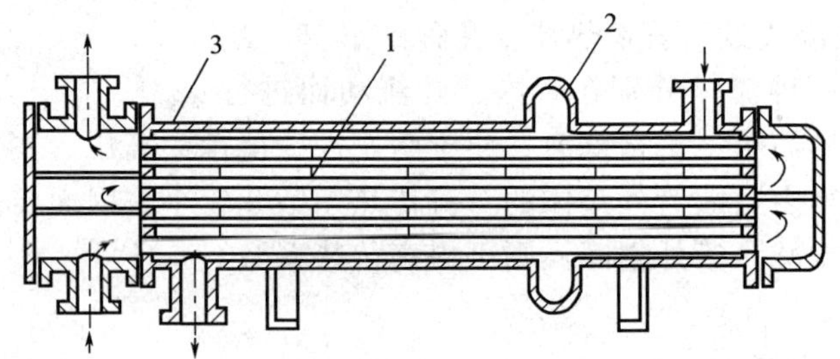

图 3-18　具有补偿圈的固定管板式换热器

1—挡板；2—补偿圈；3—放气嘴

（2）U 形管换热器　U 形管换热器如图 3-19 所示。每根管子都弯成 U 形，管子两端均固定在同一管板上，因此每根管子可以自由伸缩，从而解决热补偿问题。这种类型换热器的结构也较简单，质量轻，适用于高温和高压的情况。其主要缺点是管程清洗比较困难，且因管子需一定的弯曲半径，管板利用率较差。

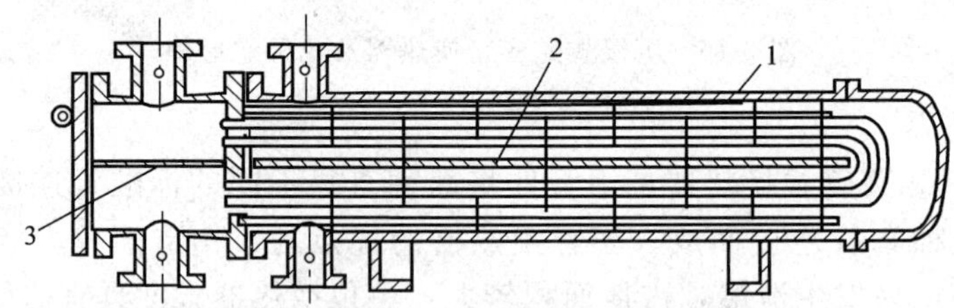

图 3-19　U 形管换热器

1—U 形管；2—壳程隔板；3—管程隔板

（3）浮头式换热器　浮头式换热器如图 3-20 所示，两端管板中有一端不与外壳固定连接，该端称为浮头，这样当管束和壳体因温度差较大而热膨胀不同时，管束连同浮头就可在壳体内自由伸缩，而与外壳无关，从而解决热补偿问题。另外，由于固定端的管板是以法兰与壳体相连接的，因此管束可以从壳体中抽出，便于清洗和检修。所以浮头式换热器应用较为普遍。但结构比较复杂。金属耗量多，造价较高。

在列管式换热器中为了提高壳程流体的速度，往往在壳体内安装一定数目与管束相垂直的折流挡板（简称挡板）。这样既可提高流体速度，同时迫使壳程流体按规定的路径多次错

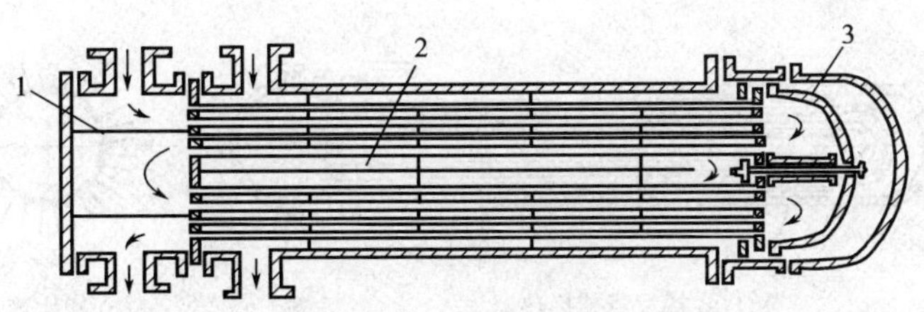

图 3-20　浮头式换热器

1—管程隔板；2—壳程隔板；3—浮头

流通过管束，使湍动程度增加，以利于管外对流传热系数的增大。

常用的挡板有圆盘形和圆缺形两种，如图 3-21 所示，前者应用较为广泛。两种挡板所形成壳内流体流动情况如图 3-22 所示。

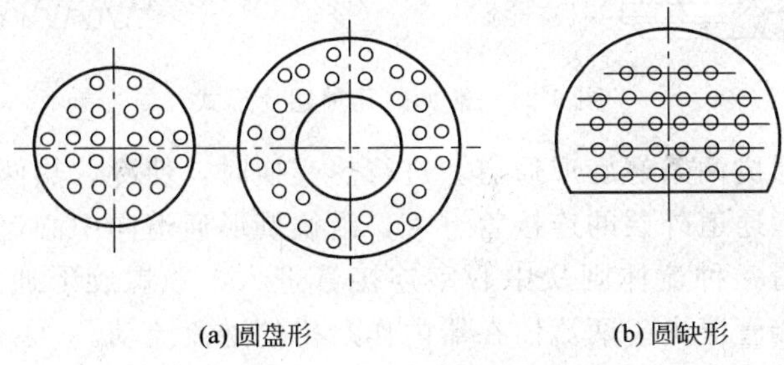

(a) 圆盘形　(b) 圆缺形

图 3-21　折流挡板的形式

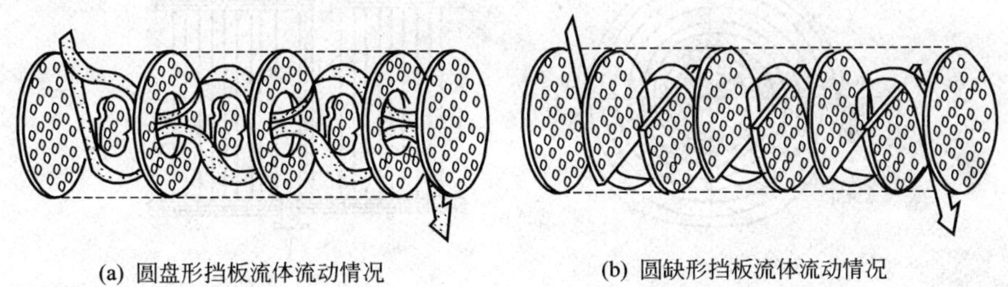

(a) 圆盘形挡板流体流动情况　(b) 圆缺形挡板流体流动情况

图 3-22　流体在壳内流动情况

二、其他类型换热器

目前具有单位体积传热表面积较大、材料耗量少及传热效果好等优点的一些新型换热器，在生产中的使用范围日益扩大，下面简要介绍几种。

1. 翅片管换热器

在管子表面加上径向或轴向翅片，称为翅片管换热器，如图 3-23 所示。常见的几种翅片形式见图 3-24。

翅片的种类很多，按翅片的高度不同，可分为高翅片和低翅片（如螺纹管）两种。高翅片用于管内、外两流体对流传热系数相差较大的场合，如气体的加热或冷却。低翅片用于管内外两流体对流传热系数不太大的场合，如黏度较大的液体的加热或冷却等。

一般来说，当管内、外流体的对流传热系数比为 3∶1 或更大时，在对流传热系数小的一侧加翅片，可以强化换热器的传热效果。

2. 螺旋板式换热器

如图 3-25 所示，螺旋板式换热器是由两块薄金属板焊接在一块分隔挡板上，并卷成螺

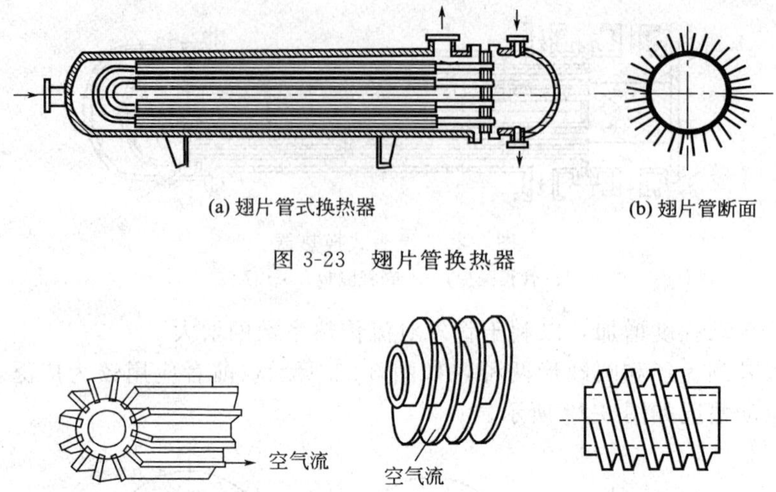

图 3-23 翅片管换热器

图 3-24 常见的几种翅片形式

旋形而构成，在器内形成两条螺旋形通道。进行热交换时，使冷、热两流体分别进入两条通道，一种流体从螺旋形通道外层的连接管进入，沿螺旋形通道向中心流动，最后由热交换器中心室连接管流出，另一种流体则从中心室连接管进入，顺螺旋形通道沿相反方向向外流动，最后由外层的连接管流出。两流体在器内作严格的逆流流动。

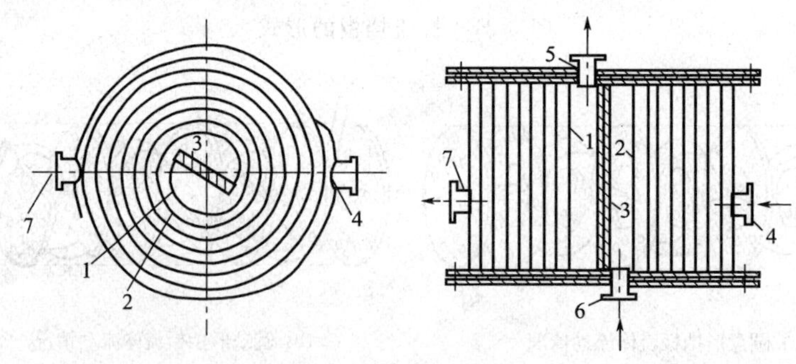

图 3-25 螺旋板式换热器

1,2—金属片；3—隔板；4,5—冷流体连接管；6,7—热流体连接管

螺旋板式换热器的优点是：传热系数大、结构紧凑、不易污塞、能充分利用低温热源，其主要缺点是操作压力和温度不宜太高，一般发生泄漏时，修理内部很困难。

3. 板式换热器

板式换热器是由一组金属薄片、相邻板之间衬以垫片并用框架夹紧组装而成的。如图 3-26 所示为矩形板片，其上四角开有圆孔，形成流体通道。冷、热流体交替地在板片两侧流过，通过板片进行换热。板片厚度为 0.5～3mm，通常压制成各种波纹形状，以增加板的刚度，同时又可使流体分布均匀，加强湍动，提高传热系数。

板式换热器的优点是：结构紧凑，单位容积所提供的传热面为 250～1000m^2/m^3。而管壳式换热器只有 40～150m^2/m^3，金属耗量可减少很多，传热系数大，例如在板式换热器内水对水的传热系数可达 1500～4700W/(m·℃)，可以任意增减板数以调整传热面积，另外检修、清洗都很方便。

板式换热器的主要缺点是允许的操作压力和温度比较低。通常操作压力不超过 1.96×

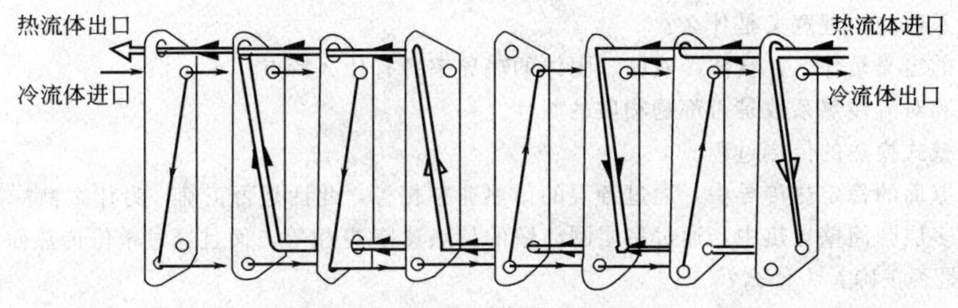

图 3-26 板式换热器流向示意图

10^3 kPa，压力过高容易渗漏。操作温度受垫片材料的耐热性限制，一般不超过 250℃。

三、换热器的强化途径

换热器的强化，就是提高换热器的传热速率。学会分析影响传热速率因素，找出强化传热方法，在换热器的生产操作中有着重要的意义。从传热速率方程式 $Q=KA\Delta t_m$ 来看，换热器的强化途径可以从以下三方面考虑。

1. 增大传热平均温度差 Δt_m

在生产任务已确定的情况下，传热温度差的增大是有限的。在流向上选择逆流操作，可适当增加传热温度差。当间壁一侧的流体有相变化，流向对传热温度差的大小没有影响，如用饱和蒸汽加热时，可通过增加蒸汽压来增加传热温度差。此外也可以用增加冷流体用量（即降低冷流体出口温度）的方法增大传热温度差。

2. 增大单位体积的传热面积 A

增大传热面积 A 可以提高换热器的传热速率，但传热面积越大，设备材料费用就越大。依靠增加设备传热面积来增大传热速率，经济上不合算，一般应从设备结构上来考虑。采用高效新型换热器可以使单位体积的设备有较大的传热面积，在小设备上获得较大的生产能力。

3. 增大传热系数 K

从传热系数的表示达可知

$$K=\frac{1}{\frac{1}{\alpha_i}+R_{A_i}+\frac{\delta}{\lambda}+R_{A_0}+\frac{1}{\alpha_0}}$$

减小任何一项分热阻均可增大 K 值，但要有效地增大 K 值则应设法减小其中对 K 值影响最大、最有控制作用的热阻。增大 K 值有效的方法有以下几种。

① 两种流体对流传热系数相差较大时，应设法提高对流传热系数小的值。可采取下列措施：a. 利用有相变的热载体（$\alpha_{相变}\gg\alpha_{无相变}$）增加 α 值；b. 增加换热器的管程数和壳程的挡板数，以提高流体的流速；c. 采用特殊的传热面（如在管内插入旋流元件、把传热面做成波纹、翅片状等）提高流体的湍动程度。

② 定期清洗换热设备，减小管壁两侧的垢层热阻。增大流速可减轻垢层热阻的形成和减薄易结垢的流体在壳方流动，便于清洗。

综上所述，强化换热器传热的途径是多方面的，其中最有效地应是增大 K 值。这里应指出的是，不论采用哪种方式强化传热，都要结合生产实际情况，从设备结构、动力消耗、制造费用、清洗检修的难易等作全面考虑，采取经济、合理的强化传热措施。

思 考 题

1. 传热的基本方式有几种？

2. 总传热系数的物理意义是什么？

3. 热导率的定义是什么？气体、液体、固体的热导率各有什么特点？

4. 热导率和对流传热系数是否都是物质的属性之一？

5. 简述间壁式换热的传热过程。

6. 在多层壁面的稳定热传导中，通过各层的传热速率相等，此话是否正确，为什么？

7. 在稳定多层圆筒壁导热中，通过多层圆筒壁的传热速率 Q 相等，而且通过单位传热面积的传热速率也相同，此话是否正确？为什么？

8. 在用两种不同的保温材料给设备做保温层时，将热导率小的放内层还是放外层？

9. 提高传热系数时，为什么要着重提高给热系数小的这一侧？

10. 换热器的散热损失是如何产生的？应如何来减少此热损失？

11. 已知某条件下的对流传热系数值（在圆形直管中湍流），如果其他条件不变，只改流速，其对流传热系数值将如何改变？能否较简便地将其求得？

12. 传热系数有几种不同的表达式？它包含了哪几个分热阻？

13. 强化传热的途径有几种？哪种最为有效？

14. 工业中采用翅片状的暖气管代替圆钢管，其目的是什么？

计 算 题

1. 试比较 1mm 厚的钢板水垢和灰垢的热阻。已知它们的热导率分别为 46.4W/(m·℃)、1.16W/(m·℃)、0.116W/(m·℃)，导热面积都为 1m^2。由此得出 1mm 厚的水垢热阻相当于多少毫米厚的钢板的热阻？而 1mm 厚的灰垢热阻相当于多少毫米厚的钢板的热阻？

2. 一块厚度 δ=60mm 的平板，其两侧表面分别稳定维持在 t_{w_1}=300℃，t_{w_2}=100℃。试求下列条件下通过单位截面积的导热量。①材料为铜，λ=374W/(m·℃)；②材料为钢，λ=36.3W/(m·℃)；③材料为铬砖，λ=2.32W/(m·℃)；④材料为硅藻土砖，λ=0.242W/(m·℃)。

3. 某平壁炉的炉壁是用内层为 120mm 厚的某耐火材料和外层为 230mm 厚的普通建筑材料砌成的。两种材料的热导率未知。已测得炉内壁温度为 800℃，外侧壁面温度为 113℃。现在普通建筑材料外面又包一层厚度为 50mm 的石棉［λ=0.15 W/(m·℃)］以减少热损失，包扎后测得各层温度为：炉内壁温度为 800℃，耐火材料与建筑材料交界面的温度为 686℃，建筑材料与石棉交界面的温度为 405℃，石棉外侧温度为 77℃。问包扎石棉后热损失比原来减少百分之几？

4. 某食品厂有一蒸汽管道，管内径和外径分别为 160mm 和 170mm，管外面包扎一层厚度为 60mm 的保温材料，λ=0.07W/(m·℃)，保温层的内表面温度为 290℃，外表面温度为 50℃。试求每米长的蒸汽管热损失为多少？

5. 外径为 100mm 的蒸汽管，包有一层 50mm 厚的绝缘材料 A，其 λ=0.06W/(m·℃)，其外再包一层 25mm 的绝缘材料 B，其 λ=0.075W/(m·℃)。若绝缘层 A 的内表面及绝热层 B 的外表面的温度各为 170℃及 38℃。试求每米管长的热损失和 A、B 界面的温度。

6. 水在 ϕ38mm×1.5mm 的管内流动，流速为 1m/s，水进管时的温度为 15℃，出管时的温度为 80℃，试求管壁对水的对流传热系数。

7. 每小时将 4200kg 的某流体从 27℃加热到 50℃。该流体在 ϕ20mm×2.5mm 的管内流动。试求管壁对该流体的对流传热系数。

8. 载热体流量为 1500kg/h，试计算以下各过程中载热体放出或得到的热量。

① 100℃的饱和水蒸气冷凝成 100℃的水；

② 比热容为 3.77kJ/(kg·℃) 的 NaOH 溶液从 17℃加热到 97℃；

③ 常压下 20℃的空气被加热到 150℃；

④ 绝对压力为 200kN/m^2 的饱和水蒸气冷凝并冷却成 50℃的水。

9. 在间壁式换热器中，用水将 2000kg/h 的正丁醇由 100℃冷却到 20℃。冷却水的初温为 15℃，终温为 30℃。如热损失可以忽略，试求该换热器的热负荷及冷却水用量。又如冷却水的用量为 $9m^3/h$，求冷却水的终温将是多少？

10. 炼油厂在间壁式换热器内利用渣油废热以加热原油。若渣油初温为 300℃，终温为 200℃，原油初温为 25℃，终温为 175℃。试分别求两流体作并流流动及逆流流动时的平均温差，并讨论计算结果。

11. 在列管式换热器中，用水将 80℃的某有机溶剂冷却到 35℃。冷却水进口温度为 30℃，出口温度不能低于 35℃。试确定两种流体应作并流还是逆流流动，并计算其平均温差。

12. 在套管换热器中，用冷水将 100℃的热水冷却到 60℃。热水流量为 3500kg/h，冷水在管内流动，温度从 20℃升至 30℃。已知基于内管外表面积的总传热系数为 2320W/(m·℃)，内管直径为 ϕ180mm×10mm。若忽略热损失，且近似地认为冷水与热水的比热容相等，均为 4.187kJ/(kg·℃)。试求：① 冷却水用量；② 两流体作并流时的平均温度差及所需管子长度；③两流体作逆流时的平均温差及所需管子长度；④根据上面计算比较并流和逆流换热。

13. 某厂有一台列管式热交换器，管子规格为 ϕ25mm×2.5mm，管子材料为碳钢，其热导率为 46W/(m·℃)，在换热器中用水加热某种原料气体。热水走管内，原料气走管外，热水对管壁的对流传热系数是 930W/(m^2·℃)，管壁对管壁的对流传热系数是 29W/(m^2·℃)。管内壁结有一层水垢，已知 $R_{垢}$ = 0.0004m^2·℃/W，试计算传热系数 K。

14. 某化工厂测定套管式冷却器的传热系数 K 值的大小，测定时记录数据如下：冷却器传热面积为 $2m^2$，苯的流量为 2000kg/h，苯从 74℃冷却到 46℃，冷却水从 25℃升高到 40℃，两流体作逆流流动。试问所测得传热系数 K 值为多少（不计热损失）？

15. 一套管换热器，管内流体的对流传热系数 α_i 为 233W/(m^2·℃)，管外流体的对流传热系数 α_0 为 407 W/(m^2·℃)。已知两种流体均在湍流情况下进行传热，试问：①假设管内流体流速增加一倍；②假设管外流体流速增加一倍，其他条件不变时，上述两种情况下的传热系数增加多少？管壁热阻及污垢热阻可以不计。

16. 在间壁式换热器中，用初温为 30℃的原油来冷却重油，使重油从 180℃冷却到 120℃。重油和原油的流量分别为 10000kg/h 和 14000kg/h，重油和原油的比热容分别为 2.174kJ/(kg·℃)、1.923kJ/(kg·℃)。两流体系逆流流动，传热系数 K=116.3 W/(m^2·℃)，求原油的最终温度和传热面积。若两流体系并流流动时，其传热系数仍然为 116.3 W/(m^2·℃)。问传热面积为多少（忽略热损失）？

第四章 制 冷

学习目标

[掌握] 蒸气压缩式制冷的工作原理、温焓图的构成及应用、蒸气制冷压缩机相关内容的计算。

[熟悉] 压缩机、膨胀阀、冷凝器和蒸发器的种类；基本构造及工作原理；单级蒸气压缩式制冷循环的特点及工作过程。

[了解] 制冷剂的种类、性质及其替代物。

制冷是通过人工的方法，把某物体或某空间的温度降低到低于周围环境的温度，并使之维持在这一低温的过程，分为蒸气压缩制冷、吸收式制冷、蒸气喷射式制冷、吸附式制冷。制冷应用于空调、食品工程、机械与电子工业、医疗卫生事业等领域，制冷技术的应用和发展对国民的发展有非常重要的意义。

第一节 蒸气压缩制冷机

一、蒸气压缩制冷机的工作原理

1. 工质与状态参数

在热力过程中，起携带作用的工作物质称为工质，在制冷循环中的工质又称为制冷剂，工质工作状态称为工况。充当工质的基本条件有两点：一是良好的流动性；二是状态变化时，有显著的膨胀性和压缩性，故工质一般为液体或气体。

描述工质状态的物理量称为状态参数，常用的状态参数有温度、压强、比容、内能、焓和熵，其中温度、压强、比容称为基本状态参数，内能、焓、熵为导出参数，工质状态参数的大小只取决于工质所处的状态，与经历的过程无关。

2. 逆卡诺循环与制冷系数

(1) 逆卡诺循环　逆卡诺循环是最理想的制冷循环，它是反向进行的卡诺循环，卡诺循环由两个可逆的等温过程和两个可逆的绝热过程组成，如图 4-1(a) 所示，它是一个纯理想的正循环，逆卡诺循环则是一个纯理想的逆循环。图 4-1(b) 是逆卡诺循环在 T-S 图（温熵图）上的表示，逆卡诺循环是由相互交替的两个可逆的等温过程和两个可逆的绝热过程所组成的在一个恒定的高温热源和恒定的低温热源间工作的逆向循环，并且制冷剂与高温热源、低温热源间的温差无限小。

进行逆卡诺循环时工质先进行可逆的绝热压缩和等温压缩过程，再进行可逆的绝热膨胀和等温膨胀过程回到原状态。1-2 和 3-4 均为绝热过程，在整个循环中，制冷剂仅在等温膨胀过程中吸收了热量，在等温压缩过程中放出了热量，将该热量设为 q_1，则 $q_1=T_0(S_1-S_4)$，在 T-S 图中，任意一条过程线与 S 轴包围的面积大小代表了该过程吸收或放出的热量大小，所以等温膨胀过程中制冷剂自低温物体吸收热量，等温压缩过程中向外界放出的热量

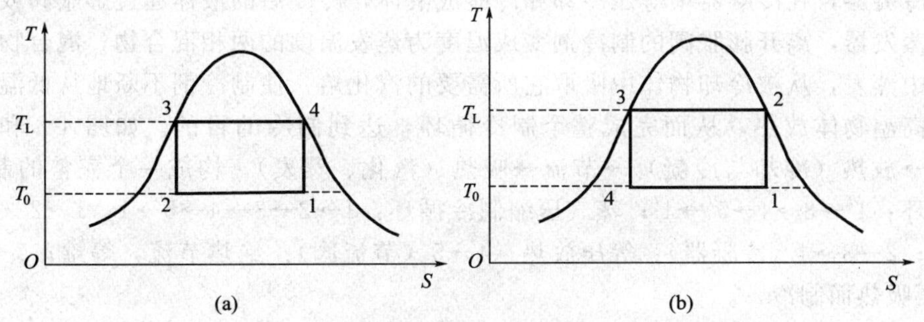

图 4-1 卡诺循环与逆卡诺循环的 T-S 图

假设为 q_2，则 $q_2=T_L(S_2-S_3)$，吸热与放热之差即为理想制冷循环中外界向制冷剂输入的机械功，用 w 表示，则 $w=q_2-q_1$。

（2）制冷系数　制冷循环效果的好坏，用制冷系数（又称制冷效率）来表示，制冷系数指工质（制冷剂）从被冷却物体中吸取的热量与所消耗的外界能量之比，用 ε 表示。即

$$\varepsilon=\frac{q_1}{w}=\frac{q_1}{q_2-q_1} \tag{4-1}$$

式中，q_1 为 1kg 的工质在吸热过程中自被冷却的低温物体吸取的热量，kJ/kg；q_2 为 1kg 的工质在放热过程中传给高温物体的热量，kJ/kg；w 为 1kg 的工质在把自低温物体中吸取的热量 q_1 传给高温物体时所必须消耗的外界功，kJ/kg。

制冷系数是衡量制冷循环效率的一个重要指标，在已经确定的条件下，循环的经济性越好，则制冷系数越大。在理想的制冷循环中，式(4-1）还可写成

$$\varepsilon=\frac{q_1}{q_2-q_1}=\frac{T_1(S_1-S_4)}{T_2(S_2-S_3)-T_1(S_1-S_4)}=\frac{T_1}{T_2-T_1} \tag{4-2}$$

式中，T_1 为制冷剂吸取热量时温度，K；T_2 为制冷剂放出热量时温度，K。

由式(4-2）可知，对于理想的制冷循环，制冷系数的大小取决于制冷剂吸热和放热时的温度，与制冷剂自身的性质无关。

【例 4-1】 某一理想制冷循环，每小时自被冷却物体吸取的热量为 2900kJ/h，制冷剂在吸热时的温度需保持在－9℃，放热时的温度为 24℃。若不计各种损失，试计算：①制冷系数；②消耗的机械功；③放出的热量。

解： ① 制冷系数，由式(4-2）可得

$$\varepsilon=\frac{q_1}{q_2-q_1}=\frac{T_1}{T_2-T_1}=\frac{-9+273}{(24+273)-(-9+273)}=8$$

② 消耗的机械功，由式(4-1）可得　$w=\frac{q_1}{\varepsilon}=\frac{2900}{8}=362.5$（kJ/h）

③ 放出的热量，由式(4-2）可得　$q_2=\frac{q_1(1+\varepsilon)}{\varepsilon}=\frac{2900\times(1+8)}{8}=3262.5$（kJ/h）

3. 蒸气压缩制冷机的工作原理

蒸气压缩制冷，就是利用压缩机做功向制冷系统补充能量，并通过工质（制冷剂）进行制冷循环，制冷剂在循环中消耗外功进而转化为热量，然后将此热量汇同从低温物体吸取的热量传递给高温物体或外界。

蒸气压缩制冷机由压缩机、冷凝器、膨胀阀、蒸发器组成，用管道将它们连接成一个密封系统，如图 4-2 所示。从蒸发器出来的制冷剂进入压缩机，压缩机将它压缩到冷凝压力，

然后送往冷凝器，在冷凝器中等压冷却和冷凝成液体，冷凝后的液体通过膨胀阀或其他节流元件进入蒸发器，离开膨胀阀的制冷剂变成温度为蒸发温度的两相混合物，混合物中的液体在蒸发器中蒸发，从被冷却物体中吸取它所需要的汽化焓，使制冷剂不断地从低温物体中吸热，并向高温物体放热，从而完成整个制冷循环，达到制冷的目的。如图 4-2 和图 4-3 所示，压缩→放热（冷却与冷凝）→节流→吸热（汽化、蒸发），构成一个完整的制冷循环，逆卡诺循环：1′→3→4→5′→1′；蒸气压缩制冷循环：1→2→3→4→5→1；1→2（压缩机）：等熵压缩；2→3→4（冷凝器）：等压放热；4→5（节流阀）：绝热节流，等焓；5→1（蒸发器）：等压吸热而制冷。

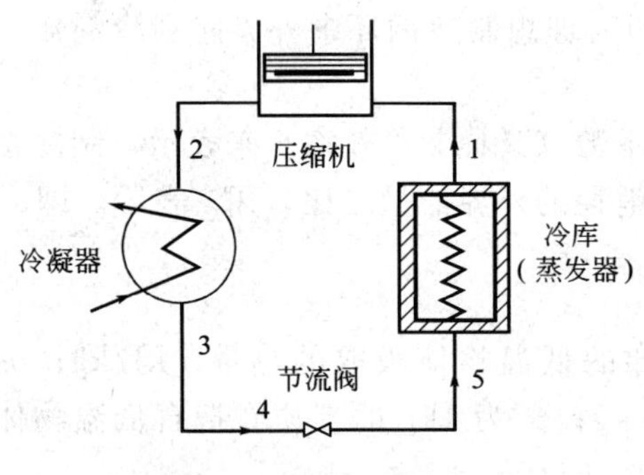

图 4-2　蒸气压缩制冷机

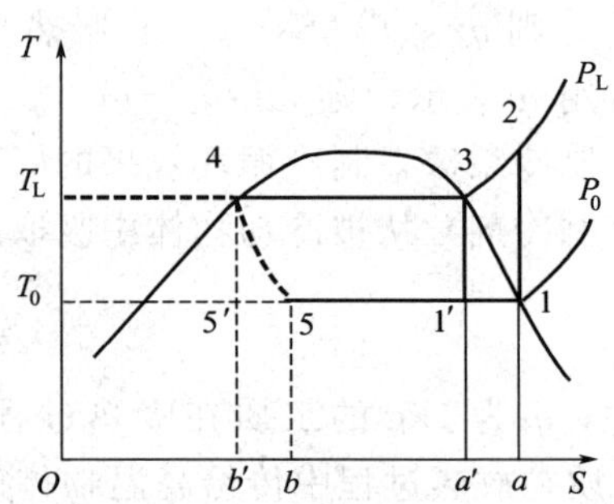

图 4-3　蒸气压缩制冷循环

二、温熵图

1. 温熵图的构成

温熵图（T-S）是以熵 S 为横轴、温度 T 为纵轴所构成的直角坐标图，如图 4-4 所示，图中任意一点都代表了制冷剂的状态变化过程，任意一条封闭曲线都代表了某种循环过程，图中共绘制了七类线群，各线群的意义如下。

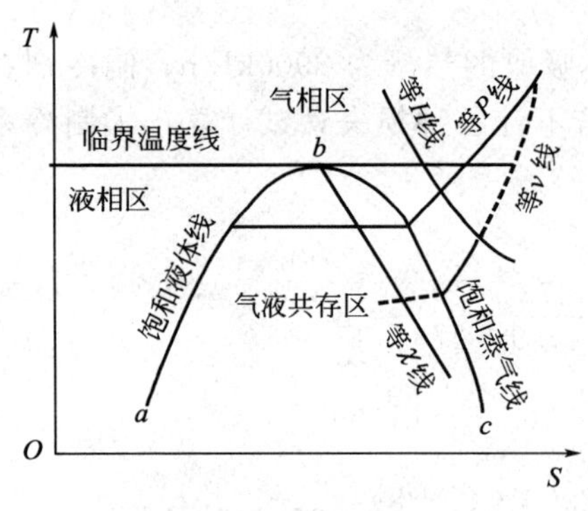

图 4-4　温熵图

① 等温线群。垂直于 T 轴的各线为等温线，用 T 表示，单位为 K。

② 等压线群。图中从右上方向左下方偏斜的各曲线为等压线，用 P 表示，单位为 N/m^2。

③ 等焓线群。图中从左上方向右下方偏斜而与等压线相交叉的各曲线，用 H 表示，单位为 kJ/kg。

④ 等比容线群。图中从右上方向左下方倾斜的虚线为等比容线，用 v 表示，单位为 m^3/kg。

⑤ 饱和曲线。图中 abc 曲线称为饱和曲线（或边界线），b 点为临界点，其左边 ab 线为饱和液体线，右边 bc 线为饱和蒸气线，过临界的温度线是临界温度线。临界点和饱和曲线把 T-S 图分成了三大区域：a. 临界温度线以上的区域为气相区，也称为过热蒸气区；b. 饱和曲线 abc 下边的区域为气-液两相共存区；c. 临界温度线以下和饱和液体曲线以左的区域为液相区，也称为过冷液体区。

⑥ 等熵线群。垂直于 S 轴的各直线为等熵线群，图中未画出，用 S 表示，单位为 kJ/(kg・K)。

⑦ 等干度线群。图中气-液共存区内由临界点向下呈放射状的线群为等干度线，用 χ 表示，单位为 kg 干气体/kg 湿气体，干度是指单位质量的制冷剂气-液混合物中所含气态物质的质量分数，即

$$\chi=\frac{\text{气体状态的制冷剂质量}}{\text{气体状态的制冷剂质量}+\text{液体状态的制冷剂量}}$$

T-S 图与湿空气的温度图的用法相似，只要已知 P、T、H、V 等状态参数中的任意两个，就可在图中找到对应的状态点，从而方便地确定其他参数。

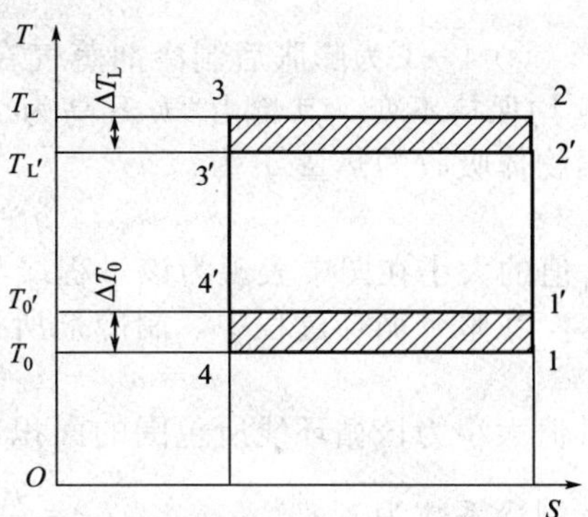

图 4-5　有传热温差的制冷循环

2. 温熵图的应用

在进行制冷循环的热力学分析及计算时，需要知道制冷剂的状态参数及其在过程中的变化特点，借助温熵图，不仅可以方便地从图中确定制冷剂的状态参数，还可直观地了解过程中各状态参数的变化情况，对于解释蒸气压缩制冷机制冷原理非常方便。

(1) 有传热温差的制冷循环　有传热温差的制冷循环如图 4-5 所示，T'_L 为冷却介质的温度；T'_0 为被冷却介质的温度；逆卡诺循环：1′→2′→3′→4′→1′；T_L 为冷凝器中制冷剂的温度；T_0 为蒸发器中制冷剂的温度；有传热温差的循环：1→2→3→4→1；耗功量增加为阴影面积；制冷量减少为 1→1′→4′→4→1。

(2) 理想蒸气压缩制冷循环　理想蒸气压缩制冷循环装置如图 4-6 所示，其制冷循环的温熵图如图 4-7 中所示的 1→2→3→4→1 循环过程。

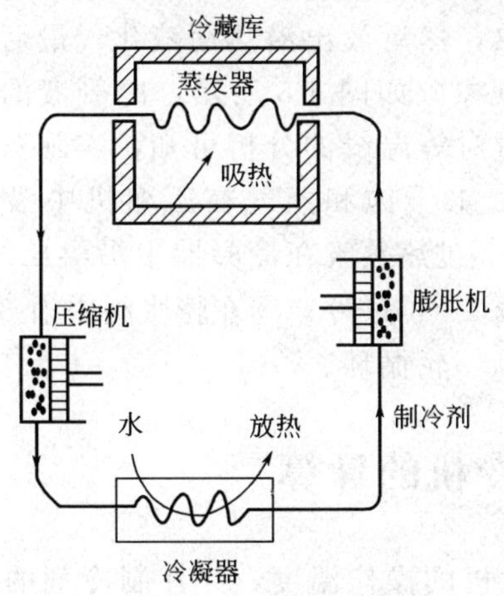

图 4-6　理想蒸气压缩制冷循环装置

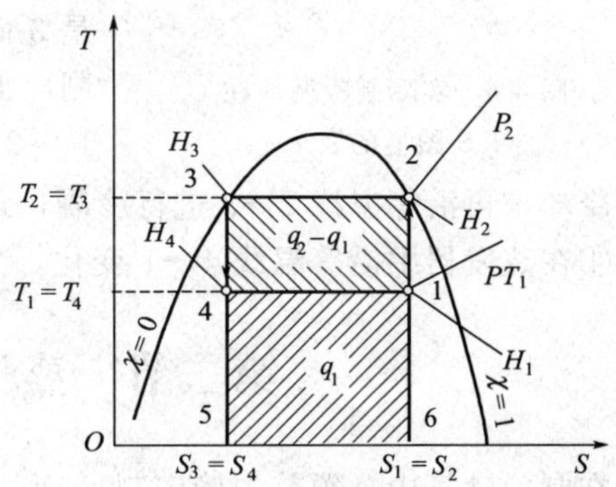

图 4-7　理想制冷循环在 T-S 图上的表示

其具体情况如下。

① 1→2 为制冷剂蒸气在压缩机中的绝热压缩过程，即等熵过程，其温度由 T_1 升高到 T_2，压力由 P_1 升高到 P_2，焓 H_1 升高到 H_2。在该过程中，每 1kg 制冷剂所消耗的压缩功 w_1 为

$$w_1=H_2-H_1 \tag{4-3}$$

② 2→3 为制冷剂在冷凝器中的等温等压冷凝过程，该过程中其压力 P_2 和温度 T_2 均保持不变，其焓由 H_2 降为 H_3，熵由 S_2 降为 S_3。在该过程中，每 1kg 制冷剂放出的热量 q_2 为

$$q_2 = T_2(S_2 - S_3) = H_2 - H_3 \tag{4-4}$$

其大小在图中表现为该过程线与 S 轴包围面积，即 2、3、5、6、四点构成的矩形。

③ 3→4 为冷凝后的制冷剂在膨胀机中的绝热膨胀过程，仍是一等熵过程，故过程中熵 S_2 保持不变，其压力由 P_2 降到 P_1，温度由 T_2 降到 T_1，其焓值由 H_3 降到 H_4，在该过程中，每 1kg 制冷剂对外所做的膨胀功 w_2 为

$$w_2 = H_3 - H_4 \tag{4-5}$$

④ 4→1 为膨胀后制冷剂蒸气在蒸发器中的吸热汽化过程，过程中，其压力 P_1 和温度 T_1 均保持不变，其焓由 H_4 升高为 H_1，熵由 S_4 升高为 S_1。在该过程中，每 1kg 制冷剂自低温物体吸收的热量 q_1 为

$$q_1 = H_1(S_1 - S_4) = H_1 - H_4 \tag{4-6}$$

q_1 值的大小在图中表现为该过程线与 S 轴所包围的面积，即 1、4、5、6 四点构成的矩形。

在整个循环过程中，制冷剂所消耗的循环净功 w 为压缩功与膨胀功之差，则

$$w = w_1 - w_2 = (H_2 - H_1) - (H_3 - H_4) = q_2 - q_1 \tag{4-7}$$

其值大小为该循环线所包围的面积，即 1、2、3、4 四点构成的矩形。

其制冷系数为

$$\varepsilon = \frac{q_1}{w} = \frac{H_1 - H_4}{(H_2 - H_1) - (H_3 - H_4)} \tag{4-8}$$

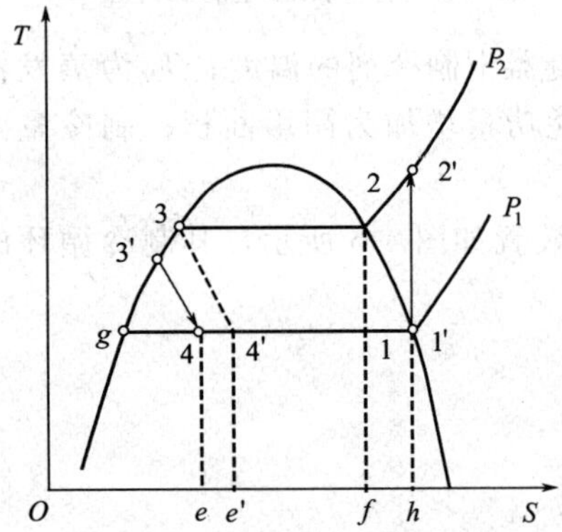

由此可知，理想蒸气压缩制冷机的制冷循环接近于逆卡诺循环，因此它的制冷系数最大，但是实际的制冷循环要实现 3→4 的绝热膨胀过程是非常困难的，实际的蒸气压缩制冷机是以膨胀阀来代替膨胀机的。

图 4-8　实际制冷循环在 T-S 图上的表示

(3) 冷凝液的过冷　对于实际制冷循环，在冷凝器中制冷剂蒸气与冷却水间具有一定的温差，所以压缩后的蒸气进入冷凝器时就开始进行冷却。开始时过热蒸气降低温度放出显热，然后放出潜热而液化，最后失去部分显热而有过冷现象。如图 4-8 所示，冷凝液的终温不是 3 而是 3′。经过对等温线的分析可知，实际蒸气压缩制冷循环过程是：①干饱和蒸气在压缩机中沿等熵线 1′→2′进行压缩；②过热蒸气在冷凝器中沿等压线 2′→2 进行冷却，再沿等温线 2→3 进行冷凝，最后沿等压线 3→3′过冷；③在膨胀阀中沿 3′→4 膨胀；④在蒸发器中沿等温线 4→1′变化，然后再开始新一轮循环。

第二节　蒸气压缩制冷机的计算

在制冷计算中，须首先确定制冷剂的种类和制冷机的操作温度，并在制冷剂的 T-S 图上表示出相应的过程曲线，确定各状态参数值，然后才能进行计算，在这一节里，主要介绍制冷能力和制冷循环的计算。

一、制冷量的计算

所谓压缩机的制冷量，就是压缩机在一定的运行工况下，在单位时间内被它抽吸和压缩输送的制冷工质在蒸发制冷过程中从低温热源（被冷却的物体）中所吸取的热量，也称为制冷能力，用 q 表示，其单位可用 kJ/s、kJ/kg 和 kJ/m^3 等表示。

1. 单位质量制冷量

制冷压缩机每输送 1kg 制冷剂经循环从被冷却介质中制取的冷量称为单位质量制冷量

（单位质量制冷能力），用 q_m 表示，单位为 kJ/kg，其值由下式计算

$$q_m=\frac{q_L}{Q}=H_1-H_4=H_2-H_3 \tag{4-9}$$

式中，q_m 为单位质量制冷量，kJ/kg；q_L为单位时间制冷量，kJ/s；Q 为制冷剂的循环量或质量流量，kg/s，其值可按下式计算

$$Q=\frac{V}{v}=V\rho \tag{4-10}$$

式中，V 为制冷剂蒸气的体积，m^3；v 为制冷剂蒸气的比容，m^3/kg；ρ 为制冷剂蒸气的密度，kg/m^3。

制冷循环的单位质量制冷量的大小与制冷剂的性质和循环的工作温度有关，单位质量制冷能力则用于计算制冷剂的循环量非常方便。

2. 单位容积制冷量

制冷压缩机每吸入 $1m^3$ 制冷剂蒸气（按吸气状态计）经循环从被冷却介质中制取的冷量，称为单位容积制冷量（单位体积制冷能力），用 q_V表示，kJ/m^3。

$$q_V=\frac{q_L}{V}=\frac{q_m}{v}=\frac{H_1-H_4}{v}=q_m\rho \tag{4-11}$$

式中，q_V为单位容积制冷量，kJ/m^3；v 为制冷剂在吸气状态时的比容，m^3/kg。

由式（4-11）可知，吸气比容 v 将直接影响单位容积制冷量 q_V的大小，单位体积制冷能力对于确定压缩机气缸的主要尺寸有重要意义。

3. 单位时间制冷剂的制冷能力

单位时间制冷剂的制冷能力简称为制冷能力，指单位时间内制冷剂蒸气从被制冷物体中取出的热量，用符号 q_L表示，单位为 kJ/s，其值由式（4-12）计算

$$q_L=Qq_m=Vq_V \tag{4-12}$$

对于往复式压缩机，制冷机的制冷能力还可表示为

$$q_L=\lambda_L V_L q_V \tag{4-13}$$

式中，λ_L为压缩机的送气系数；V_L为压缩机的理论送气能力，即压缩机汽缸中活塞扫过的体积，m^3/s。

影响 λ_L、V_L、q_V的因素均对 q_L有影响，现主要讨论 q_V的影响因素对 q_L的影响，q_V的影响因素主要是操作温度即蒸发温度 T_0 降低，对应的饱和蒸气压P_1 也降低，则制冷剂蒸气的比容随之增大。

根据以上几个性能指标及制冷系数的计算，可进一步求得制冷剂循环量、冷凝器中放出的热量、压缩机所需的理论功率等数据。

4. 标准制冷能力

操作温度对制冷能力有很大的影响，为了准确地说明压缩机的制冷能力，就必须指明制冷的操作温度，按照国际人工制冷会议规定，当进入压缩机的制冷剂是干饱和蒸气时，任何压缩机的标准操作温度是蒸发温度为－15℃（258K）、冷凝温度为＋30℃（303K）、过冷温度为＋25℃（298K）。在标准操作温度条件下的制冷能力称为标准制冷能力，铭牌上标注的制冷能力为标准制冷能力，标准制冷能力用符号 q_β表示。

一般制冷机出厂时都附有工作性能曲线，可根据该曲线求得不同操作条件下的制冷能力，如果缺乏该资料，也可由式（4-14）得出标准温度条件下与实际条件下制冷能力的换算关系，即

$$\frac{q_\alpha}{q_\beta}=\frac{\lambda_\alpha q_{V,\alpha}}{\lambda_\beta q_{V,\beta}} \tag{4-14}$$

式中，下标“α”表示操作状况，“β”表示标准状况。式(4-14) 也可写成式(4-15) 形式

$$q_{\alpha}=q_{\beta}\frac{\lambda_{\alpha}q_{V,\alpha}}{\lambda_{\beta}q_{V,\beta}}=K_{f}q_{\beta} \tag{4-15}$$

式中，K_f是制冷量的换算系数。

二、制冷循环的计算

1. 压缩机的理论功率

绝热压缩时压缩机所消耗的理论功率为压缩机的理论功率，用符号 P 表示，其计算式为

$$P=Q(H_2-H_1) \tag{4-16}$$

2. 蒸发器的传热速率

蒸发器的传热速率就是指蒸发器在单位时间内的传热量，用符号 q_1'表示，单位为 W 或 kW，其值等于制冷能力 q_L，即

$$q_1'=q_L \tag{4-17}$$

3. 冷凝器的传热速率

冷凝器的传热速率即冷凝器在单位时间内的传热量，用符号 q_2'表示，单位为 W 或 kW，其值为

$$q_2'=Q(H_2-H_1) \tag{4-18}$$

4. 实际制冷循环的制冷系数

制冷能力与所需功率之比，即为加入单位功时能从被制冷物体中取出的热量，用符号 ε' 表示，即

$$\varepsilon'=\frac{q_L}{P}=\frac{Q(H_1-H_3)}{Q(H_2-H_1)}=\frac{H_1-H_3}{H_2-H_1} \tag{4-19}$$

由上式算出的制冷系数，因实际功率小于理论功率，所以实际制冷系数小于理论制冷系数。

5. 热力学完善度

热力学完善度用 f 表示，即

$$f=\frac{\varepsilon'}{\varepsilon} \tag{4-20}$$

式中，ε 为逆卡诺循环的制冷系数；ε'为实际制冷循环的制冷系数。

逆卡诺循环是最理想的逆循环，其制冷系数具有最大的理论值，可作为比较制冷循环的最高标准。热力学完善度用来表示相同温度条件下，制冷循环接近理想循环的程度，其值越接近于 1，说明实际制冷循环越接近理想制冷循环。

【例 4-2】 已知某制冷循环为理想的制冷循环，在 30℃时制冷剂的放热速率为1000kJ/s，制冷剂的蒸发温度为－23℃，试求：①制冷系数 ε；②制冷量 q_1；③单位时间所消耗的外功 w。

解：① 由式(4-1) 和式(4-2) 可知：$\varepsilon=\dfrac{q_1}{q_2-q_1}=\dfrac{T_1}{T_2-T_1}$

已知 $t_1=-23$℃ 则 $T_1=250$K；$t_2=30$℃，则 $T_2=303$K

则
$$\varepsilon=\frac{q_1}{q_2-q_1}=\frac{250}{303-250}=4.72$$

② 由式(4-7) 可知：$w=q_2-q_1$，已知 $q_2=1000$kJ/s，由于 $\varepsilon=\dfrac{q_1}{w}$，$\varepsilon=4.72$

解得
$$q_1=825.17\ (\text{kJ/s})$$

③ 单位时间内所消耗的外功　　$w=q_2-q_1=174.83$（kJ/s）

【例 4-3】 某食品制冷机的氨往复压缩机的标准制冷能力 $q_\beta=181\text{kW}$，单位体积制冷能力 $q_{V,\beta}=2300\text{kJ/m}^3$。试核算能否用于下述情况：工艺要求的制冷能力 $q_\alpha=86.3\text{kW}$，实际条件下的蒸发温度 $t_1=-25℃$，冷凝温度 $t_2=30℃$，过冷温度 $t_3=25℃$。已知标准条件下 $\lambda_S=0.70$，生产操作条件下 $\lambda_L=0.58$。

解： 按照操作温度在氨的 *T-S* 图上绘出实际制冷循环，如图 4-9 所示，并由附录中氨的 *T-S* 图查出各点的焓值是 $H_3'=H_4=536\text{kJ/kg}$，$H_1'=1650\text{kJ/kg}$，$H_2'=1955\text{kJ/kg}$，$H_2=1892\text{kJ/kg}$。

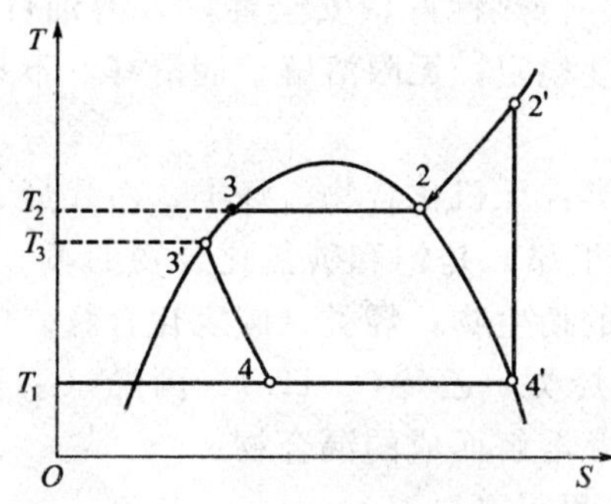

图 4-9　压缩机实际制冷循环温熵图

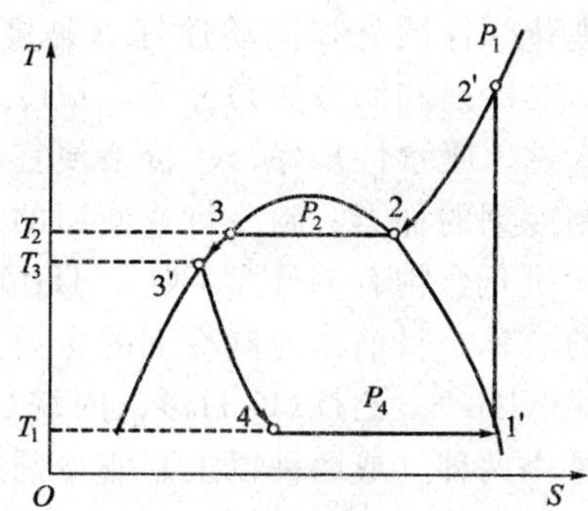

图 4-10　压缩机实际制冷循环温熵图

由氨的饱和蒸气表查得氨在 $-25℃$ 时的饱和蒸气比容 $v=0.77\text{m}^3/\text{kg}$，根据式（4-15），将实际操作条件下的 q_α 换算成标准条件下的 q_β，即

$$q_\beta=q_\alpha\frac{\lambda_\beta q_{V,\beta}}{\lambda_\alpha q_{V,\alpha}}$$

式中
$$q_{V,\alpha}=\frac{q_m}{v}=\frac{H_1'-H_4}{v}=\frac{1650-536}{0.77}=1447\ (\text{kJ/m}^3)$$

所以
$$q_\beta=q_\alpha\frac{\lambda_\beta q_{V,\beta}}{\lambda_\alpha q_{V,\alpha}}=86300\times\frac{2300\times0.70}{1447\times0.58}=165.6\ (\text{kW})$$

由此可知，操作条件下的制冷能力 86.3kW 换算成标准条件下的制冷能力为 165.6kW，能适用，因为其值小于氨压缩机所能提供的标准制冷能力 181kW。

【例 4-4】 已知食品冷冻箱氨压缩机的实际制冷能力为 300kW。操作条件为：$P_1=190.3\text{kPa}$，$P_2=1003\text{kPa}$，$t_3=20℃$。试求：①氨的循环量；②压缩机理论功率；③冷凝器的传热速率；④理论制冷系数。

解： 根据实际操作条件在氨的 *T-S* 图上绘出实际循环过程示意图，如图 4-10 所示，并查出各点的有关参数如下：蒸发温度 $t_1=-20℃$，冷凝温度 $t_2=25℃$，过冷温度 $t_3=20℃$，$H_3'=H_4=536\text{kJ/kg}$，$H_1'=1656\text{kJ/kg}$，$H_2'=1897\text{kJ/kg}$。

① 氨的循环量 Q，由式(4-9) 得

$$Q=\frac{q_L}{q_m}=\frac{q_L}{H_1'-H_4}=\frac{300}{1656-536}=0.268(\text{kg/s})=964\ (\text{kg/h})$$

② 压缩机的理论功率，由式(4-16) 得

$$P=Q(H_2'-H_1')=0.268\times(1897-1656)=64.59\ (\text{kW})$$

③ 冷凝器的传热速率，由式(4-18) 得

$$q_2'=Q(H_2'-H_3')=0.268\times(1897-536)=364.7\ (\text{kJ})$$

④ 理论制冷系数，由式(4-19) 得

$$\varepsilon'=\frac{q_L}{P}=\frac{H_1-H_3'}{H_2-H_1'}=\frac{1656-536}{1897-1656}=4.65$$

三、制冷剂及冷冻盐水

1. 制冷剂

制冷剂是制冷机中进行制冷循环的工作物质，在被冷却对象和环境介质之间传递热量，并最终把热量从被冷却对象传给环境介质，制冷剂的有关情况分两个方面介绍。

(1) 对制冷剂的要求　对制冷剂的要求具体有：①环保（对臭氧层无破坏作用、无温室效应）；②热力学性质好，蒸发压力和冷凝压力适中，临界温度高，凝固温度低，绝热指数低；③物理化学性质好，流动性好（黏度小、密度小），传热性好，安全性好，溶油性好；有限溶解，制冷剂和润滑油易分离，被冷却物质初始温度稳定；无限溶解，润滑好，不易有油膜；溶水性（吸水性）好；④价格便宜，来源广泛。

(2) 制冷剂的种类　制冷行业使用的制冷剂分四大类：无机化合物、烃类、卤代烃、混合溶液。无机化合物有 NH_3、CO_2、H_2O；卤代烃（氟里昂）是饱和碳氢化合物的氟、氯、溴衍生物的总称，目前作为制冷剂的主要是甲烷和乙烷的衍生物；烃类（碳氢化合物）中烷烃类有甲烷(CH_4)、乙烷(C_2H_6)、丙烷(C_3H_8)、链烯烃类、乙烯(C_2H_4)、丙烯(C_3H_6)。混合溶液是由两种（或两种以上）制冷剂按一定比例相互溶解而成的混合物。

常用制冷剂是水 H_2O(R718)、氨 NH_3(R717) 和氟里昂等。

2. 冷冻盐水

氯化钠、氯化钙及氯化镁的水溶液，通常称为冷冻盐水。冷冻盐水作为制冷剂的优点有：冰点低、化学性质稳定、价廉易得，其缺点是对金属有一定的腐蚀作用，通常是在盐水中加入定量的防腐剂，防腐剂常用重铬酸钠或铬酸钠，但重铬酸钠或铬酸钠具有毒性，使用时应控制用量，其用量可参阅相关手册。

冷冻盐水在一定浓度下有一定的冻结温度，选用的冷冻盐水的冰点温度必须比所要达到的冷冻温度低 10～13℃，否则操作会发生冻结现象，在蒸发器管外析出冰层，会影响冷冻机操作。制冷盐水在使用过程中，为了防止盐水的浓度降低，引起凝固点温度升高，必须定期检测盐水的浓度，若浓度降低，应适当补充盐量，以保持适当的浓度。

第三节　制冷机的主要设备

蒸气压缩式制冷装置主要由压缩机、冷凝器、蒸发器、膨胀阀组成。

一、压缩机

压缩机是制冷装置的重要组成部分，其作用是完成制冷剂循环。根据其工作原理可以分为容积型和速度型两大类。图 4-11 列出了制冷和空调用压缩机的分类和结构。

1. 容积型压缩机

用机械的方法使密闭容器的容积变小，使气体压缩而增加其压力的机器，称为容积型压缩机。容积型压缩机是蒸气压缩式制冷机中应用领域最广泛、使用数量最多的压缩机。

容积型压缩机又可分为活塞式和回转式两类，其中，活塞式制冷压缩机按不同分类方法，又可分为以下几种形式。

① 按使用的工质分类。分为氨压缩机、氟里昂压缩机、异丁烷压缩机等。

② 按气体压缩的级数分类。分为单级压缩和多级（一般为两级）压缩制冷压缩机。如

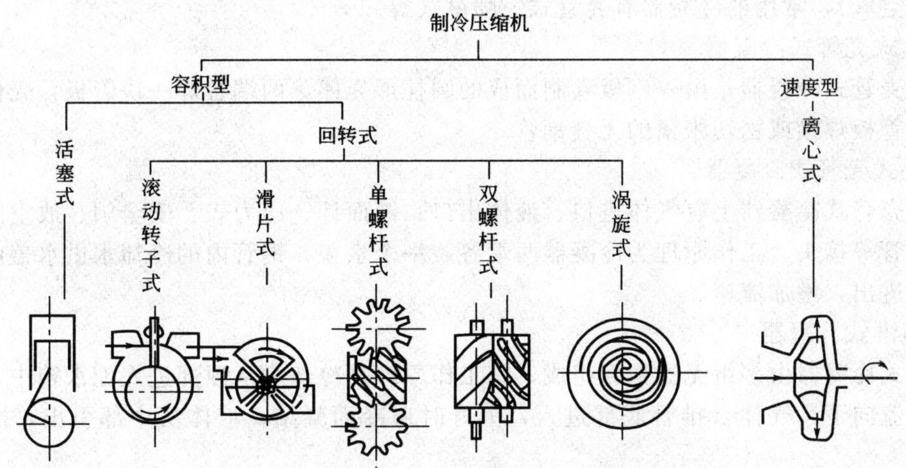

图 4-11 制冷和空调用压缩机的分类和结构

果由一台压缩机来实现两级压缩，则又称为单机双级制冷压缩机。

③ 按压缩机的密封方式分类。分为开启式和封闭式。

④ 按制冷量的大小分类。配用电动机功率不小于 0.37kW、汽缸直径小于 70mm 的压缩机为小型活塞式制冷压缩机；汽缸直径为 70～170mm 的压缩机为中型活塞式制冷压缩机。

⑤ 按汽缸布置方式分类。分为卧式（图 4-12）、直立式（图 4-13）和角度式三种类型。

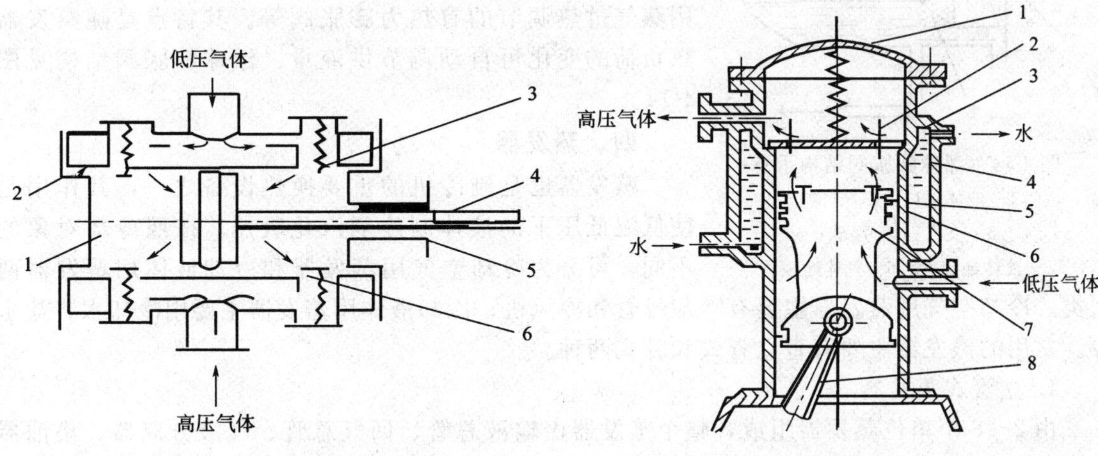

图 4-12 卧式压缩机工作原理

1—汽缸；2—弹簧；3—吸气阀；4—活塞杆；5—填料；6—排气阀

图 4-13 直立式压缩机工作原理

1—上盖；2—排气阀；3—样盖；4—水套；5—吸气阀；6—活塞环；7—活塞；8—连杆

⑥ 按活塞行程分类。分为短行程和长行程两种。

2. 速度型压缩机

用机械的方法使流动的气体获得很高的流速，然后在扩张的通道内使气体流速减小，使气体的动能转化为压力能，从而达到提高气体压力的目的，这种机器称为速度型压缩机，属于这一类的有离心式制冷压缩机。

二、冷凝器

冷凝器的作用是使高压高温的过热蒸气冷却，冷凝成高压液体，并将热量传递给周围介质（水或空气），常用的冷凝器有壳管式、喷淋式等。

1. 立式壳管式冷凝器

立式壳管式冷凝器是由一钢板卷制而成的圆柱形壳体，两端各焊一块管板，壳体内装有若干根与管板焊接或密切张紧的无缝钢管。

2. 卧式壳管式冷凝器

卧式壳管式冷凝器上有气体进口、液体出口、液面计、压力表、安全阀、放空阀、放油阀、均压管等接头。工作原理为冷凝器两端各装一个水盖，钢管内的冷却水供水盖内的挡板多程转折进出，增加流速。

3. 喷淋式冷凝器

喷淋式冷凝器由多组无缝钢管组成，其工作原理是冷却水从顶部进入配水箱中，沿排管外表面顺流向下，气体自排管底部进入，上升时遇冷而凝结，液体从中部引出，流入贮液器中。

三、膨胀阀

膨胀阀在管路系统中的作用是：降低压力、控制流量、调节蒸发器的工况。膨胀阀的类型很多，制冷装置中常用的膨胀阀有人工调节阀、自动膨胀阀两类。人工调节阀依靠人工来调节阀的开启度，调节适量的制冷剂从高压区流向低压区。其特点是调节迅速、结构简单，但供液量不能随热负荷的变化而自动调节。

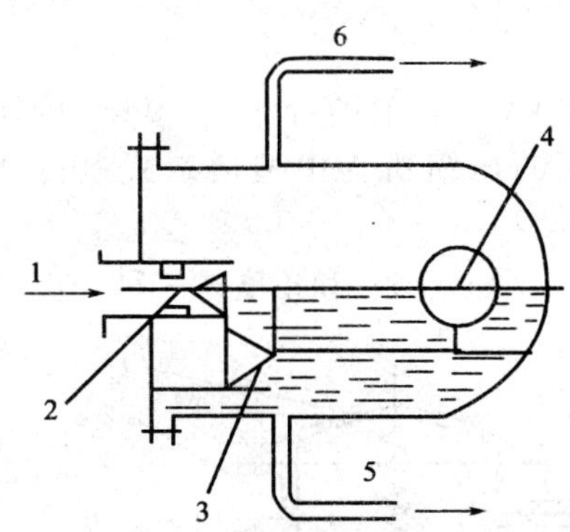

图 4-14　浮球膨胀阀结构示意
1—液体进口；2—针阀；
3—支点；4—浮球；
5—液体连接管；6—气体连接管

自动膨胀阀有多种，用液位调节的有浮球调节阀等，用蒸气过热调节的有热力膨胀阀等。其特点是随蒸发器热负荷的变化可自动调节供液量。浮球膨胀阀结构见图 4-14。

四、蒸发器

蒸发器也是制冷机的重要换热设备之一，其作用是使低温低压下的液体制冷剂汽化吸热。按照冷却对象的不同，可分为冷却空气用蒸发器和冷却液体用蒸发器两大类。冷却空气用蒸发器主要有冷却排管和冷风机；冷却液体用蒸发器主要用冷却水、盐水等。常用的蒸发器主要有直立管式和卧式两种。

1. 立管式蒸发器

由 2～8 个单位蒸发器组成，整个蒸发器由输液总管、回气总管、气液分离器、集油器及远距离液面指示器接头组成。蒸发器里装有卧式搅拌器，使盐水在箱内循环。工作原理是液体从上部的导液管进入蒸发器，导液管插入直立的粗管中，并让其下部出口接近下总管。制冷剂自下总管通过直立细管至上总管，再沿直立粗管返回下总管。

这种蒸发器的优点是：①传热效率高；②构造比较简单；③检修与清理较方便。其缺点是蒸发管组易受腐蚀。其结构见图 4-15。

2. 卧式壳管式蒸发器

卧式壳管式蒸发器的工作原理是用离心泵将盐水从一个端盖的下部打入蒸发器中，供水盖内的挡板转折进出，以增强对流效果。液体由节流阀或浮球阀自壳体下部进入，后者能自动调节液体并维持一定的液面。壳管式蒸发器的优点是：①盐水流动速度大，传热效率高；②构造简单、紧凑；③由于盐水循环系统密闭，因而减少了腐蚀，并可避免因低温盐水吸湿

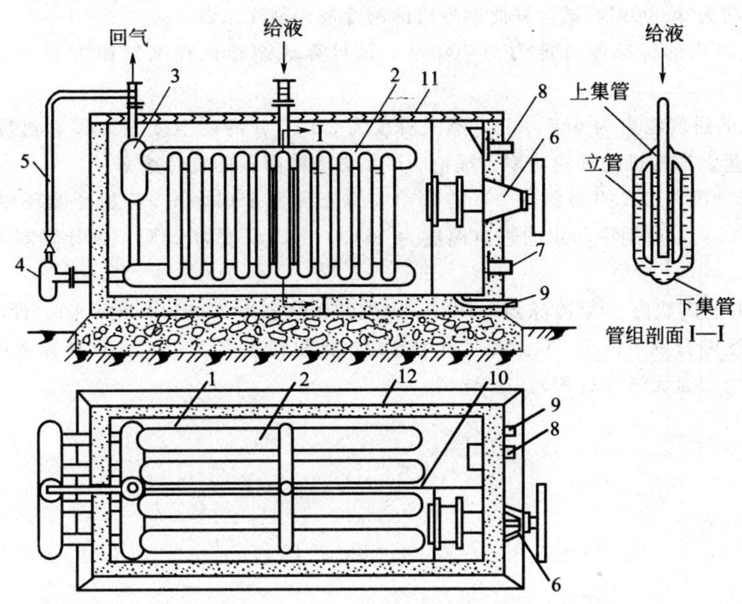

图 4-15　直立管式蒸发器

1—水箱；2—管组；3—气液分离器；4—集油罐；5—均压管；6—螺旋搅拌器；7—出水口；8—溢流口；9—泄水口；10—隔板；11—盖板；12—保温层

而引起浓度降低。缺点是当盐水浓度不够或盐水泵发生故障而停止运转时，管内的盐水可能发生冻结，冻结后则管子有破裂的危险。

思　考　题

1. 什么叫制冷？制冷有何意义？举例说明其应用情况。
2. 根据冷冻温度范围的不同，制冷技术可以分为哪两大类？食品工业中常用的制冷属于哪一类？
3. 以 T-S 图说明逆卡诺循环的组成及特点。
4. 什么是制冷系数？主要受哪些因素影响？
5. 什么是制冷剂？在制冷系统中有何作用？应满足哪些条件？
6. 在其他条件都相同的条件下，同一台电冰箱在冬季工作与其在夏季工作相比，何种情况下省电？为什么？
7. 什么叫制冷量？主要受哪些因素影响？试作具体分析。
8. 什么是制冷机的制冷能力、单位体积制冷能力和单位质量制冷能力？彼此关系如何？
9. 蒸气压缩制冷装置的主要设备构成有哪些？
10. 制冷压缩机的类型主要有哪些？

计　算　题

1. 已知制冷剂在逆卡诺循环中，放出 1200kW 的热量，放热时的温度为 303K，吸热时的温度为 248K。试求：①制冷系数；②制冷量；③所需外功。

2. 某氨制冷机将 1500kg/h 的酒精从 25℃冷却到－20℃，酒精的比热容为 2.47kJ/(kg·K)。氨的蒸发温度为 240K，冷凝温度为 303K，无过冷过程。试求：①氨循环量，kg/h；②氨压缩机的理论功率。

3. 在某制冷机的冷凝器中，每小时消耗的冷却水量为 22t，冷却水的温度由 22℃升高到 28℃。制冷剂每小时消耗的压缩功为 90000kJ，试计算此制冷机的制冷量和制冷系数。

4. 某卧式氨压缩机的标准制冷能力为 700kW。试计算该制冷机在蒸发温度为－10℃，冷凝温度为 30℃时的制冷能力。

5. 某氨压缩机的送气能力为 $6m^3/min$，蒸发温度为－15℃，冷凝温度为 30℃，过冷温度为 25℃。试求此制冷机的制冷量、压缩机的理论功率、理论制冷系数和冷凝器的传热速率。

6. 用一台氨制冷机将 0℃的水制成 0℃的冰，水的流量为 150kg/h。若制冷循环中氨的蒸发温度为－6℃，冷凝温度为 28℃，所用冷却水的进口温度为 15℃，出口温度为 22℃，试计算制冷机所需理论功率及冷却水的消耗量。

7. 将 1800kg/h 的戊烷由 20℃冷冻到－15℃，戊烷的比热容为 2.09kJ/(kg・K)。设蒸发器和冷凝器中冷、热流体间的温度差分别不低于 5℃。冷凝器中冷却水的出口温度为 20℃。试计算适用于直立往复氨压缩机的标准制冷能力（氨无过冷过程）。

第五章　溶液的浓缩

学习目标

[掌握] 蒸发的基本原理和特点、溶液的沸点升高、单效蒸发的计算、蒸发的生产强度和蒸发操作的节能措施；掌握结晶的基本概念；冷冻浓缩的原理和概念。

[熟悉] 多效蒸发的分类和操作流程；结晶单元操作过程的基本方法；冷冻浓缩的结晶过程。

[了解] 多效蒸发与单效蒸发的比较；常用溶液浓缩设备的结构及特点。

浓缩是从溶液中除去部分溶剂的单元操作，是溶质和溶剂部分分离的过程。浓缩方法从原理上可分为平衡浓缩和非平衡浓缩两种方法。平衡浓缩是利用两相分配上的某种差异而获得溶质和溶剂分离的方法，两相是直接接触的，本章所介绍的蒸发、结晶和冷冻浓缩即属此法。而非平衡浓缩则是利用半透膜来分离溶质和溶剂，两相用膜隔开，分离不是靠两相直接接触而进行的。

蒸发是利用溶质和溶剂挥发度的差异，用加入热能的方法使溶剂气化，而溶质不挥发，从而达到分离的目的。它涉及的平衡是气-液平衡。

结晶是利用溶质之间溶解度的差异使溶质从过饱和溶液中析出，从而达到分离的目的。它涉及的平衡是固-液平衡。

冷冻浓缩则是利用稀溶液与固态溶剂在凝固点下的平衡关系，使溶剂从溶液中结晶析出，从而达到分离的目的。它涉及的也是固-液平衡。

第一节　蒸　　发

蒸发是食品工业中应用最广泛的浓缩方法之一。被蒸发的溶液可以是水溶液，也可以是其他溶剂的溶液。食品工业中浓缩的物料大多为水溶液，在以后的讨论中，如不特别说明，蒸发就特指水溶液的蒸发。

一、概述

1. 蒸发的概念及在生产中的应用

将含挥发性物质的稀溶液加热沸腾使部分溶剂气化并使溶液得到浓缩的过程称为蒸发。就工艺目的而言，蒸发的应用主要有以下三种情况。

(1) 获得浓缩溶液　例如电解烧碱液的浓缩、栲胶浸出液的浓缩等。

(2) 获得结晶固体产品　通常是将溶液蒸发浓缩至饱和，然后使之冷却并结晶分离。例如食盐的精制、蔗糖的生产等。

(3) 获得纯溶剂　通常是将溶剂蒸发后冷凝使之脱除不挥发性杂质。例如海水淡化、回收苯溶剂等。

蒸发广泛应用于化工、食品、医药等行业中。工业上的溶液蒸发大多数是水溶液，故本章仅讨论水溶液蒸发，其他溶液的蒸发和纯液体的完全气化在原理及设备方面也可借鉴。

2. 蒸发的基本过程

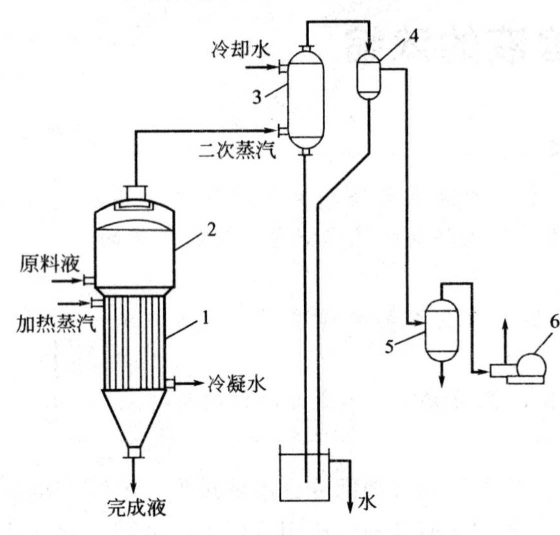

图 5-1 单效真空蒸发流程图

1—加热室；2—分离室；3—混合冷凝器；4—分离器；5—缓冲罐；6—真空泵

图 5-1 是一单效真空蒸发流程图，它也是基本的蒸发流程。蒸发器主要由蒸发室和加热室组成。

加热室通常由许多加热管组成，加热蒸汽在管隙间冷凝并将潜热传给管内料液，使之沸腾，其冷凝水经输水器排出。稀料液由蒸发室加入，在加热室内沸腾，部分水汽化成水蒸气，常称之为二次蒸汽，以区别加热蒸汽，二次蒸汽在蒸发室中分离出部分夹带的液沫后，由器顶经气液分离器分离出液滴，再通过混合冷凝器直接用水冷凝除去。分离出的液滴回至蒸发室。不凝性气体经气水分离器和缓冲罐由真空泵排入大气。完成液从器底排出。

蒸发热源多采用饱和水蒸气，若溶液沸点很高，也可以采用高温载热体、熔盐、烟道气或电加热等。

3. 蒸发的必要条件及过程特点

维持蒸发顺利进行的两个必要条件是源源不断的热能供给和二次蒸汽的及时排除。二次蒸汽不排除，会使溶液上部空间压强增大，降低溶剂汽化速率，最终使蒸汽和溶液趋于平衡，致使蒸发不能进行。

蒸发达到溶液增浓的程度取决于溶剂的蒸发量，溶剂的汽化速率则取决于传热速率。因此尽管蒸发的目的是传质分离，但实质是属于传热过程。然而与一般的传热过程相比，它又具有以下特点。

① 溶液中含有不挥发性溶质，由拉乌尔定律可知，溶液的蒸气压较同温度下纯溶剂的蒸气压为低。换言之，在相同压强下，溶液的沸点高于纯水的沸点。故当加热蒸汽一定时，蒸发溶液的传热温度差要小于蒸发纯溶剂的温度差。通常溶液浓度越高，这种现象越显著。因此，溶液的沸点升高是蒸发操作必须考虑的重要问题。

② 工业规模下，溶剂的蒸发量往往是很大的，需要耗用大量的加热蒸汽。如何充分利用它的潜热，使单位质量的加热蒸汽能汽化更多的水分，是蒸发操作中要考虑的关键问题之一。

③ 溶液的特殊性决定了蒸发器的特殊结构。例如，某些溶液在蒸发过程中可能结垢或析出结晶，在蒸发器的结构设计上应设法防止或减少垢层的生成，并应使加热面易于清洗。有些物料具有热敏性，有些则具有较大的黏度或具有较强的腐蚀性等，需要根据物料的这些特性，设计或选择适宜结构的蒸发器。

4. 蒸发过程的分类

根据各种物料的性质和工艺要求，蒸发过程可以采用不同的操作条件和方式，大致可分为以下几种。

(1) 按蒸发方式分类　按蒸发方式分为自然蒸发和沸腾蒸发。沸腾蒸发较快且效率高，工业应用广，通常蒸发即指沸腾蒸发。

(2) 按加热方式分类 按加热方式分为直接热源加热和间接热源加热。前者可用高温火焰或烟气经喷嘴喷入溶液，后者是加热蒸汽冷凝热由间壁传递给溶液。一般工业蒸发过程多采用间接加热。

(3) 按操作压强分类 按操作压强分为常压蒸发、加压蒸发和减压（真空）蒸发。加压蒸发可提高溶液沸点、降低黏度以改善传热，主要是随之提高了二次蒸汽温度，从而增加热能的利用价值。减压蒸发可降低溶液沸点，适于热敏物料，同时可用低温热源加热。但无论是加压蒸发还是减压蒸发，对设备要求都较高，动力消耗也增加。若无特殊要求，单效蒸发以常压为宜，其缺点是能耗较大。

(4) 按蒸发器的效数分类 按蒸发器的效数分为单效和多效。工业生产中被蒸发的物料多为水溶液，且常用饱和水蒸气为热源通过间壁加热。加热蒸汽习惯上称为生蒸汽，而从蒸发器汽化生成的水蒸气称为二次蒸汽。单效蒸发装置中只有一个蒸发器，蒸发时生成的二次蒸汽直接进入冷凝器而不再次利用。若将几个蒸发器串联操作，将前一个蒸发器产生的二次蒸汽作为后一个蒸发器的加热蒸汽，最后一个蒸发器产生的二次蒸汽进入冷凝器被冷凝，使蒸汽的热能得到多次利用。这样的蒸发过程称为多效蒸发。蒸发器串联的个数称为效数。

(5) 按操作方式分类 按操作方式分为间歇蒸发和连续蒸发。间歇蒸发又分为一次进料一次出料和连续进料一次出料两种方式。大规模生产多采用连续蒸发，小规模多品种场合宜采用间歇蒸发。

二、单效蒸发

对于单效蒸发，在给定生产任务和确定了操作条件后，则可应用物料衡算、热量衡算和传热速率方程式计算确定蒸发操作中水分蒸发量、加热蒸汽消耗量和蒸发器的传热面积。

1. 水分蒸发量计算

对图 5-2 所示的单效蒸发器进行溶质的物料衡算，可得

$$Fw_0=(F-W)w_1 \tag{5-1}$$

由式(5-1) 可得蒸发器的水分蒸发量

$$W=F\left(1-\frac{w_0}{w_1}\right) \tag{5-2}$$

完成液的浓度为

$$w_1=\frac{Fw_0}{F-W} \tag{5-3}$$

式中，F 为原料液量，kg/h；w_0 为原料液中溶质的质量分数；w_1 为完成液中溶质的质量分数；W 为水分蒸发量（即二次蒸汽量），kg/h。

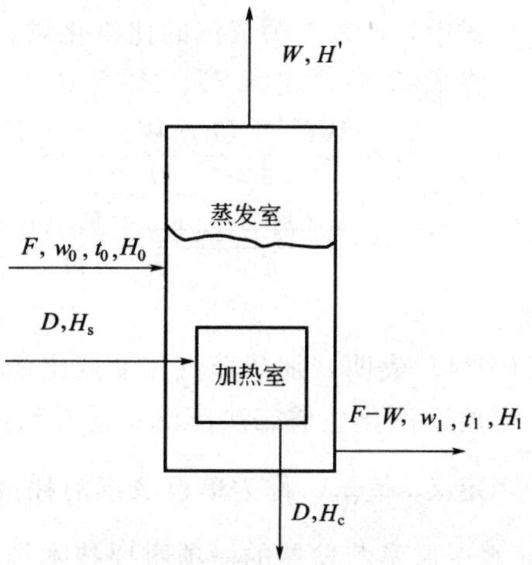

图 5-2 单效蒸发的物料衡算与热量衡算

2. 加热蒸汽消耗量计算

对图 5-2 系统作热量衡算，可得

$$DH_s+FH_0=DH_c+WH'+(F-W)H_1+Q_l \tag{5-4}$$

式中，D 为加热蒸汽用量，kg/h；H_s 为加热蒸汽的比焓，kJ/kg；H'为二次蒸汽的比焓，kJ/kg；H_c 为冷凝水的比焓，kJ/kg；H_1 为完成液的比焓，kJ/kg；H_0 为原料液的比焓，kJ/kg；Q_l 为蒸发器的热损失，kJ/h。

由式(5-4) 可得加热蒸汽用量为

$$D=\frac{WH'+(F-W)H_1-FH_0+Q_l}{H_s-H_c} \tag{5-5}$$

当溶液的稀释热可以忽略不计时，则溶液的焓可以用平均比热容作近似计算，习惯上取0℃时溶液的焓为零，则有

$$H_0=c_0t_0 \tag{5-6}$$

$$H_1=c_1t_1 \tag{5-7}$$

式中，c_0 为原料液在 0～t_0℃之间的平均等压比热容，kJ/(kg·K)；c_1 为原料液在0～t_1℃之间的平均等压比热容，kJ/(kg·K)；t_0 为原料液的进口温度，℃；t_1 为完成液出口温度，可认为等于溶液的沸点，℃。

对于溶解时热效应不大的溶液，其比热容 c_0、c_1 又可近似地用式(5-8) 计算

$$c_0=c_W(1-w_0)+c_Bw_0 \tag{5-8}$$

$$c_1=c_W(1-w_1)+c_Bw_1 \tag{5-9}$$

式中，c_B 为溶质的平均等压比热容，kJ/(kg·K)；c_W 为水的平均等压比热容，kJ/(kg·K)。

由式(5-8) 得

$$c_B=\frac{c_0-c_W+c_Ww_0}{w_0}$$

将上式和式(5-2) 代入式(5-9) 得

$$c_1=c_W\left(1-\frac{Fw_0}{F-W}\right)+c_B\left(\frac{Fw_0}{F-W}\right)$$

上式简化得

$$(F-W)c_1=Fc_0-Wc_W \tag{5-10}$$

若加热蒸汽为饱和蒸汽，冷凝水在饱和温度下排出，则

$$H_s-H_c=r \tag{5-11}$$

式中，r 为加热蒸汽的比汽化焓，kJ/kg。

且近似地有

$$H'-H_1=r' \tag{5-12}$$

式中，r'为二次蒸汽的比汽化焓，kJ/kg。

将式(5-6)、式(5-7)、式(5-10) 代入式(5-5) 得

$$\begin{aligned}D&=\frac{WH'+(F-W)c_1t_1-Fc_0t_0+Q_l}{H_s-H_c}=\frac{WH'+(Fc_0-Wc_W)t_1-Fc_0t_0+Q_l}{H_s-H_c}\\&=\frac{W(H'-c_Wt_1)+Fc_0(t_1-t_0)+Q_l}{H_s-H_c}=\frac{Fc_0(t_1-t_0)+Wr'+Q_l}{r}\end{aligned} \tag{5-13}$$

即

$$Dr=Fc_0(t_1-t_0)+Wr'+Q_l \tag{5-14}$$

式(5-14) 表明，加热蒸汽相变放出的热量用于：①使原料液由 t_0 升温至沸点 t_1；②使水在 t_1 温度下汽化生成二次蒸汽；③补偿蒸发器的热损失。

定义 $e=\frac{D}{W}$，称为单位蒸汽消耗量，即每汽化 1kg 水需要消耗的加热蒸汽量，kg 蒸汽/kg 水。这是蒸发器的一项重要技术经济指标。

若溶液为沸点进料，则 $t_1=t_0$，设蒸发器的热损失忽略不计，则 $Q_l=0$，式(5-14) 可简化为

$$e=\frac{D}{W}=\frac{r'}{r} \tag{5-15}$$

由于蒸汽的比汽化焓随温度的变化不大，即 $r'\approx r$，故单效蒸发操作中 $e\approx 1$，即蒸发1kg 的水约消耗 1kg 的加热蒸汽。但实际蒸发操作时因有热损失等的影响，e 值约为 1.1 或

更大。e 值是衡量蒸发装置经济性的指标。

【例 5-1】 在单效蒸发中，每小时将 2000kg 的某种水溶液从 10%连续浓缩到 30%，蒸发操作的平均压强为 39.3kPa，相应的溶液沸点为 80℃，加热蒸汽绝压为 196kPa。原料液的比热容为 3.77kJ/(kg·K)。蒸发器的热损失为 12000W。试求：①水分蒸发量；②原料液温度分别为 30℃、80℃和 120℃时的加热蒸汽消耗量及单位蒸汽消耗量。

解： ① 水分蒸发量

$$W=F\left(1-\frac{w_0}{w_1}\right)=2000\times\left(1-\frac{0.1}{0.3}\right)=1333\ (\mathrm{kg/h})$$

② 加热蒸汽消耗量

$$D=\frac{FC_0(t_1-t_0)+Wr'+Q_l}{r}$$

由附录查得压强为 39.3kPa 和 196kPa 时饱和蒸汽的汽化焓分别为 2320kJ/kg 和 2204 kJ/kg。

原料液温度为 30℃时的蒸汽消耗量为

$$D=\frac{1333\times2320+2000\times3.77\times(80-30)+12000\times3600/1000}{2204}=1594\ (\mathrm{kg/h})$$

单位蒸汽消耗量为

$$\frac{D}{W}=\frac{1594}{1333}=1.2$$

原料液温度为 80℃，即沸点进料时的蒸汽消耗量

$$D=\frac{1333\times2320+12000\times3600/1000}{2204}=1423\ (\mathrm{kg/h})$$

单位蒸汽消耗量为

$$\frac{D}{W}=\frac{1423}{1333}=1.07$$

原料液温度为 120℃时的蒸汽消耗量

$$D=\frac{1333\times2320+2000\times3.77\times(80-120)+12000\times3600/1000}{2204}=1286\ (\mathrm{kg/h})$$

单位蒸汽消耗量为

$$\frac{D}{W}=\frac{1286}{1333}=0.96$$

由以上计算结果得知，原料液的温度越高，蒸发 1kg 水所消耗的加热蒸汽量越少。

3. 蒸发室传热面积计算

根据传热速率方程式，蒸发器的传热面积为

$$A=\frac{Q}{K\Delta t_m}\tag{5-16}$$

式中，A 为蒸发器加热室的传热面积，m^2；Q 为蒸发器的热负荷，W；K 为蒸发器的总传热系数，$W/(m^2\cdot K)$；Δt_m 为加热室间壁两侧流体间的平均温度差，℃。

(1) 蒸发器的热负荷 Q　由于蒸发器的热损失占总供热负荷的比例较小，所以 Q 可近似按下式计算

$$Q\approx D(H_s-H_c)=Dr\tag{5-17}$$

(2) 传热系数 K　以管外表面积计的传热系数为

$$\frac{1}{K}=\frac{1}{\alpha_o}+R_{s,o}+\frac{b}{\lambda}\times\frac{d_o}{d_m}+R_{s,i}\frac{d_o}{d_i}+\frac{1}{\alpha_i}\times\frac{d_o}{d_i}\tag{5-18}$$

式中，α 为对流传热系数，$W/(m^2 \cdot K)$；R_s 为垢层热阻，$m^2 \cdot K/W$；b 为管壁厚度，m；λ 为管材的热导率，$W/(m \cdot K)$。下标 i 表示管内侧，o 表示外侧，m 表示平均。

管外蒸汽冷凝的传热系数 α_o 可按膜式冷凝的传热系数公式计算，垢层热阻值 R_s 可按经验值估计。但管内溶液沸腾传热系数则受较多因素的影响，例如溶液的性质、蒸发器的类型、沸腾传热的形式以及蒸发操作的条件等。由于管内溶液沸腾传热的复杂性，现有的计算关联式的准确性较差。目前在蒸发器的计算中，K 值多数根据实验数据选定。表 5-1 列出了一些常用蒸发器的 K 值的大致范围，以供设计时参考。

表 5-1 蒸发器的总传热系数 K 值范围

蒸发器类型	总传热系数 $K/[W/(m^2 \cdot K)]$	蒸发器类型	总传热系数 $K/[W/(m^2 \cdot K)]$
标准式(自然循环)	600～3000	外热式(强制循环)	1200～7000
标准式(强制循环)	1200～6000	升膜式	1200～6000
悬筐式	600～3000	降膜式	1200～3500
外热式(自然循环)	1200～6000	刮板式	600～2000

【例 5-2】 流量为 1000kg/h 的番茄汁在单效膜式蒸发器中从固体含量 12%浓缩至 28%。已知番茄汁预热至蒸发压力下的沸点 60℃后进入蒸发器，蒸发压力维持在 9kPa 下操作，采用 160kPa 绝压的饱和水蒸气加热。设蒸发器的传热系数 K 值为 $1500W/(m^2 \cdot K)$，热损失为蒸发器传热量的 5%，试求加热蒸汽消耗量和蒸发器的传热面积。

解： 水分蒸发量为

$$W=F\left(1-\frac{w_0}{w_1}\right)=\frac{1000}{3600}\times\left(1-\frac{0.12}{0.28}\right)=0.159\ (\mathrm{kg/s})$$

由附录查得 9kPa 下饱和水蒸气的汽化焓为 2393.6kJ/kg，196kPa 下饱和蒸汽温度为 113℃，汽化焓为 2224.2kJ/kg。

由题意知：$t_0=t_1=60℃$，$Q_l=0.05Dr$，则

$$D=\frac{Fc_0(t_1-t_0)+Wr'+Q_l}{r}=\frac{Wr'+0.05Dr}{r}=\frac{Wr'}{r}+0.05D$$

则 $0.95D=\dfrac{Wr'}{r}$

$$D=\frac{Wr'}{0.95r}=\frac{0.159\times2393.6}{0.95\times2224.2}=0.18\ (\mathrm{kg/s})=648\ (\mathrm{kg/h})$$

蒸发器的传热面积

$$A=\frac{Q}{K\Delta t_m}=\frac{Dr}{K(T-t_1)}=\frac{0.18\times2224.2\times10^3}{1500\times(113-60)}=5.04\ (\mathrm{m^2})$$

(3) 加热室的有效温度差 Δt_m　由于蒸发过程是间壁两侧的蒸汽冷凝和溶液沸腾两者间的恒温传热，理论上平均温度差即为加热蒸汽的饱和温度 T_0 与液体在操作压强下的沸点 t 之差，即 $\Delta t_m=T_0-t$。在加热室中，管外的加热蒸汽温度与蒸气压的关系可直接由附录查得，而被蒸发的溶液沸点既随管内液体种类、浓度和液面上方即分离室中操作压强而变，在加热室不同高度处的沸点也不相同。如何选取这一沸点温度对热量衡算影响不大，但对传热面积的计算将有相当大的影响，下节将作详细讨论。

4. 蒸发有效温度差的计算

前已述及蒸发器的传热温度差是指加热蒸汽的温度 T_0 与溶液的沸点 t 之差，称为有效温度差 Δt_m。而加热蒸汽的温度 T_0 与二次蒸汽的温度 T 的差值，称为总温度差，以 Δt_T 表示。事实上，由于种种原因，溶液的沸点 t 高于二次蒸汽的温度 T，所以有效温度差 Δt_m 总

是比总温度差 Δt_T 小，两者之差称为温度差损失，以符号 Δ 表示，即

$$\Delta=\Delta t_T-\Delta t_m=(T_0-T)-(T_0-t)=t-T \tag{5-19}$$

式(5-19) 表明，温度差损失等于溶液的沸点与二次蒸汽的饱和温度之差。如果温度差损失 Δ 已知，就可求出溶液的沸点 $t=T+\Delta$ 和有效传热温度差 $\Delta t_m=\Delta t_T-\Delta$。

蒸发操作时，造成温度差损失的原因有以下三点。

(1) 由于溶液中溶质存在引起的沸点升高 Δ'　溶液中由于含有溶质，溶液的蒸气压下降，则溶液的沸点必然高于纯溶剂在同一压力下的沸点，即高于蒸发操作压力下的饱和蒸气的温度。此高出的温度称为溶液的沸点升高，即由于溶液蒸气压下降而引起的温度差损失，以 Δ'表示。

Δ'值的大小主要和溶液种类、溶液中溶质的含量以及蒸发器的操作压力有关，其值由实验测定。例如，在常压下，相对分子质量较大的溶质如蔗糖水溶液，当溶质含量为 50%时，其 Δ'值为 1.8℃；但分子量较小的溶质，如 NaOH 水溶液，当溶质含量为 50%时，其 Δ'值就达 42℃。可见，一般电解质溶液的沸点升高很快，不能忽视。

由于蒸发也可在加压或减压下进行，故还需知道不同压强下的溶液沸点，这时的 Δ'的计算，目前常用校正系数法。该法是把任何压力下溶液沸点升高 Δ'用常压下的沸点升高 Δ'_0 乘以系数校正来得到，即

$$\Delta'=f\Delta'_0 \tag{5-20}$$

式中，Δ'_0为常压下因溶液蒸气压下降引起的温度差损失，可查表得到；f 为校正系数，无量纲。

校正系数 f 值可按式(5-21) 计算：

$$f=0.0162\,\frac{(T'+273)^2}{r'} \tag{5-21}$$

式中，T'为蒸发压力下二次蒸汽的温度，℃；r'为蒸发压力下二次蒸汽的汽化焓，kJ/kg。

常压时 $f=1$，加压时 $f>1$，减压时 $f<1$。要注意的是上述两种方法计算溶液 Δ'时，溶液浓度应采用完成液而不是原料液。

【例 5-3】 浓度为 18.32%的 NaOH 水溶液在 50kPa 下沸腾，试求溶液的沸点 t_A。

解　由附录查得 18.32%的 NaOH 水溶液在常压下的沸点为 107℃，故

$$\Delta'_0=107-100=7\ (℃)$$

再由水蒸气表查得 50kPa 时饱和蒸汽的温度（即纯水的沸点）为 81.2℃，汽化焓为 2304.5kJ/kg，故校正系数为

$$f=0.0162\times\frac{(81.2+273)^2}{2304.5}=0.882$$

溶液的沸点升高为

$$\Delta'=f\Delta'_0=0.882\times7=6.17\ (℃)$$

溶液的沸点　　$t_A=\Delta'+T=6.17+81.2=87.37\ (℃)$

(2) 液柱静压力引起的温度差损失 Δ''　某些蒸发器操作时，器内溶液需要维持一定的液面高度，因而蒸发器中溶液内部的压力大于液面的压力，致使溶液内部的沸点比液面处的高，两者之差即为因液柱静压力引起的温度差损失 Δ''。

为简便起见，溶液内部的压力可按液面和底部的平均压力计算，根据静力学方程

$$p_m=p+\frac{\rho gh}{2} \tag{5-22}$$

式中，p_m 为蒸发器中液面和底部间的平均压力，Pa；p 为液面上方二次蒸汽压强，Pa；ρ 为溶液的平均密度，kg/m^3；h 为液层高度，m。

查出 p_m 和 p 所对应的纯水的沸点 t_{p_m} 和 t_p，然后按式(5-23) 计算出 Δ''

$$\Delta''=t_{p_m}-t_p \tag{5-23}$$

应指出，在膜式蒸发器的加热管内，液体沿管壁成膜状流动，管内没有液层，故这类蒸发器中因液柱静压力而引起的温度差损失可以忽略不计。

【例 5-4】 在一蒸发器内，蒸发 25% $CaCl_2$ 水溶液，测得二次蒸汽压为 30kPa，加热管液面高度为 2.4m，平均密度为 $1140kg/m^3$，试求因液柱静压强引起的温度差损失 Δ''。

解：

$$p_m=p+\frac{\rho gh}{2}=30+\frac{1140\times9.81\times2.4\times10^{-3}}{2}=43.4\ (\text{kPa})$$

由饱和水蒸气表查得 $p_m=43.4$kPa 时，$t_{p_m}=77.1$℃；$p=30$kPa，$t_p=66.5$℃。则

$$\Delta''=t_{p_m}-t_p=77.1-66.5=10.6\ (℃)$$

(3) 管路流体阻力产生的压强降引起的温度差损失 Δ''' 蒸发室中的二次蒸汽压通常是从冷凝器中测定的。二次蒸汽流到冷凝器时存在流动阻力，相应的蒸发室二次蒸汽的饱和温度高于冷凝器的温度，由此造成的温度升高以 Δ''' 表示。Δ''' 与二次蒸汽在管道中的流速、物性及管道尺寸有关，很难定量分析，一般取经验值，约为 1～1.5℃。

由以上分析可得，总的温度差损失

$$\Delta=\Delta'+\Delta''+\Delta''' \tag{5-24}$$

蒸发过程的有效传热温度差：

$$\Delta t_m=T_0-t=T_0-T-\Delta \tag{5-25}$$

三、多效蒸发

前已述及，在单效蒸发中蒸发 1kg 水需要比 1kg 多一些的加热蒸汽。在大规模工业生产中，蒸发大量的水分必然会消耗大量的加热蒸汽。为了减少加热蒸汽的消耗量，可采用多效蒸发操作。多效蒸发时要求后效的操作压强和溶液的沸点均比前效的低，因此可引入前效的二次蒸汽作为后效的加热介质，即后效的加热室成为前效二次蒸汽的冷凝器，仅第一效需要消耗生蒸汽，这就是多效蒸发的操作原理。一般多效蒸发装置的末效或后几效总是在真空下操作。由于各效（末效除外）的二次蒸汽都作为下一效蒸发器的加热蒸汽，故提高了生蒸汽的利用率，即提高了经济效益。假若单效蒸发或多效蒸发装置中所蒸发的水量相等，则前者需要的生蒸汽量远大于后者。例如，当原料液在沸点下进入蒸发器，并忽略热损失、各种温度差损失以及不同压强下汽化焓的差别时，则理论上，单效的 $D/W\approx1$，双效的 $D/W\approx1/2$，三效的 $D/W\approx1/3$。若考虑实际上存在的各种温度差损失和蒸发器的热损失等，则多效蒸发时 D/W 便达不到理论的数值，其大致的数值如表 5-2 所示。

表 5-2 蒸发过程的单位蒸汽消耗量/(kg/kg 水)

效 数	单 效	双 效	三 效	四 效	五 效
D/W	1.1	0.57	0.4	0.3	0.27

由于多效蒸发能够节约生蒸汽的用量，所以工厂广泛采用多效蒸发来浓缩溶液。

1. 多效蒸发流程

按加料方式不同，常见的多效蒸发有并流加料流程、逆流加料流程和平流加料流程，下面以三效为例加以说明。

(1) 并流加料法的蒸发流程 并流加料法是最常见的蒸发操作流程，如图 5-3 所示，溶液和蒸汽的流向相同，生蒸汽通入第一效的加热室，第一效的二次蒸汽送入第二效的加热室作加热蒸汽，第二效的二次蒸汽又送入第三效的加热室作加热蒸汽，第三效（末效）的二次蒸汽送至冷凝器中全部冷凝。原料液经第一效浓缩后送入第二效和第三效继续浓缩，完成液由第三效排出。

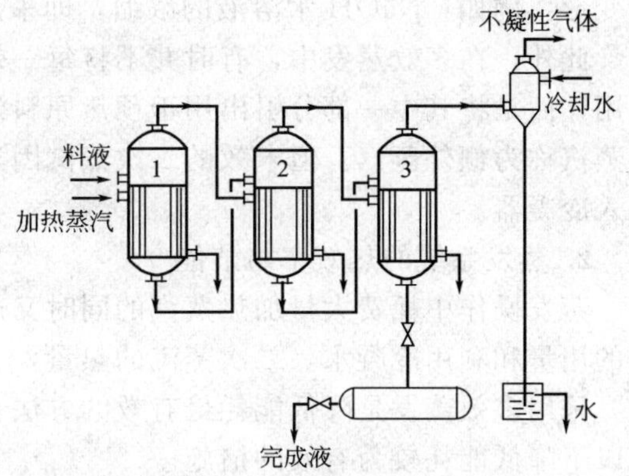

图 5-3 并流加料蒸发操作流程

并流流程的优点是：由于后效蒸发室压力较前效低，故溶液在效间的输送可利用效间的压强差而无需用泵输送。此外，由于后效溶液沸点较前效低，故溶液自前效流入后效时，会因过热而自动蒸发，称为闪蒸，从而可以多产生一部分二次蒸汽。

并流加料的缺点是：由于后效溶液的浓度较前效大，而温度又较低，其黏度则相对较大，使后效蒸发器的传热系数比前效的小，此种情况在后两效中尤为严重。由此可知，并流加料流程只适用于黏度不很大的料液的蒸发。

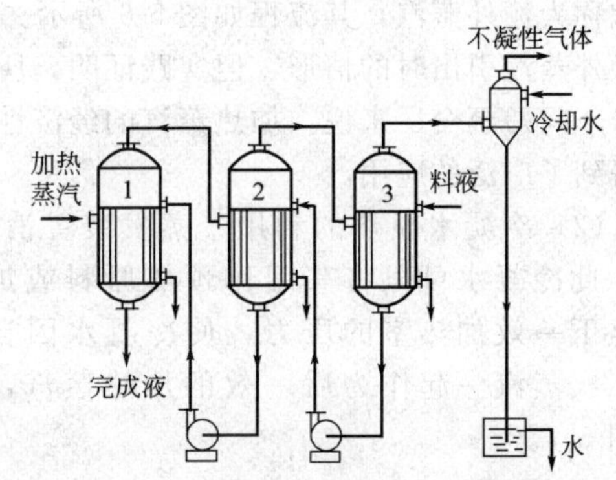

图 5-4 逆流加料蒸发操作流程

(2) 逆流加料法的蒸发流程 图 5-4 为三效逆流加料流程。原料由末效进入，用泵依次输送至前一效，完成液由第一效排出，而加热蒸汽则从第一效顺序流至末效，因蒸汽和溶液的流向相反，故称逆流加料法。

逆流加料流程的主要优点是溶液的浓度沿着流动方向逐渐提高，溶液的温度也在不断上升，因此各效溶液的黏度比较接近，各效的传热系数也大致相同。其缺点是效间溶液需用泵输送，能量消耗较大。且因各效的进料温度均低于沸点，与并流加料法相比较，产生的二次蒸汽量也较少。

一般来说，逆流蒸发流程适用于处理黏度随温度和浓度的变化比较大的溶液，但不适用于热敏性物料的蒸发。

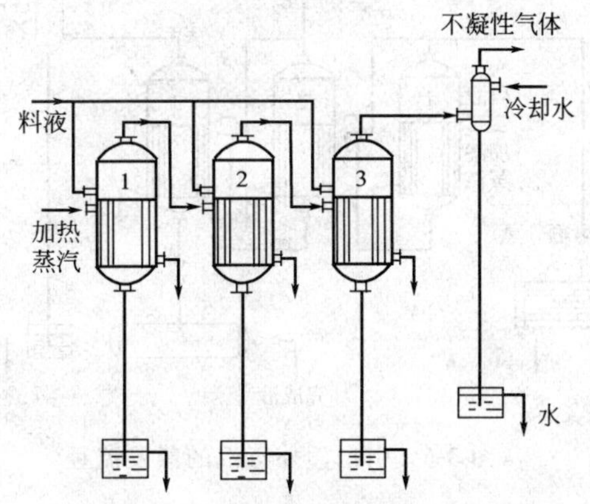

图 5-5 平流加料蒸发操作流程

(3) 平流加料法的蒸发流程 三效平流加料法蒸发流程如图 5-5 所示，原料液分别加入各效中，蒸发后完成液从各效分别排出，各效溶液的流向互相平行。蒸汽的流向仍是由第一效流至末效。

平流加料流程适用于蒸发过程中伴有结晶析出的物料。例如某些盐溶液的浓缩，在较低的浓度下即达到饱和状态而有结晶析出，不便于在效间输送，通常采用平流加料法。

以上介绍的是几种基本的加料流程，实际生产中，常常根据具体情况采用上述基本流程的变形。例如，NaOH 水溶液的浓缩，即采用并流、逆流相结合或交替操作的方法。

此外，在多效蒸发中，有时并不将每一效所产生的二次蒸汽全部引入后一效作为加热蒸汽用，而是将其中一部分引出用于预热原料液或用于其他和蒸发操作无关的传热过程。引出的蒸汽称为额外蒸汽。但末效的二次蒸汽因其压强较低，一般不再引出作为它用，而是全部送入冷凝器。

2. 蒸发系统的热效率与节能

蒸发操作中耗费大量加热蒸汽的同时又产生大量的冷凝水和二次蒸汽，如何节省加热蒸汽的用量和利用冷凝水、二次蒸汽的热量，在很大程度上决定了蒸发操作的经济性。

采用多效蒸发是降低能耗最有效的方法，故工业生产中应用最广泛。除此之外，还可考虑以下降低能耗较为有效的措施。

(1) 额外蒸汽的引出　将蒸发器蒸出的二次蒸汽引出作其他加热设备的热源，则此二次蒸汽称为额外蒸汽，其流程如图 5-6 所示。虽然引出额外蒸汽时，加热蒸汽的消耗量必大于无额外蒸汽引出时的情形，但实践证明，所增加的加热蒸汽量比引出的额外蒸汽总量小，就整个车间乃至全厂来说，加热蒸汽的经济性还是提高了。目前，额外蒸汽的引出在制糖工业中得到了广泛的应用。

(2) 冷凝水显热的利用　蒸发装置消耗大量的加热蒸汽必随之产生数量可观的冷凝水。此冷凝水可以将其用作预热原料或加热其他物料，或通过自蒸发器，将冷凝水减压至下一效加热室的压力，使冷凝水因自蒸发而产生一部分蒸汽，所得蒸汽与前一效的二次蒸汽一起作为后一效的加热蒸汽，就相当于提高了加热蒸汽的经济性。其流程见图 5-7。

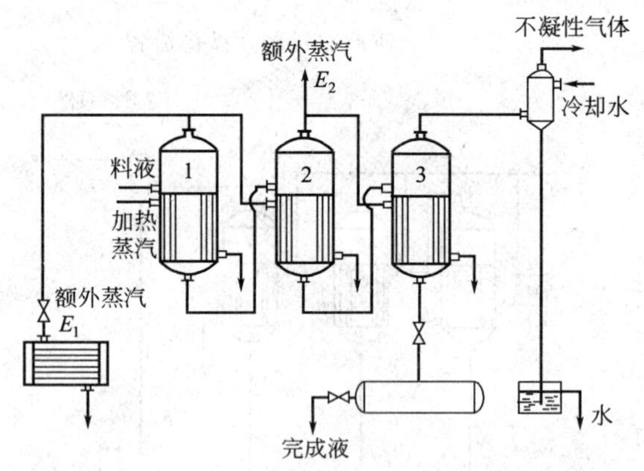

图 5-6　引出额外蒸汽的蒸发流程

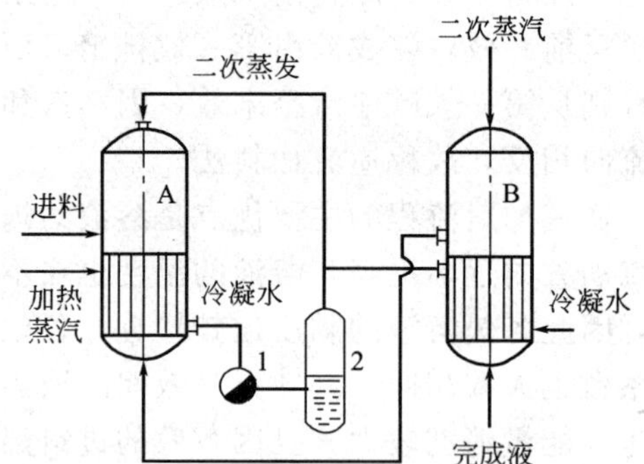

图 5-7　冷凝水自蒸发的应用

A、B—蒸发器；1—冷凝水排出器；2—冷凝水自蒸发

四、蒸发设备

蒸发过程是一个传热过程，因此蒸发设备和一般的传热设备并无本质上的区别，但由于蒸发时需不断除去二次蒸汽，所以蒸发设备除了包括一个进行传热的加热室外，还需要有一个进行汽液分离的蒸发室（又称分离室）。蒸发器的形式虽然有多种，但它们都由加热室和分离室两部分组成。此外，蒸发设备还包括使液沫得到进一步分离的除沫器，使二次蒸汽全部冷凝的冷凝器以及减压蒸发时采用的真空泵等辅助装置。

1. 蒸发器

蒸发器的类型有多种。目前常用的间壁传热式蒸发器，按溶液在蒸发器中停留的情况，大致可分为循环型和单程型两大类。

（1）循环型蒸发器 此类型的蒸发器，溶液都在蒸发器中作循环流动。由于引起循环的原因不同，又分为自然循环和强制循环两类。

① 中央循环管式（标准式）蒸发器。该种蒸发器的结构如图 5-8 所示。其加热室由垂直管束组成，在管束中间有一根直径较大的管子，称为中央循环管，其余加热管又称沸腾管。由于中央循环管的截面积较大，单位体积溶液所占有的传热面积相应的比其余沸腾管中溶液所占有的传热面积要小。因此加热时，中央循环管和沸腾管内溶液受热程度不同，沸腾管受热较好，形成的汽液混合物的密度较小，从而使溶液产生由中央循环管下降，而由沸腾管上升的循环流动。这种循环主要是由于溶液的密度差引起的，故称为自然循环。

中央循环管式蒸发器具有溶液循环好、传热速率快等优点，同时由于构造紧凑、制造方便、投资少，所以应用十分广泛。其缺点是循环速度低，传热系数小，设备清洗和检修也较麻烦。它适用于处理中等黏度及轻度结垢的溶液的蒸发，是制糖工业中广泛使用的蒸发设备。

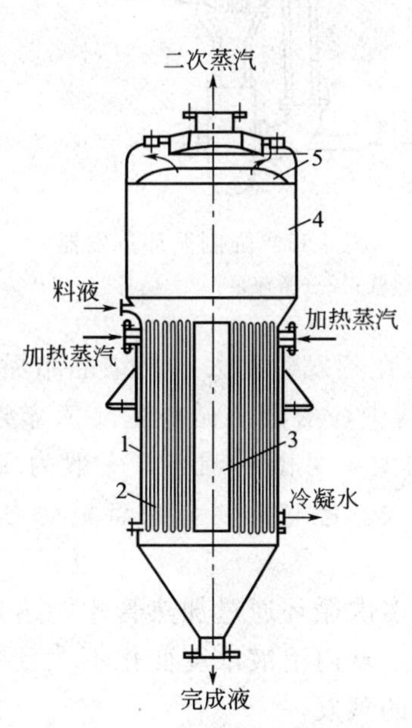

图 5-8 中央循环管式蒸发器

1—外壳；2—加热室；3—中央循环管；4—蒸发室；5—除沫器

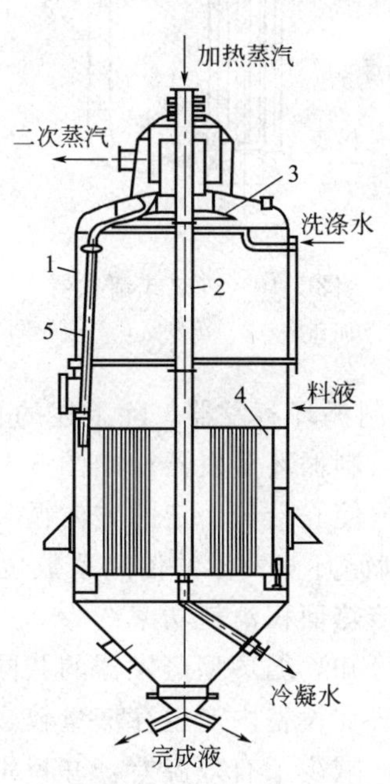

图 5-9 悬筐式蒸发器

1—外壳；2—加热蒸汽管；3—除沫器；4—加热室；5—液沫回流管

② 悬筐式蒸发器。悬筐式蒸发器的结构如图 5-9 所示，是由中央循环管式蒸发器发展而来的。悬筐式蒸发器将加热室做成一独立部分，像个篮筐，悬挂在蒸发器壳体的下部，故名悬筐式。它产生自然循环的道理和中央循环管式相同，但溶液是沿悬筐外壁和壳体内壁所形成的环隙中向下作循环流动，环形通道截面积约为沸腾管总截面积的 100%～150%，因而该蒸发器中溶液的循环速度较大。与中央循环管式蒸发器相比，具有热损失少，检修方便的优点。其缺点是结构较复杂，单位传热面积的金属耗量较多。它适用于蒸发易结垢或有结晶析出的溶液。

③ 外热式蒸发器。外热式蒸发器如图 5-10 所示。其加热室装在蒸发室之外，这样不仅

可以降低整个蒸发器的高度，且便于清洗和更换，这种蒸发器的加热管束较长，循环管又没有受到蒸汽的加热，因此溶液的循环速度较大，有利于提高传热系数。这种蒸发器的缺点是单位传热面积的金属耗量大，热损失也较大。

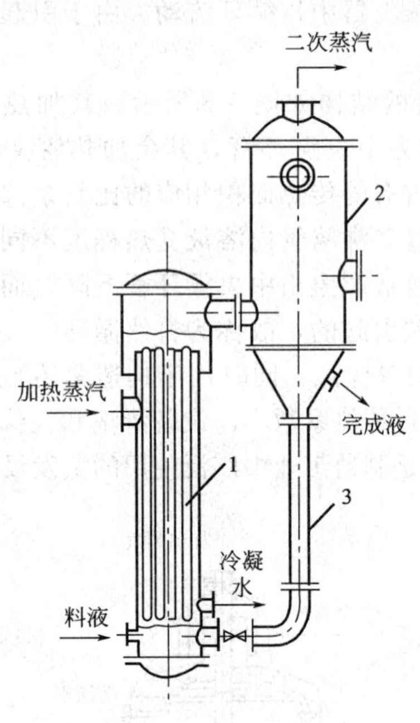

图 5-10　外热式蒸发器

1—加热室；2—蒸发室；3—循环管

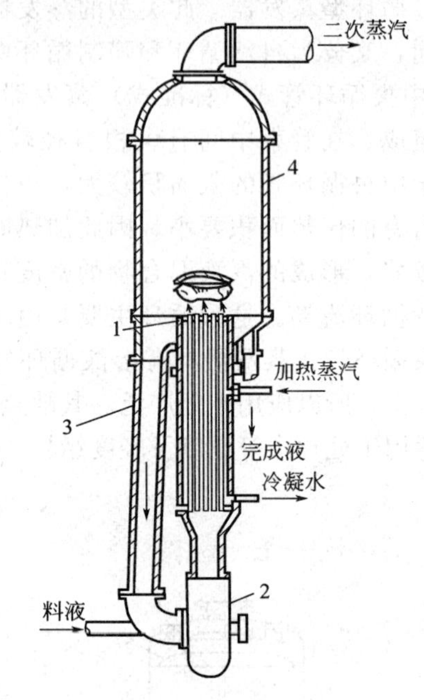

图 5-11　强制循环蒸发器

1—加热管；2—循环泵；3—循环管；4—蒸发室

④ 强制循环蒸发器。除上述的自然循环蒸发器外，在蒸发黏度大、易结晶结垢物料时，还常采用强制循环蒸发器，如图 5-11 所示。这种蒸发器中，溶液的循环主要依靠外加的动力，用泵迫使它沿着一定的方向循环流动，循环速度的大小可由泵调节，一般为 1.5～3.5 m/s。强制循环蒸发器的传热系数也比一般自然循环的大。但它的明显缺点是动力消耗大，每平方米传热面积消耗功率约为 0.4～0.8kW。

由上可知，循环型蒸发器的共同特点是：溶液必须多次循环通过加热管才能达到要求的蒸发量，故在设备内产生存液量较多、液体停留时间长、器内溶液浓度变化不大且接近出口液浓度等，减少了有效温差，并特别不利于热敏性物料的蒸发。

(2) 单程型蒸发器　单程型蒸发器的共同特点是溶液通过加热室一次，不作循环流动即达到所需浓度。在加热管中液体多呈膜状流动，因此又称为液膜式蒸发器。这种蒸发器的优点是传热效率高、蒸发速度快、溶液在蒸发器内停留时间短，尤其适合于处理热敏性的物料。

根据物料在蒸发器内的流动方向和成膜的原因，液膜式蒸发器可以分为以下几种类型。

① 升膜式蒸发器。如图 5-12 所示，料液经预热后由蒸发器的底部进入加热管，受热沸腾并迅速汽化，产生的蒸汽带动料液沿管壁成膜上升，在上升过程中继续蒸发，进入分离室后，完成液与二次蒸汽进行分离。

为了有效地形成升膜，上升的二次蒸汽速度必须维持高速。常压下加热管出口处的二次蒸汽速度一般为 20～50m/s，减压下更高。因此它适用于处理蒸发量较大的稀溶液以及热敏性或易起泡的溶液，但不适用于处理高黏度、有结晶析出或易结垢的浓度较大的溶液。

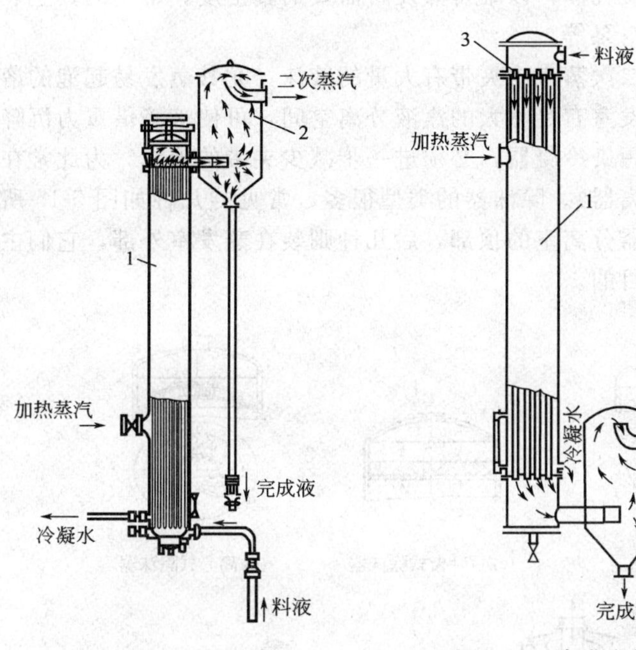

图 5-12 升膜式蒸发器
1—蒸发器；2—分离室

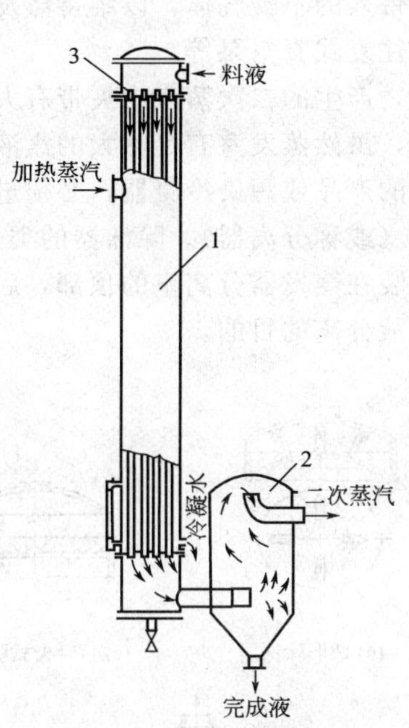

图 5-13 降膜式蒸发器
1—蒸发器；2—分离器；3—液体分布器

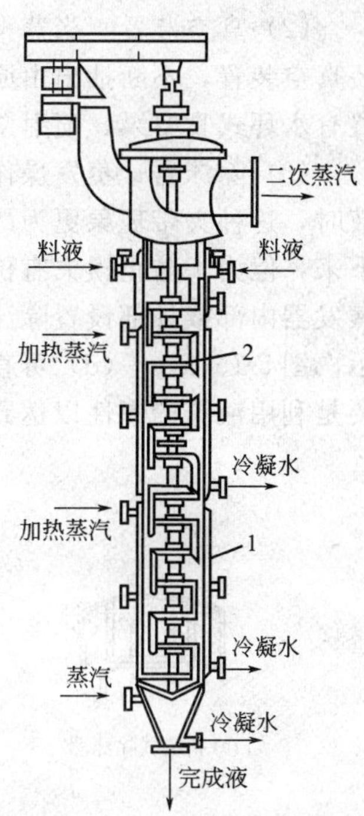

图 5-14 刮板式薄膜蒸发器
1—加热夹套；2—刮板

② 降膜式蒸发器。如图 5-13 所示，它与升膜式蒸发器的区别是原料液由加热室顶部加入，在重力作用下沿管内壁呈膜状下降，并在下降过程中被蒸发增浓，汽液混合物流至底部进入分离器，完成液由分离器的底部排出。为保证溶液呈膜状沿管内壁下降，在每根加热管的顶部必须装置液体分布器。

和升膜式相比，降膜式蒸发器可以蒸发浓度较高的溶液，对于黏度较大的物料也能适用。但不适合处理易结垢、有结晶析出的溶液。

③ 刮板式蒸发器。刮板式薄膜蒸发器的结构如图 5-14 所示。这是一种利用外加动力成膜的单程型蒸发器，它主要由加热夹套和刮板组成，夹套内通加热蒸汽，刮板装在可旋转的轴上，刮板和加热夹套内壁保持很小间隙。料液经预热后由蒸发器上部沿切线方向加入，在重力和旋转刮板的作用下，分布在内壁形成下旋薄膜，并在下降过程中不断被蒸发浓缩，完成液由底部排出，二次蒸汽由顶部逸出。在某些场合下，这种蒸发器可将溶液蒸干，在底部直接得到固体产品。

这种蒸发器的突出优点是对物料的适应性很强，例如对高黏度和易结晶、结垢的物料都适用。其缺点是结构复杂，制造安装要求高，动力消耗大，但传热面积却不大，因而处理量较小。

2. 蒸发系统的辅助装置

蒸发系统的辅助装置主要包括冷凝器、真空泵和除沫器。

(1) 冷凝器　冷凝器的作用是冷凝二次蒸汽。冷凝器有间壁式和直接接触式两种，倘若二次蒸汽为需回收的有价值物料或会严重污染水源的，则应采用间壁式冷凝器，否则通常采用直接接触式冷凝器。后一种冷凝器一般均在负压下操作，这时为将混合冷凝后的水排出，冷凝器必须设置得足够高，冷凝器底部的长管称为大气腿。

(2) 真空装置　当蒸发器采用减压操作时，无论采用何种冷凝器，均需要在冷凝器后安装真空装置，不断抽出由原料带入的不凝气体，以维持蒸发所需要的真空度。常用的真空装置有水环式真空泵、喷射泵及往复式真空泵等。

(3) 除沫器　蒸发操作时，产生的二次蒸汽中夹带有大量的液沫，尤其蒸发易起泡的溶液时，这种夹带现象更为严重，虽然蒸发室有足够大的汽液分离空间，可使液滴借重力沉降下来，但为了防止损失有价值的产品或污染冷凝器，必须进一步减少夹带的液沫，为此常在蒸发器内部或外部设置除沫器（或称分离器）。除沫器的类型很多，常见的几种如图 5-15 所示。图 5-15(a) ～(d) 可直接装在蒸发器分离室的顶部，后几种则装在蒸发室外部，它们主要是利用液沫的惯性以达到汽液分离的目的。

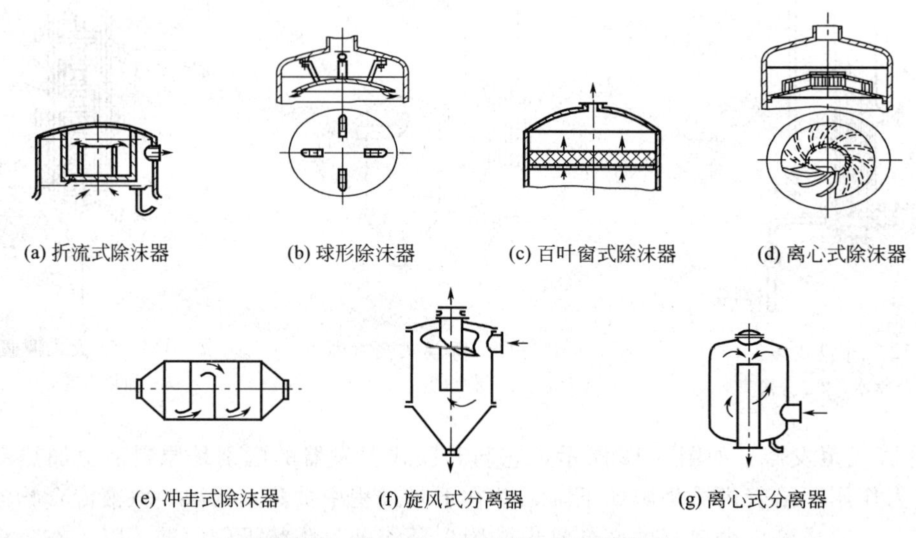

图 5-15　除沫器（分离器）的主要类型

五、蒸发器的生产强度及强化

评价蒸发器的性能时，多用蒸发器的生产强度作为衡量的标准。蒸发器的生产强度 U 是指单位时间内在单位传热面积上所蒸发的水量，其单位是 $kg/(m^2 \cdot h)$。在沸点进料和忽略热损失及浓缩热的条件下，通过传热面的热量全部用于水分蒸发，设溶剂的汽化焓为 r'，则蒸发器的生产强度

$$U=\frac{W}{A}=\frac{Q}{Ar'}=\frac{K\Delta t}{r'} \tag{5-26}$$

由式(5-26) 可知，欲提高蒸发器的生产强度，必须设法提高蒸发器的总传热系数和传热温度差。

蒸发器的传热温度差主要取决于加热蒸汽和冷凝器的压力。加热蒸汽的压力常受工厂供汽条件的限制，从效能分析的角度看，一般为 300～500kPa。若提高冷凝器的真空度，使溶液的沸点降低，也可以加大温度差，但这样不仅增加真空泵的功率消耗，而且溶液的黏度增大，导致沸腾对流传热系数下降。因此，一般冷凝器中的压力不低于 10～20kPa。另外，为了控制在核状沸腾区操作，也不宜采用过高的温度差。由以上分析可知，传热温度差的提高是有一定限度的。

一般来说，提高蒸发器生产强度的主要途径是增大传热系数 K。传热系数 K 值主要取决于蒸发器的结构、操作方式和溶液的物理性质。合理地设计蒸发器结构以建立良好的溶液

循环流动，及时排放加热室中的不凝性气体，经常清除垢层等均可提高传热系数。

第二节 结 晶

结晶是从蒸汽、溶液或熔融物中析出晶体的过程。显然，结晶是新相生成的过程，是利用溶质之间溶解度的差别进行分离纯化的一种扩散分离操作，主要用于制取高纯度的固体产品或中间产品。

结晶主要用于以下两方面：①制备产品与中间产品；②获得高纯度的纯净固体物料。

与其他分离的单元操作相比，结晶过程具有以下特点：①能从杂质含量较多的溶液或多组分的熔融混合物中产生纯净的晶体。对于许多使用其他方法难以分离的混合物系，如分子异构体混合物、共沸物系、热敏性物系等，采用结晶分离往往更为有效；②能量消耗少，操作温度低，对设备材质要求不高，一般很少有“三废”排放，有利于环境保护；③结晶产品包装、运输、贮存或使用都很方便。

一、结晶的基本概念和理论

1. 晶体的特性

晶体是内部结构中的质点元（原子、离子、分子）作三维有序规则排列的固态物质。如果晶体成长环境良好，则可形成有规则的多面体外形，称为结晶多面体，该多面体的表面称为晶面。晶体具有下列特性：

① 自范性。是指晶体具有自发地成长为结晶多面体的可能性，即晶体经常以平面作为与周围介质的分界面。

② 均匀性。晶体中每一宏观质点的物理性质、化学组成及晶格结构都相同。晶体的这个特性保证了工业生产中晶体产品的高纯度。

③ 各向异性。晶体的几何特性及物理效应一般来说常随方向的不同而表现出数量上的差异。

2. 溶解度与溶液内的相平衡

（1）物质的溶解度特征 任何固体物质与其溶液相接触时，固体溶解直至达到饱和溶液，这时溶液中的溶质浓度称为该溶质的溶解度或饱和浓度。

物质的溶解度特征即表现为溶解度的大小，也表现为溶解度随温度的变化。图 5-16 所示为几种无机物在水中的溶解度曲线。有些物质的溶解度随温度的升高而迅速增大；有些物质的溶解度随温度升高以中等速度增加；还有一类物质，如 NaCl 等，随温度的升高其溶解度只有微小的增加。上述这些物质具有正溶解度特点，它们在溶解过程中需要吸收热量。另有一类物质，如 Na_2SO_4 等，其溶解度随温度升高反而下降，即具有逆溶解度特性，它们在溶解过程中放出热量。

物质的溶解度特征是决定物质结晶方法的理论依据。对于溶解度随温度变化敏感的物质，适合用变温结晶方法分离；对于溶解度随温度变化缓慢的物质，适合用蒸发结晶法分离。另外，根据在不同温度下的溶解度数据还可计算出结晶的理论产量。

（2）过饱和度与结晶的关系 当浓度恰好等于溶质的溶解度，即达到固液平衡时的溶液称为饱和溶液。溶液含有超过饱和量的溶质，则称为过饱和溶液。同一温度下，过饱和溶液与饱和溶液的浓度差称为过饱和度。溶液的过饱和度是结晶过程的推动力。将一个完全纯净的溶液在不受任何扰动（无搅拌、无震荡）及任何刺激（无超声波等作用）的条件下缓慢降温，就可以得到过饱和溶液。

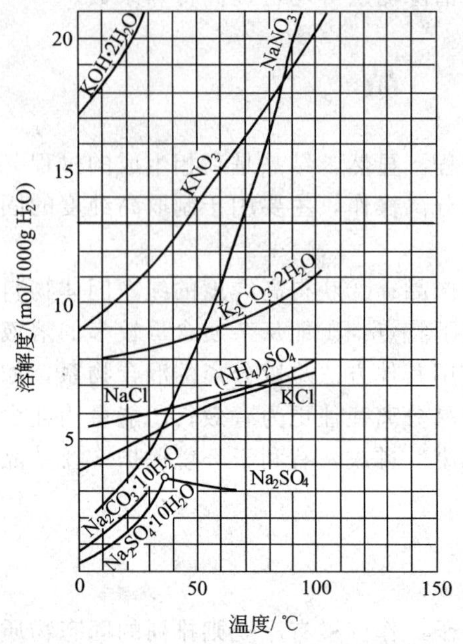

图 5-16　几种无机物在水中的溶解度曲线

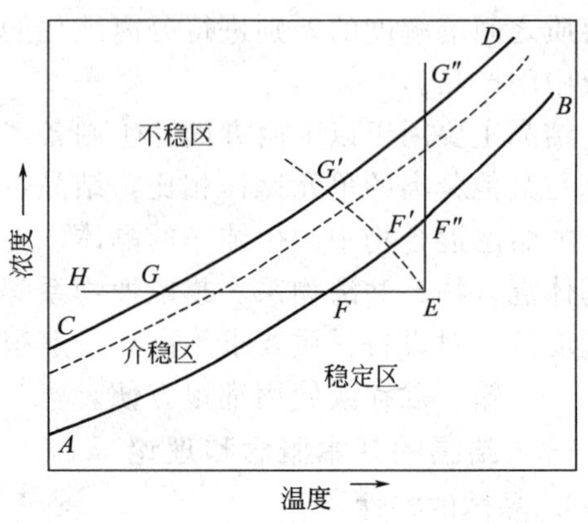

图 5-17　溶液的过饱和度与结晶的关系

溶液的过饱和度与结晶的关系可用图 5-17 表示。根据结晶过程中溶液与溶质晶体之间的关系，可以划分为稳定区、介稳区和不稳区三部分。稳定区即溶液的浓度在溶解度曲线以下的范围，在此范围内，溶液均为不饱和溶液，不会有溶质晶体析出，因此溶液的浓度是稳定的。在过饱和溶解度曲线以上的范围称为不稳定区，在此情况下溶液的浓度是不稳定的。在溶解度曲线与过饱和溶解度曲线之间的带状区域称为介稳区，对于不同的溶质来说，介稳区的宽窄范围是各不相同的。介稳区溶液具有相对的稳定性，虽然溶液处在过饱和状态，但过量的溶质并不马上结晶析出。然而如果从外部混入晶种或外界因素刺激起晶后，过量的溶质便逐渐结晶析出，使溶液的浓度降低到相应的饱和浓度。

3．结晶过程

溶质从溶液中结晶出来，要经历两个步骤。首先要产生被称为晶核的微小晶粒作为结晶的核心，这个过程称为成核。然后晶核长大，成为宏观的晶体，这个过程称为晶体成长。无论是成核过程还是晶体成长过程，都必须以浓度差即溶液的过饱和度作为推动力。

在一种普通的溶液中，溶质分子在溶液中呈均匀分散状态，并且存在着不规则的分子运动。溶质分子的运动受温度、浓度等因素的影响。如果溶液的温度升高，可以使分子动能增加，溶质分子的运动速度就会加快，因而表现为溶解度也随之增大。当溶液的浓度逐渐升高时，溶质分子密度增加，分子间的距离缩小和分子间的引力都随着增加。当溶液浓度达到一定的过饱和程度时，这些溶质能够相互吸引，自然聚合形成一种细微的颗粒，这就是所谓的晶核。晶核形成的必要条件是溶液要达到一定的过饱和程度，如果有外界因素的刺激还可以促使晶核提早形成。晶核的形成称为起晶。用外界因素的刺激促进晶核形成的起晶方式称为刺激起晶。将溶液蒸发浓缩，使之进入稳定区而自然产生晶核，这种方式称为自然起晶。将溶液蒸发浓缩至介稳区中过饱和程度较低的养晶区，通过加入晶种刺激起晶的方式称为晶核起晶。溶液中一旦形成晶核便分为固、液两相，固相晶核周围包有一层液膜，液膜外的溶液可能仍呈现过饱和状态，液膜内的溶液浓度，因溶质的析出而转变为饱和状态。这样在膜内外溶液浓度差的作用下溶质不断被晶核表面吸附，使晶体逐渐长大，直到溶液的浓度降低到饱和浓度时为止。

总结晶量的多少与结晶时的温度、时间、晶核总表面积以及液膜两边的浓度差都成正比关系，而与母液的黏度、液膜厚度成反比关系。同样道理，结晶速度与温度、浓度差成正比，而与母液的黏度、液膜厚度成反比。

4. 影响结晶操作的因素

影响结晶速率的工程因素很多，以下列出几个主要的影响因素。

（1）过饱和度的影响　温度和浓度直接影响到溶液的过饱和度，过饱和度的大小影响晶体的成长速率，又对晶习、粒度、晶粒数量、粒度分布等产生很大的影响。例如，在低过饱和度下，β-石英晶体多呈短而粗的外形，而且晶体的均匀性较好；在高过饱和度下，β-石英晶体多呈细长形状，且晶体的均匀性较差。

（2）黏度的影响　溶液的黏度大，流动性差，溶质向晶体表面的质量传递主要依靠分子扩散作用。此时，由于晶体的顶角和棱边部位比晶面部位更容易获得溶质，而出现晶体棱角长得快而晶面长得慢的现象，结果会使晶体长成形状特殊的骸晶。

（3）密度的影响　晶体周围的溶液溶质的不断析出而产生局部密度下降，结晶放热作用又使该局部的温度较高而加剧了局部密度的下降。在重力场作用下，溶液的局部密度差会造成溶液的涡流。如果这种涡流在晶体周围分布不均匀，就会使晶体在溶质供应不均匀的状态下成长，最终会使晶体生长成形状歪斜的歪晶。

（4）搅拌的影响　搅拌是影响结晶粒度分布的重要因素。搅拌强度大会使介稳区变窄，二次成核速率增加，晶体粒度变细。温和而又均匀的搅拌，是获得粗颗粒结晶的重要条件。

（5）杂质的影响　许多物系，如果存在某些微量杂质（包括人为加入某些添加剂），质量浓度即使仅为 10^6 mg/L 或者更低的情况下，也可显著地影响结晶行为，其中包括对溶解度、介稳区宽度、晶体成核及成长速率、晶习及粒度分布的影响等。溶液中杂质的存在一般对晶核的形成有抑制作用。

二、结晶方法

按照结晶过程中过饱和度形成的方式，可将溶液结晶分为两大类：移除部分溶剂的结晶法和不移除溶剂的结晶法。

1. 不移除溶剂的结晶法

此法亦称为冷却结晶法，它基本上不去除溶剂，溶液的过饱和度系借助冷却获得，故适用于溶解度随温度降低而显著下降的物系，例如 KNO_3、$NaNO_3$、$MgSO_4$ 等。

2. 移除部分溶剂的结晶法

按照具体操作的情况，此法又可分为蒸发结晶法和真空冷却结晶法。

蒸发结晶法是使溶液在常压（沸点温度下）或减压（低于正常沸点）下蒸发，部分溶剂汽化，从而获得过饱和溶液。此法适用于溶解度随温度变化不大的物系，例如 NaCl 及无水硫酸钠等。

真空冷却结晶法是使溶液在较高真空度下绝热闪蒸的方法，在这种方法中，溶液经历的是绝热等焓过程，在部分溶剂被蒸发的同时，溶液亦被冷却。因此，此法实质上兼有蒸发结晶和冷却结晶共有的特点，适用于具有中等溶解度物系的结晶，如 KCl 等。

此外，也可按照操作连续与否，将结晶操作分为间歇式和连续式，或按有无搅拌分为搅拌式和无搅拌式等。

三、结晶设备

在工业生产中，由于被结晶溶液的性质各有不同，对结晶产品的粒度、晶形以及生产能力大小的要求也有所不同，因此使用的结晶设备也多种多样。本部分仅重点介绍几种常用的结晶器的结构和性能。

1. 不移除溶剂的结晶器

又称冷却结晶器。冷却结晶器的类型很多，目前应用较广的是图 5-18 和图 5-19 所示的间接换热釜式结晶器。其中图 5-18 为内循环釜式，图 5-19 为外循环釜式。冷却结晶过程所需冷量由夹套或外部换热器提供。内循环式结晶器由于换热面积的限制，换热量不能太大。而外循式结晶器通过外部换热器传热，由于溶液的强制循环，传热系数较大，还可根据需要加大换热面积。但必须选用合适的循环泵，以避免悬浮晶体的磨损破碎。这两种结晶器可连续操作，亦可间歇操作。

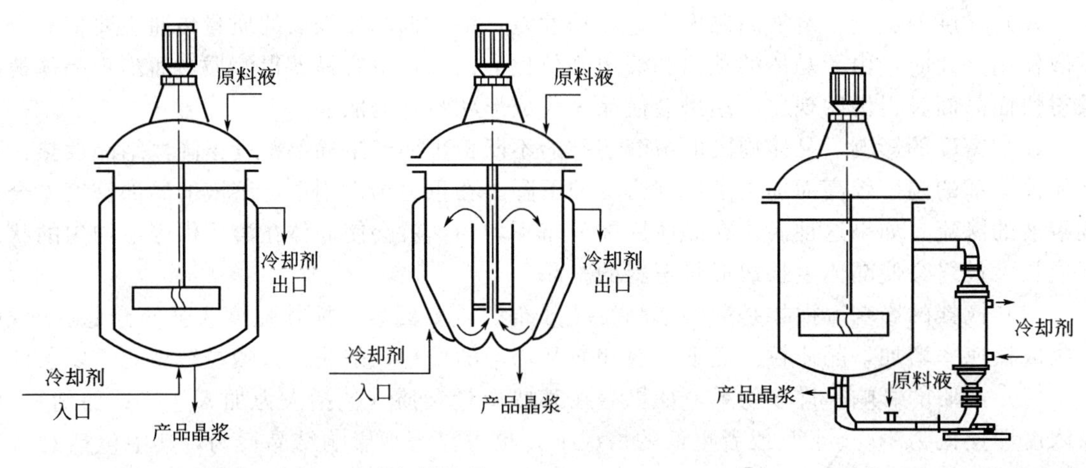

图 5-18　内循环式冷却结晶器　　图 5-19　外循环式冷却结晶器

间接换热冷却的缺点在于冷却表面结垢及结垢导致的换热器效率下降。为克服这一缺点，有时可采用直接接触式冷却结晶，它是直接将冷却介质与结晶溶液混合。常用的冷却介质是惰性的液态烃类，如乙烯、氟里昂等。但应注意，采用这种操作时，冷却介质必须对结晶产品不污染，不能与结晶溶液中的溶剂互溶或虽不互溶但难于分离。这类结晶器有釜式、回转式及湿壁塔式等种类型。

此外，还有许多其他类型的冷却结晶器，如摇篮式结晶器、长槽搅拌式连续结晶器以及克里斯托（Krystal）冷却结晶器等。

2. 移除部分溶剂的结晶器

这类结晶器亦有多种，这里只介绍最常用的几种形式。

(1) 蒸发结晶器　蒸发结晶器与用于溶液浓缩的普通蒸发器在设备结构及操作上完全相同。在此种类型的设备中，溶液被加热至沸点，蒸发浓缩达到过饱和而结晶。但应指出，用蒸发器浓缩溶液使其结晶时，由于是在减压下操作，故可维持较低的温度，使溶液产生较大的过饱和度。但对晶体的粒度难以控制。因此，遇到必须严格控制晶体粒度的场合，可先将溶液在蒸发器中浓缩至略低于饱和浓度，然后移送至另外的结晶器中完成结晶过程。

(2) 真空冷却结晶器　真空冷却结晶器是将热的饱和溶液加入一与外界绝热的结晶器中，由于器内维持高真空，故其内部滞留的溶液的沸点低于加入溶液的温度。这样，当溶液进入结晶器后，经绝热闪蒸过程冷却到与器内压力相对应的平衡温度。

真空冷却结晶器可以间歇或连续操作。图 5-20 所示为一种连续式真空冷却结晶器。热的原料液自进料口连续加入，晶浆（晶体与母液的悬混物）用泵连续排出，结晶器底部管路上的循环泵使溶液作强制循环流动，以促进溶液均匀混合，维持有利的结晶条件。蒸出的溶剂（气体）由器顶部逸出，至高位混合冷凝器中冷凝。双级式蒸汽喷射泵用于产生和维持结晶器内的真空。一般来说，真空结晶器内的操作温度都很低，所产生的溶剂蒸汽不能在冷凝器中被水冷凝，此时可在冷凝器的前部装一蒸汽喷射泵，将溶剂蒸气压缩，以提高其冷凝温度。

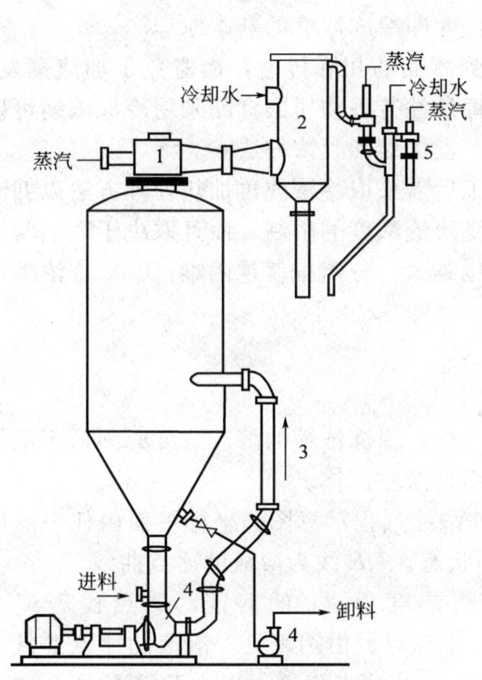

图 5-20 连续式真空冷却结晶器

1—蒸汽喷射泵；2—冷凝器；3—循环管；4—泵；5—双级式蒸汽喷射泵

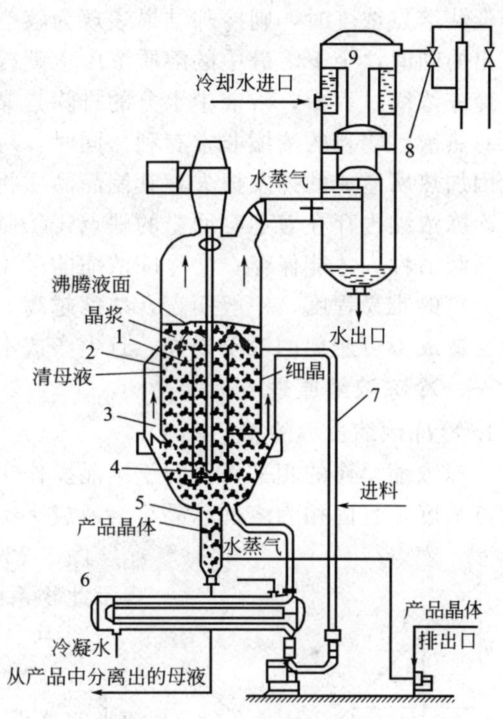

图 5-21 DTB 型结晶器

1—导流管；2—环形挡板；3—澄清区；4—螺旋桨；5—淘洗腿；6—加热器；7—循环管；8—喷射真空泵；9—大气冷凝器

真空结晶器结构简单，生产能力大，当处理腐蚀性溶液时，器内可加衬里或用耐腐蚀材料制造。由于溶液系绝热蒸发而冷却，无需传热面，因此可避免传热面上的腐蚀及结垢现象。其缺点是：必须使用蒸汽，冷凝耗水量较大，溶液的冷却极限受沸点升高的限制等。

(3) DTB 型结晶器　DTB 型结晶器是具有导流筒及挡板的结晶器的简称。DTB 型结晶器性能优良，生产强度大，能产生大粒结晶产品，器内不易结晶疤，目前已成为连续结晶器的最主要形式之一。

图 5-21 是 DTB 型结晶器的结构简图。结晶器内有一圆筒形挡板，中央有一导流管。在其下端装置的螺旋桨式搅拌器的推动下，悬浮液在导流管及导流管与挡板之间的环形通道内循环流动，形成良好的混合条件。圆筒形挡板将结晶器分为晶体成长区与澄清区。挡板与器壁间的环隙为澄清区，此区内搅拌的作用已基本上消除，使晶体得以从母液中沉降分离，只有过量的细晶才会随母液从澄清区的顶部排出器外加以消除，从而实现对晶核数量的控制。为了使产品粒度分布更均匀，有时在结晶器下部设有淘洗腿。

DTB型结晶器属于典型的晶浆内循环结晶器。其特点是器内溶液的过饱和度较低，并且循环流动所需的压头很低，螺旋桨只需在低速下运转。此外，桨叶与晶体间的接触成核速率也很低，这也是该结晶器能够生产较大粒度晶体的原因之一。

第三节　冷冻浓缩

冷冻浓缩是利用冰与水溶液之间的固液相平衡原理的一种浓缩方法。当溶液中溶质浓度低于低共熔点浓度时，则冷却结果表现为溶剂（水分）成晶体（冰晶）析出，随着溶剂成晶体析出的同时，余下溶液中的溶质浓度也就提高了，此即冷冻浓缩的基本原理。

冷冻浓缩过程中，溶液中水分的排除是靠溶液到冰晶的相际传递，而避免了加热蒸发，所以对热敏性物料的浓缩非常有利。同时，对于含挥发性芳香物质的食品采用冷冻浓缩可以避免因加热所造成的挥发损失，其制品品质将优于蒸发浓缩和膜浓缩法。

冷冻浓缩也存在着不容回避的缺点：①制品加工后需采取冷藏或再加热处理方法以抑制细菌与酶活性，才能保存；②冷冻浓缩的采用不仅受溶液浓度的限制，而且取决于冰晶与浓缩液分离的难易程度，一般而言，浓度越高，黏度也越大，分离也就越困难；③冷冻浓缩过程中会造成不可避免的溶质损失，且生产成本较高。

一、冷冻浓缩原理

1. 冷冻浓缩过程的相平衡

冷冻浓缩操作的相平衡不同于结晶操作中的相平衡，冷冻浓缩的溶液浓度必须低于最低共熔点浓度，且固相为溶剂冰晶与溶液成平衡，而不是溶质固体。

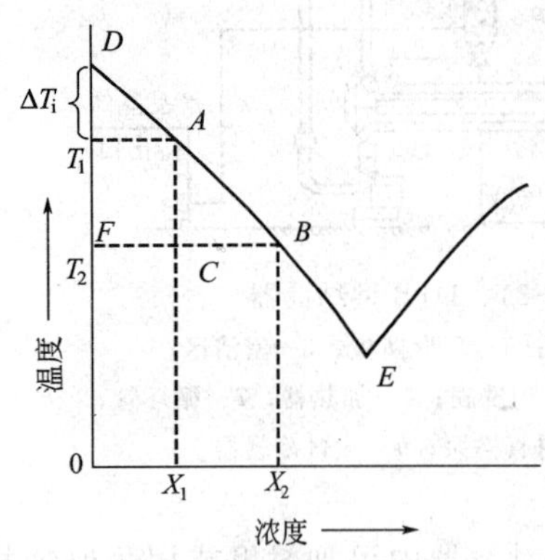

图5-22　冷冻浓缩过程示意图

图5-22为冷冻浓缩过程示意图。坐标平面内任一点即表示此物系的一种状态。DE线为溶液的冰点曲线。

图中A点代表浓度为X_1的溶液，D点代表纯水（$X=0$），它们都处于冰点。由图可见，溶液的冰点要低于纯水的冰点，此为溶液的冰点降低，以ΔT_i表示。此冰点下降对1kg水中含有1mol溶质来说，冰点降低是常数，即不论物质性质如何，都等于1.86℃。

在含有既不解离又不结合的电解质稀溶液中，冰点降低可用Fennema和Powrie公式确定：

$$\Delta T_i = K_i \frac{1000m}{m'M} = K_i c \tag{5-27}$$

式中，ΔT_i为冰点降低，℃；K_i为摩尔冰点常数，为1.86℃（水溶液）；m为溶液的质量，g；m'为溶剂质量，g；M为溶剂摩尔质量；c为摩尔浓度。

溶液继续冷却至C点，温度为T_2，此时溶液为过冷溶液，温差（T_1-T_2）称为溶液的过冷度。过冷溶液是不稳定溶液，它分为互成平衡的两个相，即浓缩液相和冰晶相。图中B点代表浓缩液，其浓度为X_2，$F(0,T_2)$代表冰晶。

冷冻浓缩操作中的冰晶量和浓缩液量可利用杠杆法则进行计算。

图5-23为一些流体食品的冻结曲线，利用它们可以进行冷冻浓缩过程的物料衡算。理论上，冷冻浓缩过程可以进行到极限E（低共熔点），实际上，多数液体食品没有明显的低共熔点，在远未达到E点时，溶液的黏度已经很高，其体积与冰晶相比甚小，不能有效地将二者分开。可见冷冻浓缩在实践中是有限度的。

2. 冷冻浓缩的结晶过程

冷冻浓缩的结晶为溶剂的结晶，晶体和结晶热必须除去，才能使冷冻浓缩过程继续进行，故可利用一些管式、板式、搅拌夹套式的热交换器和真空结晶器、内冷转鼓式结晶器、带式冷却结晶器等各种设备。

冷冻浓缩时，冰晶要有适当的粒度，因为冰晶粒度与结晶成本有关，也与分离有关。结晶成本随晶体粒度的增大而增加。晶体粒度越大越易分离，而粒度小时，溶质损失增加，分离费用和溶质损失是随晶体粒度的减小而增加。因此，在生产时，应该确定一个最佳晶体粒度，使结晶和分离成本降低，且使溶质损失减少。这个尺寸取决于结晶的形式和条件、分离器类型及浓缩液价值等因素。

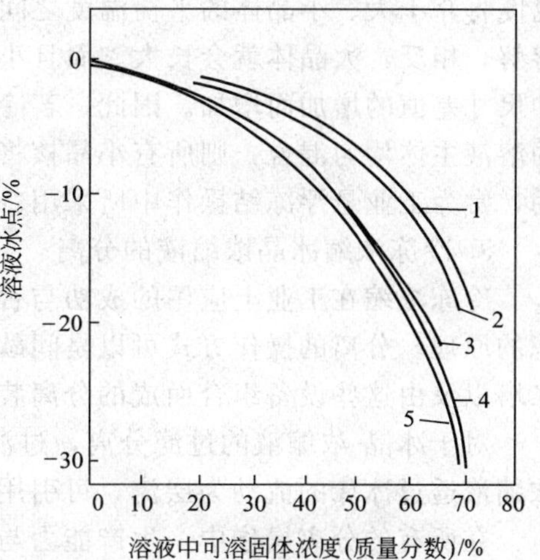

图 5-23　若干流体食品的冻结曲线

1—咖啡；2—蔗糖；3—苹果汁；4—葡萄汁；5—果糖

食品工业上，冷冻浓缩过程的结晶有两种形式。一种是在管式、板式、转鼓式以及带式设备中进行的，称为层状冻结。另一种发生在搅拌的冰晶悬浮液中，称为悬浮冻结。这两种结晶形式在晶体成长上有显著的差别。

(1) 层状冻结　层状冻结也称规则冻结。这种冻结是一种沿着冷却面形成并成长为整个冰晶的冷冻方法。晶层依次沉积在先前由同一溶液所形成的晶层之上，是一种单向的冻结。冰晶长成针状或棒状，带有垂直于冷却面的不规则断面。

层状冻结有如下的特点：①形成一整体的冰晶，液固界面小，使得母液与冰晶的分离变得非常容易；②装置简单，操作控制方便。如能合理设计将会显著降低冷冻浓缩成本。

影响层状冻结的主要因素有液相的搅拌速度、冰晶的前移速度和冻结初期的过冷度。层状冻结初期冰核的形成对环境条件、溶液物性等有较强的依赖性，因此初期过冷度极不稳定。当受到干扰时，容易形成树枝状冰晶，而导致严重的冰相溶质夹带，降低了冰的纯度，严重时甚至被浓缩液在瞬间全部结晶，导致浓缩过程无法正常进行。增大料液和传热面积可以减少上述因素的影响，提高冷冻浓缩效率。

(2) 悬浮冻结　这种冻结是在受搅拌的冰晶悬浮液中进行的。其特征为无数自由悬浮于母液中的小冰晶。在带搅拌的低温罐中长大并不断排除，使母液浓度增加而实现浓缩。

在悬浮冻结过程中，晶核形成速率与溶质浓度成正比，并与溶液主体过冷度的平方成正比。由于结晶热一般不可能均匀地从整个悬浮液中除去，所以总存在着过冷度大于溶液主体过冷度的局部冷点。从而在这些局部冷点处，晶核形成就比溶液主体快得多，而晶体成长就要慢一些。因此，提高搅拌速度，使温度均匀化，减少这种冷点的数目，对控制晶核形成过多是有利的。

如同溶质结晶操作情况一样，在冰晶晶核形成的情况下，也不是所有冷点所形成的晶核都能保存下来。严格地讲，在一定浓度的溶液中，与晶体成平衡的温度（称为平衡温度）与晶体的大小有关，只有当晶体直径相当大时才等于溶液的冰点。小晶体的平衡温度比大晶体低，所以与小晶体成平衡的溶液，其过冷度要大些。

在悬浮冻结操作中，如将小晶体悬浮液与大晶体悬浮液混合在一起，混合后的溶液主体温度将介于大、小晶体的平衡温度之间。如果此主体温度高于小晶体的平衡温度，小晶体就溶解；相反，大晶体就会长大。而且小晶体的溶解速度和大晶体的成长速度都随着晶体本身的尺寸差值的增加而增加。因此，若冷点处所产生的小晶核立即从该处移出，并与含大晶体的溶液主体均匀混合，则所有小晶核将溶解。这种以消耗小晶核为代价而使大晶体成长的作用，常为工业悬浮冻结操作中所采用。

3. 冷冻浓缩冰晶浓缩液的分离

冷冻浓缩在工业上应用的成功与否，关键在于分离的效果。分离的原理主要是悬浮液过滤的原理。分离的操作方式可以是间歇式或连续式。分离设备有压滤机、过滤式离心机、洗涤塔以及由这些设备组合而成的分离装置。

对于冰晶-浓缩液的过滤分离，过滤床层为冰晶床（简称冰床），滤液即为浓缩液。通常浓缩液透过冰床的流动为层流，可引用过滤方程。

在所有的分离操作中，生产能力与溶液的黏度成反比，与冰晶粒度的平方成正比。冷冻浓缩分离操作中应关注的另一个方面是溶质为冰晶所携带而引起的损失。这种损失与许多操作因素有关，也与浓缩比有关，随着浓缩比的增加，大大地增加了分离的不完全性。

二、冷冻浓缩设备

冷冻浓缩操作包括了结晶和分离两个部分，因此冷冻浓缩装置系统主要也由结晶设备和分离设备两部分构成。

1. 冷冻浓缩的结晶装置

冷冻浓缩用的结晶器有直接冷却式和间接冷却式两种。食品工业上所用的间接冷却式设备又可分为内冷式和外冷式两种。

（1）直接冷却式真空结晶器　直接冷却法的优点是不必设置冷却面，其缺点是蒸发掉的部分芳香物质将随同蒸汽或惰性气体一起逸出而损失。但是这种结晶器若与适当的吸收器组合起来可以显著减少芳香物质的损失。图 5-24 为带有芳香物回收的真空结晶装置。料液进入真空结晶器后蒸发冷却，部分水分即转化为冰晶。从结晶器出来的冰晶悬浮液经分离器分离后，浓缩液从吸收器上部进入，并从吸收器下部作为制品排出。另外，从结晶器出来的带芳香物的水蒸气先经冷凝器除去水分后，从下部进入吸收器，并从上部将惰性气体抽出。在吸收器内浓缩液与含芳香物的惰性气体成逆流流动。

（2）间接冷却式结晶器

① 内冷式结晶器。内冷式结晶器可分为两种：一种是产生固化或近于固化悬浮液的结晶器，另一种是产生可泵送的浆液结晶器。

第一种结晶器的结晶原理属于层状冻结。由于预期厚度的晶层的固化，晶层可在原地进行洗涤或作为整个板晶或片晶移出后在别处加以分离。此法的优点是，因为部分固化，所以即使稀溶液也可浓缩到 40%以上，此法还具有洗涤简便的优点。但目前尚未采用此法进行大规模生产。

第二种结晶器是采用结晶操作和分离操作分开的方法。它是由一个大型内冷却不锈钢转鼓和一个料槽组成，转鼓在料槽内转动，固化晶层由刮刀除去。因冰晶很细，故冰晶和浓缩液分离很困难，此法工业上常用于橙汁的生产。此法的另一变形是将料液以喷雾的形式喷溅到旋转缓慢的内冷却转鼓式转盘上，并且作为片冰而排出。冷冻浓缩所采用的大多数内冷式结晶器都属于第二种结晶器，即产生可以泵送的悬浮液。

② 外冷式结晶器。外冷式结晶器有下述三种主要形式。

第一种形式要求料液先经过外部冷却器作过冷处理，然后此过冷而不含晶体的料液在结晶器内将冷量放出。为了减少冷却器内晶核形成和晶体成长发生变化，避免因此引起液体流

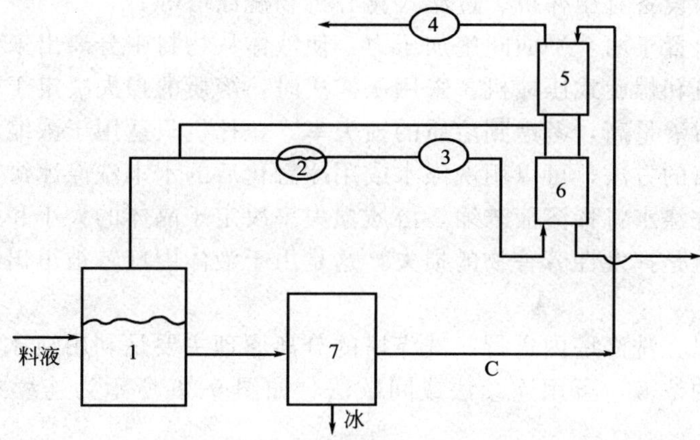

图 5-24　带有芳香物回收的真空结晶装置流程

1—真空结晶器；2—冷凝器；3—干式真空泵；4—湿式真空泵；5—吸收器Ⅱ；6—吸收器Ⅰ；7—冰晶分离器

动的堵塞，冷却器传热壁的接触液体部分必须高度抛光。使用这种形式的设备，可以制止结晶器内的局部过冷现象。

第二种外冷式结晶器的特点是全部悬浮液在结晶器和换热器之间再循环。晶体在换热器中的停留时间比在结晶器中短，故晶体主要是在结晶器内长大。

第三种外冷式结晶器如图 5-25 所示。这种结晶器具有以下特点：①在外部热交换器中生成亚临界晶体；②部分不含晶体的料液在结晶器与换热器之间进行循环，换热器形式为刮板式。因热流大，故晶核形成非常剧烈，而且由于浆料在换热器中停留时间甚短，故所产生的晶体极小。当其进入结晶器后即与结晶器内含大晶体的悬浮液均匀混合，在器内的停留时间至少有 0.5h，故小晶体溶解，其溶解热就用于供大晶体成长。

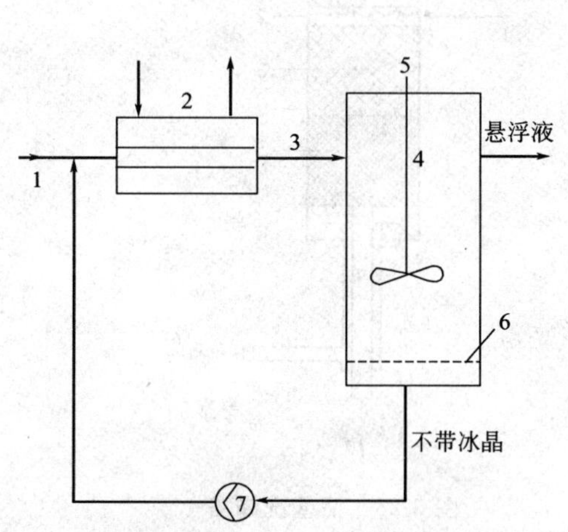

图 5-25　外部冷却式结晶装置

1—料液；2—刮板式换热器；3—带亚临界晶体的料液；4—结晶器；5—搅拌器；6—滤板；7—循环泵

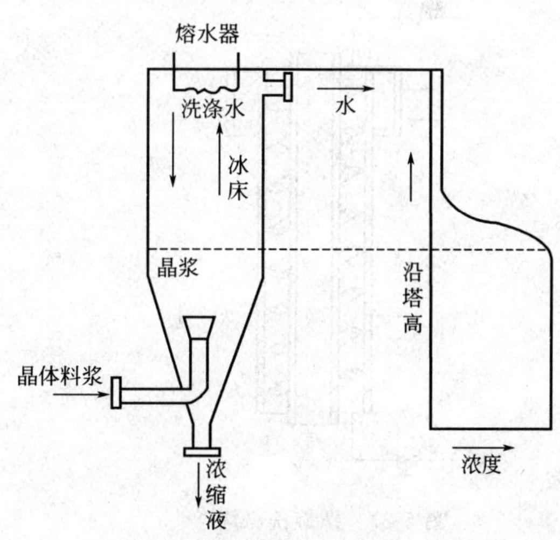

图 5-26　连续式洗涤塔工作原理

2. 冷冻浓缩的分离设备

冷冻浓缩的分离设备有压榨机、过滤式离心机和洗涤塔等。

压榨机是将物料置于两个平面间施加压力，使液体从物料中分离出来。通常采用的压榨机有水力活塞压榨机和螺旋式压榨机。采用压榨法时，溶质的损失决定于被压缩冰饼中夹带的溶液量。由于残留液量高，考虑到溶质的损失率，压榨机只适用于浓缩比接近1的场合。

采用离心机分离的方法，可以用洗涤水或用冰融化后的水来洗涤冰饼，因此分离效果要比用压榨法好。但洗涤水将稀溶液浓缩，溶质损失率决定于晶体的大小和溶液的黏度。采用离心机的另一缺点就是挥发性芳香物的损失，这是由于液体因旋转被甩出时，要与大量空气密切接触的缘故。

分离操作也可以在洗涤塔内进行。洗涤塔的分离原理主要是利用纯冰溶解的水分来排除和替换晶体间残留的浓液，可用连续法或间歇法。如图5-26所示为连续式洗涤塔的工作原理示意图。

从结晶器出来的晶体悬浮液从塔的下端进入，浓缩液从同一端经过滤器排出。因冰晶密度比浓缩液的小，故冰晶就逐渐上浮到顶端。塔顶设有溶化器（加热器），使部分冰晶溶解。溶化后的水分即返行下流，与上浮冰晶逆流接触，洗去冰晶间浓缩液。这样晶体就沿着液相溶质浓度逐渐降低的方向移动，因而晶体随浮随洗，残留溶质越来越少。

洗涤塔有几种形式，主要区别在于晶体被迫沿塔移动的推动力的不同。按推动力的不同，洗涤塔可分为浮床式、螺旋推送式和活塞推送式三种形式。

(1) 浮床洗涤塔　在浮床洗涤塔中，冰晶和液体作逆向相对运动的推动力是晶体和液体之间的密度差。浮床洗涤塔已广泛用于海水脱盐工业的盐水和冰的分离。

(2) 螺旋洗涤塔　它是以螺旋推送为两相相对运动的推动力。如图5-27所示，晶体悬浮液进入两同心圆的环隙内部，环隙内有螺旋在旋转。螺旋具有棱镜状断面，除了迫使冰晶沿塔体移动外，还有搅动晶体的作用。螺旋洗涤塔已广泛用于有机系统的分离。

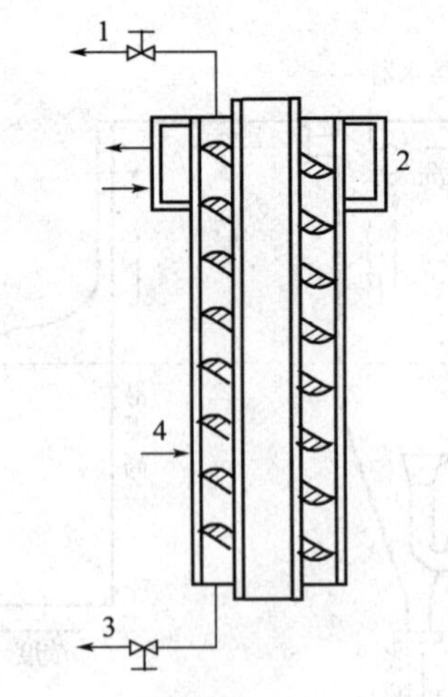

图5-27　螺旋洗涤塔

1—溶化水；2—溶化器；3—浓缩液；4—料浆

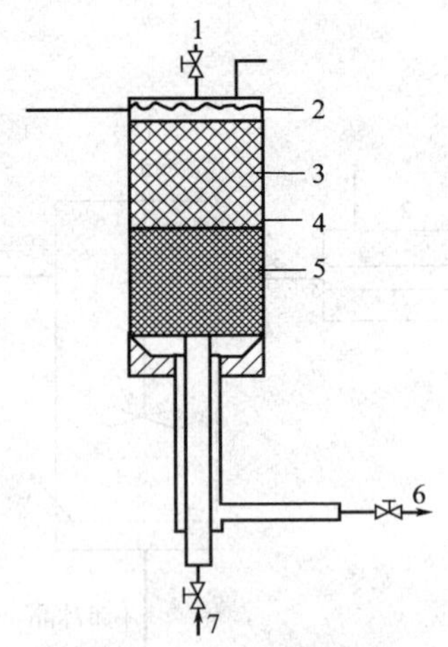

图5-28　活塞洗涤塔

1—水；2—溶化器；3—冰晶在溶化水中；4—洗涤前沿；5—冰晶在浓缩液中；6—浓缩液；7—来自结晶器的悬浮液

(3) 活塞床洗涤塔　这种洗涤塔是以活塞的往复运动迫使冰床移动为推动力的，如图5-28所示。晶体悬浮液从塔的下端进入，由于挤压作用使晶体压紧成为结实而多孔的冰床。利用活塞的往复运动，冰床被迫移向塔的顶端，同时与洗涤液逆流接触。这种洗涤塔国外已用于液体食品的冷冻浓缩。浓缩时，如排代稳定，离塔的冰晶溶化液中溶质浓度低于 10^{-6}。浓缩液排代是否完全可根据下式来判断：

$$\frac{d_p^2}{\mu_L} > 10^{-6} \tag{5-28}$$

式中，d_p 为晶体的平均直径，m；μ_L 为被洗涤水排代的液体的黏度，Pa·s。

洗涤塔组合是一种最经济的办法。图 5-29 为这种组合的一个典型例子。从结晶器出来的晶体悬浮液，首先在压榨机中进行部分分离，分离出的含有大量浓缩液的冰饼在混合器内和料液混合进行稀释后，送入洗涤塔进行完全分离。在洗涤塔中，从混合冰晶悬浮液中分离出纯冰和液体，液体进入结晶器中和来自压榨机的循环浓缩液进行混合。

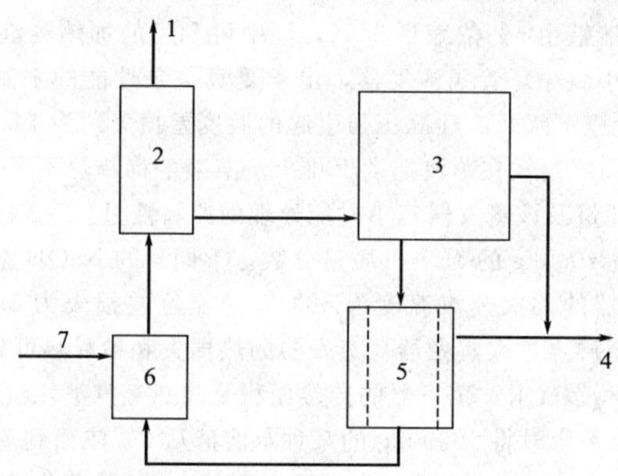

图 5-29　压榨机和洗涤塔的组合

1—水；2—洗涤塔；3—结晶器；4—浓缩液；5—压榨机；6—混合器；7—料液

压榨机和洗涤塔的组合具有以下优点：①可以用比较简单的洗涤法代替复杂的洗涤法，从而降低了成本；②进洗涤塔的黏度由于浓度降低而显著降低，故洗涤塔的生产能力大大提高；③若离开结晶器的晶体悬浮液中的晶体平均值过小，或液体黏度过高，不能满足判别式 (5-28) 的要求时，采用组合设备仍能获得完全的分离。

思　考　题

1. 蒸发操作是否可以使任何溶液的浓度增大？
2. 维持蒸发操作顺利进行的必要条件是什么？
3. 蒸发操作蒸汽所供给的热量用于哪几方面？
4. 简述蒸发过程中温差损失的原因。
5. 原料的进料温度对单位蒸汽消耗量有何影响？
6. 试比较单效蒸发与多效蒸发。
7. 常用的多效蒸发设备流程有哪几种？各有何特点？
8. 蒸发中提高传热速率的途径有哪些？
9. 什么叫结晶？晶体具有哪些特性？
10. 结晶有哪几种基本方法？溶液结晶操作的基本原理是什么？溶液结晶要经历哪两个阶段？
11. 结晶操作的推动力是什么？常用的结晶设备有哪几种？
12. 哪些因素对晶体的成长有利？
13. 什么叫冷冻浓缩？有何特点？

计 算 题

1. 一常压操作的单效蒸发器，蒸发10%NaOH水溶液，处理原料液量为10t/h，要求浓缩至25%（以上均为质量分数），试计算水分蒸发量。

2. 在单效悬筐式蒸发器内，将15%$CaCl_2$水溶液浓缩到30%，分离室内绝对压强为20kPa，试求因溶液蒸汽压下降而引起的沸点升高及溶液的相应沸点。

3. 在一单效常压蒸发器中蒸发某盐类水溶液，加热室内液层高度为2m，完成液浓度为40%，其相应的密度为1300kg/m^3，已知常压下该溶液的沸点为120℃，当地大气压强为100kPa。试求加热管内液层静压强引起的温度差损失及加热管内溶液的平均沸点。

4. 欲将30%的NaOH水溶液由5%浓缩到20%，厂中可利用的加热蒸汽绝对压强为120kPa。若选用传热外表面积为35m^{2}的单效中央循环管式蒸发器，由于受真空泵性能的限制，二次蒸汽的绝对压强不能低于30 kPa。估计因溶液蒸汽压下降及液柱静压强引起的温度差损失约为14.9℃，基于传热外表面积的总传热系数为1400W/(m^2·K)。冷凝水在蒸汽温度下排出，溶液的稀释热不可忽略，测出热损失为610.5×10^{3}kJ/h。试计算加热蒸汽消耗量及该蒸发器每小时能处理的原料液量。

5. 某单效蒸发器每小时将1000kg的15%（质量分数，下同）的NaOH溶液浓缩到50%。已知：加热蒸汽温度为120℃，进入冷凝器的二次蒸汽温度为60℃，总温度差损失为45℃，蒸发器的总传热系数为1000W/(m^2·K)，溶液预热至沸点进入蒸发器，蒸发器的热损失和稀释热可忽略，加热蒸汽与二次蒸汽的汽化焓可取等值，为2200kJ/kg。试求：蒸发器的传热面积及加热蒸汽消耗量。

6. 在单效膜式蒸发器中，每小时将10000kg的某种水溶液从5%浓缩到50%。原料液于沸点温度下进入蒸发器，比热容为3.7kJ/(kg·K)。分离室的真空度为60kPa，加热蒸汽的表压为30kPa。蒸发器的基于传热外表面积的总传热系数为2000W/(m^2·K)。忽略溶液的浓缩热效应。已知常压下因溶液的蒸汽压下降而引起的沸点升高为13℃。加热蒸汽的热量有10%损失于周围环境中。试求：①蒸发器的传热外表面积；②加热蒸汽消耗量。当地大气压强为101.33kPa。

第六章　蒸　馏

学习目标

［**掌握**］蒸馏原理；拉乌尔定律、T-x-y 图、x-y 相图及其计算；常压下双组分混合液简单蒸馏、连续精馏操作的原理和有关计算。

［**熟悉**］双组分连续精馏塔理论塔板的逐板计算法及精馏塔板数的确定；回流比对精馏过程的影响；精馏原理及过程分析，精馏段、提馏段、进料线方程（q 线方程）的有关计算。

［**了解**］几种蒸馏方法，进料的热状况对蒸馏影响；几种类型塔板的特点及性能。

第一节　概　述

在制药、食品、化工生产中，常将液体混合物分离以达到提纯或回收的目的。分离液体混合物的方法有很多种，工业上最常用的是蒸馏。

蒸馏是利用液体具有挥发而成为蒸气的能力，但不同的液体在一定温度下的挥发能力各不相同的原理而实现分离的一种单元操作，将液体混合物加热使其气化，则挥发性高的组分，在气相中的浓度比在液相中的浓度高；而挥发性低的组分，在液相中的浓度比在气相中的高。同理，若将混合物蒸气部分冷凝，则冷凝液体中难挥发组分的浓度要比气相中的高。经过多次部分气化或多次部分冷凝后，可以达到分离液体组分的目的。蒸馏按操作方法分为双组分蒸馏、多组分蒸馏、间歇蒸馏、连续蒸馏、常压蒸馏、减压蒸馏、加压蒸馏、简单蒸馏、平衡蒸馏、精馏、特殊精馏。

第二节　蒸馏过程相平衡

蒸馏是气液两相间的传质过程，溶液的气液平衡关系是蒸馏过程的热力学基础，因此了解混合物气液平衡关系是理解与掌握蒸馏过程的基本条件。

一、液体混合物的蒸气压

1．纯液体及混合液体的饱和蒸气压

由于分子运动，液体的分子有从表面溢出的倾向，这种倾向随着温度的升高而增大。在一定温度下，若把液体 A 置于密闭的真空体系中，液体 A 分子将不断地溢出，从而在液面上部形成蒸气，同时蒸气中也有部分分子返回到液相内，最后使得分子由液体逸出的速度与分子由蒸气回到液体中的速度相等，蒸气保持一定的压力，液面上方的蒸气压强即为该温度下纯组分 A 的饱和蒸气压，简称蒸气压。若封闭容器内盛放有 A、B 两种完全互溶的混合液，在一定温度下，A 和 B 两组分同时逸出形成蒸气，同时蒸气中 A、B 分子又部分的进入液相，最后形成动态平衡。此时液面上方的蒸气压等于 A、B 的蒸气分压之和，但由于 A、B 分子的相互影响，使得各自的蒸气分压比其单独存在时的饱和蒸气压要小。

2. 理想溶液与非理想溶液

理想溶液是指溶液中各组分的性质极相似，分子的结构相近，分子与分子之间无缔合作用，同种分子之间和异种分子之间的作用力相等的溶液；反之则称为非理想溶液。理想溶液服从拉乌尔定律。

二、拉乌尔定律

1880 年，法国人拉乌尔提出：在一定温度下，当气液达到平衡时，理想溶液中某组分的饱和蒸气压等于该组分在纯态时的饱和蒸气压与该组分在溶液中的摩尔分数的乘积。由此对于含有组分 A 和 B 的理想溶液可以得出

$$p_A = p_A^0 x_A \tag{6-1}$$

同时

$$p_B = p_B^0 x_B = p_B^0(1 - x_A) \tag{6-2}$$

式中，p_A、p_B分别为溶液上方 A、B 两组分的平衡分压，kPa；p_A^0、p_B^0分别为同温度下 A、B 两纯组分的饱和蒸气压，kPa；x_A、x_B分别为溶液中 A、B 两组分的摩尔分数。

若气相是理想气体，设总压为 p，由道尔顿分压定律得

$$p = p_A + p_B = p_A^0 x_A + p_B^0(1 - x_A) \tag{6-3}$$

$$x_A = \frac{p - p_B^0}{p_A^0 - p_B^0} \tag{6-4}$$

$$y_A = \frac{p_A^0}{p} x_A \quad 或 \quad y_A = \frac{p_A^0}{p} \times \frac{p - p_B^0}{p_A^0 - p_B^0} \tag{6-5}$$

式中，y_A为气相中 A 的摩尔分数；p 为气相的总压，kPa。

【例 6-1】 已知在 100℃时，纯苯的饱和蒸气压为 $p_A^0 = 180.0$kPa，纯甲苯的饱和蒸气压为 $p_B^0 = 74.2$kPa。试求总压力为 101.3kPa，苯-甲苯溶液在 100℃时的汽液相平衡组成。该溶液为理想溶液。

解：由式(6-4) 得 $x_A = \dfrac{p - p_B^0}{p_A^0 - p_B^0} = \dfrac{101.3 - 74.2}{180.0 - 74.2} = 0.26$

由式(6-5) 得 $y_A = \dfrac{p_A^0}{p} x_A = \dfrac{180.0 \times 0.26}{101.3} = 0.46$

三、双组分理想溶液的温度-组成图（T-x-y 图）

蒸馏操作通常在一定的外压下进行，溶液的沸腾温度随组成而变，故恒压下的温度组成图对蒸馏过程的分析具有实际意义。

苯-甲苯混合液可视为理想溶液。在总压 $p = 101.3$kPa 时，苯-甲苯混合液的 T-x-y 图如图 6-1 所示。图中纵坐标表示温度 T，横坐标表示液相组成 x 或气相组成 y（本章以下内容，用 x 或 x_A 表示液相中轻组分的摩尔分数，用 y 或 y_A 表示气相中轻组分的摩尔分数）。图 6-1 中下方曲线为 T-x，表示混合液的平衡温度 T 和平衡时液相组成 x 之间的关系，此线又称为饱和液体线。图中上方曲线为 T-y 线，表示混合液的平衡温度 T 和平衡时气相组成 y 之间的关系，此线又称为饱和蒸气线。两条曲线将 T-x-y 图分成三个区域。T-x 线以下的区域代表没有沸腾的液体混合物，称为液相区；T-y 以上的区域代表过热蒸气，称为气相区；两线之间的区域表示气液两相同时存在，称为气液共存区。

在总压恒定下，若将温度为 T_1组成为 x（图中 A 点所示）的苯-甲苯混合液加热，当温度升高到 T_2（J 点）时，溶液开始沸腾，产生第一个气泡，气泡组成为 y_1（C 点），对应的

温度 T_2 称为泡点（纯组分液体的沸腾温度称为沸点，混合液体的沸腾温度称为泡点），因此 T-x 饱和液体线又称为泡点曲线。同样，若将温度为 T_4 组成为 y（图中 B 点所示）的过热蒸气冷却，当温度达到 T_3（H 点）时，混合蒸气开始冷凝产生第一滴液滴，液滴组成为 x_1（Q 点），对应的温度 T_3 称为露点，因此 T-y 饱和蒸气线又称为露点曲线。

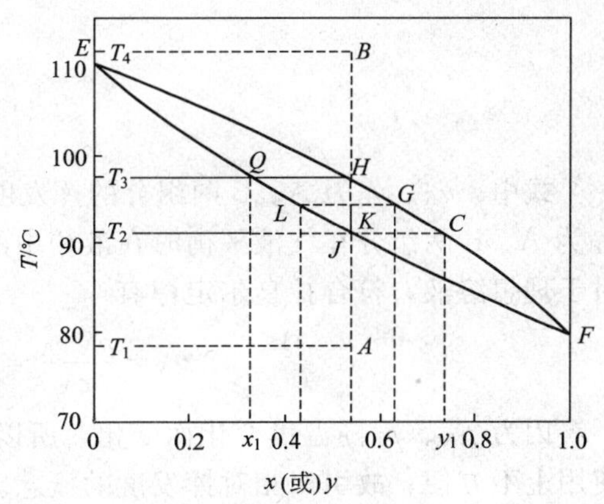

图 6-1　苯-甲苯混合液的 T-x-y 图

若将组成为 x 的过冷液体加热到气液共存区内任意点 K，使液体部分气化，形成互成平衡的气液两相，其液相组成（轻组分在液相中的摩尔分数）和气相组成（轻组分在气相中的摩尔分数）分别为 L、G 两点对应的横坐标值，从图上可以看出，气相组成大于液相组成，这一过程称为部分气化。若将该混合液加热至 T_3（H 点），则液体全部气化为饱和蒸气，此时气相组成 y 与原混合液组成 x 数值相等。因此，只有部分气化才能起到分离的作用，而全部气化则无此作用。

四、双组分理想溶液的气液相平衡图

蒸馏计算中，经常应用一定外压下的双组分理想溶液的气液相平衡图（x-y 图）。图 6-2 为苯-甲苯混合液在 $p=101.3\text{kPa}$ 下的 x-y 图。图中以 x 为横坐标，y 为纵坐标，曲线表示液相组成和与之平衡的气相组成间的关系。例如，图中曲线上任意点 F 表示组成为 x_1 的液相与组成为 y_1 的气相互成平衡，且表示点 F 有一确定的状态。图中的对角线（$y=x$）供查图参考用。对于大多数溶液，两相达到平衡时，y 总是大于 x，故平衡线位于对角线上方，平衡线偏离对角线越远，表示该溶液越易分离。

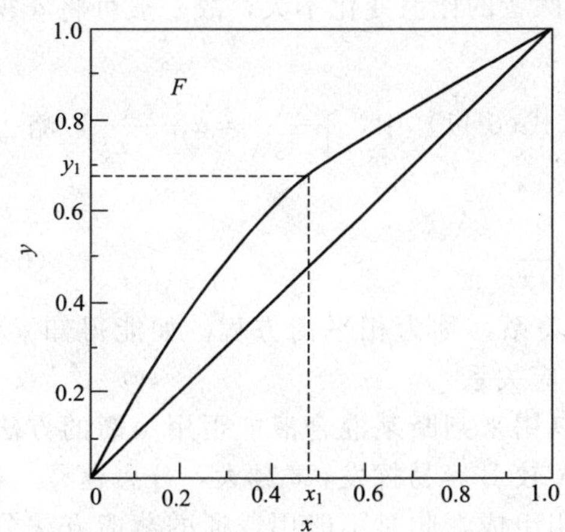

图 6-2　苯-甲苯混合液的 x-y 图

x-y 图可以通过 T-x-y 图做出。图 6-2 就是依据图 6-1 上相对应的 x 和 y 的数据标绘而成的。

许多常见的双组分溶液在常压下实验测出的 x-y 平衡数据，需要时可从物理化学或化工手册中查取。需指出，x-y 平衡关系虽然是在恒定压强下测得的，但实验也表明，总压对平衡曲线的影响不大。若总压变化范围为 20%～30%，x-y 平衡线的变动不超过 2%。因此在总压变化不大时，外压的影响可忽略。但 T-x-y 图随压强变化较大，可见蒸馏中使用 x-y 图较 T-x-y 图更为方便。

五、挥发度和相对挥发度

除了相图以外，气液平衡关系还可用相对挥发度来表示。通常，纯液体的挥发度是指该液体在一定温度下的饱和蒸气压。而溶液中各组分的蒸气压因组分间的相互影响要比纯态时的低，故溶液中各组分的挥发度可用它在蒸气中的分压和与之平衡的液相中的摩尔分数之比来表示，即

$$\upsilon_A=\frac{p_A}{x_A} \tag{6-6}$$

$$\upsilon_B=\frac{p_B}{x_B} \tag{6-7}$$

式中，υ_A、υ_B为A、B两组分的挥发度；p_A、p_B为A、B两组分在蒸气中的分压；x_A、x_B为A、B两组分在气液平衡时在液相中的摩尔分数。

对于理想溶液，符合拉乌尔定律有

$$\upsilon_A=\frac{p_A^0 x_A}{x_A}=p_A^0 \text{ 和 } \upsilon_B=\frac{p_B^0 x_B}{x_B}=p_B^0 \tag{6-8}$$

因为p_A^0、p_B^0随温度变化而变化，所以，溶液中组分的挥发度是随温度而变的，因此在使用上不方便，故引出相对挥发度的概念。

习惯上将溶液中易挥发组分的挥发度对难挥发组分的挥发度之比，称为相对挥发度，以α或α_{AB}表示，即

$$\alpha=\frac{\upsilon_A}{\upsilon_B}=\frac{p_A/x_A}{p_B/x_B} \tag{6-9}$$

若操作压强不高，气相遵循道尔顿分压定律，故上式可改写为

$$\alpha=\frac{py_A/x_A}{py_B/x_B}=\frac{y_A x_B}{y_B x_A} \text{ 或 } \frac{y_A}{y_B}=\alpha\frac{x_A}{x_B} \tag{6-10}$$

对于理想溶液可有

$$\alpha=\frac{p_A^0}{p_B^0} \tag{6-11}$$

式(6-11)表明，理想溶液中组分的相对挥发度等于同温度下两纯组分的饱和蒸气压之比。由于p_A^0和p_B^0均随温度沿相同方向变化，因而两者的比值变化不大，故一般可将α视为常数，计算时可取操作温度范围内的平均值。

对于双组分溶液有$x_B=1-x_A$，$y_B=1-y_A$，代入式(6-11)中，$\frac{y_A}{1-y_A}=\alpha\frac{x_A}{1-x_A}$，略去下标A，整理得

$$y=\frac{\alpha x}{1+(\alpha-1)x} \tag{6-12}$$

式(6-12)表示互成平衡的气液两相组成间的关系，称为相平衡方程。如能得知α值，便可算出气液两相平衡时易挥发组分浓度y-x的对应关系。

由式(6-11)可知，相对挥发度α值的大小可以用来判断某混合液能否用蒸馏的方法加以分离以及分离的难易程度。若$\alpha>1$，表示组分A较B容易挥发，α越大，分离越易。若$\alpha=1$，由式(6-12)可知$y=x$，即气相组成等于液相组成，此时不能用普通的蒸馏方法分离该混合液。

【例 6-2】 苯（A）与甲苯（B）的饱和蒸气压和温度的关系数据如表6-1所示。试计算苯-甲苯混合液在各温度下的相对挥发度，再求平均相对挥发度，并写出相平衡方程。

表 6-1 苯、甲苯在各温度下的蒸气压

温度/℃	80.1	85	90	95	100	105	110.6
p_A^0/kPa	101.3	117.5	136.1	156.9	180.0	205.7	237.8
p_B^0/kPa	39.0	46.0	54.2	63.6	74.2	86.1	101.25

解： 苯-甲苯溶液为理想溶液，苯对甲苯的相对挥发度可由式(6-11)计算。根据表6-1中各温度下的饱和蒸气压数据，可求得各温度下的相对挥发度。

表 6-2　苯对甲苯在各温度下的相对挥发度

T/℃	80.1	85	90	95	100	105	110.6
α	2.60	2.55	2.51	2.47	2.43	2.39	2.35

由所求的各温度下相对挥发度（表 6-2），求得平均挥发度为

$$\alpha_m=\frac{1}{7}\sum_{i=1}^{7}\alpha=\frac{2.60+2.55+2.51+2.47+2.43+2.39+2.35}{7}=2.47$$

所以相平衡方程式为　$y=\dfrac{2.47x}{1+1.47x}$。

第三节　简单蒸馏及精馏原理

一、简单蒸馏

1. 简单蒸馏原理及流程

简单蒸馏是将原料液一次性加入蒸馏釜内，在一定压强下加热至沸腾，液体不断气化，产生的蒸气经冷凝器冷凝后，用接收器收集。如图 6-3 所示将一批易挥发组分的料液加入蒸馏釜中，在恒压下加热至沸腾，使液体不断气化。在蒸馏过程中，釜内液体的易挥发组分含量不断下降，因此釜液的组成沿泡点线从下向上移动；蒸气中易挥发组分的含量也相应的随之降低，因此蒸气的组成沿露点线也是从下向上移动，通常是分罐收集顶部产物，最终将釜液一次排出。简单蒸馏过程见图 6-4。

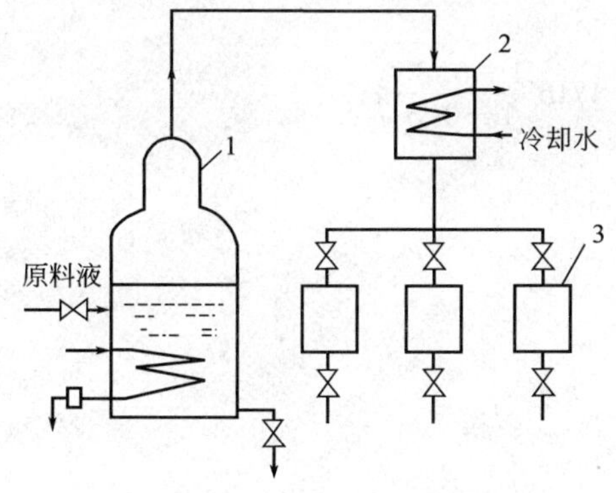

图 6-3　简单蒸馏装置

1—蒸馏釜；2—冷凝器；3—接收器

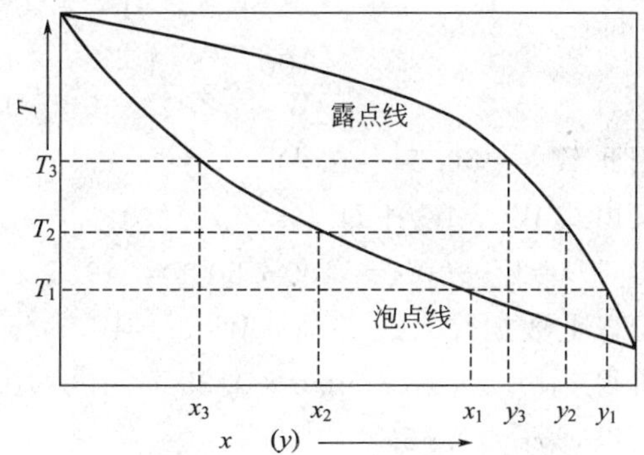

图 6-4　简单蒸馏过程的 T-x-y 图

简单蒸馏的分离效果很有限，在工业生产中用于混合物的粗分离，特别适合于沸点相差较大且分离要求不高的场合，例如原油或煤油的初馏。

2. 双组分简单蒸馏的计算

简单蒸馏中馏出液与釜液的量及组成的计算，应用了物料衡算和气液平衡关系。简单蒸馏是个非定态过程，所以馏出液与釜液的量和组成随着蒸馏的进行而变化。因此，对简单蒸馏必须选取一个时间微元段 $d\tau$，对该时间微元段的始末作物料衡算。

假设 W_1 为加入蒸馏釜的原料液量，kmol；W_2 为蒸馏结束时蒸馏釜内的残留液量，kmol；W 为某一时刻釜中的液体量，kmol；x_1 为原料液中易挥发分的摩尔分数；x_2 为蒸馏结束时釜液中易挥发分的摩尔分数；x 为某一时刻釜液中易挥发分的摩尔分数；y 为某一时刻蒸气中易挥发分的摩尔分数。若 $d\tau$ 时间内蒸出物料量为 dW，釜内液体组成相应的由 x

降为$(x-dx)$，对该时间微元段作易挥发组分的物料衡算可得式

$$Wx=ydW+(W-dW)(x-dx)$$

通过对上式高阶微分和进一步积分以及简单蒸馏的相平衡方程

$$y=\frac{\alpha x}{1+(\alpha-1)x} \tag{6-13}$$

可得

$$\ln\frac{W_1}{W_2}=\frac{1}{\alpha-1}\left(\ln\frac{x_1}{x_2}+\alpha\ln\frac{1-x_2}{1-x_1}\right) \tag{6-14}$$

原料量W_1及原料组成x_1一般已知，当W_2、x_2中任何一个量给定时即可求出另一个量。釜液组成随时间变化，每一瞬间的气相组成也相应变化。若将全过程的气相产物冷凝后汇集在一起，则馏出液的平均组成x_D及馏出量D可通过对全过程的始末作物料衡算而求出。

总物料衡算式为

$$W_1=W_2+D \tag{6-15}$$

易挥发组分的物料衡算式为

$$Dx_D+W_2x_2=W_1x_1 \tag{6-16}$$

联立上两式即可求得x_D和D。

【例 6-3】 常压下用简单蒸馏分离100kmol的含苯为0.5（摩尔分数，以下同）的苯-甲苯溶液，要求经过简单蒸馏后，釜液中苯的浓度降至0.35。已知操作条件下，该物系的平均相对挥发度为2.47。求馏出液量D及其平均组成x_D。

解： 已知$W_1=100\text{kmol}$，$x_1=0.5$，$x_2=0.35$，$\alpha=2.47$

代入式 $\ln\frac{W_1}{W_2}=\frac{1}{\alpha-1}\left(\ln\frac{x_1}{x_2}+\alpha\ln\frac{1-x_2}{1-x_1}\right)$得

$$\ln\frac{100}{W_2}=\frac{1}{2.47-1}\left(\ln\frac{0.5}{0.35}+2.47\ln\frac{1-0.35}{1-0.5}\right)$$

因此$W_2=50.5$（kmol）

又由式$W_1=W_2+D$

得 $D=W_1-W_2=100-50.5=49.5$（kmol）

把以上数据代入式$Dx_D+W_2x_2=W_1x_1$

可得 $49.5\times x_D+50.5\times0.35=100\times0.5$

所以 $x_D=0.653$

二、平衡蒸馏原理及流程

平衡蒸馏又称闪蒸，有间歇、连续两种操作方式，但多用连续方式，其流程如图6-5所示。原料经泵加压后连续地进入加热器，在加热器内被加热升温至高于分离器压力下的沸点，然后经节流阀减压至预定压力。由于压力的突然降低，液体成为过热液体，其高于沸点的显热随即转变为潜热发生自蒸发，液体部分气化。气液两相在分离器中分开，易挥发组分在气相中浓集由顶部排出，难挥发组分在液相中浓集由底部排出。与简蒸馏相比，平衡蒸馏生产能力大，但也不能得到高纯度的产物，一般只能用作原料的粗略分离。

在食品、化工等生产中，常要求将混合液进行高纯度分离，这就需要用精馏来完成。

三、精馏原理及流程

由T-x-y相图可以看出，混合液经过一次部分气化或混合蒸气经过一次部分冷凝，只能将混合物部分分离，而精馏是进行多次部分气化和多次部分冷凝，可以将混合液进行高纯度分离。

精馏原理可用T-x-y相图来说明。如图6-6所示，将组成为x_F的双组分混合液升温至

T_1，则该混合液发生部分气化，产生气液两相，气相组成为 y_1，液相组成为 x_1，由图上可看出，$y_1>x_F>x_1$。将气液两相分离，将组成为 y_1 的气相混合物温度降低至 T_2，使之进行部分冷凝，可得到组成为 x_2 的液相和组成为 y_2 的气相。继续将组成为 y_2 的气相进行部分冷凝，又可得到组成为 x_3 的液相和组成为 y_3 的气相，由图上可看出，$y_3>y_2>y_1$。如此将气相混合物多次进行部分冷凝后，最终在气相中可获得高纯度易挥发组分。同时，将组成为 χ_2 的液相混合物进行部分气化，则可得到组成为 x_2' 的液相和组成为 y_2' 的气相，继续将组成为 x_2' 的液相混合物进行部分气化，又可得到组成为 x_3' 的液相和组成为 y_3' 的气相，由图可看出，$x_3'<x_2'<x_1$。如此将液相混合物多次进行部分气化后，最终在液相中可获得高纯度的难挥发组分。由此可见，经过多次部分气化和部分冷凝后，便可将液体混合物进行高纯度分离。

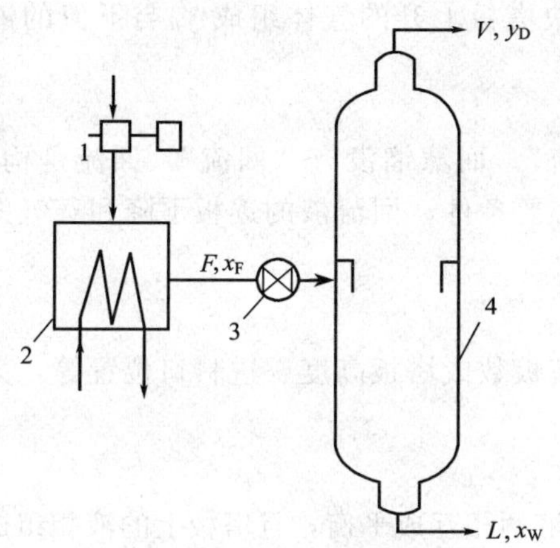

图 6-5　平衡蒸馏装置

1—泵；2—加热器；3—减压器；4—分离器

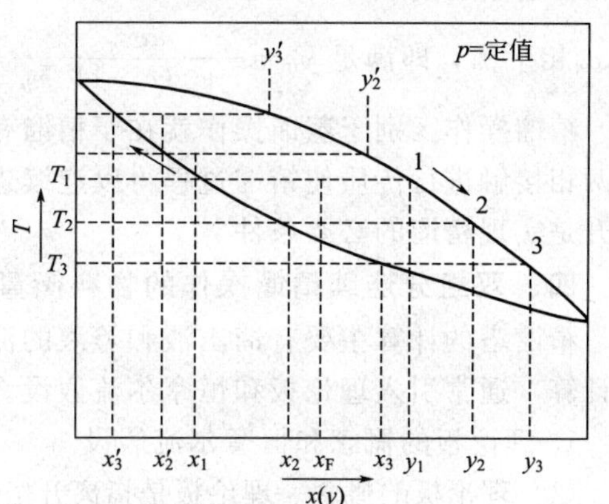

图 6-6　精馏原理

在实际工业生产中，多次部分气化与多次部分冷凝合并于同一个塔即精馏塔中进行，精馏装置流程如图 6-7 所示，主要设备由精馏塔、再沸器、全凝器等组成。原料液经过预热器预热到一定的温度从精馏塔的加料板处进入精馏塔，与塔上部流下的液体汇合后逐板下流，最后流入塔底部的再沸器中。从再沸器中连续地取出部分液体作为塔底产品，部分液体气化，产生蒸气送入塔内，蒸气逐板上升，最后被冷凝成液体，一部分液体被送回塔顶作为回流液，另一部分液体冷凝后被送出作为塔顶产品。塔顶产品主要成分是轻组分，塔底产品（釜残液）主要成分是重组分。

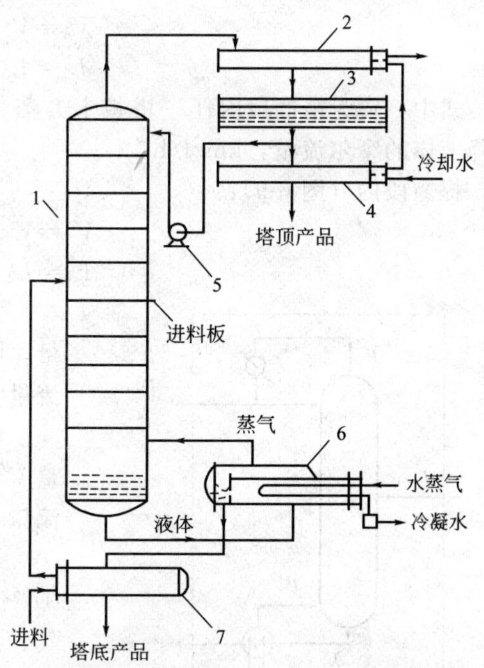

图 6-7　连续精馏操作流程

1—精馏塔；2—全凝器；3—贮槽；4—冷却器；5—回流液泵；6—再沸器；7——原料液预热器

在精馏塔中，当某块塔板上的浓度与原料的浓度相近或相等时，料液由此板加入，该板称为加料板，加料板把精馏塔分成两段，上段为精馏段，下段为提馏段（包括加料板）。在整个精馏塔中，气液两相在塔中呈逆流流动，蒸气从塔底上升，液体从塔顶下流，在每层塔板上气液两相相互接触，进行传质传热。通过传质传热，气相中的重组分冷凝进入液相，使液相中的重组分含量增大，液相中的轻组分气化进入气相，使气相中的轻组分含量增大。若两相在塔板上接触时间足够长，则可以认为从每块塔板上升的气体组成 y_n 与下流的液体组成 x_n 相平衡，即满足 $y_n=\frac{\alpha x_n}{1+(\alpha-1)x_n}$。

精馏操作区别于蒸馏操作就在于精馏有“回流”，而蒸馏没有“回流”，回流是构成气、液两相接触进行传质使精馏过程得以连续进行的必要条件，回流液的逐板下降和蒸气的逐板上升是实现精馏的必要条件。

四、双组分连续精馏操作的物料衡算

精馏塔的计算主要有馏出液和釜液的流量、塔板数或塔板高度、进料口位置等，为了简化计算，通常引入理论板和恒摩尔流假设。

1. 理论板的概念和恒摩尔流假设

（1）理论板的概念　理论板是指离开塔板的气液两相互成平衡，且塔板上的液相组成也可视为是均匀的板。实际上，由于气液两相在塔板上接触的时间和面积都是有限的，因此气液两相难以达到平衡状态，也就是说理论板是不存在的，但它可作为实际板效率的依据和标准。

（2）恒摩尔流假设　恒摩尔流假设是指在无进料或出料的塔段中，各塔板上升蒸气的摩尔流量都是相等的，各塔板下降液体的摩尔流量也都相等。但上升蒸气的摩尔流量与下降液体的摩尔量不相等，因此精馏段内（图 6-8）：

$$V_1=V_2=\cdots=V_n=V$$

$$L_1=L_2=\cdots=L_n=L \qquad \text{但是 } V\neq L。$$

式中，V 为精馏段内任一塔板上升蒸气的摩尔流量，kmol/h；L 为精馏段内任一塔板下降液体的摩尔流量，kmol/h。

提馏段内（图 6-9）：

$$V_1'=V_2'=\cdots=V_n'=V'$$

$$L_1'=L_2'=\cdots=L_n'=L' \text{但是 } V'\neq L'。$$

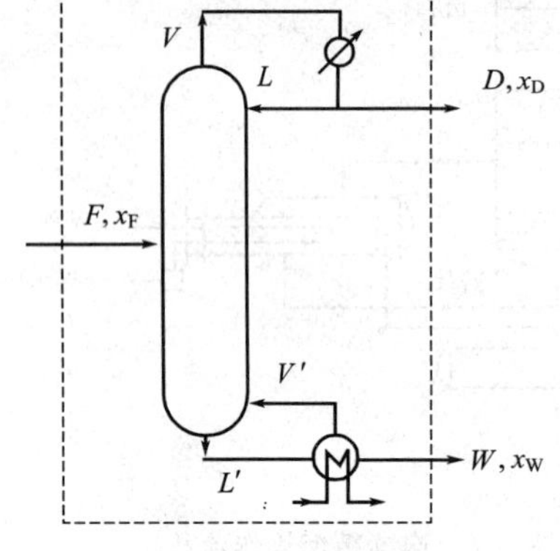

图 6-8　全塔物料衡算

式中，V' 为提馏段内任一塔板上升蒸气的摩尔流量，kmol/h；L 为提馏段内任一塔板下降液体的摩尔流量，kmol/h。

精馏段上升蒸气的流量 V 与提馏段上升蒸气的流量 V'，精馏段下降液体的流量 L 与提馏段下降液体的流量 L' 是否相等，需由进料状况而定。

通过热量衡算可知恒摩尔流假设成立的条件是：① 气、液中各组分的摩尔气化热相等；② 进出塔板的气、液温度差小，显热差可以忽略；③ 精馏塔的保温性能好，同外界没有热交换。

2. 全塔物料衡算

通过对精馏塔进行全塔物料衡算，可以求出精馏产品流量、组成和回收率等。如图 6-8 所示，对连续精馏塔作全塔物料衡算，可得

总物料衡算
$$F=D+W \tag{6-17}$$

轻组分物料衡算
$$Fx_F=Dx_D+Wx_W \tag{6-18}$$

式中，F 为原料流量，kmol/h；D 为塔顶产品流量，kmol/h；W 为塔底产品流量，kmol/h；x_F为原料组成，摩尔分数；x_D为塔顶产品（馏出液）组成，摩尔分数；x_W为塔底产品（釜液）组成，摩尔分数。

在实际生产中，原料流量 F 和原料组成 x_F是已知的，塔顶产品组成 x_D和塔底产品组成 x_W是分离工艺所要求的，这些量都不能自由选择，所以，联立式(6-17）和式（6-18）就可以求出塔顶产品流量 D 和塔底产品流量 W。

对精馏过程的分离程度有时还用回收率表示。回收率包括塔顶轻组分的回收率和塔底重组分的回收率，但常用塔顶轻组分的回收率来表示分离程度。

塔顶易挥发组分的回收率 $$\eta=\frac{Dx_D}{Fx_F}\times 100\% \tag{6-19}$$

塔底难挥发组分的回收率 $$\eta=\frac{W(1-x_W)}{F(1-x_F)}\times 100\% \tag{6-20}$$

【例 6-4】 将 $F=65$kmol/h，$x_F=40\%$的 A-B 双组分原料送入连续精馏塔中进行分离，要求 x_W为 0.02，塔顶轻组分的回收率为 97%，试求釜液流量 W、馏出液流量 D 和其组成x_D。

解： 由 $\frac{Dx_D}{Fx_F}=0.97$，得 $Dx_D=0.97Fx_F$

轻组分物料衡算 $Fx_F=Dx_D+Wx_W=0.97Fx_F+W\times 0.02$

整理成 $0.03Fx_F=0.02W$

代入数据 $0.03\times 65\times 0.40=0.02W$，可求出 $W=39$（kmol/h）

由全塔物料衡算 $F=D+W$，得 $D=F-W=65-39=26$（kmol/h）

由 $\frac{Dx_D}{Fx_F}=0.97$，得 $x_D=\frac{0.97Fx_F}{D}=\frac{0.97\times 65\times 0.40}{26}=0.97$

所以釜液流量 W 为 39kmol/h，馏出液流量 D 为 26kmol/h，其组成 x_D为 0.97。

3. 精馏段物料衡算和操作线方程

如图 6-9 所示，作包括全凝器到第 n 板（精馏段）的物料衡算。

总物料衡算 $$V=L+D \tag{6-21}$$

轻组分衡算 $$Vy_{n+1}=Lx_n+Dx_D \tag{6-22}$$

式中，V 为精馏段内每块塔板上升蒸气的摩尔流量，kmol/h；L 为精馏段内每块塔板下降液体的摩尔流量，kmol/h；y_{n+1}为第 $n+1$ 块板上升蒸气的组成，摩尔分数；x_{n+1}为第 n 块板下降液体的组成，摩尔分数。

将式(6-21）代入式(6-22)，得 $$y_{n+1}=\frac{L}{V}x_n+\frac{D}{V}x_D=\frac{L}{L+D}x_n+\frac{D}{L+D}x_D \tag{6-23}$$

式(6-23）右边分子分母同除以 D，令 $\frac{L}{D}=R$，R 称为回流比，则

$$y_{n+1}=\frac{R}{R+1}x_n+\frac{1}{R+1}x_D \quad \text{或} \quad y=\frac{R}{R+1}x+\frac{1}{R+1}x_D \tag{6-24}$$

式(6-24）称为精馏段操作线方程，它表示在精馏段内，任意相邻的两块塔板之间上升蒸气与下降液体组成之间的关系。

由恒摩尔流假设可知，L、V 为常数，连续稳定操作下 D、x_D为定值，则 R 也为定值，所以精馏段操作线方程在 x-y 图中为一条直线，斜率为$\frac{L}{D}$或$\frac{R}{R+1}$，截距为$\frac{Dx_D}{V}$或$\frac{x_D}{R+1}$。

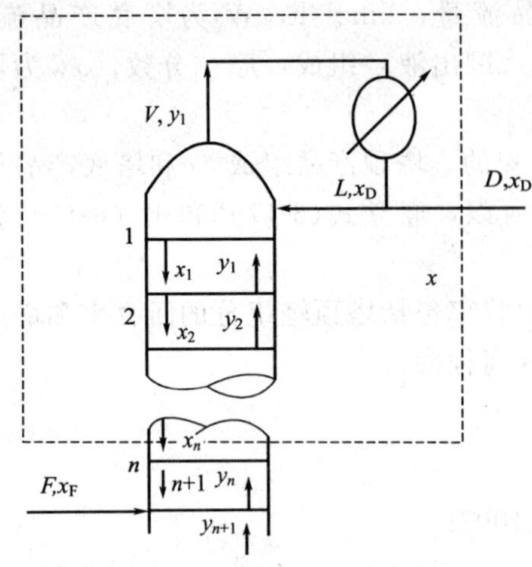

图 6-9　精馏段物料衡算

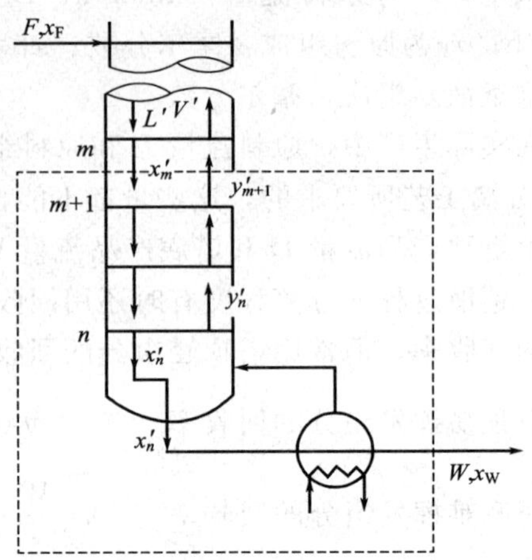

图 6-10　提馏段物料衡算

当 $x_n=x_D$时，$y_{n+1}=\dfrac{R}{R+1}x_D+\dfrac{1}{R+1}x_D=x_D$，故精馏段操作线过对角线 $y=x$ 上的点（x_D，x_D）。

4．提馏段物料衡算和操作线方程

如图 6-10 所示，作包括 $m+1$ 板到再沸器（提馏段）的物料衡算。

总物料衡算　　$$L'=V'+W \tag{6-25}$$

轻组分衡算　　$$L'x_m=V'y_{m+1}+Wx_W \tag{6-26}$$

式中，V'为提馏段内每块塔板上升蒸气的摩尔流量，kmol/h；L'为提馏段内每块塔板下降液体的摩尔流量，kmol/h；y_{m+1}为第 $m+1$ 块塔板上升蒸气的组成，摩尔分数；x_m为第 m 块塔板下降液体的组成，摩尔分数。

将式(6-25) 代入式(6-26)，得

$$y_{m+1}=\frac{L'}{V'}x_m-\frac{W}{V'}x_W=\frac{L'}{L'-W}x_m-\frac{W}{L'-W}x_W \text{或} y=\frac{L'}{L'-W}x-\frac{W}{L'-W}x_W \tag{6-27}$$

式(6-27) 称为提馏段操作线方程，它表示在提馏段内任意两块塔板间上升蒸气与下降液体组成之间的关系。

5．进料热状况及进料线方程

(1) 进料热状况　进料热状况不同，影响提馏段下降液体的量 L'的值。进料热状况对 L'的影响，可通过进料热状况参数 q 值来表示：

$$q=\frac{\text{将 1kmol 进料变成饱和蒸气所需的热量}}{\text{1kmol 原料液的摩尔气化焓}} \tag{6-28}$$

q 的定义式为 $q=\dfrac{L'-L}{F}$，即

$$L'=L+qF \tag{6-29}$$

将式(6-29) 代入式(6-27)，则提馏段操作线方程可写成

$$y_{m+1}=\frac{L+qF}{L+qF-W}x_m-\frac{W}{L+qF-W}x_W \tag{6-30}$$

通过对加料板作总物料衡算，可得到

$$V=V'+(1-q)F \tag{6-31}$$

式(6-30) 和式(6-31) 为 L 与 L'、V 与 V'的定量关系式。

q 值又称为进料热状况参数，根据 q 值的不同，可将进料分为以下五种情况：

① 过冷液体进料。$q>1$，$L'>L+F$，$V<V'$。

② 泡点液体（饱和液体）进料。$q=1$，$L'=L+F$，$V=V'$。

③ 气液混合物进料。$0<q<1$，$L'>L$，$V>V'$。

④ 露点气体（饱和蒸气）进料。$q=0$，$L'=L$，$V=V'+F$。

⑤ 过热蒸气进料。$q<0$，$L'<L$，$V>V'+F$。

五种不同的进料状况对进料板上、下各股流的影响可用图 6-11 表示。

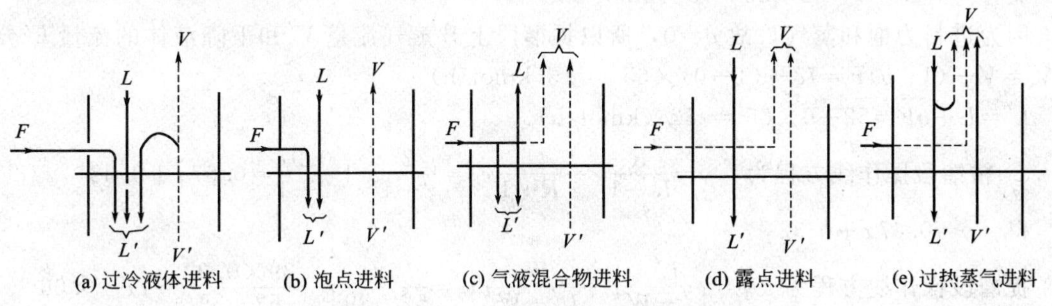

图 6-11　进料状况对进料板上、下各股流的影响

(2) 进料线方程　进料线方程又称为 q 线方程，由于进料板是精馏段与提馏段的交汇处，故 q 线方程应通过精馏段操作线与提馏段操作线的交点。

联立精馏段操作线方程式(6-24) 和提馏段操作线方程式(6-27) 可得

$$y=\frac{q}{q-1}x-\frac{x_F}{q-1} \tag{6-32}$$

式(6-32) 称为进料线方程，又称 q 线方程，它是精馏段与提馏段操作线交点的轨迹方程，在一定的进料状况下，q 和 x_F 为定值，所以 q 线方程在 x-y 图中为一条直线，斜率为 $\frac{q}{q-1}$，截距为 $\frac{-x_F}{q-1}$。当 $x=x_F$ 时，$y=\frac{q}{q-1}x_F-\frac{x_F}{q-1}=x_F$，故 q 线过对角线 $y=x$ 上的点（x_F，x_F）。

不同的进料状况，q 值不同，q 线的斜率也不同，q 线所处象限也不同，如图 6-12 所示。

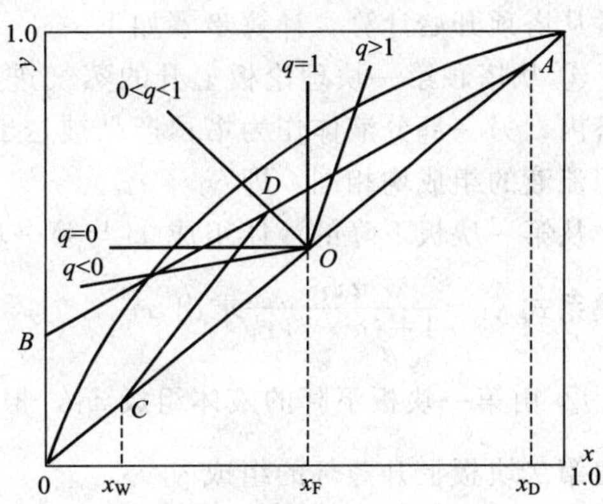

图 6-12　不同进料状况下的 q 线位置

① 过冷液体进料，$\frac{q}{q-1}>0$，q 线位于第一象限。

② 泡点液体（饱和液体）进料，$\frac{q}{q-1}=\infty$，q 线为过点（x_F，x_F）的垂线。

③ 气液混合物进料，$\frac{q}{q-1}<0$，q 线位于第二象限。

④ 露点气体（饱和蒸气）进料，$\frac{q}{q-1}=0$，q 线为过点（x_F，x_F）的水平线。

⑤ 过热蒸气进料，$\frac{q}{q-1}>0$，q 线位于第三象限。

【例 6-5】 在例 6-4 中，若以饱和蒸气进料，且回流比为 2，试求：①精馏段和提馏段内上升蒸气及下降液体的摩尔流量；②写出精馏段和提馏段的操作线方程。

解： 由例 6-4 中可知 $F=65\text{kmol/h}$，$x_W=0.02$，$W=39\text{kmol/h}$，$D=26\text{kmol/h}$，$x_D=0.97$。

① 由 $R=\dfrac{L}{D}$ 得 $L=RD=2\times26=52$（kmol/h）

又有 $V=L+D=52+26=78$（kmol/h）

因为进料为饱和蒸气，故 $q=0$，所以提馏段上升蒸气流量 V' 和下降液体的流量 L' 分别为 $V'=V-(1-q)F=78-(1-0)\times65=13$(kmol/h)

$L'=L+qF=52+0\times65=52$（kmol/h）

② 精馏段操作线方程为 $y=\dfrac{R}{R+1}x+\dfrac{1}{R+1}x_D=\dfrac{2}{2+1}x+\dfrac{0.97}{2+1}=0.67x+0.32$

得 $y=0.67x+0.32$

提馏段操作线方程为 $y=\dfrac{L'}{L'-W}x-\dfrac{W}{L'-W}x_W=\dfrac{52}{52-39}x-\dfrac{39\times0.02}{52-39}=4x-0.06$

得 $y=4x-0.06$

6. 精馏塔板数的确定

（1）理论板数的确定 理论板数的确定常用的方法有逐板计算法和图解法。随着计算机技术的普及应用，逐板计算法已经成为一种较为理想的计算方法，这里主要介绍逐板计算法。

精馏塔顶为全凝器，蒸气在全凝器中全部冷凝成液体，回流液为饱和液体，逐板计算法通常从塔顶开始计算，计算步骤如下。

① 从塔顶第一块理论板上升的蒸气进入全凝器后全部被冷凝，部分液体作为回流液流回塔内，另一部分液体作为塔顶产品被送出，所以第一块理论板上升蒸气的组成与塔顶产品及回流液的组成均相同，即 $y_1=x_D$。

从第一块板下降的液体组成 x_1 与第一块板上升蒸气组成 y_1 互成平衡，故可由气液相平衡关系式 $y_1=\dfrac{\alpha x_1}{1+(\alpha-1)x_1}$ 求出 x_1。

② 由第一块板下降的液体组成 x_1，根据精馏段操作线方程 $y_2=\dfrac{R}{R+1}x_1+\dfrac{1}{R+1}x_D$，可求出第二块板上升蒸气的组成 y_2。

从第二块板下降的液体组成 x_2 与 y_2 互成平衡，同理可由气液相平衡关系式求得 x_2。

③ 由 x_2 根据精馏段操作线方程求得 y_3，如此重复计算，直至计算到 $x_n\leqslant x_F$（仅指泡点进料的情况）为止。第 n 块板为加料板，加料板为提馏段的第一块板，因此精馏段所需的理论板数为 $n-1$。在计算过程中，每利用一次平衡关系，表示需要一块理论塔板。对其他进料热状况，计算到 $x_n\leqslant x_q$，x_q 为精馏段操作线与提馏段操作线交点的横坐标。

④ 接着计算提馏段所需板数。从 $x_1'=x_n$ 开始，改用提馏段操作线方程和气、液相平衡关系式，用同样的方法进行逐板计算，一直计算到 $x_m'\leqslant x_W$ 为止。对于再沸器，离开它的气液两相达到平衡，相当于一块理论塔板，所以提馏段所需的理论板数为 $m-1$。全塔的理论板数为 $n+m-2$。

逐板计算法计算过程繁琐，但计算结果准确，适用于计算机编程计算。

【例 6-6】 在一常压连续精馏塔内分离苯-甲苯混合物，已知进料液流量为 80kmol/h，料液中苯含量为40%（摩尔分数，下同），泡点进料，塔顶馏出液含苯90%，要求苯回收率不低于90%，塔顶为全凝器，泡点回流，回流比为2，在操作条件下，物系的相对挥发度为2.47。请用逐板计算法计算所需的理论板数。

解：由苯的回收率计算塔顶产品流量：$D=\dfrac{\eta F x_F}{x_D}=\dfrac{0.9\times80\times0.4}{0.9}=32$（kmol/h）

由物料衡算计算塔底产品的流量和组成

$$W=F-D=80-32=48\ (\text{kmol/h})$$

$$x_W=\frac{Fx_F-Dx_D}{W}=\frac{80\times0.4-32\times0.9}{48}=0.067$$

已知回流比 $R=2$，所以精馏段操作线方程为

$$y_{n+1}=\frac{R}{R+1}x_n+\frac{x_D}{R+1}=\frac{2}{2+1}x_n+\frac{0.9}{2+1}=0.67x_n+0.3 \tag{1}$$

提馏段操作线方程

$$L'=L+qF=L+F=RD+F=2\times32+80=144\ (\text{kmol/h})$$

$$V'=V-(1-q)F=V=L+D=(R+1)D=3\times32=96\ (\text{kmol/h})$$

$$y_{m+1}=\frac{L'}{V'}x_m-\frac{Wx_W}{V'}=\frac{144}{96}x_m-\frac{48\times0.0667}{96}=1.5x_m-0.033 \tag{2}$$

气、液相平衡关系式可写成 $x=\dfrac{y}{\alpha-(\alpha-1)y}=\dfrac{y}{2.47-1.47y}$　　(3)

利用精馏段操作线方程式(1)、提馏段操作线方程式（2）和气液相平衡关系式(3)，自上而下逐板计算所需理论板数。

因塔顶为全凝器，所以 $y_1=x_D=0.9$，由气液相平衡关系式(3)求得第一块板下降液体组成

$$x_1=\frac{y_1}{2.47-1.47y_1}=\frac{0.9}{2.47-1.47\times0.9}=0.785$$

利用精馏段操作线方程式(1)计算第二块板上升蒸气组成

$$y_2=0.667x_1+0.3=0.667\times0.785+0.3=0.824$$

利用气液相平衡关系式(3)求得第二块板下降液体组成

$$x_2=\frac{y_2}{2.47-1.47y_2}=\frac{0.824}{2.47-1.47\times0.824}=0.655$$

如此交替使用式(1)和式(3)计算，直到 $x_n\leqslant x_F$，然后改用提馏段操作线方程，即交替使用式(2)和式(3)计算，直到 $x_n\leqslant x_W$ 为止，计算结果见表6-3。

表6-3　各层塔板上的气液组成

项　目	1	2	3	4	5	6	7	8	9	10
y	0.9	0.824	0.737	0.652	0.587	0.515	0.419	0.306	0.194	0.101
x	0.785	0.655	0.528	0.431	$0.365<x_F$	0.301	0.226	0.151	0.089	$0.044<x_W$

精馏塔的理论塔板数为10－1＝9块，其中精馏段4块，提馏段5块，第5块为加料板。

（2）塔板效率　理论塔板指的是离开塔板的气液两相达到平衡，而实际上由于气液两相在塔板上的接触时间、接触面积有限，很难达到平衡，所以在生产中精馏塔所需的实际塔板数要多于理论塔板数。实际塔板数与理论塔板数的关系用塔板效率来表示，塔板效率分为单板效率和全塔效率。全塔效率等于全塔理论塔板数 N 与实际塔板数 N_P 之比，用 E_T 表示，即

$$E_T=\frac{N}{N_P} \tag{6-33}$$

式中，N_P为实际塔板数；N为理论塔板数；E_T为全塔效率。

全塔效率反映的是塔内各层塔板的平均传质效率，比较可靠的数据来自于生产及实验测定，对双组分混合液全塔效率多在0.5～0.7之间。

7. 回流比的选择

回流是精馏操作的必要条件，而回流比的大小又直接影响精馏塔设备费用和操作费用。回流比有两个极限值，上限是全回流时的回流比，即回流比无穷大，下限为最小回流比，适宜回流比介于这两者之间。

（1）全回流和最少理论塔板数　精馏塔塔顶上升蒸气经全凝器冷凝成液体后全部回流到塔内，这种回流方式称为全回流。在全回流操作下，塔顶产品量$D=0$，进料量$F=0$，塔底产品量$W=0$，即既不向塔内加料，也不从塔内取出产品，全塔无精馏段和提馏段之分，两操作线合二为一。

全回流时的回流比为$R=\frac{L}{D}=\frac{L}{0}=\infty$，因此精馏段操作线的斜率为$\frac{R}{R+1}=1$，精馏段操作线的截距为$\frac{x_D}{R+1}=0$。所以，在$x$-$y$相图（图6-13）上，操作线与对角线重合，故全回流时操作线方程为$y_{n+1}=x_n$。

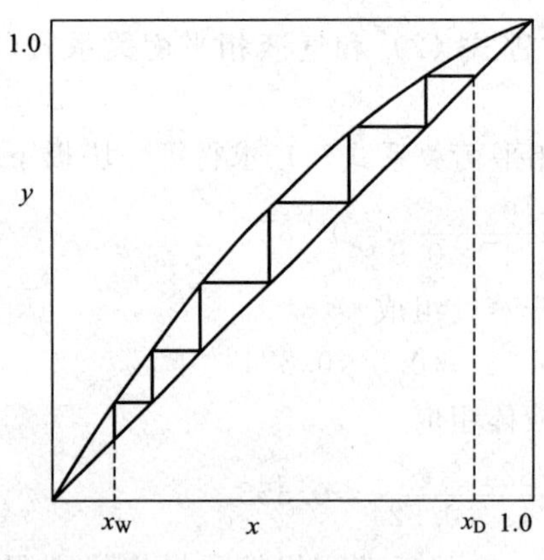

图6-13　全回流时理论板数

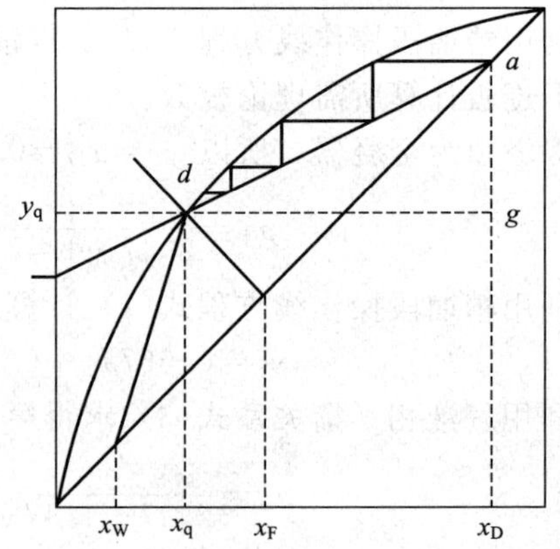

图6-14　最小回流比

全回流时操作线与平衡线间距离最远，表示塔内气液两相间的传质推动力最大，故所需的理论板数最少，以N_{min}表示。

N_{min}可在x-y相图上的对角线和平衡线之间绘梯级求得，如图6-14所示，也可用平衡线方程和对角线方程逐板计算得到，还可用芬斯克方程计算得到，即

$$N_{min}=\frac{\lg\left[\left(\frac{x_D}{1-x_D}\right)\times\left(\frac{1-x_W}{x_W}\right)\right]}{\lg\overline{\alpha}}-1 \tag{6-34}$$

式中，N_{min}为全回流时所需的最少理论塔板数（不包括再沸器）；$\overline{\alpha}$为全塔平均相对挥发度。

全回流操作的生产量为零，因此对正常生产没有实际意义，其主要在精馏设备的开车、调试和实验研究时采用。

（2）最小回流比　对一定的分离任务，若减小回流比，精馏段操作线在y轴上的截距

增大，两操作线向平衡线移动，达到指定分离程度（指定 x_D 和 x_W）所需的理论板数增多。当回流比减至某一数值时，两操作线的交点 d 落在平衡线上，见图 6-14。由图 6-15 所示，这时所需的理论板数为无穷多，这是一种不可能达到的极限情况，此时的回流比称为最小回流比，用 R_{min} 表示。最小回流比的数值可根据 $\frac{R_{min}}{R_{min}+1}=\frac{x_D-y_q}{x_D-x_q}$ 求出。R_{min} 为

$$R_{min}=\frac{x_D-y_q}{y_q-x_q} \tag{6-35}$$

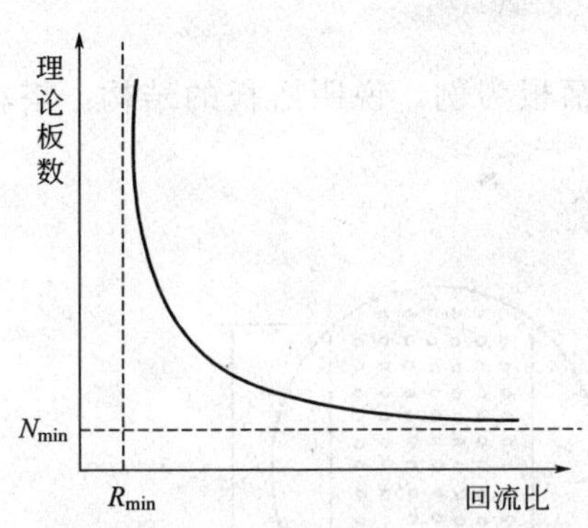

图 6-15　回流比与理论板数的关系

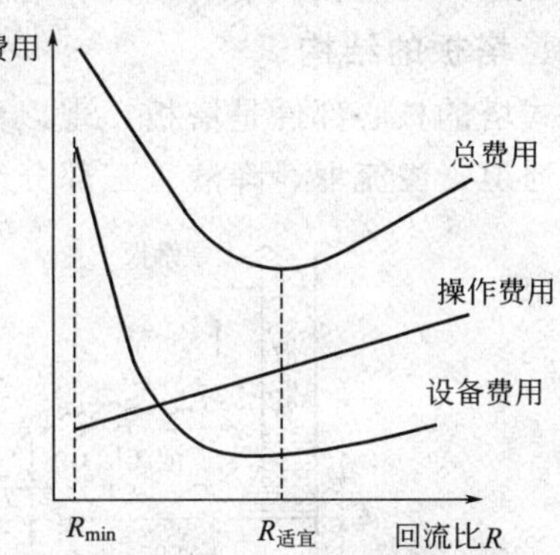

图 6-16　适宜回流比的确定

(3) 适宜回流比　最小回流比对应于无穷多塔板数，无疑此时的设备费用过大而不经济。增加回流比起初可显著降低所需塔板数（图 6-16），设备费用的明显下降能补偿操作费用（能耗）的增加。再增大回流比，所需理论板数下降缓慢，此时塔板费用的减少将不足以补偿操作费用的增长。此外，回流比的增加也将增大塔顶冷凝器和塔底再沸器的传热面积，设备费用又随回流比的增加而有所上升。

回流比与各种费用的关系如图 6-16 所示，显然总费用存在着一个最低点，与之对应的回流比即为最适宜回流比 $R_{适宜}$，一般最适宜回流比的数值范围是 $R_{适宜}=(1.1\sim2.0)R_{min}$。

【例 6-7】　在例 6-6 中，若回流比为最小回流比的 1.5 倍，试求精馏段操作线和提馏段操作线方程。

解： 已知 $F=80\text{kmol/h}$，$x_F=0.4$，$D=32\text{kmol/h}$，$x_D=0.9$，$W=48\text{kmol/h}$，$x_W=0.0667$，$\alpha=2.47$。因为泡点进料 $q=1$，故 $x_q=x_F$，由相平衡方程可知

$$y_q=\frac{\alpha x_q}{1+(\alpha-1)x_q}=\frac{2.47\times0.4}{1+(2.47-1)\times0.4}=0.622$$

$$R_{min}=\frac{x_D-y_q}{y_q-x_q}=\frac{0.9-0.622}{0.622-0.4}=1.25$$

$$R=1.5R_{min}=1.5\times1.25=1.88$$

精馏段操作线方程 $y_{n+1}=\frac{R}{R+1}x_n+\frac{x_D}{R+1}=\frac{1.88}{1.88+1}x_n+\frac{0.9}{1.88+1}=0.653x_n+0.313$

提馏段操作线方程

$$L'=L+qF=L+F=RD+F=1.88\times32+80=140\ (\text{kmol/h})$$

$$V'=V-(1-q)F=V=L+D=(R+1)D=2.88\times32=92\ (\text{kmol/h})$$

$$y_{m+1}=\frac{L'}{V'}x_m-\frac{Wx_W}{V'}=\frac{140}{92}x_m-\frac{48\times0.0667}{92}=1.52x_m-0.035$$

第四节　蒸馏设备

实现蒸馏过程是在气液传质设备中进行的，气液传质设备的形式多样，用得最多的是板式塔和填料塔。实际生产中，对年产量小的混合液的分离，通常使用填料塔。板式塔生产能力较大，塔板效率稳定，操作弹性大，且造价低，检修、清洗方便，故工业上应用较为广泛。本节主要讨论板式塔的结构和塔板的流体力学状况。

一、塔板的结构

板式塔的核心部件是塔板，现以图 6-17 所示的筛板为例，说明塔板的结构。塔板主要由气体通道、溢流堰、降液管三部分组成。

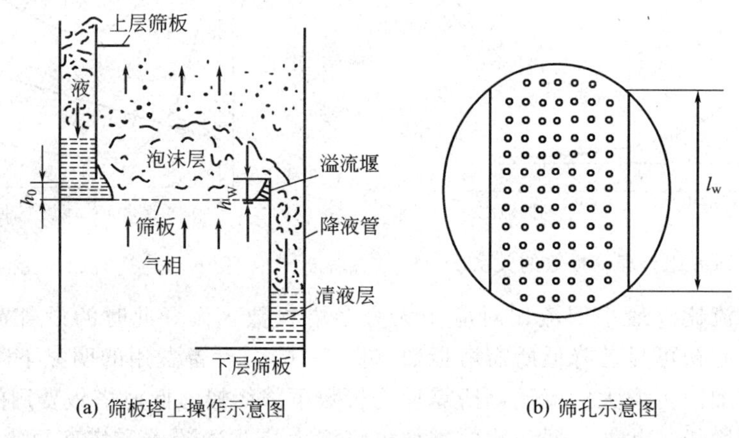

图 6-17　筛板塔板示意图

（1）气体通道　塔板上均匀的开有一定数量供气体自下而上流动的通道。气体通道的形式很多，对塔板性能的影响极大，各种形式的塔板主要区别就在于气相通道的形式不同。结构最简单的气相通道为筛孔，筛孔的直径通常是 3～8mm。目前大孔径（12～25mm）筛板也得到普遍地应用。

（2）溢流堰　在每层塔板的出口端通常装有溢流堰，板上的液层高度主要由溢流堰决定。最常见的溢流堰为弓形平直堰，其高度为 h_w，一般堰高 h_w 为 30～50mm，l_w 为溢流堰长度。

（3）降液管　降液管是液体在相邻塔板间自上而下流动的通道。液体经上层板的降液管流下，横向经过塔板，翻越溢流堰，进入本层塔板的降液管再流向下层塔板。为充分利用塔板的面积，降液管一般为弓形。降液管的下端离下层塔板应有一定高度（图中所示 h_0），使液体能通畅流出，为防止气体窜入降液管中，h_0 应小于堰高 h_w。

二、塔板的主要类型

按照塔内气液流动的方式，可将塔板分为逆流塔板与错流塔板两类。

逆流塔板亦称为穿流式塔板，分离效率低，应用较少；错流塔板广泛用于蒸馏、吸收等传质操作中。在工业生产中，以错流塔板应用最为广泛，常见的错流塔板有筛板塔板、泡罩塔板、浮阀塔板等。

（1）筛板塔板　如图 6-17 所示，塔板上开有许多均匀的小孔，孔径一般为 3～8mm。优点是结构简单、造价低，气体压降低，板上液面落差小，生产能力大，传质效率高；缺点是筛孔易堵塞，不宜处理易结焦、黏度大的物料。

（2）泡罩塔板　结构如图 6-18 所示，优点是操作弹性较大，塔板不易堵塞；缺点是结构复杂、造价高，板上液层厚，塔板压降大，生产能力及板效率较低。泡罩塔板已逐渐被筛板、浮阀塔板所取代，在新建塔设备中已很少采用。

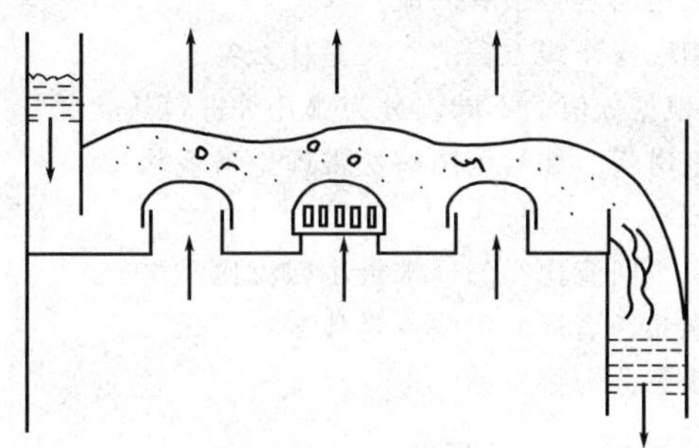

图 6-18　泡罩塔

（3）浮阀塔板　国内常用的有 V-4 型、F1 型及 T 型等，优点是结构简单、造价低，生产能力大，操作弹性大，塔板效率较高；缺点是处理易结焦、高黏度的物料时，阀片易与塔板黏结，在操作过程中有时会发生阀片脱落或卡死等现象，使塔板效率和操作弹性下降。

三、塔板的流体力学特性

气液两相的传热、传质与其在塔板上的流动状况密切相关，主要有气液两相的接触状态、漏液、液沫夹带、液泛等。

（1）塔板上气液两相的接触状态　塔板上气液两相的接触状态是决定板上两相流体力学及传质和传热规律的重要因素。如图 6-19 所示，当液体流量一定时，随着气速的增加，可以出现三种不同的接触状态：①鼓泡接触状态；②泡沫接触状态；③喷射接触状态。

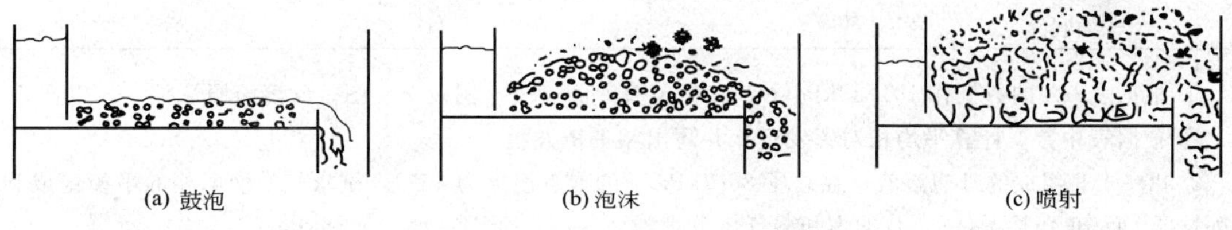

(a) 鼓泡　(b) 泡沫　(c) 喷射

图 6-19　塔板上气液两相接触状态

（2）漏液　当气体通过塔板的速度较小时，便会出现漏液现象，漏液的发生导致塔板效率下降，严重时会使塔板不能积液而无法正常操作。造成漏液的主要原因是气速太小和板面上液面落差所引起的气流分布不均匀，在塔板液体入口处液层较厚。

（3）液沫夹带　当气速较大，上升气流穿过塔板上液层时，会将部分液体分散成微小液滴，气体夹带着这些液滴在板间的空间上升，如液滴来不及沉降分离，则将随气体进入上层塔板，这种现象称为液沫夹带。影响液沫夹带量的因素很多，最主要的是空塔气速和塔板间距，空塔气速减小及塔板间距增大，可使液沫夹带量减小。

（4）液泛　塔板正常操作时，在板上维持一定厚度的液层，以和气体进行接触传质，如果液体充满塔板之间的空间，使塔的正常操作受到破坏，这种现象称为液泛。液泛的形成与气液两相的流量及塔板的结构特别是塔板间距等参数相关。

漏液、液沫夹带和液泛等现象，是使塔板效率降低甚至使操作无法进行的重要因素，因此应尽量避免这些异常操作现象的出现。

思 考 题

1. 精馏原理是什么？为什么精馏塔必须有回流？
2. 精馏段操作线方程和提馏段操作线方程的意义是什么？
3. q 线方程的意思是什么？根据 q 值的不同，分为哪几种进料热状况？
4. 如何用逐板计算法求理论塔板？如何用图解法求理论塔板数？
5. 怎样表示塔板效率？
6. 什么是全回流？什么是最小回流比？怎样求最小回流比？
7. 常见的塔板有哪几种？这几种塔板的优缺点是什么？
8. 塔板上气液两相的接触状态分为哪三种？

计 算 题

1. 苯（A）和甲苯（B）的饱和蒸气压数据见表 6-4。

表 6-4 不同温度下苯、甲苯的饱和蒸气压

温度/℃	苯饱和蒸气压 p_A^0/kPa	甲苯饱和蒸气压 p_B^0/kPa
80.2	101.6	39.1
84.1	114.6	44.7
88.0	128.5	50.8
92.0	144.2	57.8
96.0	161.4	65.6
100	180.0	74.2
104	200.4	83.6
108	221.2	94.0
110.4	236.6	100.7

① 根据表 6-4 的数据作 101.33kPa 下苯和甲苯溶液的 T-x-y 图及 x-y 图。此溶液服从拉乌尔定律。

② 根据表中数据计算平均相对挥发度，并写出相平衡方程。

2. 由 A、B 组成的理想溶液，在总压 26.7kPa 下的泡点温度为 45℃，试求气、液两相的平衡组成和相对挥发度。已知 45℃下，A、B 的饱和蒸气压分别为 $p_A^0=29.8$kPa，$p_B^0=9.88$kPa。

3. 在连续精馏塔中对甲醇-水溶液进行分离，已知原料液流量为 100kmol/h，其中甲醇的含量为 40%（摩尔分数，下同）。要求馏出液中 $x_D=95\%$，釜残液中 $x_W=5\%$，试求馏出液量 D 和釜残液量 W。

4. 将含 24%（摩尔分数，下同）易挥发组分的某液体混合物送入一连续精馏塔中进行分离，要求馏出液含 95%易挥发组分，釜液含 3%易挥发组分。送至冷凝器的蒸气摩尔流量为 850kmol/h，流入精馏塔的回流液为 670kmol/h。试求：①馏出液的流量、釜液的流量各为多少？②回流比 R 为多少？

5. 将组成为 0.4（摩尔分数，下同），流量为 100kmol/h 的甲醇-水溶液送入连续精馏塔中进行分离，要求馏出液组成为 0.95，釜液组成为 0.04，回流比为 2.5，试求塔顶和塔底产品流量、精馏段内回流液流量和提馏段内上升蒸气流量。

6. 用常压连续精馏塔分离 CS_2 和 CCl_4 的混合液。已知原料中含 CS_2 0.4，进料量为 110kmol/h，要求馏出液组成为 0.95，塔底釜液组成为 0.02（均为摩尔分数），操作回流比为 3，试求：①塔顶和塔底产品流量；②精馏段内气、液流量及精馏段操作线方程。

7. 某连续精馏塔操作中，泡点进料操作线方程如下：

精馏段 $y=0.72x+0.26$　　　提馏段 $y=1.25x-0.019$

试求：操作的回流比 R，馏出液组成 x_D、残液组成 x_W，泡点进料时的原料液组成 x_F。

8. 在连续精馏操作中，已知精馏段操作线方程为 $y=0.8x+0.21$，q 线方程为 $y=-0.5x+0.75$，试求：①q 值及原料液组成 x_F；②精馏段操作线和提馏段操作线的交点坐标。

9. 在常压连续精馏塔分离某苯-甲苯溶液，苯占 0.500（摩尔分数），要求塔顶馏出液含苯 0.900，塔釜残液含苯不大于 0.100。回流比选用 3.00，泡点进料，塔顶采用全凝器，塔釜采用间接蒸汽加热，试用逐板计算法求所需的理论塔板数。已知苯-甲苯的平均相对挥发度为 2.47。

10. 一常压操作的连续精馏塔中分离某理想溶液，原料液组成为 0.4，馏出液组成为 0.96（均为轻组分的摩尔分数），操作条件下，物系的相对挥发度 $\alpha=2.0$，若操作回流比是最小回流比的 1.5 倍，进料热状况参数 $q=1.5$，塔顶为全凝器，试计算塔顶第三块理论板上升的气相组成和下降液体的组成。

11. 一常压操作的精馏塔用来分离苯和甲苯的混合物。已知饱和蒸气进料，进料中含苯 0.5（摩尔分数，下同）。塔顶产品组成为 0.9，塔底产品组成为 0.03，塔顶为全凝器，泡点回流。原料处理器为 10kmol/h，系统的平均相对挥发度为 2.5，回流比是最小回流比的 1.166 倍。试求：①塔顶、塔底产品的流量；②塔釜中的上升蒸气流量；③塔顶第二块理论板上升蒸汽的组成。

第七章 吸　收

学习目标

[**掌握**] 相组成的表示方法及换算；吸收的气液相平衡关系及亨利定律；总传质速率方程及总传质阻力的概念；吸收的物料衡算、操作线方程及其图示方法；吸收剂最小用量和适宜用量的确定。

[**熟悉**] 理解对流传质的概念及双膜理论；传质系数与传质推动力的关系；吸收剂的选择。

[**了解**] 吸收操作的种类及基本流程；常见填料及其特性参数；填料塔的基本结构及主要部件。

吸收是利用液体溶剂分离气体混合物的单元操作，因此，吸收过程是一种气液两相间的相际传质过程。研究相际传质需要解决以下几个问题：①相际传质的物理模型，即相际传质是如何进行的？②传质方向，即当两相接触时，组分由哪一相转移到另一相？③传质推动力，组分在两相间转移的推动力是什么？④传质过程的限度，即当某组分由一相转移至另一相时，能否无限制地进行？⑤相际传质速率，即组分在两相间能以多大的速率进行传递，其表达形式如何？这些问题都与气液相平衡关系有关，我们将在第二、第三节结合气液相平衡关系详细讨论。

至于吸收过程的工程计算，本章主要讨论其物料衡算方程、操作线方程和吸收剂用量的计算，而较为复杂的一些设计型计算（如理论板数、填料层高度等），限于篇幅就不再述及了。

第一节 概　述

一、吸收及其应用

根据混合物中不同组分间某种物理或物理化学性质的差异，采用适当的方法和装置使之形成两相物系，并使其中某个组分（或某些组分）从一相转移到另一相，这样的过程属于物质传递过程或称传质过程。物质在一相内部由一处向另一处的转移也是传质过程。前者称为相际传质，后者称为相内传质。

在工业生产中，常常需要将气体混合物进行分离。根据混合物中不同组分的某种物理或化学性质的差异，可以采取不同的分离方法。吸收就是其中最常用的方法之一。吸收是根据气体混合物中各组分在某种溶剂中溶解度的不同，使混合气体与该液体充分接触，从而实现易溶组分与其他组分的分离。例如，用水处理空气-氨混合物，由于氨在水中溶解度很大，而空气在水中溶解度很小，所以大部分氨从空气转移至水中而与空气分离。

在吸收操作中所用的溶剂称为吸收剂，用 S 表示；气体中能溶于溶剂的组分称为溶质，用 A 表示；其他基本上不溶解的组分统称为惰性气体，用 B 表示。溶有溶质的溶液称为吸收液或简称溶液，吸收后的气体称为尾气，通常仍含有少量残余的溶质。

工业生产中有时还需将溶质从吸收后的溶液中分离出来，这种使溶质与吸收剂分离的操作称为解吸或脱吸。解吸是吸收操作的逆过程，通过解吸可使溶质气体得到回收，并使吸收剂得以再生循环使用。

吸收操作在生产中的应用主要有以下几个方面。

(1) 制取产品　将气体中某种成分用溶剂吸收，溶液作为产品或半成品。例如用水吸收 HCl 制取盐酸。

(2) 分离气体混合物　例如石化生产中用油吸收法分离裂解气。

(3) 气体净化　例如锅炉废气脱除 SO_2 以保护环境。

(4) 生化工程　例如柠檬酸的生产，通常采用深层发酵法，因为使用的是好气性菌，所以发酵过程必须给予大量空气以维持其正常代谢。

二、吸收操作的分类

在吸收过程中，有些没有明显的化学反应，可看作单纯的物理溶解过程，称为物理吸收，如用液态烃吸收气态烃；有的则伴有明显的化学反应，称为化学吸收，如用水吸收 NO_2 制硝酸。化学吸收比物理吸收要复杂得多。

在吸收过程中，如果混合气体中只有一个组分进入液相，其他组分的溶解可以忽略，则称为单组分吸收。如果有两个或多个组分能够溶解，则称为多组分吸收。

当气体溶解于液体中时，通常有溶解热产生，化学吸收时，还可能放出反应热，使液相温度逐渐升高，这样的吸收过程称为非等温吸收。若吸收过程的热效应较小，或吸收剂用量较大，则液相温度升高并不显著，可视为等温吸收。

另外，按吸收过程的操作压强还可分为常压吸收和加压吸收。

本章主要讨论单组分、等温、常压下的物理吸收过程。

三、吸收流程和设备

如图 7-1 所示，含二氯乙烷的气体在常温下由底部进入吸收塔，煤油从塔顶淋入，在混合气体与煤油的接触过程中，二氯乙烷逐步溶解于煤油，使塔顶气体中二氯乙烷的含量降至允许值放空，溶有较多二氯乙烷的煤油（富油）由塔底排出。为提取富油中的二氯乙烷并使煤油能够再次使用（再生），将富油送至解吸塔顶淋下，塔底通入过热水蒸气，煤油中的二氯乙烷在高温下从油相中分离出来被水蒸气带走，经冷凝分层将水除去，得到粗二氯乙烷液体，脱除溶质的煤油（贫油）经冷却后作为溶剂送回吸收塔循环使用。

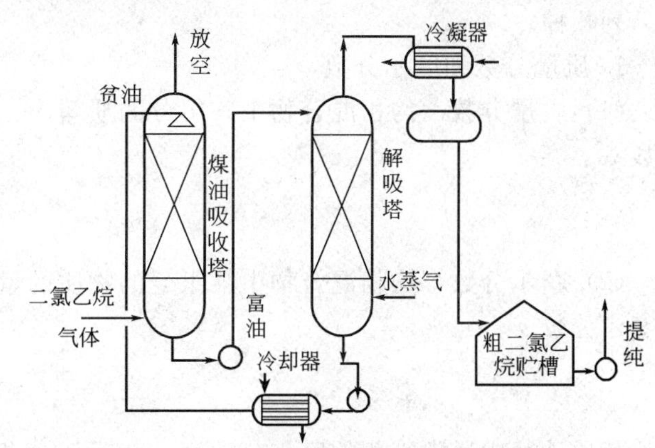

图 7-1　回收二氯乙烷流程示意图

由此可见，采用吸收操作分离气体混合物必须解决三个方面的问题：

① 选择合适的吸收剂；

② 提供适当的气液传质设备，使气液两相充分接触，使溶质从气相转移至液相；

③ 吸收剂的再生和循环使用。

吸收过程是在吸收设备中进行的，其中最常用的是塔式设备，从结构形式上它可分为板式塔与填料塔两大类。如图 7-2 所示。

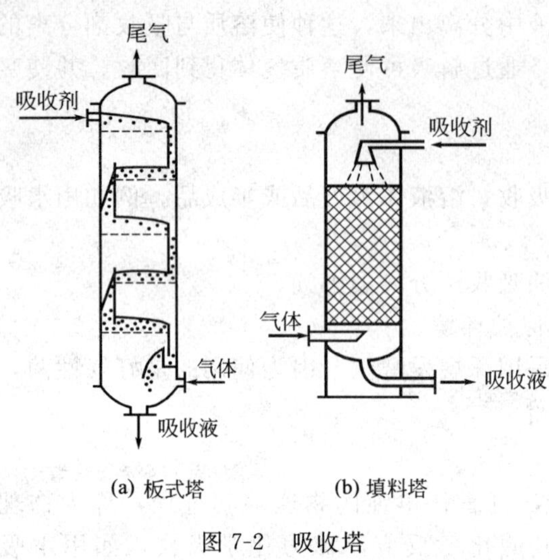

(a) 板式塔　　(b) 填料塔

图 7-2　吸收塔

图 7-2（a）为板式吸收塔示意图。液体从塔顶进入，气体自下而上穿过塔板与液体接触。每经过一块塔板，气体中溶质的浓度便阶跃式地下降一次；而液体中溶质的浓度则逐板升高。所以，板式塔是逐级接触式的传质设备。

图 7-2（b）为填料吸收塔的示意图。塔内填充瓷环等类的填料，液体自塔顶均匀地淋下并沿填料表面下流，气体由下而上通过填料间的空隙上升，与液体进行连续的逆流接触。气体中的溶质不断地转移到液体中，其浓度自下而上不断降低；而液体中的溶质浓度由上而下不断升高。所以，填料塔是连续接触式的传质设备。

第二节　吸收的气液相平衡关系

吸收是气液两相间的物质传递过程，机理比较复杂，涉及两相相内组分浓度的变化。因此，作为基础知识，我们先来讨论相组成（或浓度）的表示方法。

一、相组成的表示方法

所谓相组成，就是在混合物体系中各组分的相对数量关系，可用多种方法表示，常用的有下列几种。

1. 质量分数和摩尔分数

（1）质量分数　均相混合物中某组分的质量 m_A 占总质量 m 的分数称为组分 A 的质量分数 w_A：

$$w_A = \frac{m_A}{m}$$

（2）摩尔分数　均相混合物中某组分的物质的量 n_A 占总物质的量 n 的分数称为组分 A 的摩尔分数 x_A：

$$x_A = \frac{n_A}{n}$$

传质计算中通常液相的摩尔分数用 x 表示，气相的摩尔分数用 y 表示，以便于区分。

显然，混合物中所有组分的质量分数之和、摩尔分数之和都为 1。

质量分数、摩尔分数之间可以相互换算：

$$n_i = \frac{m_i}{M_i} = \frac{m w_i}{M_i}$$

式中，M_i 为 i 组分的千摩尔质量（数值上等于其分子量），kg/kmol。

$$x_i = \frac{n_i}{n} = \frac{\dfrac{m w_i}{M_i}}{m \sum\limits_i \dfrac{w_i}{M_i}} = \frac{\dfrac{w_i}{M_i}}{\sum\limits_i \dfrac{w_i}{M_i}} \tag{7-1}$$

可推得

$$w_i=\frac{m_i}{m}=\frac{x_iM_i}{\sum_i x_iM_i} \tag{7-2}$$

2. 质量比和摩尔比

在物料衡算中，有时以某一组分为基准来表示混合物中其他组分的组成会给计算带来方便。对于双组分（A+B）物系，若以 B 为基准，A 组分的组成可以表示为：

（1）质量比 $$W=\frac{m_A}{m_B}$$

（2）摩尔比 $$X=\frac{n_A}{n_B}$$

传质计算中通常液相的摩尔比用 X 表示，气相的摩尔比用 Y 表示，以便于区分。

质量比与质量分数的关系是：

$$W=\frac{m_A}{m_B}=\frac{mw_A}{mw_B}=\frac{w_A}{w_B}=\frac{w}{1-w} \tag{7-3}$$

由式（7-3）不难推得：

$$w=\frac{W}{1+W} \tag{7-4}$$

摩尔比与摩尔分数的关系是：

$$X=\frac{n_A}{n_B}=\frac{nx_A}{nx_B}=\frac{x_A}{x_B}=\frac{x}{1-x} \tag{7-5}$$

类似有：

$$x=\frac{X}{1+X} \tag{7-6}$$

3. 质量浓度和摩尔浓度

（1）质量浓度　质量浓度是指单位体积混合物内所含物质的质量。对于 i 组分，有

$$\rho_i=\frac{m_i}{V}$$

式中，ρ_i 为混合物中 i 组分的质量浓度，kg/m^3；V 为混合物的总体积，m^3。

（2）摩尔浓度　摩尔浓度是指单位体积混合物内所含的物质的量。对于 i 组分，有

$$c_i=\frac{n_i}{V}$$

式中，c_i 为混合物中 i 组分的摩尔浓度，$kmol/m^3$。

质量浓度与摩尔浓度的关系是：

$$\rho_i=\frac{m_i}{V}=\frac{n_iM_i}{V}=c_iM_i \tag{7-7}$$

4. 理想气体混合物中组成的表示方法

对于气体混合物，在压强不太高、温度不太低的情况下，可视为理想气体，则对于 A 组分，有：

（1）摩尔分数 $$y_A=\frac{p_A}{p} \tag{7-8}$$

（2）摩尔浓度 $$c_A=\frac{n_A}{V}=\frac{p_A}{RT} \tag{7-9}$$

（3）摩尔比 $$Y_A=\frac{n_A}{n_B}=\frac{p_A}{p_B} \tag{7-10}$$

式中，p_A、p_B 为气体混合物中组分 A、B 的分压，kPa；p 为混合气体的总压，kPa。

【例 7-1】 某吸收塔在常压、20℃下操作，已知原料混合气体中含 CO_2 25%（体积分数），其余为 N_2、H_2 和 CO（可看作惰性组分），试分别计算以摩尔分数、摩尔比和摩尔浓度表示的原料混合气中的 CO_2 组成。

解：系统可视为由溶质 CO_2 和惰性组分构成的双组分系统。

摩尔分数：理想气体的体积分数就等于摩尔分数，所以 $y_A=0.25$

摩尔浓度：由分压定律得

$$p_A=py_A=101.3\times0.25=25.33\ (\text{kPa})$$

所以
$$c_A=\frac{p_A}{RT}=\frac{25.33}{8.314\times293}=0.0104\ (\text{kmol/m}^3)$$

摩尔比由式（7-5）可知

$$Y_A=\frac{y_A}{1-y_A}=\frac{0.25}{1-0.25}=0.333$$

二、气体在液体中的溶解度

在恒定的温度与压强下，当一定量的溶剂与混合气体接触时，溶质便向液相中转移（溶解），使液相中溶质的浓度增加。气液两相充分接触一段时间后，液相中溶质逐渐达到饱和，浓度不再发生变化。此时，在任何瞬间进入液相的溶质分子数与从液相中逸出的溶质分子数恰好相等，这种状态称为相际动平衡，简称相平衡。相平衡状态下气相中的溶质分压称为平衡分压或饱和分压，液相中溶质的浓度称为平衡浓度或平衡溶解度（简称溶解度）。

将平衡时溶质在气液两相中相组成的对应关系绘制在坐标图上，得到的曲线即为溶解度曲线。图中气液相组成可用不同的方法表示。图 7-3 所示为不同温度下氨在水中的溶解度曲线，其中气相组成用氨在气体中的分压表示，液相组成用氨在液体中的摩尔分数表示。图 7-4 所示为常压下 SO_2 在水中的溶解度曲线，气液相组成均以摩尔分数表示。

图中的每一条曲线都分别表示了在一定温度和压强下，溶质的气相组成与液相组成的相平衡关系，因此，也称为平衡线。

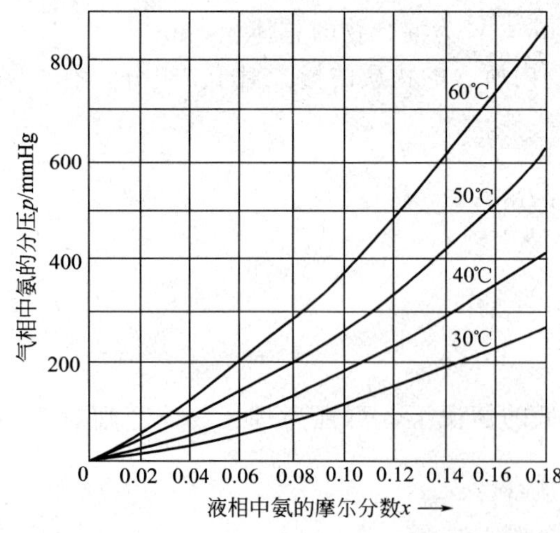

图 7-3 氨在水中的溶解度

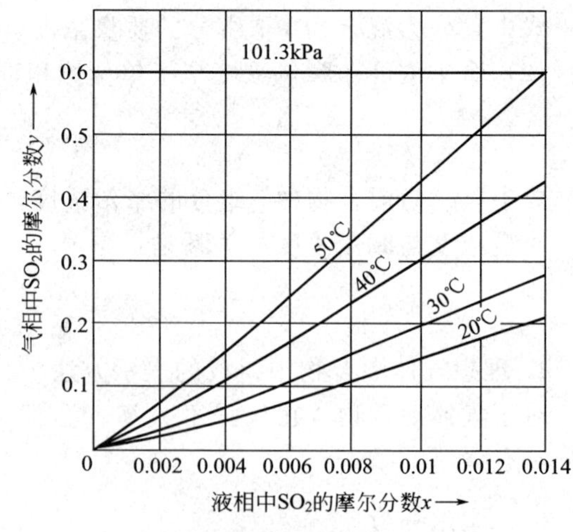

图 7-4 常压下 SO_2 在水中的溶解度

影响溶解平衡关系的主要因素有以下几点。

（1）吸收剂的性质　吸收剂对溶质的溶解度有极大的影响。例如，在 25℃、分压为 101.3kPa 时，乙炔在水中的平衡摩尔分数为 0.00075；而在含水 4%（质量分数）的二甲基甲酰胺中的平衡摩尔分数为 0.0747，几乎是前者的 100 倍。在同一溶剂中，不同气体的溶解度也有很大的差异。也正是由于各种气体在同一溶剂中溶解度有所不同（即吸收剂对气体的选择性），才有可能利用吸收操作将气体混合物分离。所以，选择适当的吸收剂，对吸收操作有着重要的意义。

（2）总压强的影响　实验结果表示，当总压不太高（视物系而异，一般约小于500kPa）、气体混合物可视为理想气体时，总压的变化并不改变分压与溶解度之间的对应关系。即溶质的溶解度由气相中溶质的分压决定，而与总压无关。但是，当气相组成不以分压而用其他方法表示时（例如，保持气相中溶质的摩尔分数 y 不变），那么总压改变则溶质分压也相应改变（$p_A = py$）。此时，总压会对溶解度有很大影响。

（3）温度的影响　由于大多数气体在溶解时会放出溶解热，因此，其他条件不变时，一般的规律是温度越高平衡曲线越陡，即溶解度越小。参见图 7-3、图 7-4。

由以上分析可知，采用溶解度大、选择性好的吸收剂，提高操作压强和降低操作温度对吸收有利。

三、亨利定律

亨利定律是稀溶液重要的经验定律，其定义是：在低压（通常指总压小于 0.5MPa）和一定温度下，气液相达到平衡状态时，可溶气体在气相中的平衡分压与在液相中的浓度关系可用通过原点的直线表示，即气液相浓度成正比。其数学表达式为：

$$p_A^* = Ex_A \tag{7-11}$$

式中，p_A^* 为溶质在气相中的平衡分压，kPa；x_A 为溶质在液相中的摩尔分数；E 为亨利系数，kPa。

亨利系数由实验测定，其数值随物系的特性及温度而异，通常其值随温度上升而增大。常见物系的亨利系数可从有关手册中查得。亨利系数越大，气体的溶解度越小。

由于互成平衡的气液两相浓度各可采用不同的表示方法，因而亨利定律有不同的表达形式。若溶质在液相中的浓度用摩尔浓度 c 表示，则亨利定律可表示为：

$$p_A^* = \frac{c_A}{H} \tag{7-12}$$

式中，c_A 为单位体积溶液中溶质的物质的量，kmol/m^3；H 为溶度系数，kmol/(m^3·kPa)。

在亨利定律适用的范围内，H 是温度的函数，而与 p_A、c_A 无关。对于一定的气体和一定的溶剂，其值一般随温度的升高而减小。

若溶质在液相和气相中的浓度分别用摩尔分数 x 及 y 表示（单组分吸收，可去掉代表溶质的下标 A），则亨利定律可表示成

$$y^* = mx \tag{7-13}$$

式中，m 为相平衡常数，无量纲。

相平衡常数 m 通常也是由实验确定。对于一定的物系，它是温度和压强的函数。由 m 的数值大小可以比较不同气体溶解度的大小。m 值越大，平衡线斜率越大，表明该气体的溶解度越小。

比较式（7-11）～式(7-13)，可得出三个系数 E、H、m 之间的关系为

$$m = \frac{E}{p} \tag{7-14}$$

$$E = \frac{c}{H} \tag{7-15}$$

式中，p 为总压，kPa；c 为溶液的总摩尔浓度，$kmol/m^3$。

亨利定律的各种表达式所描述的都是互成平衡的气液两相组成间的关系。一般亨利定律只适用于稀溶液（总压<0.5MPa），当浓度超过亨利定律所适用的范围时，平衡关系由曲线表示。

【例 7-2】 压强为 101.3kPa、温度为 20℃时，实验测得 100g 水中含氨 1g，此时液面上方氨的平衡分压为 0.80kPa。试求此条件下的 E、m、H。

解： 取 100g 水为基准，含氨为 1g，已知氨的相对分子质量 $M_A=17$，水的相对分子质量 $M_S=18$，所以

$$x=\frac{\frac{1}{17}}{\frac{1}{17}+\frac{100}{18}}=0.0105$$

由式（7-11）可得

$$E=\frac{p_A^*}{x}=\frac{0.80}{0.0105}=76.2\ (\text{kPa})$$

$$m=\frac{E}{p}=\frac{76.2}{101.3}=0.752$$

对于稀溶液有 $\rho_L \approx \rho_S \quad M_L \approx M_S$

式中，ρ_L、M_L 分别是溶液的密度和平均相对分子质量；ρ_S、M_S 分别是纯溶剂的密度和平均分子量。

所以，稀溶液的摩尔浓度

$$c=\frac{\rho_L}{M_L}\approx\frac{\rho_S}{M_S}$$

由式（7-15）：

$$H=\frac{c}{E}=\frac{\rho_S}{EM_S}=\frac{1000}{76.2\times18}=0.729\ [\text{kmol}/(\text{m}^3\cdot\text{kPa})]$$

四、气液相平衡与吸收过程的关系

1. 吸收的限度

相际传质的极限是相互接触的两相达到相平衡的状态。如图 7-5(a) 所示的定常吸收塔，

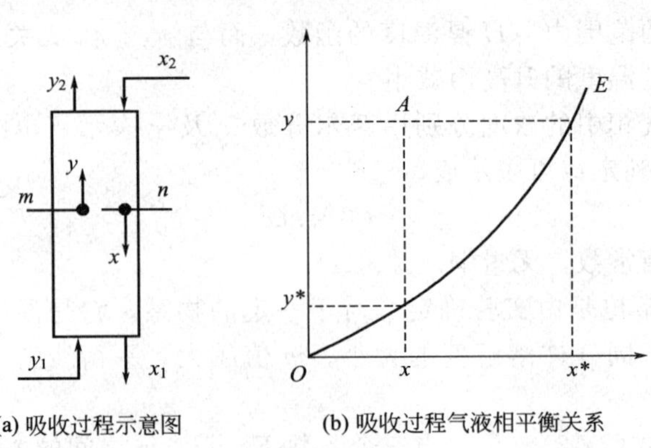

(a) 吸收过程示意图　(b) 吸收过程气液相平衡关系

图 7-5　吸收过程的气液相平衡关系

气体入塔浓度为 y_1，液体入塔浓度为 x_2。受相平衡的限制，则出塔液体的浓度最大限度只能达到 x_1^*（与 y_1 成平衡的液相浓度），出塔的气体浓度最大限度也只能降低到 y_2^*（与 x_2

成平衡的气相浓度)。

2. 传质的方向

传质的方向是使系统向达到平衡的方向变化。那么，在吸收塔的某截面处，当溶质的摩尔分数分别为 y 和 x 的气液两相接触时，溶质是由气相向液相转移，还是由液相向气相转移？可利用相平衡关系由 x 计算出与其相平衡的 y^*，若

$y>y^*$，溶质由气相向液相传递，即发生吸收；

$y=y^*$，系统处于平衡状态；

$y<y^*$，溶质由液相向气相传递，即发生解吸。

也可由 y 计算出与其相平衡的 x^*，若

$x^*>x$，溶质由气相向液相传递，即发生吸收；

$x=x^*$，系统处于平衡状态；

$x^*<x$，溶质由液相向气相传递，即发生解吸。

如图 7-5(b) 所示，由以上分析可知，在平衡线以上的状态点（比如点 A）发生吸收；平衡线以下的状态点发生解吸；位于平衡线上的点处于平衡状态。

3. 传质推动力的计算

由平衡理论和有关实验可知，只有不平衡的两相相接触才会发生吸收或解吸，而且实际浓度与平衡浓度相差越大，过程进行得越快。因此，通常以实际浓度与平衡浓度的偏离程度来表示吸收过程的传质推动力。

如图 7-5 所示，吸收塔某截面上气液两相的浓度分别以摩尔分数 y 和 x 表示。那么，$(y-y^*)$或者 (x^*-x) 体现了该处远离平衡的程度，也表示了吸收过程的相际传质推动力。$(y-y^*)$ 就称为以气相浓度差表示的吸收推动力；(x^*-x) 称为以液相浓度差表示的吸收推动力。当然，两相的组成若以其他方法表示，如气相分压、摩尔浓度等，则传质推动力也相应的表示为 $(p-p^*)$ 或 $(c_A^*-c_A)$ 等。

可见，相际传质推动力在本质上虽然仍是浓度差，但绝不是气相浓度与液相浓度直接相减（如 $y—x$），必须利用平衡关系把其中一相的浓度折算为另一相的平衡浓度后才能在同一基准上相减。

第三节　吸收过程的机理与吸收速率

一、吸收过程的机理——双膜理论

吸收是一种典型的相际传质，一般认为其传质过程包括以下三个步骤：

① 溶质从气相主体转移到两相界面，即气相内的物质传递；

② 溶质在相界面溶解，由气相进入液相，即相界面溶解过程；

③ 溶质从界面向液相主体转移，即液相内的物质传递。

很多研究表明：一般情况下穿过相界面的传质阻力可以忽略，可见物质在相内的转移构成了吸收过程的主要部分。由于影响气液两相传质的因素很多很复杂，如流体物性、流动状况等，故采用类似于对流传热的处理方法，把其传质阻力设为当量厚度为 δ' 的虚拟膜的阻力，而假设流体主体由于充分湍动，浓度是均匀的。如图 7-6 所示。这种将气液两相间传质的阻力分别集中在相界面两侧的气膜和液膜之内，而认为界面处没有阻力的设想，称为双膜理论。

以下有关吸收速率的讨论就以此理论为基础。

二、相际传质的总传质速率方程

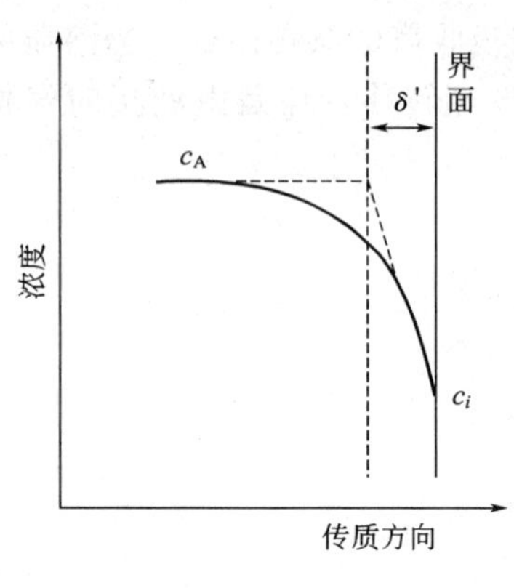

图 7-6 虚拟膜示意图

组分 A 的传质速率 N_A 是指在任一固定的空间位置上，单位时间内通过单位传质面积的 A 组分的物质的量，其单位是 kmol/(m^2 · s)。与间壁传热相类似，相际传质的速率也可以用推动力与阻力之比的形式来表示，即：

$$N_A=\frac{\Delta}{R}$$

或令 $K=1/R$，则有

$$N_A=K\Delta \tag{7-16}$$

式中，Δ 为相际传质推动力，或称总传质推动力；R 为相际传质阻力，或称总传质阻力；K 为相际传质系数，或称总传质系数。

式(7-16)为相际传质速率方程的基本形式。其中 Δ 的表达式随相组成表示方式而变，K 和 R 的表达式须与之相对应。比如，当 Δ 以气相分压差（$p-p^*$）表示时，总传质速率方程可表示为

$$N_A=K_G\ (p-p^*) \tag{7-17}$$

式中，K_G 为以气相分压差（$p-p^*$）为推动力的总传质系数，kmol/(m^2 · s · kPa)。

当 Δ 以液相摩尔浓度差（$c_A^*-c_A$）表示时，总传质速率方程可表示为：

$$N_A=K_L\ (c_A^*-c_A) \tag{7-18}$$

式中，K_L 为以液相摩尔浓度差($c_A^*-c_A$)为推动力的总传质系数，kmol/(m^2 · s · kmol/m^3)。

当气液两相的组成用其他形式表示时，可得到类似的表达式。总之，用不同的相组成来表示推动力，就有不同的传质系数。各种传质系数之间可通过相平衡定律进行换算。

这样，吸收速率方程就保持了简单的形式，而把流体的物性、流动状况等诸多影响传质过程的因素统归于传质系数中，传质系数一般需通过实验测定。

对于吸收过程，气液两相（即气膜和液膜）传质阻力的大小及传质推动力的分配与气液平衡关系密切相关。简单地说，对易溶气体，传质阻力及传质推动力主要集中在气相，即气膜阻力约等于吸收过程总阻力，称为气膜控制。如用水吸收 NH_3、HCl 等气体。对难溶气体，传质阻力及传质推动力主要集中在液相，即液膜阻力约等于吸收过程总阻力，称为液膜控制，例如用水吸收 CO_2、O_2 等气体。对于中等溶解度的气体，如用水吸收 SO_2 时，气液两相阻力相差不大，对总阻力都有显著影响，分析计算时应同时考虑。

掌握吸收过程的阻力分布，对指导强化吸收过程有重要的意义。若过程为气膜控制，就应设法提高气相的湍动，降低气膜阻力，才能使整个吸收过程明显加快；若过程为液膜控制，则应设法提高液相的湍动，减小液膜阻力，或采用化学吸收，才能显著加快吸收过程。

第四节 吸收塔及吸收过程的计算

如前所述，工业上的吸收操作既可采用板式塔，也可采用填料塔，本节主要结合连续接触式的填料塔来分析讨论有关的计算。

吸收塔内气液两相的流动方式，既可为逆流也可为并流。在进、出塔的气液相浓度一定时，逆流方式可获得较大的传质推动力，故吸收塔通常都采用逆流操作。

一、吸收塔的物料衡算

1. 全塔物料衡算

在单组分气体吸收过程中，当气体通过吸收塔时，因其中的溶质 A 不断被吸收，使气相摩尔分数及流量都不断减小；同理，液体在塔内往下流时，由于吸收了溶质，其摩尔分数和流量都逐渐增大。为计算方便，在整个传质过程中，希望以不变的量作为物料衡算的基准：对于气体，就是其中惰性气体 B 的流量 G_B；而对于液体，则是其中溶剂 S 的流量 L_S。与此相应，气液相组成均采用摩尔比来表示。

稳定操作的逆流吸收塔内气液流量和组成如图 7-7 所示，其中以下标 a 代表塔顶，下标 b 代表塔底，A、B、S 分别代表溶质、惰性气体和溶剂。令：G_B 为通过吸收塔的惰性气体摩尔流量，kmol/s；L_S 为通过吸收塔的纯吸收剂摩尔流量，kmol/s；Y_a、X_a，Y_b、X_b 分别代表塔顶、塔底气液相的摩尔比。

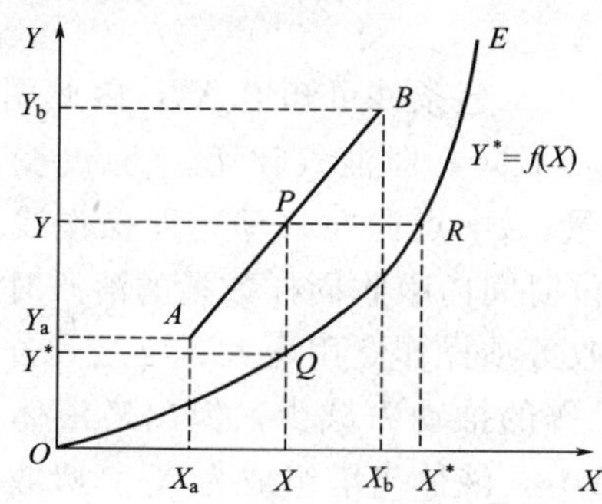

图 7-7　逆流吸收的操作线

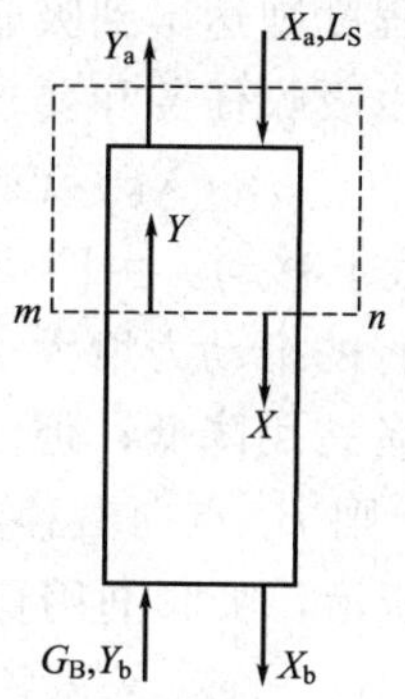

图 7-8　逆流吸收塔的物料衡算

对图 7-8 所示的吸收过程作溶质的全塔物料衡算，有：

$$G_B Y_b + L_S X_a = G_B Y_a + L_S X_b$$

整理得

$$G_B(Y_b - Y_a) = L_S(X_b - X_a) \tag{7-19}$$

吸收操作时，表征吸收程度有两种方式。若吸收的目的是为了除去气体混合物中的有害物质，一般直接规定出塔气体中有害物质的残余浓度 Y_a。若吸收的目的是为了回收有用物质，通常以吸收率 η 表示，吸收率即被吸收的溶质与进塔气体中溶质总量之比：

$$\eta = \frac{Y_b - Y_a}{Y_b} = 1 - \frac{Y_a}{Y_b} \tag{7-20}$$

一般情况下，进塔混合气体的流量 G_B、组成 Y_b 及出塔混合气体的组成 Y_a（或溶质的吸收率）均由工艺条件所规定，因此若选定吸收剂种类及其用量，则可通过式（7-19）计算出出塔液体的组成。或者规定出塔液体的组成，计算吸收剂的用量。

2. 操作线方程及操作线

为确定吸收塔内任一截面上相互接触的气液组成之间的关系，可对吸收塔塔顶与任一截面间（即图 7-8 中虚线所示的范围）作物料衡算：

$$G_B(Y - Y_a) = L_S(X - X_a)$$

式中，Y、X 为通过塔内任一截面的气液相摩尔比。

整理得

$$Y = \frac{L_S}{G_B}X + \left(Y_a - \frac{L_S}{G_B}X_a\right) \tag{7-21}$$

式(7-21) 称为逆流吸收塔的操作线方程。它表明在 Y-X 坐标系中塔内任一横截面上的气相浓度 Y 与液相浓度 X 之间成直线关系，直线的斜率为 L_S/G_B，且此直线应通过 $A(X_a$，

Y_a）及 $B(X_b, Y_b)$ 两点，如图 7-7 所示。直线 AB 上任一点 P 代表着塔内相应截面上的气液浓度 Y、X，即 P 点为一操作点。直线 AB 实质上是由操作点所组成，故称为操作线。

操作线上任一点 $P(X, Y)$ 沿垂直方向至平衡线 OE 的距离 PQ 为以气相摩尔比之差表示的总推动力（$Y-Y^*$）；P 至 OE 的水平距离 PR 则代表以液相摩尔比之差表示的总推动力（X^*-X）。从图可知，操作线离开平衡线越远，则气相（或液相）总推动力越大，反之亦然。当进行吸收操作时，在塔内任一横截面上，溶质在气相中的实际分压总是高于与其接触的液相平衡分压，所以吸收操作线总是位于平衡线的上方。反之，如果操作线位于平衡线下方，则进行解吸过程。

对于气液并流的吸收操作，吸收塔的操作线方程及操作线可用同样的方法求得。

3. 吸收剂用量的确定

关于吸收剂用量，从能耗的角度考虑，希望流量要小，但限于气体在液体中的溶解度，流量小到一定程度则达不到吸收要求，故需合理选取。

设计时，由吸收任务和要求可确定 G_B、Y_b、Y_a，由工艺条件可知道 X_a，因此图 7-9 中表示塔底状态的点 $B_1(X_b, Y_b)$，则因吸收剂用量 L_S 不同，即液气比 L_S/G_B 的变化，在 $Y=Y_b$的水平线上移动。由图可知，若增大吸收剂用量，B_1 点向左移动，即操作线远离平衡线，过程进行的推动力增大，对传质过程有利，单位时间内吸收同样数量的溶质时，设备尺寸减小，设备费用降低；但溶剂的消耗、输送、回收等项操作费用增大。反之，若吸收剂用量 L_S 减少，则 B_1 点向右移动靠近平衡线，吸收操作的推动力减少，但出塔液体浓度增大。如图 7-9 所示，吸收剂用量为 L_{S_1} 时，操作线为 AB_1，液体出塔组成为 X_b；吸收剂用量

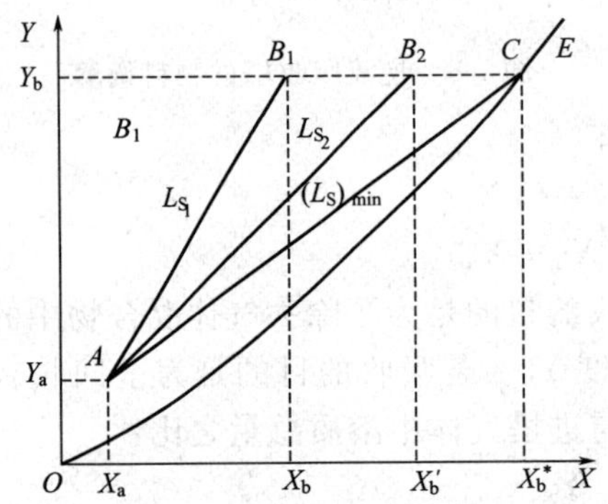

图 7-9 吸收塔的最水液气比

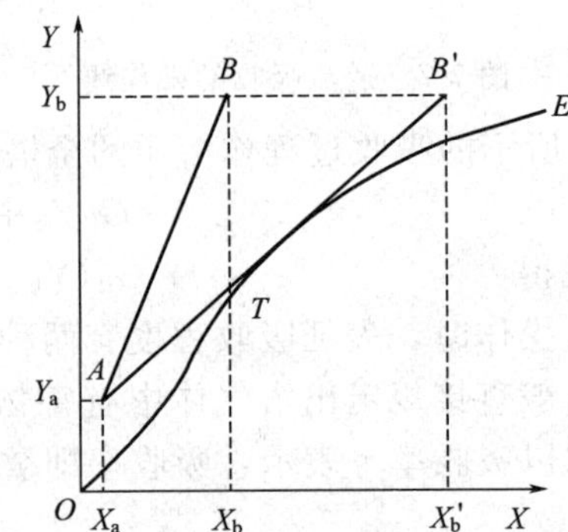

图 7-10 特殊平衡线时的最小液气比

为 L_{S_2} 时（$L_{S_2}<L_{S_1}$），操作线为 AB_2，液体出塔组成为 X'_b（$X_b'>X_b$）。若吸收剂用量减少到代表塔底组成的操作点刚好与平衡线相交于点 C 时，则 $X_b=X_b^*$，即出塔液与进塔气达到平衡。显然，这是理论上吸收液所能达到的最高浓度，此时过程推动力为零，要实现指定的分离要求就需要无限大的传质面积，即设备费无限大。这在实际上当然是行不通的，只能用来表示一种极限状况，此种状况下的液气比称为最小液气比，以 $(L_S/G_B)_{min}$ 表示；相应的吸收剂用量为最小吸收剂用量，以 $(L_S)_{min}$ 表示。

由以上分析可知，吸收剂用量大小，实际上是操作费用和设备费用的经济权衡。

根据生产实践经验，一般情况下取吸收剂用量为最小用量的 1.2～2.0 倍是比较适宜的，即

$$\frac{L_S}{G_B}=(1.1\sim2.0)\left(\frac{L_S}{G_B}\right)_{min} \tag{7-22}$$

或 $$L_S=(1.1\sim2.0)(L_S)_{min} \tag{7-23}$$

最小液气比可用图解法或计算求出。如图 7-9 所示，操作线与平衡线在点 C（X_b^*，Y_b）相交，从而

$$\left(\frac{L_S}{G_B}\right)_{min}=\frac{Y_b-Y_a}{X_b^*-X_a} \tag{7-24}$$

如果平衡曲线呈现如图 7-10 中所示的形状，则应过点 A 作平衡曲线的切线，找到水平线 $Y=Y_b$ 与此切线的交点 B'，按下式计算最小液气比，即

$$\left(\frac{L_S}{G_B}\right)_{min}=\frac{Y_b-Y_a}{X'_b-X_a} \tag{7-25}$$

若平衡线为直线并可表示为 $Y^*=mX$ 时，则有：

$$\left(\frac{L_S}{G_B}\right)_{min}=\frac{Y_b-Y_a}{\frac{Y_b}{m}-X_a} \tag{7-26}$$

【例 7-3】 在一填料塔中，用纯煤油逆流吸收混合气体中的苯。入塔混合气体流量为 $1000m^3/h$，含苯 5%（体积分数），其余为空气，要求苯的回收率为 90%。吸收塔操作温度 25℃、常压，操作条件下系统的相平衡关系 $Y^*=1.4X$，操作液气比为最小液气比的 1.5 倍。求吸收剂的用量(kg/h)和出塔浓度(煤油的平均相对分子质量 $M_S=170$)。

解：进塔混合气体的体积分数即是摩尔分数：$y_b=0.05$

换算为摩尔比 $$Y_b=\frac{y_b}{1-y_b}=\frac{0.05}{1-0.05}=0.0526$$

则 $$Y_a=Y_b(1-\eta)=0.0526\times(1-0.9)=0.00526$$

因气液平衡关系为直线，且 $X_a=0$，故最小液气比为

$$\left(\frac{L_S}{G_B}\right)_{min}=\frac{Y_b-Y_a}{\frac{Y}{m}-0}=\frac{0.0526-0.00526}{\frac{0.0526}{1.4}}=1.26$$

实际液气比

$$\frac{L_S}{G_B}=1.5\left(\frac{L_S}{G_B}\right)_{min}=1.5\times1.26=1.89$$

惰性气体的摩尔流量为

$$G_B=\frac{1000}{22.4}\times\frac{273}{273+25}\times(1-0.05)=38.85\ (kmol/h)$$

则纯煤油的摩尔流量为

$$L_S=38.85\times1.89=73.43\ (kmol/h)$$

质量流量为

$$L'_S=73.43\times170=12483\ (kg/h)$$

煤油的出塔浓度可由全塔物料衡算求得

$$X_b=\frac{Y_b-Y_a}{L_S/G_B}+X_a=\frac{0.0526-0.00526}{1.89}=0.025$$

注意：混合气体量与惰性气体量的不同。另外，在换算为摩尔流量时还应考虑气体的状态。

二、吸收剂的选择

吸收剂的性能优劣，是决定吸收效果的关键因素之一。选择的依据主要是吸收剂与气体混合物各组分之间的相平衡关系，一般从以下几个方面考虑。

(1) 溶解度大小　吸收剂对溶质组分应具有较大的溶解度。这有两方面的好处：一是处理同样的混合气体所需的吸收剂数量较少，吸收后出塔气体中溶质的极限残余浓度也可降低；二是溶解度越大，溶质的平衡分压就越低，即吸收过程的传质推动力更大，传质速率更快，设备的尺寸就可以更小些。

(2) 选择性　吸收剂对其他组分的溶解度要小。否则，它将同时吸收混合气体中的多种组分，难以实现溶质与其他组分较完全的分离。

(3) 黏度　操作条件下吸收剂的黏度要低，这样可以改善吸收塔内的流动状况，提高传质系数，并可降低输送能耗。如果吸收或解吸过程需要加热或冷却，还可降低换热设备的热阻。

(4) 挥发性　吸收剂的挥发度要小，以减少吸收过程中的挥发损失。

(5) 再生　循环使用的吸收剂要易于再生。例如，在不同的温度或压强下溶质的溶解度差别很大，这样就可通过改变温度或压强使其解吸，较容易地实现吸收剂的再生。

(6) 安全性　吸收剂应具有较高的化学稳定性、无毒、不易燃、无腐蚀性、不易产生泡沫等。

(7) 经济性　使用的吸收剂应价廉易得，以降低生产成本。

在实际工作中满足以上所有条件的吸收剂是很难找到的，一般需要对供选择的吸收剂进行综合评价，以做出恰当的选择。

三、填料塔

填料塔由塔体、填料、液体分布装置、填料支承装置、液体再分布装置等构成。如图7-11所示。

填料塔操作时，液体自塔上部进入，通过液体分布器均匀喷洒在塔截面上并沿填料表面呈膜状流下，最后经填料支承装置由塔下部排出。气体自塔下部经气体分布装置由塔下部进入，通过填料支承装置后在填料缝隙中的自由空间上升，并与下降的液体相接触，最后从塔上部排出。为了除去出塔气体中夹带的少量雾状液滴，在气体出口处常装有除沫器。填料层内气液两相呈逆流接触，填料的润湿表面即为气液两相的主要传质面积。

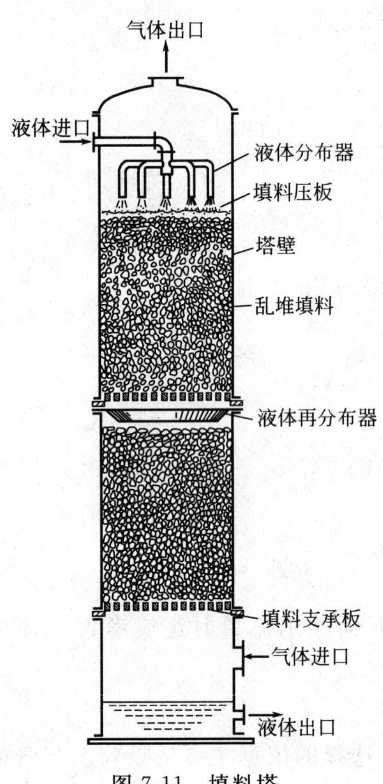

图 7-11　填料塔

1. 填料的特性

填料塔操作性能的优劣，与所选择的填料密切相关，因此合理选择填料显得非常重要。填料的种类很多，其性能可由以下特征量表示。

(1) 比表面积 a　定义为每单位体积填料的表面积，其单位为 m^2/m^3。填料的比表面积越大，提供的气液接触面积越大。同一种填料，其规格尺寸越小，则比表面积越大。

(2) 空隙率 ε　定义为单位体积填料层所具有的空隙体积，是一个无量纲的量。填料的空隙率越大，所通过的气体阻力越小，通过能力越大。

(3) 单位体积填料的数目 n　对同一种填料，减小填料尺寸则单位体积的填料数目增加，填料层的比表面积增加而空隙率下降，气体流动阻力也相应增加。反之，若填料尺寸过大，在靠近壁面处，由于填料与塔壁之间的空隙大，易导致气液趋壁偏流，造成气液分布不均匀，使传质效果明显下降。

(4) 填料因子　由填料的比表面积和空隙率复合组成 a/ε^3，称为干填料因子，单位为 m^{-1}，它是反映填料阻力及液泛条件的重要参数。当填料层有液体喷淋时，填料表面形成液膜，表面积和空隙率均有变化，此时的填料因子称为湿填料因子，简称填料因子，用符号 φ 表示，单位亦为 m^{-1}。填料塔的设计计算一般应采用液体喷淋条件下实测的填料因子。

(5) 堆积密度 ρ_p　填料的堆积密度是指单位体积填料的质量，单位为 kg/m^3。它的数值大小影响到填料支承板的强度设计。

2. 常用填料

工业上应用的填料种类很多，性能各异。常用填料可分为散装填料和整砌填料两类，前者在塔内随机堆放，后者在塔内整齐有规则地排列。下面简要介绍几种常用的填料。

(1) 拉西环　拉西环的结构如图 7-12(a) 所示，是一种环状实壁填料。拉西环形状简单，制造容易，但当拉西环横卧放置时，内表面不易被液体润湿且气体不能通过，而且彼此容易重叠，使气液有效接触面积降低，流体阻力增大。目前，拉西环填料在工业上的应用日趋减少。

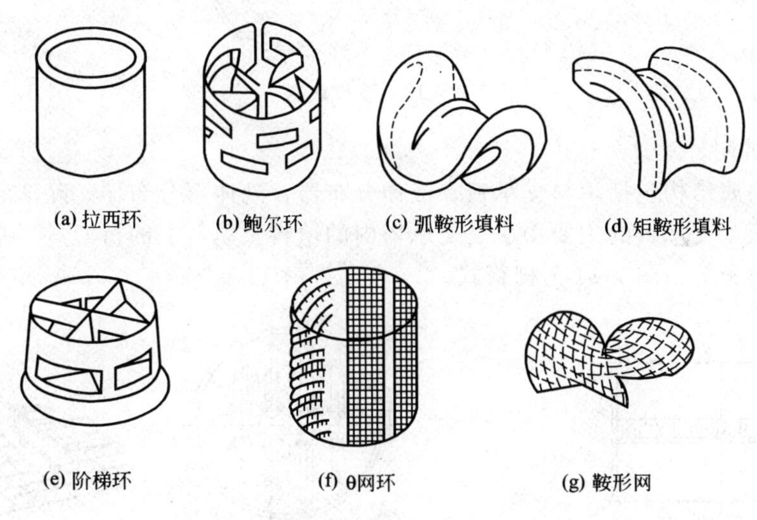

图 7-12　常见填料

(2) 鲍尔环　鲍尔环的结构如图 7-12(b) 所示，其主要特点是壁上开孔，环向带有舌片。由于其气液流通顺畅，气体阻力低，并且内外表面均可有效利用，因而具有生产能力大、气体流动阻力小、操作弹性较大、传质效率较高等优点，被广泛应用于工业生产中。

(3) 阶梯环　如图 7-12(e) 所示，其结构与鲍尔环相似，但是长径比较小，其高度通常只有直径的一半。

因阶梯环的一端有向外翻的喇叭口，故散装堆积过程中环与环之间呈点接触，互相屏蔽的可能性大为减小，使床层均匀且空隙率增大。

(4) 矩鞍形填料　如图 7-12(d) 所示，矩鞍形填料的两侧面大小不等，堆积时不易叠合，因此填料层的均匀性大为提高，处理能力大，气体流动阻力小，是一种性能优良的填料。它的构形比较简单，加工比较容易。

（5）波纹填料　波纹填料是最常用的整砌填料。如图 7-13 所示，它由许多层高度相同但长度不等的波纹薄板或金属网搭配排列成波纹填料盘，波纹与水平方向成 45°倾角，相邻盘旋转 90°后重叠放置，使其波纹倾斜方向互相垂直。每一块波纹填料的直径略小于塔体内径，若干块波纹填料叠放于塔内。操作时，气液两相在各波纹盘内呈曲折流动以增加湍动程度。波纹填料具有气液分布均匀、气液接触面积大、通量大、传质效率高、流体阻力小等优点，缺点是造价较高，不适于有沉淀物、容易结疤、聚合或黏度较大的物料。此外，填料的装卸、清理也较困难。

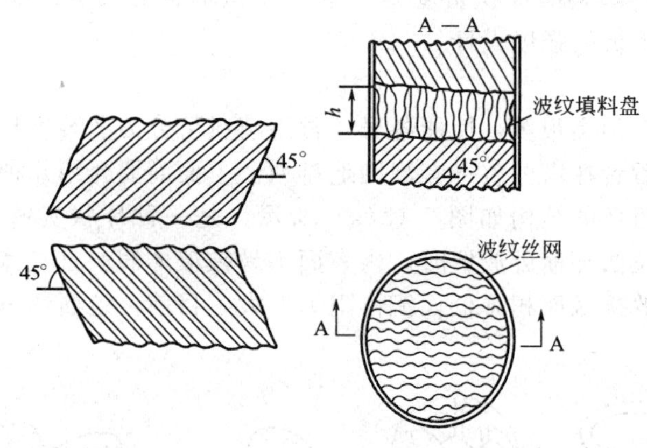

图 7-13　波纹填料

3. 填料塔的附件

填料塔的附属结构包括填料支承板、液体分布器、液体再分布器、除沫装置等。

（1）支承板　支承板的主要用途是支承塔内的填料及填料上的持液量。常用的支承板有栅板和开孔波形板等，图 7-14 为栅板式。

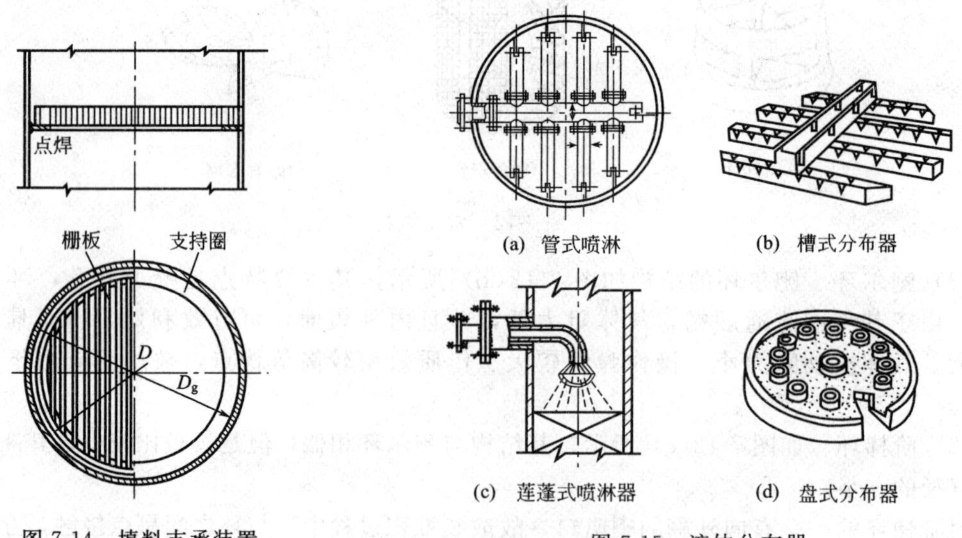

图 7-14　填料支承装置

图 7-15　液体分布器

（2）液体分布器　液体分布器对填料塔的性能影响颇大。若分布器设计不当，液体预分布不均，则填料层内的有效润湿面积减小而偏流现象和沟流现象增大，影响传质效果。常用的液体分布器如图 7-15 所示。

（3）液体再分布器　液体再分布器的作用是将流到塔壁附近的液体重新汇集并引向中央区域，改善向壁偏流效应造成的液体分布不均。常用的液体再分布器为截锥形，如图 7-16 所示。

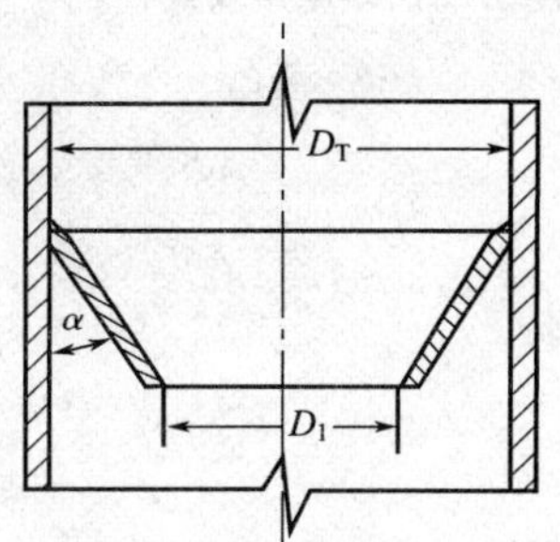

图 7-16　液体再分布器

（4）其他　为避免操作中因气速波动而使填料被冲动及损坏，常需在填料层顶部设置填料压板或挡网，否则有可能使填料层结构及塔的性能急剧恶化，破碎的填料也可能被带入气、液出口管路而造成阻塞。

另外，塔顶气体出口处有时需设置除雾沫装置，用来除去气体所夹带的液滴，常用的除沫装置有折流板除雾器、丝网除雾器等。

思 考 题

1. 试说明并比较下列几组概念：溶解与吸收；气膜控制与液膜控制；传质极限与传质速率；平衡线与操作线；最小液气比与适宜液气比。

2. E、m、H 与哪些因素有关？若压强增大，E、m、H 将如何变化？若温度降低，E、m、H 又将如何变化？

3. 对难溶气体和易溶气体，E、m、H 的大小各如何？

4. 试推导出并流操作吸收塔的操作线方程，并在 Y-X 图上画出其操作线。

5. 吸收剂用量对吸收操作有何影响？如何确定其大小？

计 算 题

1. 在 100kg 水中含有 0.012kg 的 CO_2，求 CO_2 的质量分数、质量浓度和质量比。

2. 在 101.3kPa、20℃下，100g 水中含氨 2g 时，液面上方氨的平衡分压为 1.60 kPa，求气、液相组成（以摩尔分数、摩尔浓度和摩尔比表示）。

3. 在 101.3kPa、20℃时，与空气接触的水中氧的摩尔分数为 5.25×10^{6}，氧在空气中的体积分数为 21%，此溶液服从亨利定律。分别求 E、m、H。

4. 含氨 9%（摩尔分数）的混合气与摩尔分数为 5%的稀氨水充分接触，在操作条件下平衡关系为 $y^* = 0.96x$，试问此时发生吸收还是解吸？气液两相的摩尔分数最大限度能变为多少？

5. 含 CO_2 为 5%的气体混合物（体积分数），在常压及 25℃下，分别与浓度为 1.0×10^{-3} kmol/m^3 和 3.0×10^{-3} kmol/m^3 的 CO_2 水溶液接触，试判断两种情况下的传质方向，并计算以 CO_2 摩尔分数表示的总传质推动力。已知操作条件下亨利系数 $E=1.66\times10^{5}$kPa，水的密度可取 1000kg/m^3。

6. 某填料吸收塔，在常温下逆流操作，用清水除去气体混合物中有害物质。进塔气体流量为 32kmol/s，含有害物质 5%（体积分数），要求吸收率为 90%，入塔液体流量为 24kmol/s，求塔底排出液的组成。

7. 在一逆流吸收塔中，用清水吸收混合气体中的 CO_2。进塔气体流量为 $300m^3/h$（标准状态），含 CO_2 8%（体积分数），要求吸收率为 95%，操作条件下相平衡关系为 $Y^*=1600X$，操作液气比为最小液气比的 1.5 倍。求：①清水用量和出塔液体组成；②操作线方程。

第八章　固体干燥

学习目标

[掌握] 湿空气的性质及计算，湿空气的湿度图及其应用；干燥过程的物料衡算和热量衡算，恒速干燥阶段与降速干燥阶段的特点；湿物料中所含水分的性质；冷冻干燥原理。

[熟悉] 空气通过干燥器时的状态变化；水分在气-固两相间的平衡关系；恒速干燥阶段干燥时间的计算方法；冷冻干燥的流程。

[了解] 各种干燥器的结构及工作原理；冷冻干燥器的构成。

第一节　概　　述

一、固体物料的去湿方法

物料去湿是使固体物料中的湿分（水分或其他液体）除去的单元操作。通常要除去的湿分一般为水分。去湿可使固体原料、半成品和成品便于贮存、运输、使用或进一步加工处理。去湿方法通常有三类。

(1) 机械去湿　通过过滤、压榨、离心分离等机械手段将湿物料中大部分的液体除去，适用于物料含水较多的情况，这是一种能耗较低的去湿方法，但水分不能完全除去。

(2) 吸附去湿　将干燥剂如石灰、无水氯化钙、硅胶等与固体湿物料共存，使湿物料中的水分转入干燥剂内。这种方法费用较高，只适用于少量水分去除或用于除去气体中水分(常用于实验室)。

(3) 加热去湿（干燥）　向湿物料供热，利用热能使湿物料中的水分汽化，并将生成的水蒸气移走，从而获得固体产品。这种去湿方法称为固体干燥，简称干燥，它是化工生产中不可缺少的一种单元操作，也被广泛应用于食品、轻工、医药、农林产品加工等工业生产中。

二、湿物料的干燥方法

对于干燥操作，湿物料中的水分汽化需要热量，按照热能供给湿物料的方式，干燥过程可以分为以下几种。

(1) 传导干燥　将湿物料堆放或贴附于高温的固体壁面上，以传导方式获取热量，使其中水分汽化，水汽由周围气流带走或用抽气装置抽出。其热利用率较高，但与传热壁面接触的物料易被高温破坏。

(2) 对流干燥　通过高温热气流（热空气或热烟道气等，又称为干燥介质）与湿物料直接接触，将热能以对流方式传给物料，汽化后生成的水汽则由干燥介质带走。热气流的温度和湿含量调节方便，物料不易过热。对流干燥生产能力较大，设备投资相对较低，操作控制方便，是应用最为广泛的一种干燥方式。

（3）红外辐射干燥　以辐射方式将热辐射波段（红外或远红外波段）能量投射到湿物料表面，其被物料吸收后转化为热能，使水分汽化并由外加气流或抽气装置排出。辐射干燥特别适用于物料表面薄层的干燥。其生产强度大，干燥均匀、时间短，但电能消耗过大。

（4）介电加热干燥　将湿物料置于高频电场中，在电场的高频交变作用下，使湿物料中极性水分子发生剧烈旋转而产生类似摩擦的热效应，物料从内到外都同时生热，从而使其中水分汽化而被干燥。电场的频率低于 300 MHz 的称为高频加热；频率在 300MHz～10GHz 的称为微波加热。

（5）冷冻干燥　物料冷冻后，其中水分以冰的形态存在，把冻后的物料置于真空状态中，使冰直接升华为水汽而除去水分。冷冻干燥又称冷冻升华干燥、真空冷冻干燥。利用冷冻干燥可以较好地保持物料的品质（如食品的风味、口感等）。

为了节约热能，一般尽量将湿物料经过压榨、过滤或离心分离等比较经济的机械方法以除去湿物料中的大部分湿分，然后采用对流干燥获得符合规格的产品。其他加热方式也往往同对流方式结合使用。本章主要讨论以空气为干燥介质，除去的湿分为水的对流干燥过程。

三、空气干燥器的干燥过程

1. 对流干燥流程

生产中作为干燥介质的热气流通常为空气。图 8-1 是典型的对流干燥流程示意图。空气先经鼓风机传送，在预热器中被加热至一定温度后进入干燥器，然后与进入干燥器的湿物料直接接触，热空气流将热量传给湿物料使其水分汽化得到干燥产品，气流温度则逐步降低，并夹带被汽化的水汽作为废气排出。

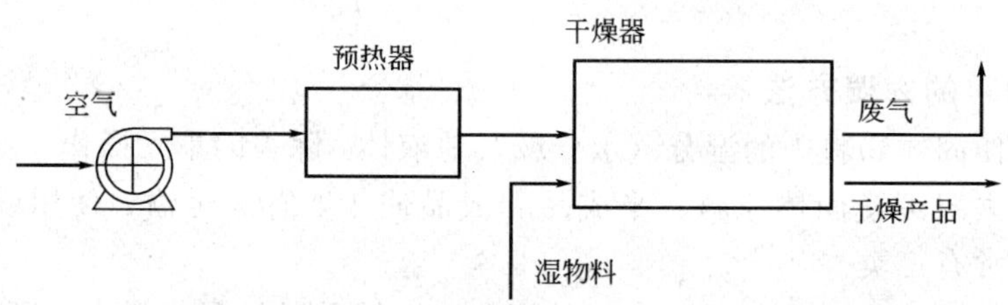

图 8-1　对流干燥流程

2. 对流干燥过程的特点

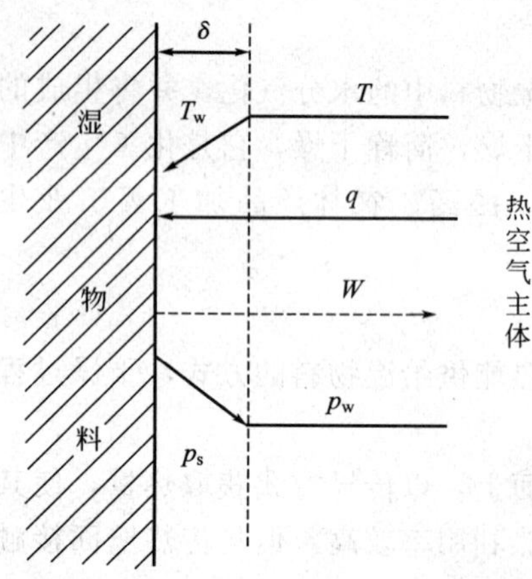

图 8-2　热空气与物料间的传热与传质
T—空气主体温度；T_w—物料表面温度；p_w—空气中的水汽分压；p_s—物料表面的水汽分压；δ—气膜有效厚度；q—由气体传给物料的热量；W—由物料中汽化的水分

干燥过程的本质是将被除去的水分从湿物料中转移到干燥介质中。在图 8-1 所示的干燥器中，热空气与湿物料直接接触后，热气流将热量传至湿物料表面，再由湿物料表面传至物料内部。如图 8-2 所示，若热空气主体温度为 T，湿物料表面温度为 T_w，则传热推动力为 $\Delta T=T-T_w$，传热方向由干燥介质传向湿物料，而水分则从物料内部以液态水的形式扩散至物料表面，再以水汽形式扩散至热气流中。若湿物料表面的水汽分压为 p_s，热空气流主体中的水汽分压为 p_w，则水汽的传质推动力为 $\Delta p=p_s-p_w$，传质方向由固体物料传向干燥介质主体，显然，Δp 越大，干燥过程进行得越快，这是干燥过程得以进行的必要条件。按虚拟膜的观点，厚度为 δ 的虚拟气膜层构成了传热、传质的阻力。

作为干燥介质的热空气，既是载热体，又是载湿体。湿物料的升温与水分汽化焓变所需吸收的热量（又称汽化焓）是由干燥介质的温度降低（放出的显热）而提供的，它通过气固两相间的温差传递给湿物料，与此同时，固体湿物料表面和干燥介质中水汽分压都将变化，因此，热量传递与质量传递不仅是同时发生的，又是互相制约的。

第二节　湿空气的性质及湿度图

干燥用的热气流是干空气和水汽的混合物，又称为湿空气。在干燥操作中通常可作为理想气体处理。在对流干燥过程中，通常是将湿空气预热后与湿物料进行热量和质量的交换，湿空气的水汽含量、温度及焓等都会发生变化，而干空气仅作为湿和热的载体，它的质量或质量流量是不变的，因此，在讨论湿空气性质和干燥过程计算中，为了方便，常取干空气作为物料基准。

一、湿空气的性质

1. 湿空气中水汽含量的表示方法

（1）湿空气中的水汽分压 p_w　作为干燥介质的湿空气应为不饱和空气，即空气中水汽的分压低于同温下水的饱和蒸汽压。根据道尔顿分压定律，设湿空气的总压为 p，其中水汽分压为 p_w，干空气的分压就为（p_w-p），则有如下关系：

$$p=p_g+p_w \tag{8-1}$$

$$\frac{n_w}{n_g}=\frac{p_w}{p_g}=\frac{p_w}{p-p_w} \tag{8-2}$$

式中，n_w 为湿空气中水汽的物质的量，kmol；n_g 为湿空气中干空气的物质的量，kmol；p 为湿空气的总压强，Pa；p_g 为湿空气中干空气的分压，Pa；p_w 为湿空气中水汽的分压，Pa。

由式（8-2）可知，气体混合物中各组分的摩尔比应等于其分压之比。因此，当总压 p 一定时，湿空气中水汽分压 p_w 越大，表明空气中水汽的含量（质量分数或质量比）越高。

（2）湿度 H　绝对湿度（简称湿度）又称湿含量。其定义为：

$$H=\frac{\text{湿空气中水汽的质量}}{\text{湿空气中干空气的质量}}\ (\text{kg 水/kg 干空气})$$

因此，湿度实际上是以干空气量为基准的水汽的质量比。由于气体的质量(kg)等于气体的物质的量乘以摩尔质量，则

$$H=\frac{n_w}{n_g}\times\frac{M_w}{M_g}=\frac{p_w}{p-p_w}\times\frac{M_w}{M_g} \tag{8-3}$$

式中，M_w、M_g 为水汽和干空气的摩尔质量，kg/kmol。

对于空气-水系统，$M_w=18$kg/kmol，$M_g=29$kg/kmol，代入式（8-3）得

$$H=\frac{18p}{29(p-p_w)}=0.621\times\frac{p_w}{p-p_w} \tag{8-4}$$

由式（8-4）可见，湿度 H 与空气的总压 p 及其水汽分压 p_w 有关；当总压 p 一定时，H 只与 p_w 有关。

【例 8-1】 已知湿空气中水汽分压为 15kPa，总压为 100kPa。求该空气湿度。

解： 该湿空气的湿度为

$$H_s=0.621\times\frac{p_s}{p-p_s}=0.621\times\frac{15}{100-15}=0.110\ (\text{kg 水/kg 干空气})$$

(3) 相对湿度（或相对湿度百分数）φ　在一定总压 p 下，湿空气中水汽分压 p_w 与同温度下水的饱和蒸汽压 p_s 之比，称为湿空气的相对湿度，其数值常以百分数表示，表示符号为 φ。

$$\varphi=\frac{p_w}{p_s}\times 100\% \tag{8-5}$$

由上式可知，在一定总压 p 下，$p_w=\varphi p_s$，代入式（8-4）得

$$H=0.621\times\frac{\varphi p_s}{p-\varphi p_s} \tag{8-6}$$

式（8-6）表明，当总压 p 一定时，湿空气的湿度 H 随空气的相对湿度 φ 和空气的温度 t 而变化。

当 $\varphi=1$（或 100%）时，水汽分压 p_w 等于该空气温度下水的饱和蒸汽压 p_s，表明湿空气被水汽饱和，此时空气的湿度称为饱和湿度，用 H_s 表示，即有

$$H_s=0.621\times\frac{p_s}{p-p_s} \tag{8-7}$$

式中，H_s 为湿空气的饱和湿度，kg 水/kg 干空气；p_s 为湿空气温度 T 下的饱和水蒸气压，Pa。

式（8-7）说明，在一定总压 p 下，空气的饱和湿度 H_s 只取决于其温度。

具有饱和湿度的湿空气已不能再接受水汽，也就不能再用作干燥介质。此状态的湿空气称为饱和湿空气。显然，只有不饱和湿空气（$\varphi<1$），才能接受从湿物料汽化的水分。φ 值越小，表明该空气偏离饱和程度越远，也就是它所能容纳水汽的能力越大。所以，相对湿度 φ 的大小，是衡量湿空气饱和程度的一个参数。从减少干燥介质的用量和提高传质推动力的角度看，显然干燥介质的 φ 值越小越好。

【例 8-2】 湿空气中水蒸气分压为 2.335kPa，总压为 101.3kPa，求湿空气温度 $T=20$℃时的相对湿度 φ。若湿空气加热到 60℃时，求此时的 φ。

解： ① 查表得 $T=20$℃时，水的饱和蒸汽压为 $p_s=2.335$kPa。

$$\varphi=\frac{p_w}{p_s}\times 100\%=\frac{2.335}{2.335}\times 100\%=100\%$$

即湿空气已被水蒸气饱和，不能再用作干燥介质。

② 查表得，$T=60$℃时，$p_s=19.92$kPa。

$$\varphi=\frac{p_w}{p_s}\times 100\%=\frac{2.335}{19.92}\times 100\%=11.72\%$$

计算表明，当湿空气温度升高后，φ 值减小，又可用做干燥介质了。

因此，湿度 H 只表示空气中水汽含量的绝对值，而相对湿度 φ 才能反映容纳水分的能力大小。温度升高，一定总压 p 和一定湿度 H 的湿空气的载湿能力将随之增加。

2. 湿空气的湿比热容 c_H、焓 I 和湿比容 v_H

(1) 湿空气的湿比热容 c_H　指以 1kg 干空气为基准的湿空气（湿度为 H）温度升高 1℃所需的热量，其单位为 kJ/(kg 干空气·℃)，即

$$c_H=c_g+c_v H \tag{8-8}$$

式中，c_g 为干空气的平均等压比热容，kJ/(kg 干空气·℃)；c_v 为水汽的平均等压比热容，kJ/(kg 水汽·℃)。

在工程计算中，通常取 c_g 和 c_v 为常数，其值分别为 1.01kJ/(kg 干空气·℃) 及 1.88kJ/(kg 水汽·℃)，所以，湿空气的比热容为

$$c_H = 1.01 + 1.88H \ [\text{kJ/(kg 干空气·℃)}] \tag{8-9}$$

即湿空气的比热容只随空气的湿度 H 而变化。

(2) 湿空气的焓　它是以 1kg 干空气为基准的湿空气（湿度为 H）的焓与所含水汽的焓之和，其单位为 kJ/kg 干空气，即

$$I = I_g + HI_v \tag{8-10}$$

式中，I_g 为干空气的焓，kJ/kg 干空气；I_v 为水汽的焓，kJ/kg 水汽。

由于焓为相对值，在计算时通常取 0℃液态水和 0℃空气为基准态，即有

$$I_g = c_g T \tag{8-11}$$

$$I_v = r_0 + c_v T \tag{8-12}$$

式中，r_0 为 0℃时水的比汽化焓，$r_0 = 2492\text{kJ/kg}$。

所以，式 (8-10) 可以写为

$$I = (1.01 + 1.88H)T + 2492H \tag{8-13}$$

由式 (8-13) 可知，湿空气的焓 I 值随空气的温度 T、湿度 H 而变化。

(3) 湿空气的比容 v_H　湿空气的比容也称为湿容积，它是指 1kg 干空气及其所带的 Hkg 水汽所占有的总体积，其单位为 m^3 湿气/kg 干空气（即以 1kg 干空气为基准）。

按理想气体定律，在总压 p、温度 T 下，湿空气的比容为

$$v_H = \left(\frac{1}{29} + \frac{H}{18}\right) \times 22.4 \times \frac{273 + T}{273} \times \frac{1.0133 \times 10^5}{p}$$

$$= (0.772 + 1.244H) \times \frac{273 + T}{273} \times \frac{1.0133 \times 10^5}{p} \tag{8-14}$$

3. 湿空气的温度

(1) 干球温度 T　用普通温度计放在湿空气流中测得的湿空气的实际温度，称为该湿空气的干球温度，即通常所指的湿空气的温度。表示符号为 T。

(2) 湿空气的湿球温度 T_w　如图 8-3 所示，让一定温度 T 与湿度 H 的不饱和湿空气流稳定流过温度计 A 与 B。温度计 A 测得的温度是该湿空气的干球温度 T。温度计 B 的感温球被湿纱布包裹，纱布用水保持表面足够润湿，在湿空气气流中经过一定时间后其温度示值趋于一定，此时测得的平衡温度称为湿空气的湿球温度，用 T_w 表示。不饱和湿空气的湿球温度 T_w 恒低于其干球温度 T。

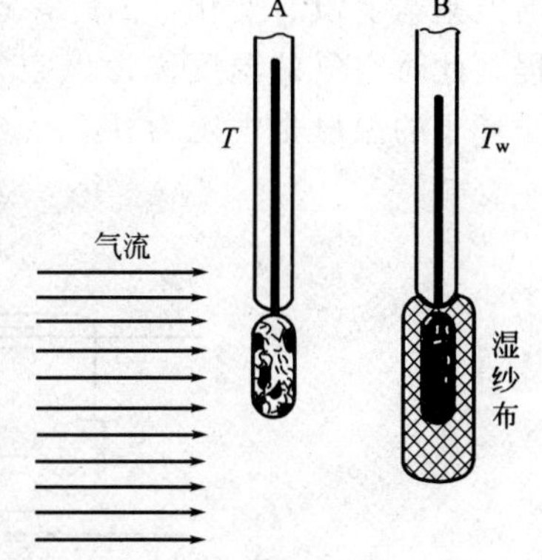

图 8-3　干湿球温度计

测定湿球温度的机理如下：温度为 T、湿度为 H 的不饱和湿空气以一定流速流过湿球温度计的湿纱布表面时，开始时湿纱布中水的温度与湿空气温度相等，但由于湿纱布表面的相对湿度为 $\varphi = 100\%$，而湿空气的 $\varphi < 100\%$，使得湿纱布中水分必然不断汽化，向湿空气中扩散。由于水分汽化需要潜热而吸热，所以湿纱布中水的温度将随着水分的汽化而不断降低，从而使湿纱布与湿空气之间形成一定的传热温度差，这样就必然产生了湿空气向湿纱布的传热。当湿空气所传递热量与湿纱布表面水分汽化所需热量相等时，湿纱布中水的湿度就不再下降而达到稳定，此时湿球温度计所显示的

温度即为湿空气的湿球温度 T_w。实质上，该温度也是湿纱布中水的温度。

由于湿空气流量大，而从湿纱布表面汽化的水分量相对很少，可以认为湿空气在这个过程中，温度 T 和湿度 H 并不变化。

在达到湿球温度 T_w 时，空气向湿纱布表面的传热速率为

$$Q=\alpha A(T-T_w) \tag{8-15}$$

式中，Q 为传热速率，kW；α 为空气与湿纱布表面间的对流给热系数，kW/（m^2·℃）；A 为湿纱布的表面积，m^2。

湿纱布表面水分向空气的传质速率为

$$W=k_H（H_w-H） \tag{8-16}$$

式中，W 为水分的传质速率，kg/(m^2·s)；k_H 为以湿度差为推动力的传质膜系数，kg/(m^2·s·ΔH)；H_w为湿空气在温度为 T_w 下的饱和湿度，kg/kg；H 为湿空气的湿度，kg/kg。

单位时间内水自湿纱布表面汽化所需的热量为

$$Q=WAr_w \tag{8-17}$$

式中，r_w 为在 T_w 下的比汽化焓，kJ/kg。

式（8-17）也可理解为以潜热方式由湿纱布表面向空气主体的传热速率。达到动态平衡时，两个传热速率应数值相等而方向相反。由式（8-15）、式（8-16）和式（8-17）可得

$$A\alpha（T-T_w）=k_H A（H_w-H）r_w$$

整理上式得

$$T_w=T-\frac{k_H r_w}{\alpha}（H_w-H） \tag{8-18}$$

对于空气-水系统，α/k_H 基本为一定值。生产上常通过对干、湿球温度的测定来确定空气的湿度。

(3) 绝热饱和温度 T_{as}　在一个保温良好、既不向外界散失热量也不从外界接受热量的饱和系统中，如图 8-4 所示，将一定温度 T 和湿度 H 的不饱和空气与大量水逆流密切接触，水用泵循环经喷洒器喷出，气液两相之间产生传热和传质。由于空气是不饱和的，水与空气接触中，水分要向空气中汽化；又由于是在绝热条件下，所以汽化所需的热量只能取自空气中的显热，使空气的温度逐渐降低。同时，不饱和空气将逐渐被水饱和，当空气达到 $\varphi=100\%$的饱和状态时，水分的汽化即停止，空气温度也不再下降。按照热量衡算关系，空气降温所放出的热量全部用于水汽化需要的热量，并且又随水汽回到空气中，对空气来说，其焓值基本上没有变化，因此，这种空气的绝热增湿（或称绝热饱和）过程近似可看作等焓过程。此时空气的温度称为该空气的绝热饱和温度，用 T_{as}表示，其对应的饱和湿度为 H_{as}，循环水的温度也恒定为 T_{as}。

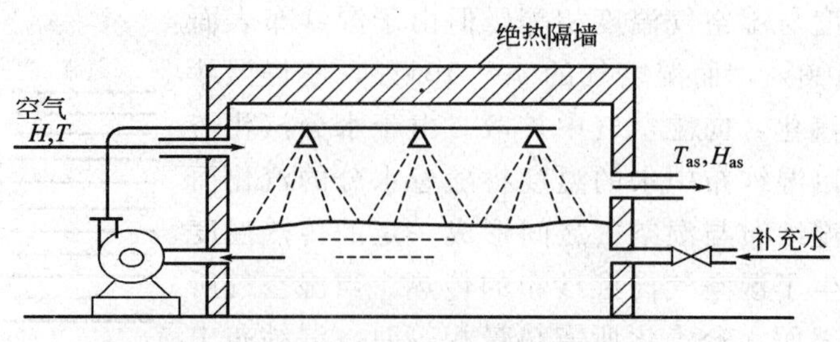

图 8-4　湿空气绝热增湿

若进入绝热增湿塔的湿空气的焓为

$$I=c_{H}t+Hr_{0} \tag{8-19}$$

离开绝热增湿塔的饱和湿空气的焓为

$$I_{as}=c_{H,as}T_{as}+H_{as}r_{0} \tag{8-20}$$

式中，r_0为0℃时水的比汽化焓，kJ/kg；$c_{H,as}$为空气在H_{as}下的比热容，kJ/(kg·℃)；H_{as}为在T_{as}下空气的饱和湿度，kg/kg。

又因$c_H=1.01+1.88H$，$c_{H,as}=1.01+1.88H_{as}$，其中H和H_{as}其值一般均很小，可近似认为湿空气的比热容不变，将式（8-20）中的$c_{H,as}$用c_H代替。

由于是等焓过程中，所以$I=I_{as}$，整理可得

$$T_{as}=t-\frac{r_0}{c_H}(H_{as}-H) \tag{8-21}$$

实验测定表明，对空气-水系统，$\alpha/k_H\approx c_H$。这样，对比式（8-18）和式（8-21），可得$T_{as}\approx T_w$。

（4）湿空气的露点T_d　保持不饱和湿空气在总压p和湿度H不变使其冷却，空气刚刚达到饱和状态（即刚要出现第一颗液滴）时的温度，称为该空气的露点T_d，此时湿空气的湿度H就是其露点T_d下的饱和湿度H_s。而式（8-5）中的p_s为露点T_d下水的饱和蒸汽压。显然，一定总压p下，空气的露点T_d越高，相应的饱和蒸汽压越高，其湿度也就越大，因而空气的露点是反映湿空气的一个特征温度(或状态参数)。

反过来，若已知湿空气的露点，可由此查得相应的饱和蒸汽压，并由式（8-5）求出该空气在一定总压p下的湿度H值。工程上用露点温度计来测定空气的露点，然后求算H值。

从上述讨论可知，表示湿空气性质的特征温度有干球温度T、露点T_d、湿球温度T_w和绝热饱和温度T_{as}。对空气-水系统，它们之间的关系如下：

不饱和湿空气：$T>T_w=T_{as}>T_d$

饱和空气：$T\geqslant T_w=T_{as}\geqslant T_d$

【例8-3】　已知湿空气的总压$p=101.3$kPa，相对湿度$\varphi=60\%$，干球温度$T=30$℃，试求：①湿度H；②露点T_d；③将上述情况湿空气在预热器内加热到100℃时所需热量。已知湿空气的质量流量为100kg干空气/h。

解：已知$p=101.3$kPa，$\varphi=60\%$，$T_0=30$℃，$G=100$kg干空气/h，$T_1=100$℃，由饱和水蒸气表查得水在30℃时的蒸汽压$p_s=4242$Pa。

① 湿度H：

$$H=0.621\times\frac{\varphi p_s}{p_{总}-\varphi p_s}$$

$$=0.621\times\frac{60\%\times4242}{1.013\times10^5-60\%\times4242}$$

$$=0.016\ (\text{kg 水汽/kg 干空气})$$

② 露点T_d：按定义，露点是在湿度不变的情况下冷却到饱和时的温度，即$H_s=H$。

由
$$H_s=0.621\times\frac{p_s}{p-p_s}$$

可得
$$p_s=\frac{pH_s}{0.621+H_s}=\frac{1.013\times10^5\times0.016}{0.621+0.016}=2544\ (\text{Pa})$$

由饱和水蒸气表查得其对应的温度$T_d=21.2$℃。

③ 预热器中提供热量 Q_0：

$$Q_0 = Gc_H(T_1 - T_0)$$
$$= 100 \times (1.013 + 1.88 \times 0.016) \times (100 - 30)$$
$$= 7302\ (\text{kJ/h})$$
$$= 2.03\ (\text{kW})$$

二、湿空气的湿度图及其应用

湿空气的各种状态参数可以按上述数学表达式求得，但相当繁琐。工程上为了方便起见，在固定总压 p 不变的情况下，选择两个状态参数作坐标，将各个状态参数之间关系绘制成图，称为湿空气的湿度图，利用图来查得各项参数；也可通过湿度图进一步理解这些状态参数之间的相互关系以及湿空气作为干燥介质在干燥操作中的状态变化过程。

湿度图依选用的坐标参数的不同有好几种形式。目前工程上最常用的是 I-H 图，它是在总压 $p=101.3$kPa 下，以湿空气的焓 I 为纵坐标，湿度 H 为横坐标构成的湿度图。

1. I-H 图的构造

为避免使图中各曲线群不致拥挤在图的上方，影响精确读数，故纵轴 I 和横轴 H 之间的夹角取为 135°；为了便于读取湿度数据，将横轴上的 H 值投影到与纵轴垂直的辅助水平轴上。见图 8-5。

湿度图由以下五种线构成。

(1) 等湿度线（等 H 线）　它是一组与纵轴 I 平行的直线，在同一条等 H 线上不同的点都具有相同的 H 值，其值在水平辅助轴上读出。

(2) 等焓线（等 I 线）　它是一组与横轴平行的直线，在同一条等 I 线上不同点都具有相同的焓值，其值在纵轴上读出。

(3) 等温线（等 T 线）　由式 (8-13) 可得

$$I = 1.01T + (1.88T + 2492)H \tag{8-22}$$

由式 (8-22) 可知，当温度 T 一定时，I 与 H 成直线关系，直线的斜率为 $(1.88T + 2492)$，因此，等 T 线也是一组直线，温度越高，斜率也越大，故等 T 线并不相互平行。温度值也在纵轴上读出。

(4) 等相对湿度线（等 φ 线）　饱和蒸汽压 p_s 是温度 T 的单值函数，因此式 (8-6) 实际上表明 φ、T、H 之间的关系。对于某一定值的 φ，确定一个温度 T，就可查得一个对应的饱和水蒸气压 p_s，可由式(8-6)计算出对应的 H 值。将许多 (T, H) 点连接起来，就成为该 φ 值的等相对湿度线。图中的等 φ 线为 $\varphi = 5\% \sim 100\%$ 的一簇曲线。

由图可见，当湿空气的 H 一定，随温度 T 升高，其 φ 值降低。对于干燥介质，既要求其作为具有适当温度的载热体，又要求具有较高的载湿能力。因此，常将湿空气先经预热器加热提高其温度，与此同时降低其相对湿度。

图中最下面一条等 φ 线 $\varphi = 100\%$ 的曲线称为饱和空气线，线上任意点的空气状态都表明此时的空气已完全被水蒸气所饱和，该点对应的湿度也就是该温度下的饱和湿度。此线以上的区域称为不饱和区，显然，只有不饱和区的湿空气才可用做干燥介质。

(5) 水汽分压线 p_w　按式 (8-4)，可得

$$p_w = \frac{pH}{0.621 + H} \tag{8-23}$$

I/[kJ/(kg绝干气)]
T/℃
p_w/kPa
H/(kg水/kg绝干气)
横轴
φ=5%
φ=10%
φ=20%
φ=30%
φ=40%
φ=50%
φ=60%
φ=70%
φ=80%
φ=90%
φ=100%
绝热饱和温度
等焓线

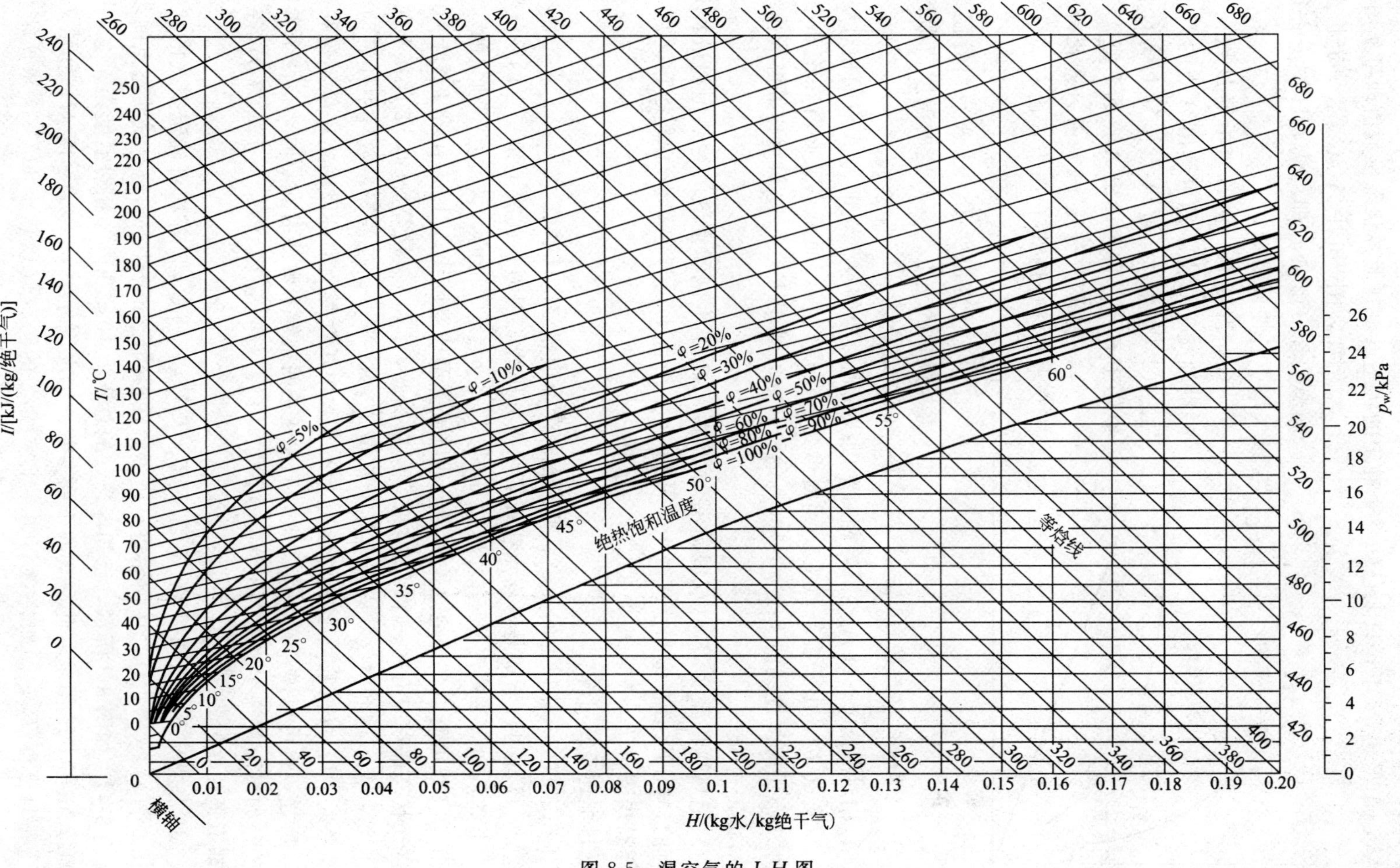

图 8-5　湿空气的 I-H 图

在图上标绘得 p_w-H 间的相互关系曲线，p_w 线为一条过原点的线，近似于一条直线。p_w 的坐标标于右端的纵轴上，其单位为 kPa。这个关系说明，在 p 一定时，p_w 与 H 是等价的，是相互不独立的。

2. 湿度图的应用

在 p=101.3kPa 下，只要已知一个确定的状态点，其他各状态参数值即可从图中查得。

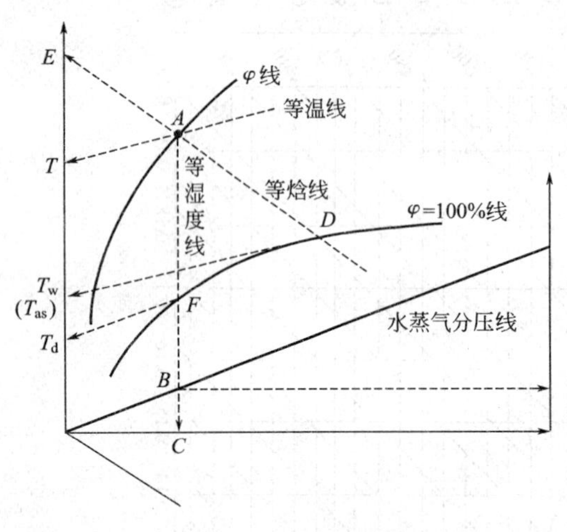

图 8-6　I-H 图的用法

例如，图 8-6 中 A 点表示一定状态的不饱和湿空气。由 A 点即可从 I-H 图上查得该湿空气以下各性质参数：

(1) 湿度 H　由 A 点沿等 H 线向下与水平辅助轴交于 C 点，即可读出 A 点的 H 值。

(2) 焓值 I　过 A 点作等 I 线的平行线交纵轴于 E 点，即可读出 A 点的 I 值。

(3) 水蒸气分压 p_w　由 A 点沿等湿度线向下交水蒸气分压线于 B 点，由右端纵坐标读出 B 点的 p_w 值。

(4) 干球温度 T　过 A 点沿等温线向斜下方与纵轴的交点，其对应的温度值即为 A 点的干球温度。

(5) 相对湿度 φ　过 A 点沿等相对湿度线找到对应的 φ 值，即为 A 点的相对湿度值。

(6) 露点 T_d　由于湿空气变化到露点是等湿度过程，而露点又必落在饱和空气线上，故可由 A 点沿等湿度线向下交 φ=100%的饱和空气线于 F 点，过 F 点作等温线由纵轴读出露点 T_d 值。

(7) 绝热饱和温度 T_{as}（或湿球温度 T_w）　由于不饱和空气的绝热饱和过程是沿等焓线进行的，且 T_{as} 必在饱和空气线上，故由 A 点沿等 I 线与饱和空气线交于 D 点，由过 D 点的等温线读出 T_{as}（即 T_w）值。

通过上述查图可知：

① 在饱和空气线以上的任一点都代表一个不饱和湿空气状态。

② 等 H 线可以看成是等露点线或等水汽分压线，因为在此线上每一点的空气状态都对应同一个露点和同一蒸汽分压，因此，H 与 T_d、p_w 是等价的，彼此互不独立的。

③ 等 I 线可看成是等绝热饱和温度线（或等湿球温度线），因为在等 I 线上每一点所代表的空气状态都对应有同一个 T_{as}（或 T_w），因此，I 和 T_{as} 是等价的，彼此互不独立的。

④ 每一个不饱和空气状态点实际上都是 I、H、T、φ 四条等参数线中任意两条线的交点；或者说，I、H、T、φ 这四个独立状态参数中任意两个都可以确定一个不饱和湿空气的状态。反之，也可以说，在湿度图上，上述任意两条等参数线有交点时，这两个参数是相互独立的；如果两条等参数线得不到交点，如 {T_d、H}、{T_w、I}、{T_w、T_{as}} 等，则它们彼此都不是独立的。

⑤ 通常情况下，已知 {T、T_w}、{T、T_d} 或 {T、φ} 等均可确定空气的状态点。可根据图 8-7(a)、(b)、(c) 中所示进一步了解在不同已知条件下确定空气状态点的步骤。

【例 8-4】 如图 8-8 所示，已知湿空气的总压为 101.3kPa，相对湿度为 50%，干球温度为 20℃。试用 I-H 图求取此空气的下列参数：①水汽分压 p_w；②湿度 H；③焓 I；④露点 T_d；⑤湿球温度 T_w；⑥如将含 500kg 干空气/h 的湿空气预热至 117℃，求所需供给热量

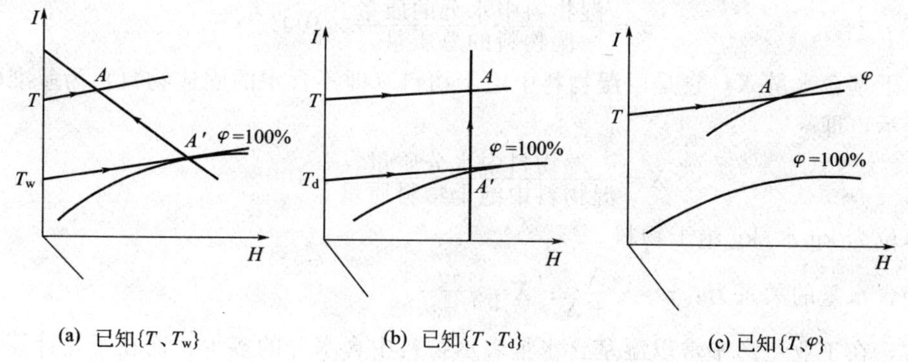

(a) 已知{T、T_w}　　(b) 已知{T、T_d}　　(c) 已知{T,φ}

图 8-7　湿空气状态在 I-H 图上的确定

Q，kW。

解：已知：$p=101.3$kPa，$T=20$℃，$\varphi=50\%$。

在湿度图上由 $T=20$℃的等温线与 $\varphi=50\%$的等相对湿度线的交点确定此空气的状态点 A。由 A 点再求其余各参数（见图 8-8）：

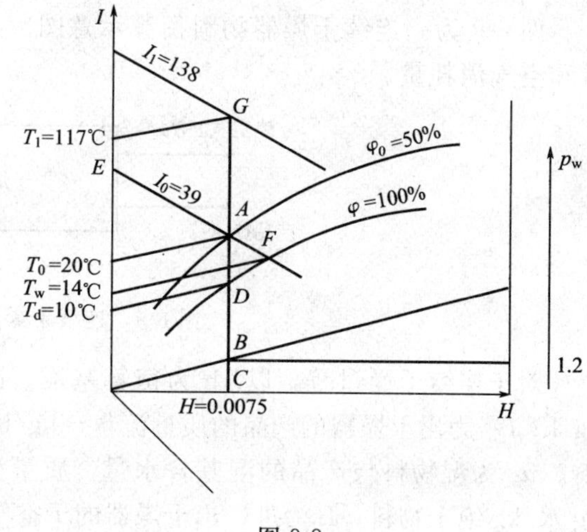

图 8-8

① 水汽分压 p_w。由 A 点沿等 H 线向下交水汽分压线于 B 点，在图右端纵坐标上读得 $p_w=1.2$kPa。

② 湿度 H。由 A 点沿等 H 线向下交水平辅助轴于 C 点，读得 $H=0.0075$kg 水/kg 干空气。

③ 焓 I。过 A 点作等 I 线的平行线交纵轴于 E 点，读得 $I_0=39$kJ/kg 干空气。

④ 露点 T_d。由 A 点沿等 H 线向下与 $\varphi=100\%$饱和空气线交于 D 点，由过 D 点的等 T 线，在纵轴上读得 $T_d=10$℃。

⑤ 湿球温度 T_w（即绝热饱和温度 T_{as}）。由 A 点沿等 I 线与 $\varphi=100\%$的饱和空气线相交于 F 点，由过 F 点的等 T 线读得 $T_w=14$℃。

⑥ 需提供热量 Q。湿空气在预热器中间接加热时 H 不变，由 A 点沿等 H 线向上与 $T=117$℃的等 T 线相交于 G 点，在过 G 点的等 I 线上读得 $I_1=138$kJ/kg 干空气。

对 500kg 干空气/h 的湿空气通过预热器加热所需热量为

$$Q=500\times(I_1-I_0)=500\times(138-39)=49500(\text{kJ/h})=13.75\ (\text{kW})$$

第三节　连续干燥过程的物料衡算与热量衡算

通过物料衡算与热量衡算，可以计算出湿物料中水分蒸发量、原始空气用量以及所需提供的热量，并据此确定干燥设备的工艺尺寸，选择适宜型号的鼓风机、换热器等。

一、干燥过程的物料衡算

1. 物料含水量的表示方法

（1）湿基含水量 w　它是以湿物料为计算基准，以质量分数表示，即

$$w=\frac{湿物料中水分的质量}{湿物料的总质量}\times 100\% \tag{8-24}$$

(2) 干基含水量 X 它是以湿物料中绝干物料（即不含水的固体物料）为基准的水分的质量比表示，即

$$X=\frac{湿物料中水分质量}{湿物料中绝干物料质量}\times 100\% \tag{8-25}$$

其单位为 kg 水/kg 绝干物料。

两种含水量的关系为：$w=\frac{X}{1+X}$；$X=\frac{w}{1-w}$。

通常，在工业生产中常以湿基含水量表示物料中含水分的多少；而在干燥计算中，由于湿物料中的绝干物料在干燥过程中不发生变化，故用干基含水量进行计算较为简便。

2. 物料衡算

图 8-9 为一连续干燥器物料衡算示意图。通过干燥器的物料衡算来确定物料蒸发的水分量和空气消耗量。

图 8-9 连续干燥器物料衡算示意图

对于连续干燥过程，以 1h 为衡算基准。图中，G_1 为进入干燥器的湿物料的质量流量，kg/h；G_2 为出干燥器的产品的质量流量，kg/h；G_c 为湿物料中绝干物料的质量流量，kg/h；w_1、w_2 为湿物料与产品的湿基含水量，质量分数；X_1、X_2 为湿物料和产品的干基含水量，kg 水/kg 绝干物料；L 为进、出干燥器的干空气的质量流量，kg/h；H_1、H_2 为进、出干燥器的湿空气的湿度，kg 水/kg 干空气；W 为湿物料在干燥器中蒸发的水量，kg/h。

若不计干燥过程中的物料损失，则干燥前、后物料中绝干物料质量不变，即

$$G_c=G_1(1-w_1)=G_2(1-w_2) \tag{8-26}$$

(1) 水分蒸发量 W 的计算

$$W=G_c(X_1-X_2) \tag{8-27}$$

$$W=G_c(X_1-X_2)=G_1\frac{w_1-w_2}{1-w_2} \tag{8-28}$$

(2) 空气消耗量计算 热空气通过干燥器时，其中绝干空气量不变，且湿物料蒸发的水分量全部被空气所带走，即有

$$W=L(H_2-H_1) \tag{8-29}$$

空气消耗量为：

$$L=\frac{W}{H_2-H_1} \tag{8-30}$$

二、干燥系统的热量衡算

通过干燥系统的热量衡算，可以确定空气预热时的耗热量和物料干燥时的耗热量等。

图 8-10 为对流干燥系统的热量衡算示意图。常压下的原始湿空气（T_0，H_0，I_0）经预热器加热后（T_1，$H_1=H_0$，I_1）进入干燥器与湿物料逆流接触，其温度降低，湿度增加，然后作为废气（T_2，H_2，I_2）由干燥器排出；湿物料（质量流量为 G_1，温度为 T'，湿基含

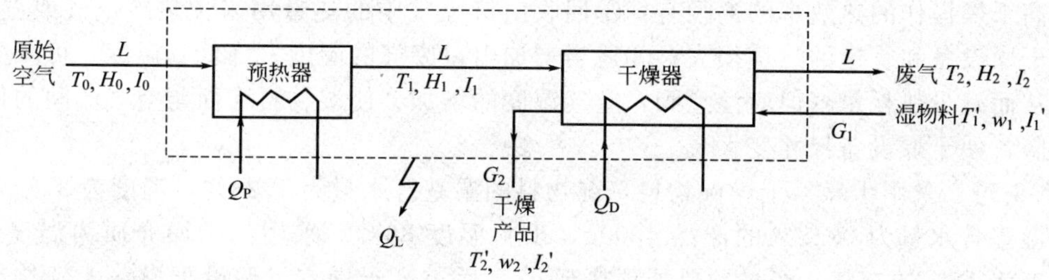

图 8-10　干燥系统的热量衡算

水量为 W_1，焓为 I_1'）与热空气接触后使水分蒸发得到干燥产品（G_2，T_2'，w_2，I_2'）。今分别对预热器和干燥全系统进行热量衡算，以 1s 为衡算基准，以 0℃为基准温度，以 0℃液态水和绝干物料的焓为零。

1. 预热器的热量衡算

若不计热损失，预热器的热量衡算为：

$$Q_P + LI_0 = LI_1 \tag{8-31}$$

或

$$Q_P = L(I_1 - I_0) \tag{8-32}$$

式中，Q_P 为预热器的供热量，kW；L 为干空气流量，kg 干空气/s。

2. 整个干燥系统的热量衡算

作包括预热器和干燥器在内（图 8-10 上虚线框出范围）的热量衡算。图中，Q_D 为干燥器内补充加热量，kW；Q_L 为干燥系统损失的热量，kW；I'_1、I'_2 为以 1kg 绝干物料为基准的进、出干燥器的物料的焓，kJ/kg 干物料。

物料焓 I'的计算式为：

$$I' = c_c t' + Xc_w T' = (c_c + Xc_w)t' = c_m t' \tag{8-33}$$

式中，T'为物料的温度,℃；c_c 为绝干物料的平均比热容，kJ/(kg 干料・℃)；c_w 为液态水的平均比热容，kJ/(kg 水・℃)；c_m 为以 1kg 绝干物料为基准的湿物料的平均比热容，kJ/(kg 干物料・℃)；X 为物料的干基含水量，kg 水/kg 干物料。

作虚线范围内的热量衡算得

$$LI_0 + G_c I_1' + Q_P + Q_D = LI_2 + G_c I_2' + Q_L \tag{8-34}$$

或

$$Q = Q_P + Q_D = L(I_2 - I_0) + G_c(I_2' - I_1') + Q_L \tag{8-35}$$

式中，Q 为干燥系统所需加入的总热量，kW。式（8-34）或式（8-35）为干燥系统总热量衡算式。

将式（8-35）中等式右侧的第一、二项作近似简化（省略），则式（8-35）可改写为：

$$Q = Q_P + Q_D = 1.01L(T_2 - T_0) + W(1.88T_2 + 2492) + G_c c_m(T_2' - T_1') + Q_L \tag{8-36}$$

由式（8-36）可见，加入干燥系统的总热量用于加热空气、蒸发水分、加热物料以及补偿系统的热损失。

3. 干燥器的热效率

干燥器的热效率 η 可定义为蒸发水分所消耗的热量与加入干燥系统的总热量之比，即

$$\eta = \frac{\text{干燥系统中蒸发水分所消耗的热量 } Q_1}{\text{向干燥系统输入的总热量 } (Q_P + Q_D)} \times 100\% \tag{8-37}$$

η 值的大小表明干燥系统热利用程度的好坏。由于水分是由温度为 T_1'（湿物料入口温度）的液态水变为温度为 T_2 的水汽的，故

$$Q_1 = W(1.88T_2 + 2492 - c_m T_1') \tag{8-38}$$

提高干燥操作的热效率的途径有：①回收出口废气中的热量用来预热冷空气或湿物料；②减少干燥设备和管道的热量损失；③适当增加出口废气的湿度、降低其温度，可减少空气耗量，从而减少热耗量（但应注意到，空气湿度的增加会使湿物料表面与空气流间的传质推动力下降，使干燥设备尺寸变大）。

【例 8-5】 采用干燥器干燥湿物料，湿物料的湿基含水量为 1.28%，温度为 31℃，每小时生产湿基含水量为 0.18%的产品 4000g，出料温度 36℃。采用的干燥介质为温度 20℃、湿球温度为 17℃的空气，经过预热器预热至 97℃后进入干燥室（假设干燥室无额外热量输入），干燥完成后离开系统的空气温度为 40℃、湿球温度 32℃。已知产品的比热容为 1.26kJ/(kg·K)，预热器采用的加热蒸汽表压为 100kPa，请计算：①水分蒸发量；②干空气消耗量；③加热蒸汽消耗量；④干燥器的散热损失。

解： ① 水分蒸发量。

$$W=G_1\frac{w_1-w_2}{1-w_2}=4000\times\frac{0.0128-0.0018}{1-0.0128}=44.6\ (\text{kg/h})$$

② 空气用量。通过湿空气的 I-H 图，得 $H_0=H_1=0.011$（kg 水/ kg 干空气），$H_2=0.028$（kg 水/kg 干空气）

$$L=\frac{W}{H_2-H_1}=\frac{44.6}{0.028-0.011}=2.62\times10^3\ (\text{kg/h})$$

③ 加热蒸汽的消耗量。通过湿空气的 I-H 图，$I_0=49\text{kJ/kg}$，$I_1=125\text{kJ/kg}$，$I_2=113\text{kJ/kg}$，因此

$$Q_P=L\ (I_1-I_0)\ =2.62\times10^3\times\ (125-49)\ =199\times10^3\ (\text{kJ/h})$$

通过饱和水蒸气表可以查得表压为 100kPa 的水汽化焓为 2205kJ/kg，则加热蒸汽消耗量为：

$$S=\frac{199\times10^3}{2205}=90\ (\text{kg/h})$$

④ 干燥器的散热损失。

$$\begin{aligned}Q_L&=Q_P-1.01L(T_2-T_0)-W(1.88T_2+2492)-G_c c_m(T_2'-T_1')\\&=199\times10^3-1.01\times2.62\times10^3\times(40-20)-44.6\times(1.88\times40+\\&\quad 2492)-4000\times(1-0.0018)\times1.26\times(36-31)\\&=6.4\times10^3\ (\text{kg/h})\end{aligned}$$

第四节　干燥过程的机理

通过干燥过程的物料衡算和热量衡算，可以确定从湿物料中除去的水分量、计算出空气消耗量和干燥所需提供的热量，为选定合适的风机和预热器提供依据。而干燥器的尺寸，则需通过干燥速率关系和干燥时间的计算来确定。

在对流干燥过程中，物料与热空气流接触时，水由物料内部移动到表面，然后由物料表面汽化为水汽进入干燥介质中，因此干燥速率不仅与空气的性质有关，也取决于物料所含水分的性质。而物料所含水分性质又与物料的结构与物理化学状态密切相关。

一、固体物料中水分的性质

1. 结合水分与非结合水分

物料中借化学力或物理化学力与固体物料相结合的水分称为结合水分。如某些固体物料内毛细管中的水分、胶体结构物料中的水分、生物细胞壁内的水分等。由于这种水分与物料的结合力较强，其平衡蒸汽压低于同温度下纯水的饱和蒸汽压，并随结合力的大小而不同。结合力越大，水分除去越困难。物料中的非结合水分是指物料中除结合水分以外的那部分水分，这种水分只是机械地附着于固体物料表面。如物料表面的吸附水分、较大孔隙（如颗粒堆积层中的孔隙）中的水分等。这种水分的蒸汽压与同温度下纯水的饱和蒸汽压相同。它与物料的结合强度较弱，比结合水分的除去要容易。于是：

物料中的总水分＝结合水＋非结合水

非结合水的汽化与纯水无异，因此，在干燥过程中最先被除去的是非结合水。

2. 平衡水分与自由水分

由图 8-11 的 φ-X 曲线可知，在一定干燥条件下，物料中不能除去的那部分水分就是平衡水分，而可以被除去的水分称为自由水分，故：

物料中的总水分＝平衡水分＋自由水分

显然，这种水分的分类不仅与物料本身的性质有关，还取决于空气的状态。

应该指出，结合水分与非结合水分，其区别仅在于物料本身的性质；而平衡水分和自由水分，还取决于干燥介质的状况。

图 8-11 表示固体物料(丝)中所含水分的性质。若总水分 $X=0.3$kg 水/kg 干料，当空气中的相对湿度 $\varphi=50\%$时，平衡水分 $X^*=0.085$kg 水/kg 干料，则

$$自由水分=X-X^*=0.30-0.085$$
$$=0.215\ (\text{kg 水/kg 干料})$$

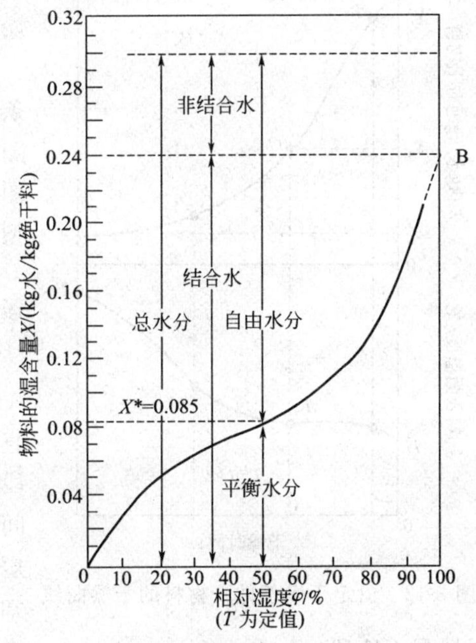

图 8-11 固体物料（丝）中所含水分的性质

φ-X 线（图 8-11 中的实线部分）一般均由实验测定。根据非结合水分与结合水分的区别，可将平衡曲线延长（图中的虚线部分）与 $\varphi=100\%$的纵轴相交，交点 B 以上的水分为非结合水分，它是当空气达到饱和时可以除去的水分；B 点以下的水分为结合水分，由于物料中结合水分的形态不同，例如随毛细管孔的变小，其对应的平衡蒸汽压就越低，需要在更低的相对湿度下才能除去。如图示物料的结合水分为 0.24kg/kg，则：

$$非结合水分=X-结合水分=0.30-0.24=0.06\ (\text{kg/kg})$$

二、恒定干燥条件下的干燥过程

1. 恒定干燥条件下的干燥曲线与干燥速率曲线

由于物料的干燥过程较为复杂，为简化其影响因素，测定物料干燥速率的实验是在恒定干燥条件下用大量空气干燥少量湿物料的情况下进行的。这种测定既可了解物料中所含水分的性质和数量以及干燥条件的影响，也为设计干燥器、计算干燥时间提供必要的依据。

（1）恒定干燥条件　是指干燥介质（空气）的温度、相对湿度、流过物料表面的速度、与物料的接触方式以及物料的尺寸或料层的厚度恒定。在此条件下考察湿物料在干燥过程中有关参数的变化。

（2）干燥速率 u　是指单位时间内在单位干燥面积上汽化的水分量，用微分式表示为

$$u=\frac{dW}{A\,dt} \tag{8-39}$$

式中，u 为干燥速率，kg/(m^2·h)；W 为汽化的水分量，kg；A 为物料的干燥表面积，m^2；t 为干燥所需时间，h。

而

$$dW=-G_c dX$$

于是，式（8-39）可写为

$$u=-\frac{G_c dX}{A\,dt} \tag{8-40}$$

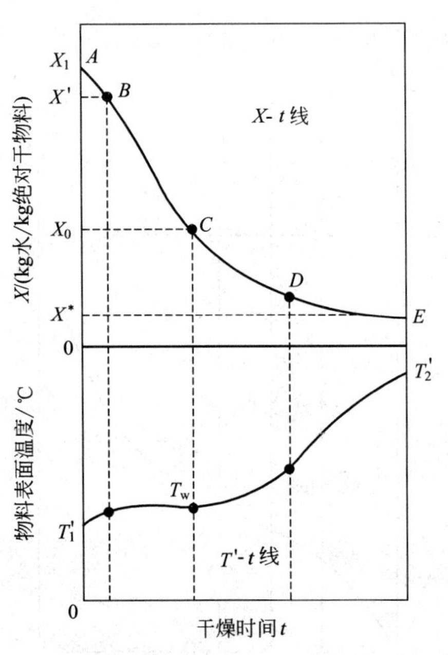

图 8-12　恒定干燥条件下物料的干燥曲线

式中，G_c 为湿物料中绝干物料量，kg；X 为湿物料的干基含水量，kg/kg；负号表示物料含水量随干燥时间的增加而减少。

（3）干燥曲线与干燥速率曲线　在上述恒定干燥条件下，测定物料的干基含水量 X 和物料表面温度 T' 随干燥时间 t 的变化关系并绘成曲线，称为干燥曲线。图 8-12 定性地表示湿物料在恒定干燥条件下的比较典型的 X-t、T'-t 曲线关系。

图 8-13 是由图 8-12 的 X-t 曲线转化而来的干燥速率曲线（u-X 曲线）。

图 8-12 中，物料的含水率在经过预热阶段（图中 AB）后，与干燥时间基本呈直线关系（图中 BC 段），直到临界点 C，然后图线变成较平缓的曲线（图中 CE 段）。物料的干燥曲线的具体形状视物料性质和干燥时间而定。由于 AB 段为湿物料预热升温阶段，一般很短，所以在干燥计算中往往忽略不计。由图 8-13 可知，干燥速率曲线分为恒速干燥阶段 BC 段和降速干燥阶段 CE 段。

2. 恒速干燥阶段

在此阶段中物料表面充满着非结合水分，物料表面始终湿润，物料表面水分的汽化与湿球温度计纱布上水的汽化类似，汽化的水分全部为非结合水分，物料表面的温度等于空气的湿球温度，干燥速率由物料表面水分汽化速率所控制，为一恒定值。

3. 降速干燥阶段

图 8-13 中的 C 点是由恒速干燥阶段转到降速干燥阶段的临界点，此时物料中的含水量称为临界含水量（或临界水分），用 X_0 表示。当物料中含水量降到此值以下时，物料表面不能再维持足够润湿。这时，水分自物料内部向表面的扩散速率开始低于物料表面汽化速率，结合水分开始发生汽化，物料的温度也随之上升，物料表面逐渐出现“干区”，随着物料内部含水量的不断减少，水分向表面的扩散

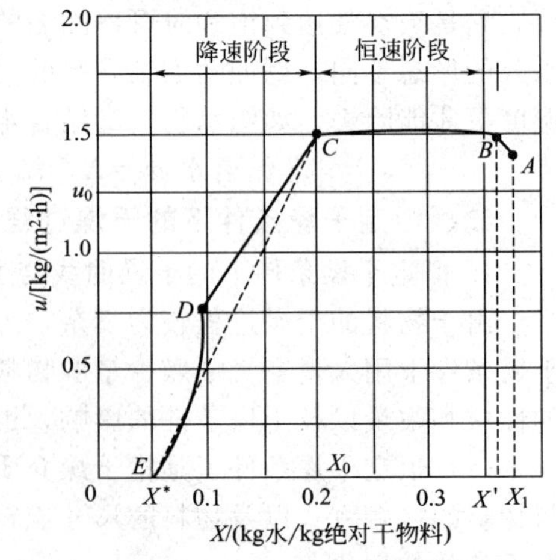

图 8-13　恒定干燥条件下的干燥速率曲线

速率也不断降低，干燥速率也就越来越低。所以，此阶段的干燥速率由内部扩散速率控制。当到达 E 点后，物料中水分降到平衡含水量 X^*，干燥速率降为零，此后再继续干燥也不能降低物料中的含水量。

与恒速干燥相比，降速干燥去掉的水分相对较少，但所需要的时间往往更长。

综上所述，当物料中含水率大于临界含水量 X_0 时，干燥速率值恒定，处于恒速干燥阶段；当物料中含水率小于 X_0 时，干燥速率逐渐减小，处于降速干燥阶段。当物料含水率降到平衡含水量 X^* 时，干燥速率降为零。

三、恒定干燥条件下干燥时间的计算

在恒定干燥条件下，物料从干基含水量 X_1 干燥到 X_2 所需的时间 t 的计算，可根据在相同条件下测定的干燥速度曲线和式（8-40）求取。

1. 恒速阶段干燥时间

恒速干燥阶段的干燥速率为常数，并等于临界水分 X_0 下的干燥速率 u_0，根据式（8-40）有

$$u_0=\frac{G_c\mathrm{d}X}{A\mathrm{d}t}$$

将上式分离变量后积分

$$\int_0^{\tau_1}\mathrm{d}t=-\frac{G_c}{Au_0}\int_{X_1}^{X_0}\mathrm{d}X$$

$$t_1=\frac{G_c}{Au_0}(X_1-X_0) \tag{8-41}$$

2. 降速阶段干燥时间

此阶段干燥时间的计算，通常采用简便的近似计算处理，即用连接界点 C 与平衡含水率 E 的直线（图 8-13 中的虚线）来代替降速干燥阶段的干燥速率曲线，实际就是假定在降速阶段中，干燥速率与物料中自由水分（$X-X^*$）成正比。则有

$$u=-\frac{G_c}{A}\times\frac{\mathrm{d}X}{\mathrm{d}t}=K(X-X^*) \tag{8-42}$$

式中，K 为比例系数，即 CE 直线的斜率。

将上式分离变量并积分：

$$\int_0^{t_2}\mathrm{d}t=-\frac{G_c}{KA}\int_{X_0}^{X_2}\frac{\mathrm{d}X}{X-X^*}=-\frac{G_c}{KA}\int_{X_1-X^*}^{X_2-X^*}\frac{\mathrm{d}(X-X^*)}{X-X^*}$$

$$t_2=\frac{G_c}{KA}\ln\frac{X_0-X^*}{X-X^*} \tag{8-43}$$

总干燥时间：
$$t=t_1+t_2 \tag{8-44}$$

【例 8-6】 某物料的干燥速率曲线如图 8-13 所示，今欲将物料由 $X_1=0.50$kg 水/kg 绝物料干燥到 $X_2=0.06$ 吨水/kg 绝干物料。已知：绝干物料量为 200kg，干燥面积为 0.04m²/kg 绝干物料，试求干燥时间。

解： 由图 8-13 查得，临界含水率 $X_0=0.2$kg 水/kg 干物料，平衡含水率 $X^*=0.05$kg 水/吨绝干物料。

$X_2<X_0$，因此干燥过程包括恒速和降速两个阶段。由图 8-13 查得 $u_0=1.5$kg/(m²·h)

总干燥面积　$S=0.04\times200=8$（m²）

恒速阶段干燥时间：

$$t_1=\frac{G_c}{Au_0}(X_1-X_0)=\frac{200}{8\times1.5}\times(0.5-0.2)=5\ (h)$$

$$t_2=\frac{G_c}{KA}\ln\frac{X_0-X^*}{X-X^*}=\frac{200}{8\times1.5}\times(0.2-0.05)\ln\frac{0.2-0.05}{0.06-0.05}=6.77\ (h)$$

总干燥时间： $t=t_1+t_2=5+6.77=11.77\ (h)$

第五节　常用干燥器简介

一、干燥器的性能要求及选用原则

在化工生产中，为完成一定的干燥任务，需要选择适宜的干燥器类型，目前干燥器的选型还带有很大的经验性。通常应考虑以下几个方面：①满足物料和产品的特点及要求，如物料的热敏性、成品的形状、质量及价值、干燥速率曲线与物料的临界含水量、物料的黏性等；②干燥速率尽可能快；③干燥器的热效率高；④干燥系统的流体阻力要小；⑤操作控制方便，劳动条件良好，附属设备简单等；⑥还应充分了解建厂地区的外部条件，如气象、热源、场地等，做到因地制宜。

二、工业常用干燥器

1. 厢式干燥器（盘式干燥器）

属于间歇干燥器，大型称烘房，小型称烘箱。可以同时干燥多种不同的物料，一般为常压操作，也有在真空下操作的，图 8-14 为平行流厢式干燥器的示意图。干燥器做成厢式，外壳包以绝热层以防止热损失。在厢内有多层框架，用来盛放物料盘。分批地放入，干燥结束后成批的取出。干燥用空气由进口引入，经过加热器预热后，沿着挡板均匀进入各层，与物料接触后成为废气，最后由出口排出。有时也可将废气与新鲜空气混合，循环使用。

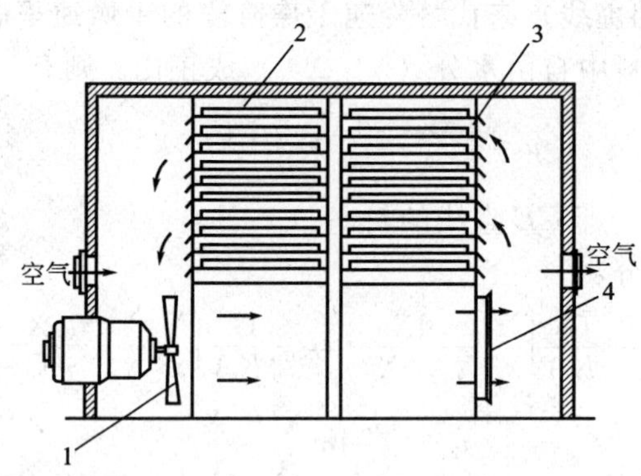

图 8-14　厢式干燥器

1—风机；2—托盘；3—百叶窗（可调）；4—加热器

这种设备一般生产强度小，但构造简单，设备费用低，适于较小批量的生产。其缺点主要是干燥不均匀，装卸劳动强度大。

2. 带式干燥器

如图 8-15 所示，带式干燥器为一长方形干燥器，内有透气的传送带，物料置于带上，热气体穿过物料层，物料与气体形成复杂的错流。

3. 转筒干燥器

如图 8-16 所示，干燥器的主体是一个略呈倾斜的旋转圆筒。物料自高端加入，低端排

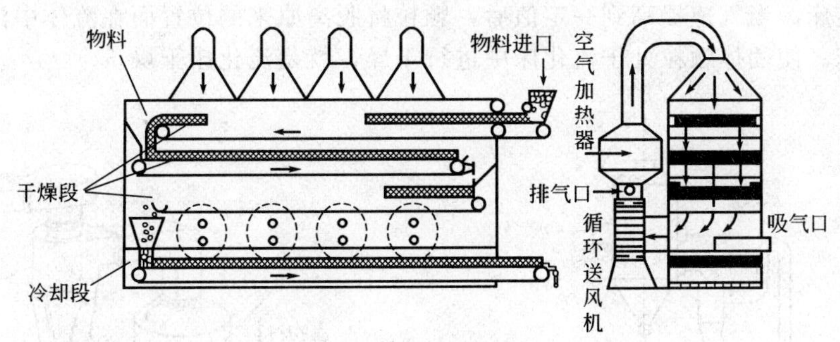

图 8-15　带式干燥器

出。热空气可以与物料呈逆流或并流。为使物料均匀分散并充分与干燥介质密切接触，同时也使物料向排出口逐渐移动，在筒壁装有各种形式的抄板，用以升举和洒落物料。

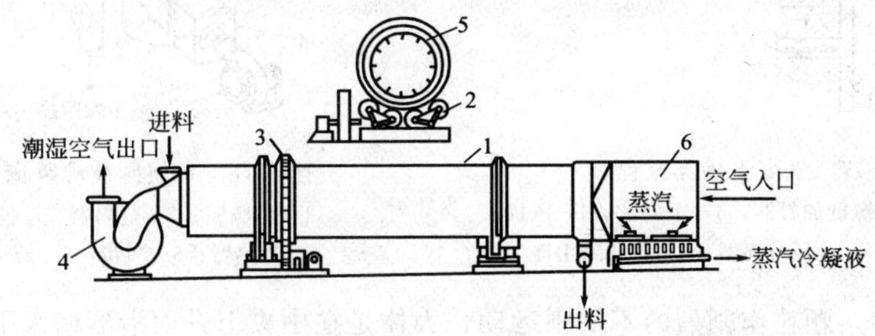

图 8-16　热空气直接加热的逆流操作转筒干燥器

1—圆筒；2—支架；3—驱动齿轮；4—风机；5—抄板；6—蒸汽加热器

这种干燥器主要用于处理散粒状物料，但如反混适当数量的干料亦可处理含水量很高的物料或膏糊状物料，也可在用干料做底料的情况下干燥液态物料，这种设备的优点是：生产能力大，操作稳定可靠，流体阻力小，产品质量均匀；缺点是结构复杂，设备笨重，热利用率低，传动部分需要经常维修，占地面积大等。

4. 气流干燥器

气流干燥器的基本形式如图 8-17 所示。气流干燥器的主体是气流管（干燥管）。气流管的基本形式为直立等径的长管（长管气流干燥器），湿物料由管的底部加入，空气由风机吸入，经预热器预热至指定温度后进入干燥管底部。物料受到气流的冲击，以粉粒状浮在高温空气中，当干燥管内热空气向上的流速大于颗粒沉降的速度时，物料随热气流一起流动并被输送，在输送过程中，物料被干燥。气流干燥器适用于粉粒状湿物料，对于难分散的物料可辅以粉碎设备。气体在气流管的速度一般为 10～25 m/s。

气流干燥器有以下优点：①生产强度高；②热能利用较好；③设备简单、操作方便。它的缺点有：①流体阻力大；②物料对器壁的磨损较大；③细粉物料回收比较困难；④不适用于除去含较多结合水分的物料。

5. 流化床干燥器

沸腾干燥器又称为流化床干燥器。沸腾床干燥和气流干燥都是流态化技术在干燥过程中的应用，并都适用于分散状物料。图 8-18 所示是一种单层圆筒沸腾床干燥器。散粒状湿物料由进料器加入到筒内多孔分布板的上面，当空气经加热后自下而上通过分布板与物料堆成的床层时，若气流速度较小，则颗粒将维持相互接触的状态，气流从颗粒间的空隙穿过，这种床层称为固定床。当气速提高到一定值后，颗粒将脱离原来的位置而在流体中浮动，这种床层称为流化床。使固体颗粒处于流化床中进行干燥，就是流化床干燥。

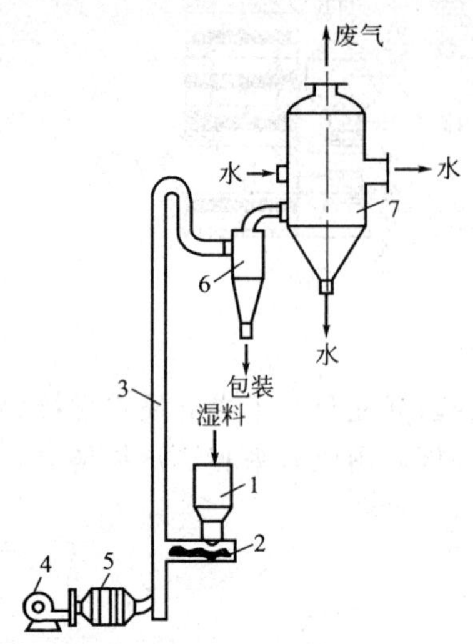

图 8-17　气流干燥器流程

1—加料斗；2—螺旋加料器；3—干燥管；4—风机；5—预热器；6—旋风分离器；7—湿式除尘器

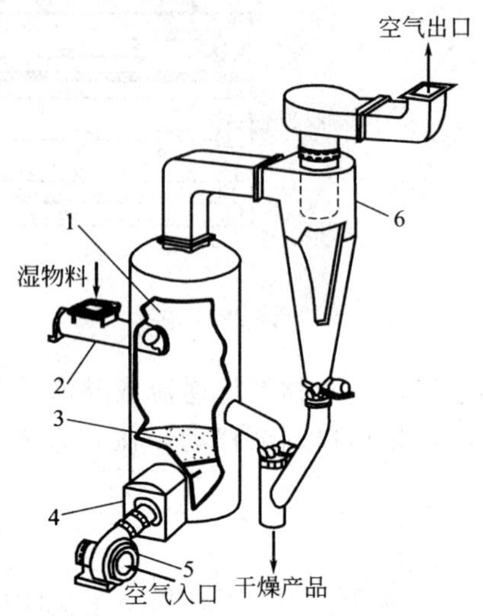

图 8-18　单层圆筒沸腾床干燥器

1—沸腾室；2—进料器；3—分布板；4—加热器；5—风机；6—旋风分离器

在流化床中，颗粒作剧烈的不规则运动，大体是在中央上升而沿器壁流下，但并不脱离床层，这些都与液体沸腾情况有些类似，因此，又称为沸腾床。

沸腾干燥器的主要优点是：颗粒在器内平均停留时间比在气流干燥器内长，而且进、出物料的速度、气流的温度和速度调节都比较方便，因而产品的最终含水量可较低；床层温度均匀；传热速度快，处理能力大；物料依靠进、出口高度差自动流向出口，不需输送装置；结构简单，操作稳定。缺点是：对物料的形状和粒度有限制。如在食品工业中，可用于砂糖、葡萄糖酸钙等的干燥和奶粉等的冷却。

6. 滚筒式干燥器

滚筒式干燥器是间接加热的连续干燥器，单滚筒和双滚筒式适用于溶液、悬浮液、胶体溶液等有流动性的物料的干燥，而多滚筒式则用于连续薄层物料如纸张、织物等的干燥。图 8-19 所示为一种双滚筒式干燥器。滚筒内通有加热蒸汽，通过筒壁将热量传给湿物料。两

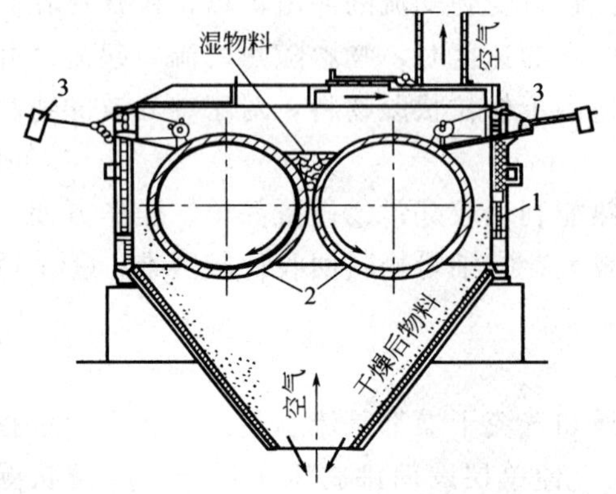

图 8-19　双滚筒式干燥器

1—外壳；2—滚筒；3—刮刀

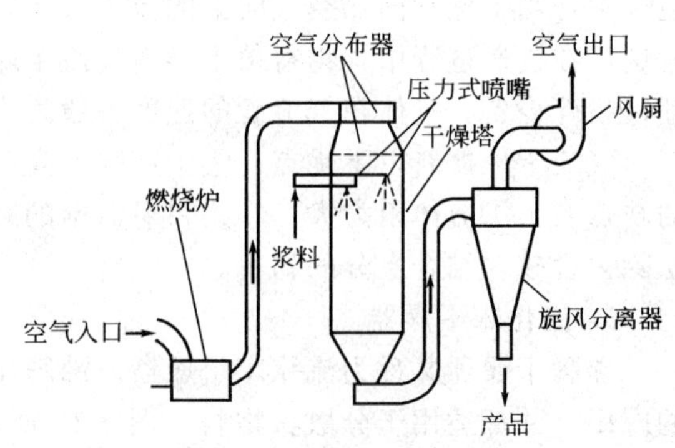

图 8-20　喷雾干燥示意图

滚筒的旋转方向相反，图中湿物料由上部加入，随滚筒的缓慢旋转，被干燥物料呈薄膜状附着于滚筒外而被干燥，干燥后的产品由刮刀刮下。滚筒的转速视干燥所需时间而定，由于湿物料不存在相对运动，故筒壁上的料层厚度有一定的限制，一般为 0.3～5mm 左右，可用两滚筒间的空隙来调节。

滚筒干燥器与喷雾干燥器相比，具有动力消耗低、投资少、维修费用低、干燥温度和时间易调节等优点，但其生产能力小，劳动条件较差。

7. 喷雾干燥器

喷雾干燥是一种处理液状物料的干燥方法，其原理是将物料喷成细雾，分散在热气流中，使水分蒸发而得粉状产品（图 8-20）。

喷雾干燥有下列优点。

① 能处理多种液态物料，如溶液、浆液、熔融液、乳浊液、悬浊液（如乳液聚乙烯）。由料液直接得到粉粒产品，因而省去了许多中间过程，如蒸发、结晶、分离、粉碎等。

② 干燥面积极大，干燥过程进行很快（一般几秒至几十秒），且在高温介质中粒子表面温度接近湿球温度。因而干燥成品质量好，特别适用于热敏性物料，且能得到再溶性好的粉末或空心细颗粒。

其缺点如下。

① 为避免液滴喷到壁上，一般干燥室直径大（几米），加之为了保证物料的停留时间，干燥室一般也较高（4～10m），所以设备庞大，容积汽化强度小，其容积给热系数约为 23～93W/(m^3·℃)。

② 热效率较低，介质及能量的消耗也较大。

第六节　冷冻干燥

一、冷冻干燥理论

1. 冷冻干燥机理

真空冷冻干燥又称冷冻升华干燥，是真空干燥方法之一。真空冷冻干燥的基本原理是将含水物料冻结后，在真空环境下加热，使物料中水分直接升华除去，从而使物料中水分得以分离，获得冻干制品的过程。

水有三种聚集态（或称相态），即固态、液态和气态。三种相态之间达到平衡时必有一定的条件，称为相平衡关系。水的相平衡关系是研究和分析含水食品冷冻干燥原理的基础。

从图 8-21 可以看出，随着压力的不断降低，冰点的变化不大。而沸点则越来越低，越来越接近冰点。可以想象，当压力下降到某一值时，沸点即与冰点相重合，固态冰就可以不经液态而直接转化为气态，这时的压力称为三相点压力，其相应的温度称为三相点温度。水的三相点压力为 610.5 Pa，三相点温度为 0.0098℃。在压力低于三相点压力时，固态的冰可以直接变为气态的水蒸气，此为升华现象。水分升华时所吸收的热量称为升华潜热或升华热。从图中带箭头的线可看出，如果压力高于 610.5 Pa，从固态冰开始，等压加

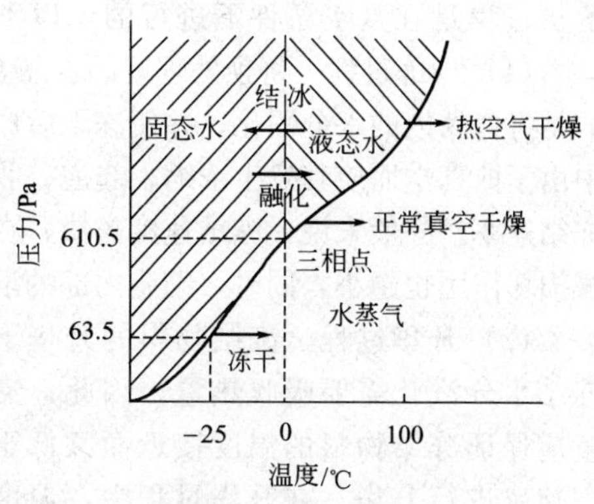

图 8-21　水的相平衡图

热升温的结果，必须要经过液态才能到达气态。但如果压力低于 610.5 Pa，固态加热升温的结果将直接变为气态，冷冻干燥的基本原理就在于此，故冷冻干燥被称为冷冻升华干燥，即含水食品的冷冻干燥就是在水的三相点以下区域所进行的低温低压干燥。

2. 冷冻干燥中的传热和传质方式

食品冷冻干燥中，传热和传质过程较复杂，不仅与食品本身的性质有关，还与冷冻干燥中的冻结方式、加热方式和加热温度、真空度等因素有关，常见的有以下几种传热和传质方式，如图 8-22 所示。

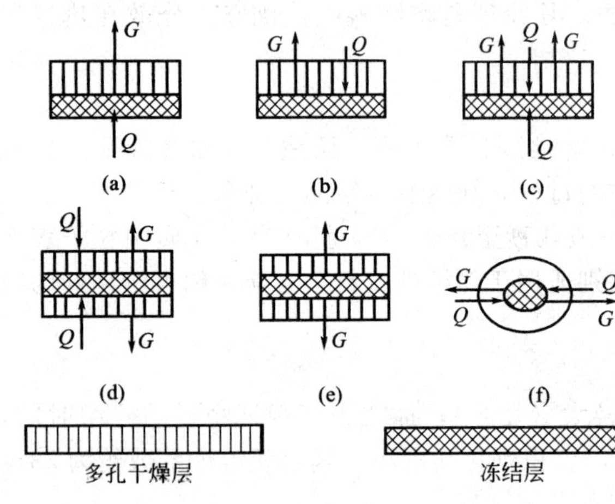

图 8-22　冷冻干燥传质方式

图 8-22（a）热量完全从底部冻结层导入，升华的水蒸气沿着同一方向扩散出去。此种方法常在中小型冷冻干燥设备中使用，多用于果汁、速溶咖啡等液态食品的干燥。

图 8-22（b）热量完全从顶部多孔干燥层传入，升华水蒸气以相反方向从顶部扩散出去，在大型冷冻干燥设备中常用此法，可加工散放颗粒状或液态食品。

图 8-22（c）是热量从底部冻结层和顶部多孔干燥层同时导入，升华水蒸气从顶部干燥层扩散出去。多层搁板式冷冻干燥设备的加热方式与此类似。其中某一搁板对其上面的食品以传导方式加热，而对其下面的食品又以辐射方式加热，两种加热方式中导热是主要的。

图 8-22（d）热量从两侧多孔干燥层同时导入，升华水蒸气以相反方向从两侧扩散出去。这种方式用于具有特殊形状的食品。

图 8-22（e）热量在食品内部产生，升华水蒸气从两侧扩散出去。用微波冷冻干燥装置干燥食品时，属于此种传热与传质方式。

图 8-22（f）为球状或长圆柱状食品的传热与传质方式。

3. 冷冻干燥的主要流程

冷冻干燥一般可分为三个步骤来完成，即预冻、升华、解析三个主要过程。其中升华和解析过程是在真空条件下进行的，以下分别进行介绍。

（1）预冻过程　将预处理好的食品装盘并置于冻结箱中（或冻结室内）降温冻结，冻结的目的是将食品内的水分固化，并使冻干后产品与冻干前具有相同的形态，以防止在升华和解析过程中由于抽真空而使其发生浓缩、起泡、收缩等不良变化的发生。预冻过程的关键在于控制食品的冻结速率。一般来说，冻结速度越快，在细胞内部和细胞间隙所生成的冰晶就越细，对细胞的机械损坏作用也越小，同时，细胞内部的溶质迁移效应越小，干燥后食品越能保持原有结构。

（2）升华过程　冻结物料的升华干燥是在真空干燥箱内进行的。在升华过程中，物料中冻结水分汽化需要吸收热量，因此，需要给物料加热，以提高冷冻干燥速率。但所提供的热量应保证冻结物料的温度接近而又低于物料的共熔点，以便使物料中冰晶既不溶解又能以最高速率进行升华。在升华过程中，温度几乎不变，干燥速率保持恒定。

（3）解析过程　当冻结水分全部蒸发后，干燥物质的内部还吸附着一部分水分（没有冻结的水分）。这些水分将为微生物的生长繁殖和一些化学反应提供条件。因此，解析过程就是要让吸附在干燥物质内部的水分子解析出来，达到进一步降低食品水分含量的目的，以确保食品长期贮存的稳定性。当开始蒸发剩余没有冻结的水分时，干燥速率下降，加热速度可加快，以使水分不断排除掉。在此阶段，物料温度会升高，但一般不超过 40℃。

二、冷冻干燥设备

1. 冷冻干燥设备的组成

一个完整的冷冻干燥系统由制冷系统、真空系统、加热系统、干燥系统和控制系统等组成。

(1) 冷冻干燥箱　干燥箱是冷冻干燥设备的重要组成部分，食品的升华过程即在此进行。燥箱内温度可以调节，以便于物料在箱内进行预冻和升华。也有在干燥箱外另设一个专用的冷冻间进行预冻的。

干燥箱体有卧式圆柱形和箱形两种。干箱内装有多层加热架，料盘插进多层加热架之间。矩形干燥箱有效空间大，但受力差；而圆柱形干燥箱的特点正好与之相反。目前，大中型食品冷冻干燥设备多采用圆柱形干燥箱。

(2) 真空系统　由冷冻干燥箱、低温冷凝器、真空阀门和管道、真空泵和真空仪表等构成冷冻干燥设备的真空系统，系统要求密封性能好。真空装置有两个作用，一是提供干燥箱内升华所需的真空度，二是降低冷阱中的压强，将部分水蒸气和不凝性气体抽走。常用的真空泵有水蒸气喷射泵。

(3) 制冷系统　制冷系统由冷冻机组、冷冻干燥箱和低温冷凝器内部的管道组成。其作用有两方面，一是为干燥前食品的预冻结提供低温，二是为低温冷凝器（冷阱）提供低温，使干燥箱内升华出的水蒸气在其中冷凝。

在干燥过程中，升华的水蒸气必须不断而迅速地排除。若直接采用真空泵抽吸，则在高真空度下，蒸汽的体积很大，真空泵负担太重。一般采用低温冷凝器，将水蒸气冷凝，变成霜后再将其除去。低温冷凝器中的温度必须保持低于被干燥物料的温度，使物料冻结层表面的水蒸气压大于低温冷凝器内的水蒸气分压。

(4) 加热系统　加热系统的作用是提供干燥箱内物料中水分升华所需热量，同时提供给低温冷凝器热量，用来除霜使之溶化。加热方式主要有传导和辐射两种。此外，微波是目前食品冷冻干燥最具潜力的能源之一。

(5) 控制系统　控制系统由各种开关、安全装置、自动监测传感器和仪表组成，以有效地控制真空冷冻干燥工艺过程的操作和保证产品质量。

2. 冷冻干燥设备的形式

冷冻干燥装置按操作的连续性可分为间歇式、连续式和半连续式三类，其中在食品工业中以间歇式和半连续式的装置应用最多。

(1) 间歇式冷冻干燥装置　间歇式冷冻干燥装置有许多适合食品生产的特点，故绝大多数的食品冷冻干燥装置均采用这种形式。间歇式装置的优点在于：①适应多品种、小产量的生产，特别是季节性强的食品生产；②单机操作，如一台设备发生故障，不会影响其他设备的正常工作运行；③便于设备的加工制造和维修保养；④便于控制物料干燥不同阶段的加热温度和真空度。其缺点是：①由于装料、卸料、启动等预备操作所占用的时间长，故设备利用率低；②生产量大时，需使用多台单机，附属系统投资费用和操作费用增大。

间歇式冷冻干燥装置中的干燥箱与一般的真空干燥箱相似，属盘架式。物料可在箱外先行冻结，而后装入箱内，也可在干燥箱内直接冻结。低温冷凝器可装在箱内，也可装在箱外自成系统。干燥箱有各种形状，多数为圆筒形。盘架可为固定式，也可做成小车出入干燥箱，料盘置于各层上加热。如为辐射加热方式，则料盘置于辐射加热板之间，物料可于箱外预冷而后装入箱内，或在箱内直接进行预冻。后者干燥箱必须与制冷系统相连接，可参阅图8-23。

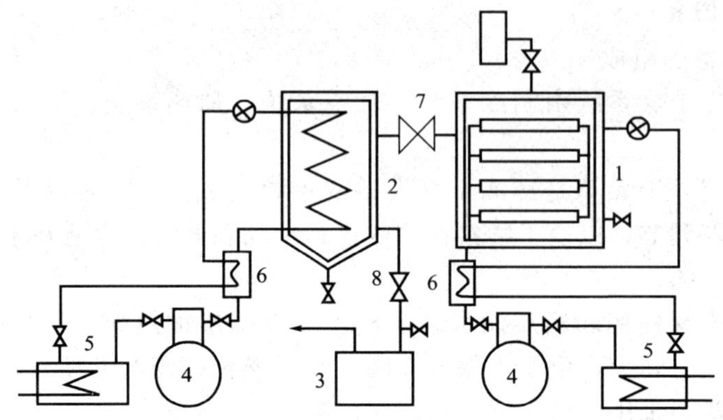

图 8-23 间歇式冷冻干燥设备

1—干燥箱；2—冷阱；3—真空泵；4—制冷压缩机；
5—冷凝器；6—热交换器；7—冷阱进口阀；8—膨胀阀

（2）多箱间歇式和隧道式冷冻干燥装置　针对间歇式设备生产能力低、设备利用率不高等缺点，在向连续化过渡的过程中，出现了多箱间歇式及半连续隧道式等设备。多箱间歇式设备是由一组干燥箱构成，使每两箱的操作周期相互错开而搭叠。这样，在同一系统中，各箱的加热板加热、水气凝结气供冷以及真空抽气均利用统一的集中系统，但每箱则可单独控制。同时，这种装置也可用于不同品种的同时生产，提高了设备操作的灵活性。

（3）连续式冷冻干燥装置　连续式冷冻干燥装置是从进料到出料连续进行操作的装置。它的优点是：①处理能力大，适合单品种生产；②设备利用率高；③便于实现生产的自动化；④劳动强度低。其缺点是：①不适合多品种小批量生产；②在干燥的不同阶段，虽可控制在不同的温度下，但不能控制在不同真空度下进行；③设备复杂、庞大，制造精度要求高，且投资费用大。连续式冷冻设备的结构，关键在于连续进料和卸料时要保持干燥室内的真空不被破坏，因此连续式冷冻干燥设备必须装有密封装置。

思 考 题

1. 为什么说干燥过程既是传热过程又是传质过程？

2. 空气的相对湿度大，其湿度亦大，这种说法是否正确，为什么？

3. 干球温度、湿球温度和露点三者有何区别？哪个最大？哪个最小？在什么条件下三者值相等？

4. 表示湿空气性质的参数有哪些？如何确定空气的状态？在总压一定时，哪些参数彼此是等价的？

5. 一定水汽分压 p_w 和温度 T 的湿空气，若总压 p 略有增加，其他状态参数（H、φ、T_d、T_{as}）会有什么变化？

6. 什么可用干、湿球温度计来测定空气的湿度？

7. 说明空气的下列四种过程的特点：①绝热饱和过程；②等焓过程；③等湿度下的升温过程；④等温下的增湿过程。并分析一定状态的初始湿空气在这些过程中其状态参数（H，φ，p_w，T，p_s，T_w，T_{as}，T_d，I）各将如何变化？它们在湿度图上各如何表示？

8. 一般干燥过程的物料衡算中的物料组成是以什么为基准的？判断的依据是什么？热量衡算的基准态是什么？

9. 根据平衡水分的概念，解释一下：为什么饼干、洗衣粉等物料在潮湿空气中会发生“返潮”现象？

10. 两吸湿性物料 A 和 B，它们具有相同的干燥面积。若在相同的恒定干燥条件下进行干燥，它们在恒速干燥阶段的干燥速率 u_A 和 u_B 是否相等？为什么？

11. 生产中选择干燥器应当从哪些方面考虑。

计 算 题

1. 已知空气中水汽分压为 3kPa，总压为 100kPa，求该空气的湿度。

2. 湿空气在总压 101.3kPa 下的湿度为 0.05kg/kg。试用计算法求取：①该空气在 5℃时的相对湿度；②将该空气加热到 303K 时的湿度和相对湿度。

3. 空气的总压为 101.3kPa，干球温度为 30℃，相对湿度为 70%。试求该空气的：①湿度 H；②饱和湿度 H_s；③水汽分压 p_w；④露点 T_d；⑤湿球温度 T_w；⑥焓 I。

4. 干球温度为 293K，湿球温度为 289K 的湿空气，经预热器温度升高至 323K 后送入干燥器，空气在干燥器中经历近似等焓（即绝热增湿）过程，离开干燥器时温度为 27℃，干燥器的操作压强为 101.3kPa。用计算法求解下列各项：①原始空气的湿度 H_0 和焓 I_0；②空气离开预热器的湿度 H_1 和焓 I_1；③100m^2 原始湿空气在预热过程中的焓变化；④空气离开干燥器时的湿度 H_2 和焓 I_2；⑤100m^2 原始湿空气绝热冷却增湿时增加的水量。

5. 在某连续干燥器中，总压为 95kPa，每秒钟从被干燥物料中除去的水分量为 0.028kg。原始空气的温度为 15℃，相对湿度为 80%，离开干燥器的空气温度为 40℃，相对湿度为 60%。试求：①进入风机的原始空气流量，m/h；②若预热至 95℃，用 200kPa（绝压）的饱和水蒸气加热，蒸汽用量为多少？

6. 一连续常压干燥器干燥某物料。已知湿物料的处理量为 1000kg/h，含水量由 40%干燥到 5%（均为湿基），试计算所需蒸发的水分量。

7. 在常压连续干燥器中，将某湿物料从含水量 5%干燥到 0.5%（均为湿基）。干燥器的生产能力为 7200kg 干料/h。已知物料进口温度为 25℃，出口为 65℃。干燥介质为空气，其初温为 20℃，湿度为 0.007kg/kg，经预热器加热至 120℃进入干燥室，出口废气温度为 80℃，干物料的比热容为 1.8kJ/(kg·℃)。若不计热损失，干燥器内不补充加热。求干空气的消耗量及废气的湿度。

8. 某湿物料在常压气流干燥器内进行干燥。湿物料处理量为 1kg/s，其含水量由 10%降至 200（以上均为湿基）。空气的初始温度为 24℃，湿度为 0.006kg 水/kg 干气，空气由预热器预热至 140℃进入干燥器。假设干燥过程近似为等焓过程。若废气出口温度为 80℃，试求：预热器所需提供的热量及干燥过程的热效率。系统的热损失可忽略。

9. 某湿物料质量为 20kg，均匀地铺在底面积为 0.5m^2 的浅盘内，在恒定干燥条件下进行干燥，二物料的初始含水量为 15%，平衡水分为 1%，临界水分为 6%（以上均为湿基）。恒速干燥阶段的干燥速率为 0.4kg/（m^2·h），假定降速干燥阶段的干燥速率与自由含水量（干基）之间呈线性关系，若将物料干燥至 2%（湿基），所需干燥时间为多少？

第九章　其他分离过程

学习目标

［掌握］萃取、浸出、膜分离、吸附的基本原理；流程、设备的结构及操作方法。

［熟悉］吸附剂、萃取剂及萃取设备的选择；膜组件的基本要求、种类、特点，浸出的基本计算。

［了解］萃取、浸出、膜分离、吸附在食品化工中的应用。

第一节　液-液萃取

工业上对液体混合物的分离，除了采用蒸馏的方法外，还广泛采用液-液萃取，本节主要讨论液-液萃取的概念、流程以及萃取所用的设备。

一、基础知识

1. 萃取的定义及应用

(1) 萃取　在液体混合物中加入一种与其基本不混溶的液体作为溶剂，造成第二相，利用混合物中各组分在两个液相中的溶解度不同而使混合物得以分离的单元操作，亦称溶剂萃取，简称萃取或抽提。萃取是分离液体混合物的单元操作。选用的溶剂称为萃取剂，以 S 表示；原料混合液中易溶于萃取剂的组分，称为溶质，以 A 表示；难溶于萃取剂 S 的组分称为原溶剂（或稀释剂），以 B 表示。

(2) 萃取操作的应用　一般在下列情况下常采用萃取方法进行分离。

① 原料液中各组分间的相对挥发度接近于 1 或形成恒沸物，若采用蒸馏方法不能分离或很不经济。

② 原料液中需分离的组分含量很低且为难挥发组分。

③ 原料液中需分离的组分是热敏性物质，蒸馏时易于分解、聚合或发生其他变化。

若选择适当的溶剂进行萃取，可以避免受热损坏，提高有效物质的收率。例如青霉素的生产，用玉米发酵得到的含青霉素的发酵液，用醋酸丁酯为溶剂，经过多次萃取得到青霉素的浓溶液。萃取在食品工业中主要用于从溶液中提取少量的不易挥发的物质，例如维生素、生物碱、色素等的提取，油脂的净化和脱色等。

2. 萃取操作的基本过程

萃取操作的基本过程如图 9-1 所示。将一定量萃取剂加入原料混合液中，然后加以搅拌使原料液与萃取剂充分混合，溶质通过相界面由原料液向萃取剂中扩散，所以萃取操作也属于两相间的传质过程。搅拌停止后，两液相因密度不同而分层：一层以溶剂 S 为主，并溶有较多的溶质，称为萃取相，以 E 表示；另一层以原溶剂（稀释剂）B 为主，且含有未被萃取完的溶质，称为萃余相，以 R 表示。若溶剂 S 和原溶剂 B 为部分互溶，则萃取相中还含有少量的B，萃余相中亦含有少量的S。由上可知，萃取操作并未得到纯净的组分，而是新的混合液：萃取相E和萃余相R。为了得到产品A，并回收溶剂以供循环使用，还需对这两相进行分离。通常采用蒸馏或蒸发的方法，有时也可采用结晶等其他方法。脱除溶剂后的萃取相和萃余相分别称为萃取液和萃余液，以E′和R′表示。

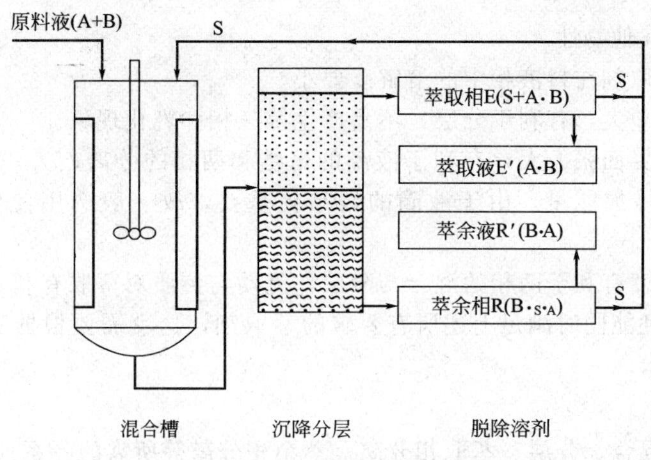

图 9-1　萃取操作的基本过程

图9-1中，$B._{S}._{A}$代表萃余相的组成，萃余相中B是大量的，S、A的量很少，用符号大B和小S、小A表示。萃余相中脱除溶剂S后，萃余液中只有B和A了，用$B._{A}$表示。同理，萃取相中S和A是大量的，同时含有少量的B，用符号$S+A._{B}$表示，脱除溶剂S后，就是$A._{B}$。

3. 萃取剂的选择

选择合适的萃取剂是保证萃取操作能够正常进行且经济合理的关键。萃取剂的选择主要考虑以下因素。

(1) 萃取剂的选择性及选择性系数　萃取剂的选择性是指萃取剂S对原料液中两个组分溶解能力的差异。若S对溶质A的溶解能力比对原溶剂B的溶解能力大得多，即萃取相中y_A比y_B大得多，则

$$\beta=\frac{\text{萃取相中 A 的质量分数}}{\text{萃取相中 B 的质量分数}}\Bigg/\frac{\text{萃余相中 A 的质量分数}}{\text{萃余相中 B 的质量分数}} \tag{9-1}$$

萃余相中x_B比x_A大得多，那么这种萃取剂的选择性就好。

由β的定义可知，若$\beta>1$，说明组分A在萃取相中的相对含量比萃余相中的高，即组分A、B得到了一定程度的分离，选择性系数β就越大，组分A、B的分离也就越容易，相应的萃取剂的选择性也就越高；若$\beta=1$，则由式(9-1)可知萃取相和萃余相在脱除溶剂S后将具有相同的组成，并且等于原料液的组成，说明A、B两组分不能用此萃取剂分离，萃取剂的选择性越高，则完成一定的分离任务，所需的萃取剂用量也就越少，相应的用于回收溶剂操作的能耗也就越低。当组分B、S完全不互溶时，则选择性系数趋于无穷大，显然这是最理想的情况。

(2) 原溶剂B与萃取剂S的互溶度　如前所述，萃取操作都是在两相区内进行的，达平衡后均分成两个平衡的E相和R相。若将E相脱除溶剂，则得到萃取液，选择与组分B具有较小互溶度的萃取剂更利于溶质A的分离。

（3）萃取剂回收的难易与经济性　萃取后的 E 相和 R 相，通常以蒸馏的方法进行分离。萃取剂回收的难易直接影响萃取操作的费用，从而在很大程度上决定萃取过程的经济性。因此，要求萃取剂 S 与原料液中的组分的相对挥发度要大，不应形成恒沸物，并且最好是组成低的组分为易挥发组分。若被萃取的溶质不挥发或挥发度很低时，则要求萃取剂 S 的汽化焓要小，以节省能耗。

（4）萃取剂的其他物性

① 溶解度。萃取剂在料液相中的溶解度要小。

② 密度。密度差大，有利于分层，不易产生第三相和乳化现象。

③ 界面张力。界面张力大，有利于液滴的聚结和两相的分离；另一方面，两相难以分散混合，需要更多外加能量。由于液滴的聚结更重要，故一般选用使界面张力较大的萃取剂。

④ 黏度。低黏度有利于两相的混合与分层，流动与传质对萃取有利。

通常，很难找到能同时满足上述所有要求的萃取剂，这就需要根据实际情况加以权衡，以保证满足主要要求。

二、萃取流程

萃取操作是由混合、分层、萃取相分离、萃余相分离等所需的一系列设备共同完成，这些设备按一定方式组合便构成了萃取流程。工业上采用的萃取流程有多种，主要有单级和多级之分。

1. 单级萃取流程

单级萃取流程较为简单，其过程如图 9-2 所示：原料液 F 和萃取剂 S 一起加到混合器 1 内，借助搅拌器的作用，使其充分混合接触，经过一段时间萃取后，将混合液 M 送入澄清器 2，经静置分离为萃取相 E 和萃余相 R 两层，再将萃取相与萃余相分别送入脱溶剂设备以回收溶剂（萃取剂），相应的得到萃取液 E′和萃余液 R′，回收的萃取剂可循环使用。

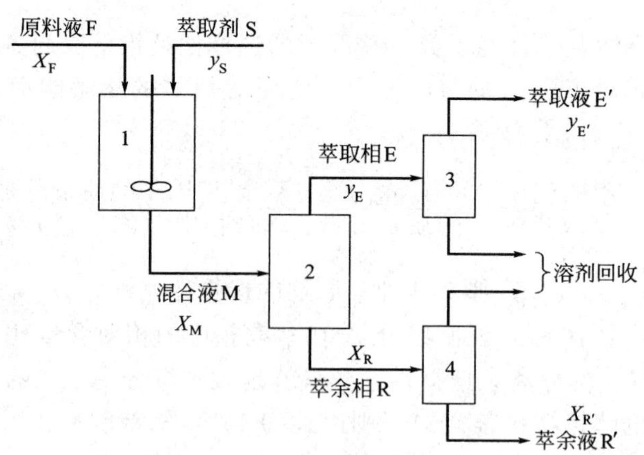

图 9-2　单级萃取流程示意图

1—混合器；2—澄清器；3，4—溶剂回收设备

2. 多级错流萃取流程

图 9-3 为多级错流萃取流程示意图。图中每一个圆圈表示一级，每一级包括混合器及澄清分层器。萃取剂 S 分别加入每一级，原料液 F 则从第一级加入，经第一级萃取后的萃余相 R_1 又送入第二级中，被加入此级的新鲜萃取剂萃取，第二级的萃余相 R_2 又加入到第三

级进行萃取。依此，直到第 n 级的萃余相 R_n 中的溶质 A 的浓度达到工艺要求为止。最后一级的萃余相送溶剂回收设备 Ⅱ 脱除溶剂 S，得到萃余液 R'。从每一级所得的萃取相 E_1、E_2、E_3、…、E_n，汇总后，送入溶剂回收设备 Ⅰ 脱除溶剂 S，得到萃取液 E'。从两溶剂回收设备所回收的萃取剂均循环使用。

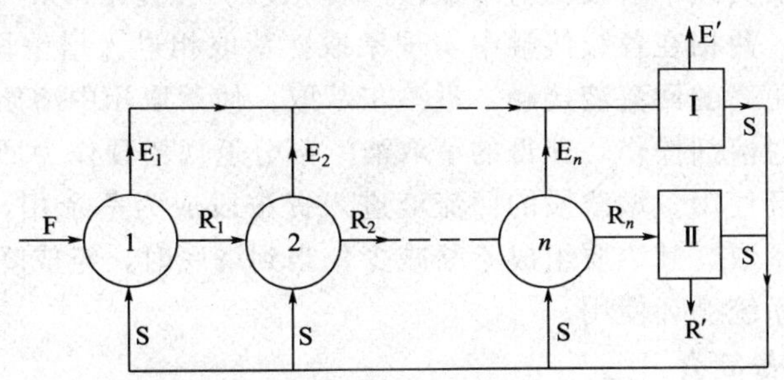

图 9-3　多级错流萃取流程

Ⅰ，Ⅱ—溶剂回收设备

3. 微分接触式

微分接触式（连续接触式）逆流萃取操作是萃取相和萃余相逆流微分接触，通常在塔式设备（喷淋塔、填料塔、转盘塔、振动筛板塔等）中进行。一液相为连续相，另一液相为分散相，分散相和连续相呈逆流流动；两相在流动过程中进行质量传递，其浓度沿塔高呈连续微分变化；其流程如图 9-4 所示，两相的分离在塔的上下两端进行。重相（如原料液）从塔顶进入，从上向下流动，与自下向上流动的轻相（如萃取剂）逆流连续接触进行传质。萃取结束后，两相分别在塔顶、塔底分离，最终的萃取相从塔顶流出，萃余相从塔底流出。萃取过程本身并未完全完成分离任务，而只是将难于分离的混合物转变成易于分离的混合物，要得到纯产品并回收溶剂，必须辅以精馏（或蒸发）等操作。

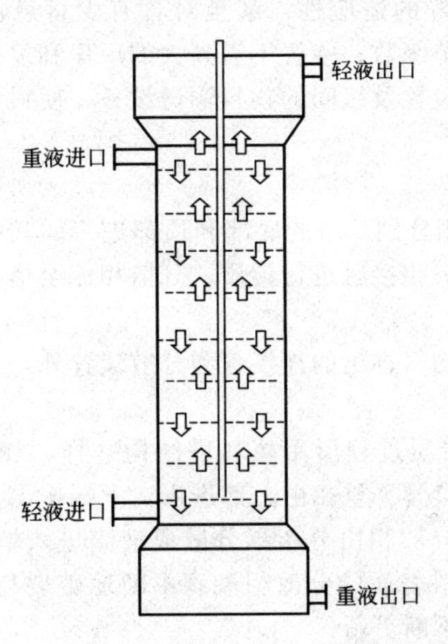

图 9-4　微分接触式萃取流程

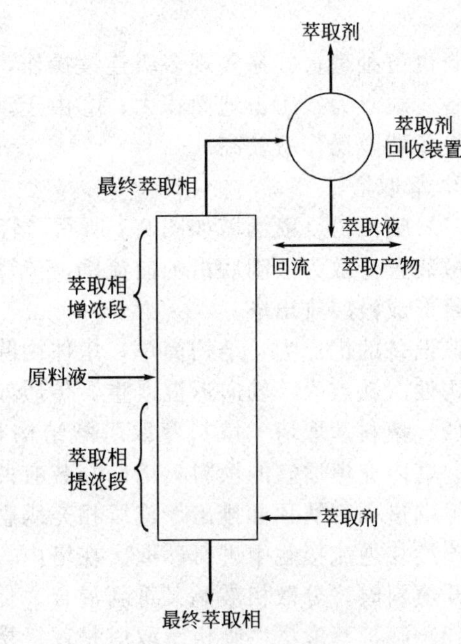

图 9-5　回流萃取

4. 回流萃取

回流萃取是在常规逆流塔的一端或两端设置回流装置。如图 9-5 所示，在塔上增加一个塔段，并在塔顶引入部分含溶质组成更高且和萃取相不完全互溶的萃取液作为回流，此过程使萃取相进一步增浓。原料液从塔中适宜位置加入，溶剂从塔底加入。进料口以上称为洗涤段或增浓段；进料口及其以下塔段称为萃取段或提浓段。在提浓段，萃取相组成逐渐上升，萃余相组成逐渐下降，两相在各级接触中实现萃取。萃取相进入增浓段后，在上升过程中，和流下的含溶质组成更高的回流液接触，进一步萃取，使萃取相中溶质组成继续增加，从塔顶引出萃取相后进行脱溶剂操作，获得的萃取液一部分返回塔顶作为回流，其余作为产品排出，溶剂返回塔底循环使用。增浓段的回流液进入提浓段成为萃余相，在逐级下降过程中，和上升的萃取相逐级萃取，其溶质组成不断减少，当到塔底时，组成降到最低。最后进行脱溶剂操作，溶剂返回系统循环使用。

三、常用萃取设备简介

1. 混合澄清器

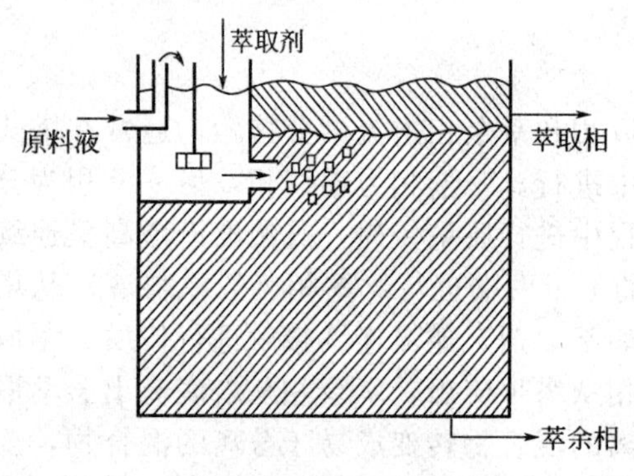

图 9-6 混合澄清器

由混合器及澄清器两部分组成，如图 9-6 所示，该混合器内装有搅拌器。原料液及溶剂同时加入混合器内，经搅拌后流入澄清器，进行沉降，轻相层及重相层分别由其排出口引出，若为了进一步提高分离程度，可将多个混合澄清器按错流或逆流的流程组合成多级萃取设备，所需级数多少随工艺的分离要求而定。

该设备的优点为：①处理量大、级效率高；结构简单、容易放大和操作；②两相流量之比范围大，运转稳定可靠，易于开、停工；对不同的物系有良好的适应性，甚至对含有少量悬浮固体的物料也可处理；③易实现多级连续操作，便于调节级数；装置不需高大的厂房和复杂的辅助设备。缺点为：①占地面积大；②由于动力搅拌装置及级间的物料输送设备，使得该类设备的设备费及操作费较高。

2. 萃取塔

（1）喷洒塔　喷洒塔如图 9-7 所示，轻、重两相分别从塔的底部和顶部进入。其中一相经分散装置分散为液滴后沿轴向流动，流动中与另一相接触进行传质。分散相流至塔另一端后凝聚形成液层排出塔。

该设备的优点为：结构简单，塔体内除各流股物料进出的连接管和分散装置外，无其他内部构件。缺点为：轴向返混严重，传质效率极低。

（2）填料萃取塔　填料萃取塔的结构与气-液传质过程所用填料塔结构一样，如图 9-8 所示。塔内充填适宜的填料，塔两端装有两相进出口管。重相由上部进入，下端排出；而轻相由下端进入，从顶部排出。连续相充满整个塔，分散相由分布器分散成液滴进入填料层，在与连续相逆流接触中进行萃取。在塔内，流经填料表面的分散相液滴不断地破裂与再生。当离开填料时，分散相液滴又重新混合，促使表面不断更新。

（3）筛板萃取塔　筛板萃取塔是逐级接触式萃取设备，依靠两相的密度差，在重力的作用下，使得两相进行分散和逆向流动。若以轻相为分散相，则轻相从塔下部进入。轻相穿过筛板分散成细小的液滴进入筛板上的连续相——重相层。液滴在重相内浮升过程中进行液-

液传质过程。穿过重相层的轻相液滴开始合并凝聚，聚集在上层筛板的下侧，实现轻、重两相的分离，并进行轻相的自身混合。当轻相再一次穿过筛板时，轻相再次分散，液滴表面得到更新。这样分散、凝聚交替进行，直至塔顶澄清、分层、排出。而连续相重相进入塔内，则横向流过塔板，在筛板上与分散相即轻相液滴接触和萃取后，由降液管流至下一层板。这样重复以上过程，直至塔底与轻相分离形成重液相层排出。如图 9-9 所示。

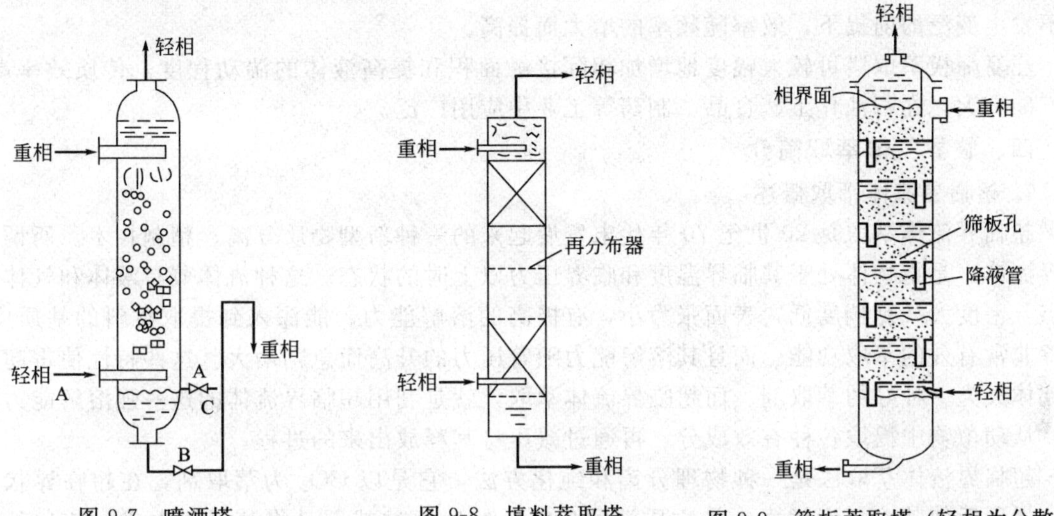

图 9-7　喷洒塔　　图 9-8　填料萃取塔　　图 9-9　筛板萃取塔（轻相为分散相）

（4）脉冲筛板塔　脉冲筛板塔亦称液体脉冲筛板塔，是指由于外力作用使液体在塔内产生脉冲运动的筛板塔，其结构与气-液传质过程中无降液管的筛板塔类似，如图 9-10 所示。塔两端直径较大部分为上澄清段和下澄清段，中间为两相传质段，其中装有若干层具有小孔的筛板，板间距较小，一般为 50mm。在塔的下澄清段装有脉冲管，萃取操作时，由脉冲发生器提供的脉冲使塔内液体做上下往复运动，迫使液体经过筛板上的小孔，使分散相破碎成较小的液滴分散在连续相中，并形成强烈的湍动，从而促进传质过程的进行。

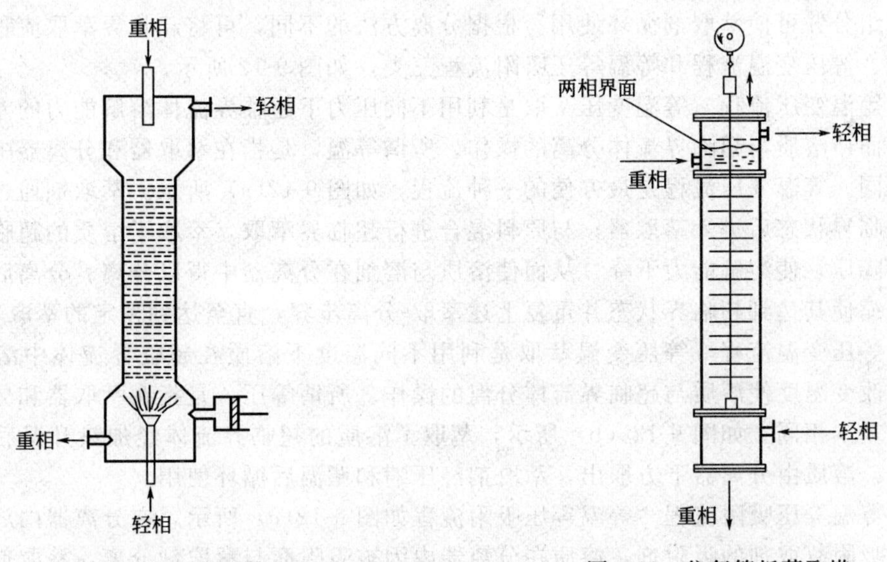

图 9-10　脉冲筛板塔　　图 9-11　往复筛板萃取塔

(5) 往复筛板萃取塔　将若干层筛板按一定间距固定在中心轴上，由塔顶的传动机构驱动而作往复运动。往复振幅一般为 3～50mm，频率可达 100min^{-1}。往复筛板的孔径要比脉冲筛板的孔径大，一般为 7～16mm。当筛板向上运动时，迫使筛板上侧的液体经筛孔向下喷射；反之，当筛板向下运动时，又迫使筛板下侧的液体向上喷射。为防止液体沿筛板与塔壁间的缝隙走短路，应每隔若干块筛板，在塔内壁设置一块环形挡板。

如图 9-11 所示，往复筛板萃取塔的效率与塔板的往复频率密切相关。当振幅一定时，在不发生液泛的前提下，效率随频率的增大而提高。

往复筛板萃取塔可较大幅度地增加相际接触面积和提高液体的湍动程度，传质效率高，生产能力大，在石油化工、食品、制药等工业中应用广泛。

四、临界气体萃取简介

1. 超临界流体萃取概述

超临界流体萃取是 20 世纪 70 年代末发展起来的一种新型物质分离、精制技术。所谓超临界流体，是指物体处于其临界温度和临界压力以上时的状态。这种流体兼有液体和气体的优点，密度大，黏稠度低，表面张力小，有极高的溶解能力，能深入到提取材料的基质中，发挥非常有效的萃取功能。而且其溶解能力随着压力的升高而急剧增大。这些特性使得超临界流体成为一种好的萃取剂。而超临界流体萃取，就是利用超临界流体的这一强溶解能力特性，从动植物中提取各种有效成分，再通过减压将其释放出来的过程。

超临界流体萃取法是一种物理分离和纯化方法，它是以 CO_2 为萃取剂，在超临界状态下，加压后使其溶解度增大。将物质溶解出来，然后通过减压又将其释放出来。该过程中 CO_2 循环使用。在压力为 8～40MPa 时的超临界 CO_2 足以溶解任何非极性、中极性化合物，在加入改性剂后则可溶解极性化合物。该技术除可替代传统溶剂分离法外，还可以解决生物大分子、热敏性和化学不稳定性物质的分离，因而在食品、医药、香料、化工等领域受到广泛重视。

2. 超临界萃取的典型流程

超临界萃取过程主要包括萃取阶段和分离阶段。在萃取阶段，超临界流体将所需组分从原料中萃取出来；在分离阶段，通过改变某个参数，使萃取组分与超临界流体分离，从而得到所需的组分并可使萃取剂循环使用。根据分离方法的不同，可将超临界萃取流程分为等温变压流程、等压变温流程和等温等压吸附流程三类，如图 9-12 所示。

(1) 等温变压流程　等温变压萃取是利用不同压力下超临界流体溶解能力的差异，通过改变压力而使溶质与超临界流体分离的操作。所谓等温，是指在萃取器和分离器中流体的温度基本相同。等温变压流程是最方便的一种流程，如图 9-12(a) 所示。萃取剂通过压缩机被压缩到超临界状态后进入萃取器，与原料混合进行超临界萃取，萃取了溶质的超临界流体经减压阀后降压，使溶解能力下降，从而使溶质与溶剂在分离器中得以分离。分离后的萃取剂再通过压缩使其达到超临界状态并重复上述萃取-分离步骤，直至达到预定的萃取率为止。

(2) 等压变温流程　等压变温萃取是利用不同温度下溶质在超临界流体中溶解度的差异，通过改变温度使溶质与超临界流体分离的操作。所谓等压，是指在萃取器和分离器中流体的压力基本相同。如图 9-12 (b) 所示，萃取了溶质的超临界流体经加热升温后使溶质与溶剂分离，溶质由分离器下方取出，萃取剂经压缩和调温后循环使用。

(3) 等温等压吸附流程　等温等压吸附流程如图 9-12(c) 所示，在分离器内放置仅吸附溶质而不吸附萃取剂的吸附剂，溶质在分离器内因被吸附而与萃取剂分离，萃取剂经压缩后循环使用。

3. 超临界萃取在食品方面的应用

目前已经可以用超临界二氧化碳从葵花籽、花生、小麦胚芽、可可豆中提取油脂，这种方法比传统的压榨法的回收率高，而且不存在溶剂法的溶剂分离问题。用超临界萃取法萃取香料不仅可以有效地提取芳香组分，而且还可以提高产品纯度，能保持其天然香味，如从桂花、茉莉花、菊花、梅花、米兰花、玫瑰花中提取花香精，从胡椒、肉桂、薄荷中提取香辛料，从芹菜籽、生姜、茴香、砂仁、八角、孜然等原料中提取精油，不仅可以用作调味香料，而且一些精油还具有较高的药用价值。啤酒花是啤酒酿造中不可缺少的添加物，具有独特的香气、清爽度和苦味。传统方法生产的啤酒花浸膏不含或仅含少量的香精油，同时也破坏了啤酒的风味，而且残存的有机溶剂对人体有害。超临界萃取技术为啤酒花浸膏的生产开辟了广阔的前景。

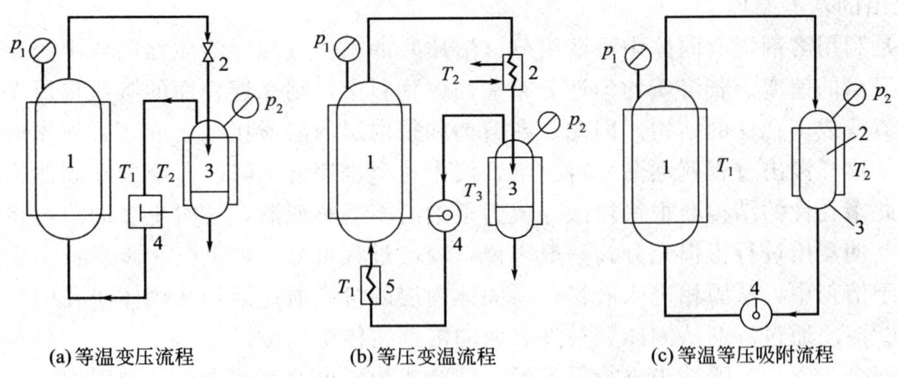

图 9-12　超临界流体萃取的三种典型流程

(a) 1—萃取器；2—膨胀阀；3—分离阀；4—压缩机

(b) 1—萃取器；2—加热器；3—分离器；4—泵；5—冷却器

(c) 1—萃取器；2—吸收剂；3—分离槽；4—泵

第二节　浸　　出

在食品、制药工业中，浸出是常见而重要的单元操作之一，其重要性远远超过液液萃取，本节主要讨论浸出的概念、原理，浸出速率的影响因素以及常见浸出器的操作方法。

一、浸出的基本概念和理论

1. 浸出的基本概念

加溶剂于固体混合物中，使其中一种或几种组分溶出，从而使混合物得到完全或部分分离的过程，称为浸出，也称为固液萃取。浸出操作中使用的名词及常用符号见表 9-1。

食品加工、生物制药所使用的原料多为生物性物料，固体物质是其主要组成部分。为了分离出其中的纯物质，或者除去其中不需要的物质，多采用浸出操作。食品工业上采用浸出操作的例子，除油脂工业和制糖工业的油料种子和甜菜大型浸出工程外，制造速溶咖啡、速溶茶、香料、色素、植物蛋白、鱼油、肉汁和玉米淀粉等，都要应用浸出操作。

由于食品、药品原料的多样性，其组织和成分也极复杂，而且原料质量还受品种、成熟度、气候、产地及贮藏条件等影响。特别是生物体特有的蛋白质、碳水化合物、脂肪、有机酸、酶等更会受到上述因素的影响。因此，浸出操作的原理难以用单纯的基础理论来概括。许多问题的解决主要是依靠经验或半经验的办法来解决。

为了提高浸出速度，常需对原料作预处理。例如从大豆中浸出豆油，大豆最好先经微热、压片处理，然后再进行浸出；从菜子中提取菜油，一般先经压榨处理，然后现行浸出；在利用甜菜制粮时，甜菜先切成片状或条状，再进行浸出操作等。

表 9-1 浸出操作常用名词

名 称	符 号	含 义	示 例
原料	F	被浸取的固体混合物	甜菜片
溶质	A	被浸取的组分	糖
溶剂	S	用以浸出溶质而加入的溶剂	水
溢流	V	浸出后由顶部排出的澄清液	糖水溶液
底流	L	浸出后随固体残渣排出的溶液	菜渣夹带溶液

2. 浸出的基本原理

浸出是利用溶剂提取固体中可溶组分（溶质）的操作过程。溶质在固体中的分布情况直接影响到浸出的速率。若溶质均匀地分布在固体物料中，则靠近表面的溶质将最先溶解，而使固体残渣变成多孔性的结构。因此，在溶剂和较内层的溶质接触之前，必须先透过外层再向内渗透，这样浸出过程就逐渐变得困难，浸出速率也逐渐下降。若溶质在固体物料中含量很高，则此多孔性的结构会很快松散，成为很细的不溶解残渣，这时更多的溶剂将很容易地接近溶质，使浸出进行得很充分。一般来说，浸出过程可分为以下三个步骤：①固体表面的溶质溶解于溶剂中，从固相进入液相；②固体内层的溶质通过溶剂从固体小孔中向颗粒外表面扩散；③溶质通过溶剂从固体颗粒外表面向溶剂主体中扩散。

上述三个步骤中，哪一步进行得最慢，就会成为浸出速率的主要控制因素。第一步通常进行得很快，因此，在整个浸出过程中，对浸出速率的影响可以忽略。

在浸出操作中，若溶质在固体中的含量较少，并分布在不易为溶剂所渗透到的孔穴中时，应将固体物料加以粉碎，从而使尽可能多的溶质和溶剂接触；若固体物料为细胞组织（例如甜菜），则浸出速率较慢，这是因为细胞壁对溶质向外扩散产生了附加阻力，此时应破坏细胞壁（例如切碎甜菜），以利于浸出。

浸出速率受到哪一步控制，将直接影响到浸出设备及操作条件的选择。例如，若“固体内层溶质通过溶剂从固体小孔中向颗粒外表面扩散”成为主要控制因素，就必须将物料粉碎成细小的固体颗粒，这是因为颗粒越细，溶质从固体内部扩散到固体表面所通过的距离越短，同时固液两相的接触面积增加了，与大颗粒相比浸出速率就会提高。若“溶质由颗粒表面向溶液主体中扩散”成为主要控制因素，则应将固-液混合物强烈搅拌，让物料形成对流，增加固体表面与流体间的浓度差，从而使浸出速率大大提高。

综上所述，任何浸出过程都包括三个基本的操作：①固体混合物与溶剂密切接触；②分离所生成的两相；③从各相中分离并加收溶剂，得到产品。

3. 浸出速度及影响因素

浸出速度可用单位时间内从单位浸出接触面上浸出的溶质量表示。在一定条件下，浸出速度大则固体混合物中提取出溶质量多，浸出效率高。影响植物性物料浸出速度的主要因素有以下四种。

（1）可浸出物质的含量　物料中可浸出物质含量高，浸出的推动力就大，浸出速度就快。一般植物种子中浸出物质不是单一组分。因此，操作条件（如溶剂的种类、浸出温度及热处理等）的改变可使全部可溶物质的浸出速度有所增减。

（2）物料的形状和大小　浸出速度与原料的种类有关，同一原料因其品种、产地不同，浸出速度有显著差异，减小物料的几何尺寸、增大比表面积，对浸出速度也有显著的提高。

(3) 温度 浸出温度对浸出率及浸出速度也有一定的影响。

(4) 溶剂 溶剂的溶解度、亲和力、黏度及分子的大小等对浸出速度都有影响。

二、浸出操作方式与浸出器分类

1. 单级间歇式浸出

单级间歇式操作方式是使用单一的简单浸出罐。其装置如图 9-13 所示。首先将要处理的物料装入浸出罐 1 中，并加入一定量的溶剂，经过一段时间后，溶液达到了所需的浓度，便将溶液放入蒸馏釜 2 内，将溶剂蒸出，从而分离溶质和溶剂。蒸出的溶剂气体进入冷凝器 3，被水冷却成纯溶剂，集于集溶剂罐 4，重新流入浸出罐 1 中，进行再一次萃取。余下的溶质便为产品。

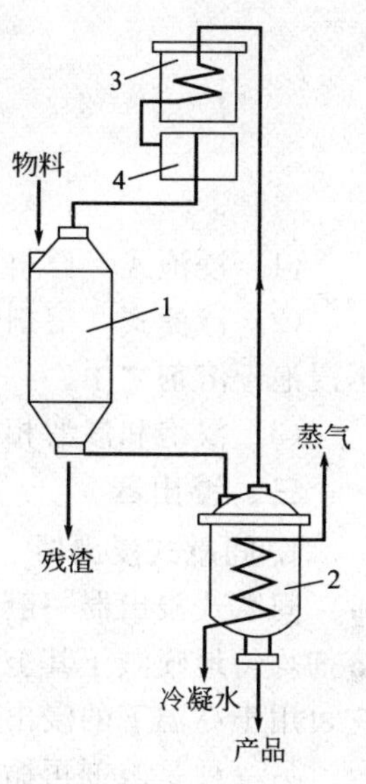

图 9-13 单级浸出装置示意图

1—浸出罐；2—蒸馏釜；3—冷凝器；4—集溶剂罐

这种操作方式，仅在第一次浸出中能得到较浓的溶液，以后随着混合物中溶质浓度的不断减少，传质推动力也不断降低，使浸出的溶质越来越少。欲完全浸出混合物中的溶质，则需要大量的溶剂及很长的时间，这显然是不经济的。

2. 多级接触式

多级接触操作是将若干浸出罐组合成一定的顺序，以逆流的方式使新鲜原料与最后的浓浸出液相接触，而大部分溶质已被浸出的物料则与新鲜溶剂相接触。图 9-14 为一个三级接触式浸出流程。操作时先将要处理的固体物料加入各个浸出罐中（固体物料在级间不移动)，溶剂由一端加入，依次过各个浸出罐，成为浓度逐渐增高的溶液而由最后一个浸出罐流入蒸馏釜中。当第一级浸出罐物料中被浸出成分的含量达到残渣的排放要求时，将第一级从流程中切断。卸出残渣，装入新物料，然后并入流程中。此时，新装入物料的浸出器在流程中成为最后一级浸出器，原来的第二级现在成为第一级。

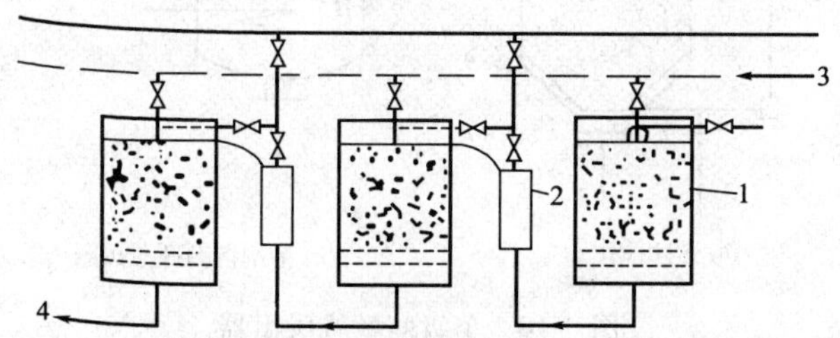

图 9-14 多级逆流接触式浸出流程

1—浸出罐；2—换热器；3—溶剂进口；4—溶液出口

采用多级接触式浸出流程，可使用少量的溶剂，达到较高的浸出率，从而获得浓度较高的溶液。该流程常用于咖啡、茶叶及中草药的提取。

3. 多级连续式

这种操作是原料和溶剂同时作连续的逆流流动，不仅溶剂（或溶液）做连续流动，固体也作连续的移动，如图 9-15 所示。物料从浸出器一端进入，而残渣由另一端排出。同时溶剂以逆流方向进入浓度最高的溶液，即抽出进行回收溶剂，而得到溶质产品。物料从进料端向出料端运行，其溶质含量降至最低程度，沥干残渣中所含的溶剂，并加以回收。目前，连续式浸出设备有以下三种形式。

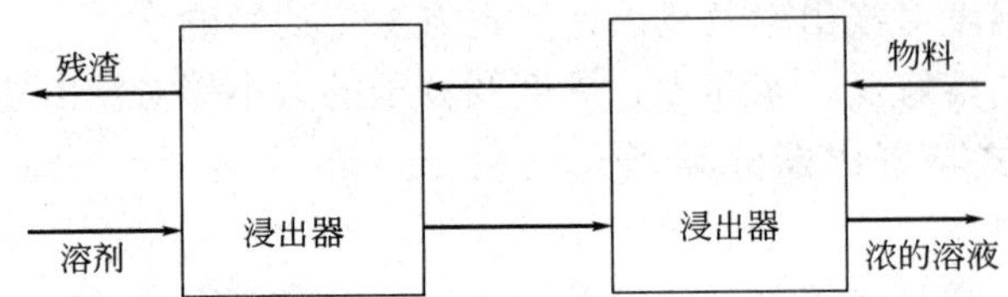

图 9-15　多级连续式浸出操作简图

（1）浸泡式　原料完全浸没于溶剂之中而进行的连续浸出；

（2）渗滤式　溶剂喷淋于原料层之上，通过原料层向下流动的同时进行浸出，而原料并不浸泡于溶剂之中。

（3）浸泡和渗滤相结合的方式。

三、浸出器

1. 间歇式浸出器

间歇式浸出器一般分为两种。一种是最简单的密闭容器，安装有假底以支持固体物料，溶剂均匀地喷溅于其上，通过床层渗滤而下，而溶液从假底下部排出，如图 9-16(a) 所示。它可用于高温下的浸出过程，且溶剂多为挥发性，又能满足卫生要求高的情况。

另一种是溶剂再循环浸出器，如图 9-16(b) 所示。它配有加热装置，并带有溶剂回收和再循环系统。

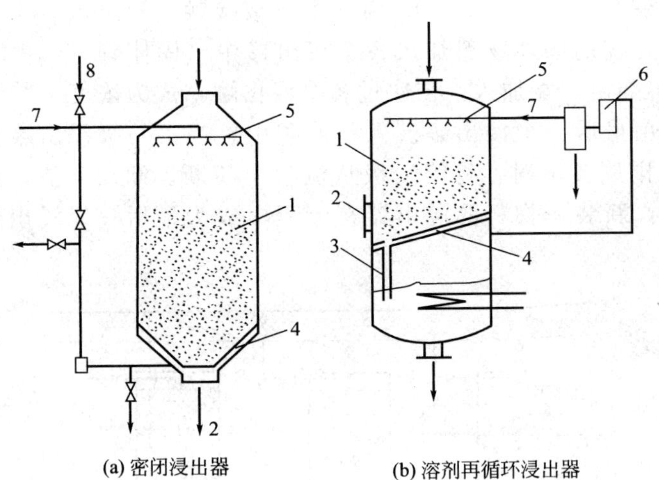

图 9-16　单级间歇式浸出器

1—物料；2—残渣出口；3—溶液导管；4—多孔假底；5—溶剂分配器；6—冷凝器；7—新鲜溶剂进口；8—洗液进口

以上两种设备常用作中试设备或小规模的生产设备，适用于植物种子、大豆和花生等原料的制油，从磨碎蒸炒的咖啡豆中制取咖啡浸出物，从中草药中提取有效成分等。

2. 浸泡式连续浸出器

（1）U 形管式　U 形管式浸出器，如图 9-17 所示。它是由两个垂直圆筒形塔，下端用短的水平圆筒连接而成。每端圆筒内均装有螺旋输送器，螺旋片均带滤孔。螺旋输送器将固体物料从较短的塔的塔顶移向底部，再经水平的短距离移动而达塔顶的卸料口。

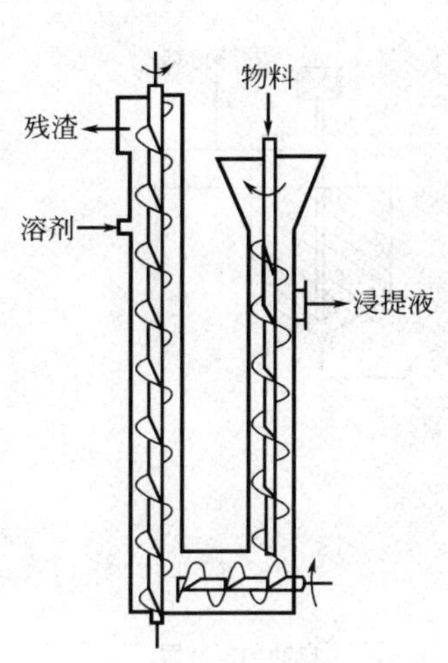

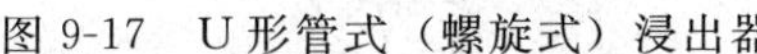

图 9-17　U 形管式（螺旋式）浸出器

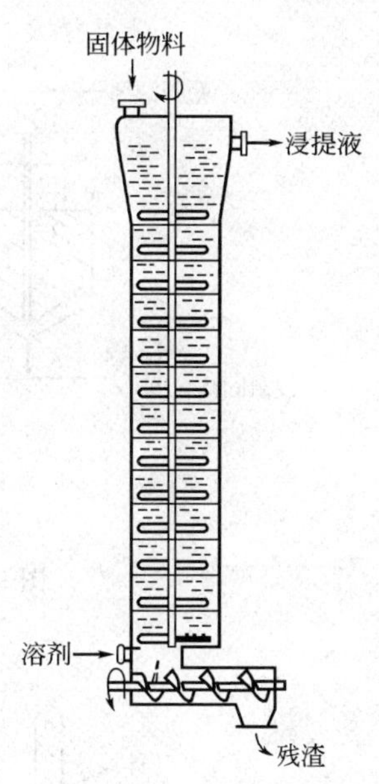

图 9-18　单塔重力式浸出器

新鲜溶剂在较高的塔顶附近引入，入口位置低于固体的卸料口，以保证固体残渣有一段沥出溶剂的距离。溶剂依靠重力向下流动，与物料进行逆流接触。随着流动，溶剂中溶质浓度逐渐增浓。溶液出口位于原料入口下方，并低于溶剂入口位置，排出前经过一特殊的过滤器过滤。

(2) 单塔重力式　单塔重力式浸出器如图 9-18 所示。它是单一的立式塔，内部由水平板分成若干个塔段。每一塔板具有开口供固体物料自上而下穿流移动，相邻板的开口位置互相错开 180°。浸出器的中央有转动轴，其上装有与塔板数目相等的桨叶。转动轴转动时推动物料移向塔板开口，物料落入下一塔板上，如此物料在整个塔内作螺旋状运动，并在塔底由螺旋输送器卸出。新鲜溶剂由塔底泵入，逐板向上流动，与物料成逆流，浸出液从塔顶排出。

3. 搅拌浸出器

搅拌式浸出器中将固体粉碎成 200 目左右的细粒，在有溶剂存在时，略加搅拌就可使之处于悬浮状态。接触一定时间后，再用固液分离设备将固体颗粒分离出来，就构成了一级浸取。如图 9-19 所示为用增稠器作固液分离的三级逆流浸出设备示意图。物料与溶剂在宏观上逆流接触。物料与来自前一级的液体接触，然后进入增稠器。在增稠器底部的耙子将固体物料卸出，为使接触更充分，可在两个增稠器之间安装一混合器。

4. 渗滤式连续浸出器

(1) 斗式连续浸出器　斗式连续浸出器如图 9-20(a) 所示。它包含一连串带孔的料斗，其安排方式与斗式提升机相似。这些料斗安置在一个密封的设备中，溶液从料斗的孔中穿流而过。料斗安置在一个密封的设备中，溶液从料斗的孔中穿流而过。料斗装料和卸料情况如图 9-20(b) 所示。

由图 9-20 可知，固体物料从向下移动侧顶部的料斗中加入，从向上移动侧顶部的料斗中卸渣。由左侧渗漏而下的稀溶液回流入右侧进行浸出。随着料斗到达左侧顶端，料斗由左侧转到左侧，再以新鲜溶剂由上而下进行浸出。当料斗到达左侧顶端，料斗立即倒转，将固

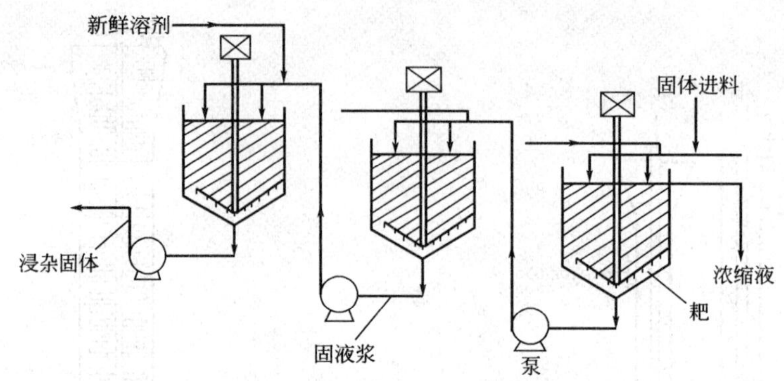

图 9-19　使用增稠器的浸出设备

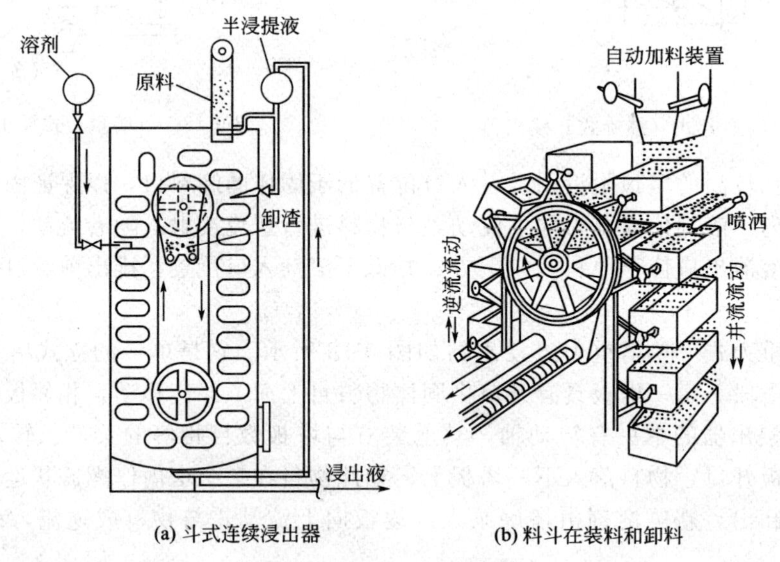

(a) 斗式连续浸出器　　(b) 料斗在装料和卸料

图 9-20　斗式连续浸出器

体残渣倒入内部漏斗，并由输送机排出。同时，右侧渗滤而下的浓溶液则从底部排出。

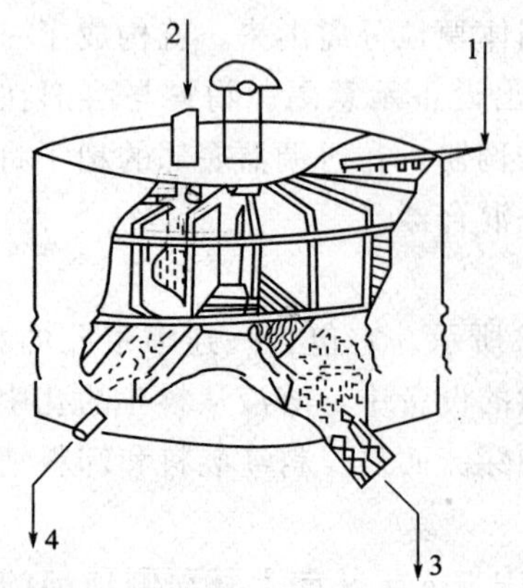

图 9-21　平转隔室式连续浸出器

1—溶剂；2—原料；3—卸渣；4—浸出液

（2）平转隔室式连续浸出器　平转隔室式连续浸出器如图 9-21 所示。它是在完全密封的圆筒形容器内，沿中心轴四周装置多个隔室而成。各隔室随轴缓慢旋转，其底部有可开启的筛网。当卸料后的空室转至加料管下方时，原料即散布于隔室的筛网上，随着转至下一位置即开始进行浸出。当旋转将近一周后，隔室筛网随转动而自动开启，残渣排出后的隔室网底，随着转动又自动恢复原形，转至加料管下面又再次加入原料，进入下一次浸出循环。另一方面，新鲜溶剂在残渣快要排出之前由扇形隔室上方加入，散布于固体之上并渗滤而下，流入器底的一个方格内，再由泵送入前一扇形隔室上方。

如此依次进行，达到逆流浸出的效果。最后，浓溶液从刚装好原料的扇形隔室底下的器底分格内被排出。

四、浸出的基本工艺计算

1. 浸出所需要的时间

浸出需要时间的计算与浸出速率有关，而浸出速率与物料、萃取剂以及设备类型等有关，所以在选定浸出体系、操作条件后，完成一定浸出任务所需的时间一般要通过实验来确定（可选取经验数据）；可以在实验室的小规模条件下模拟生产条件，以确定达到平衡所需时间用作实际设计时参考。

2. 浸出器的体积

浸出器的体积

浸出器的体积主要由生产能力来决定。浸出器的总容积 $V_{总}$ 可由式(9-2) 决定：

$$V_{总}=V_1+V_2+V_3 \tag{9-2}$$

式中，$V_{总}$ 为总容积，m^3；V_1 为液体容积，m^3；V_2 为辅助设备（如搅拌器、蛇管等）所占容积，m^3；V_3 为自由容积（未被液体和辅助设备所占的容积），m^3。

自由容积一般约为全部容积的 30％。

3. 萃取剂的用量

萃取剂用量的计算公式，可根据浸出物料初始和最终浓度，用物料衡算式求得。物料衡算式为：

进入系统的物料量＝离开系统的物料量

原料中减少的溶质量＝萃取剂中增加的溶质量

【例 7-1】 在一逆流多次接触浸出器中，以淡水为溶剂每小时处理 4t 炒咖啡豆以制造速溶咖啡。咖啡中可溶固体含量为 24％，含水分忽略不计。离开设备的浸出液含量为 24％，含水分忽略不计。离开设备的浸出液含溶解固体 30％，咖啡豆渣中每吨惰性固体含溶液 1.7t，要求浸出液中有 95％的可溶固体（以上均为质量分数）。试求：①每小时生产的浸出液量；②每小时所耗的清水量。

解： 以 1h 为计算基准，咖啡量：$F=4t/h$；加料浓度：$X_{WF}=24\%$；回收率：95％；损失率 5％；浸出液浓度：30％。

① 所以咖啡豆渣中的可溶物量：4×0.24×0.05＝0.048（t/h）

咖啡浸出液中可溶物量：4×0.24×0.95＝0.912（t/h）

浸液总量 E：0.912/0.3＝3.04（t/h）

② 原料含惰性固体 76％，咖啡豆渣中每吨惰性固体含溶液 1.7t，故咖啡豆渣中

底流量：4×0.76×1.7＝5.17（t/h）

固体量：4×0.76＋0.048＝3.09（t/h）

所以排出咖啡豆渣量：5.17＋3.09＝8.26（t/h）

对浸出器进出口作总物料衡算，咖啡量＋淡水量、浸出液量＋豆渣量，即：

4＋淡水量＝3.04＋8.26

淡水量＝7.3t/h，故萃取剂淡水用量为 7.3t/h。

【例 7-2】 某制糖厂每小时处理 100t，今拟收回甜菜片中所含糖量的 97％，求所需加入的水量。

解：因甜菜含有40%菜渣，所以100t甜菜片含有40t菜渣。而每吨菜渣含有2t溶液随菜渣一起排出，所以40t菜渣带走的溶液量为：40×2=80（t）

因而萃取器出口菜渣（带有溶液）量为：40+80=120（t）

又知甜菜片含糖15%，故甜菜片总含糖为：100×0.15=15（t）

要求回收率为97%，即最后还有3%糖未被萃取出，菜渣中含糖量为：15×0.03=0.45（t）

萃取出的糖量为15×0.97=14.55（t）

已知出口溶液含糖18%，并已求得出口溶液中糖量为14.55t，因而出口溶液总重量为：

$$\frac{14.55}{0.18}=80.8\ (\mathrm{t})$$

对浸出器进出口作总物料衡算，即：甜菜量+水量=菜渣（含溶液）量+糖水溶液量

$$100+水量=120+80.8$$

$$水量=100.8\ (\mathrm{t})$$

故萃取剂（水）的用量为100.8t。

五、浸出在食品工业中的应用

1. 糖料的浸出

制糖工业是食品工业中规模较大的一分支。用甘蔗和甜菜作原料生产糖的工艺已有近百年的历史。目前，甘蔗糖厂大多用压榨法取汁，而甜菜糖厂都用渗出法，也就是浸出法取汁。甜菜所含纤维很少，不宜用压榨法，浸出法几乎是唯一的选择。

2. 浸出法取油

油脂工业的取油方法与制糖工业的取汁方法十分相似，过去多用压榨取油，而现代油厂则几乎全用浸出法取油。目前，油脂浸出工业用的溶剂主要是脂肪族烃类中的浸出轻汽油和己烷。油在己烷中的溶解度很高，而且己烷的沸点低，易于用蒸发法回收，所以是一种较理想的溶剂。

3. 其他应用

浸出在食品工业中的应用十分广泛。凡涉及从固体物料中提取某种有用物质或除去某种有害物质时，一般都采用浸出操作。例如：从茶叶中提取茶多酚，从大豆饼粕中提取可溶蛋白或多糖，从咖啡豆中提取咖啡因，从油脂工业的下脚料中提取各种有用物质等都是浸出的实例。近年来，对天然植物和动物中各种活性因子的研究十分活跃，而这些活性特质的提取也大多涉及浸出操作。

第三节　膜分离

膜分离是以选择性透过膜为分离介质，在膜两侧一定推动力的作用下，使原料中的某组分选择性地透过膜，从而使混合物得以分离，以达到提纯、浓缩等目的的分离过程。该分离方法于20世纪初出现，20世纪60年代迅速发展成为一门新型分离技术，现广泛应用于化工、食品、医药等领域。

一、膜的分类

依据驱动力的不同，膜分离大致有以下几种类型，见表9-2。

表 9-2 膜分离种类

膜的种类	膜的功能	分离驱动力	透过物质	被截流物质
微滤	多孔膜、溶液的微滤、脱微粒子	压力差	水、溶剂和溶解物	悬浮物、细菌类、微粒子、大分子有机物
超滤	脱除溶液中的胶体、各类大分子	压力差	溶剂、离子和小分子	蛋白质、各类酶、细菌、病毒、胶体、微粒子
反渗透和纳滤	脱除溶液中的盐类及低分子物质	压力差	水和溶剂	无机盐、糖类、氨基酸、有机物等
透析	脱除溶液中的盐类及低分子物质	浓度差	离子、低分子物、酸、碱	无机盐、糖类、氨基酸、有机物等
电渗析	脱除溶液中的离子	电位差	离子	无机、有机离子
渗透汽化	溶液中的低分子及溶剂间的分离	压力差、浓度差	蒸汽	液体、无机盐、乙醇溶液
气体分离	气体、气体与蒸汽分离	浓度差	易透过气体	不易透过液体

表 9-2 中分别给出了按分离原理和按被分离物质的大小区分的分离膜种类，从中可以看出，除了透析膜主要用于医疗用途以外，几乎所有的分离膜技术均可应用于任何分离、提纯和浓缩领域。反渗透和纳滤作为主要的水及其他液体分离膜之一，在分离膜领域内占重要地位。

① 反渗透膜。几乎无孔，可以截留大多数溶质（包括离子）而使溶剂通过，操作压力较高，一般为 2～10MPa。

② 纳滤膜。孔径为 2～5nm，能截留部分离子及有机物，操作压力为 0.7～3 MPa。

③ 超滤膜。孔径为 2～20nm，能截留小胶体粒子、大分子物质，操作压力为 0.1～1 MPa。

④ 微滤膜。孔径为 0.05～10μm，能截留胶体颗粒、微生物及悬浮粒子，操作压力为 0.05～0.5 MPa。

⑤ 电渗析。采用带电的离子交换膜，在电场作用下膜能允许阴、阳离子通过，可用于溶液去除离子。

⑥ 气体分离。是依据混合气体中各组分在膜中渗透性的差异而实现的膜分离过程。

⑦ 渗透汽化。是在膜两侧浓度差的作用下，原料液中的易渗透组分通过膜并汽化，从而使原液体混合物得以分离的膜过程。

传统的分离单元操作如蒸馏、萃取、吸收等，也可以通过膜来实现，即为膜蒸馏、膜萃取、膜吸收与汽提等，实现这些膜过程的设备统称为膜接触器，包括液-液接触器、液-气接触器等。

二、各种膜分离过程

膜分离所用的膜可以是固相、液相，也可以是气相，而大规模工业应用中多数为固体膜，本节主要介绍固体膜的分离过程。

物质选择透过膜的能力可分为两类：借助外界能量，物质发生由低位到高位的流动；借助本身的化学位差，物质发生由高位到低位的流动。

操作的推动力可以是膜两侧的压力差、浓度差、电位差、温度差等。依据推动力不同，膜分离又分为多种过程，表 9-3 列出了几种主要膜分离过程的基本特性。

表 9-3　膜分离过程

过　程	示意图	膜类型	推动力	传递机理	透过物	截留物
微滤 MF	原料液；滤液	多孔膜	压力差（约0.1MPa）	筛分	水、溶剂、溶解物	悬浮物各种微粒
超滤 UF	原料液；浓缩液；滤液	非对称膜	压力差(0.1～1MPa)	筛分	溶剂、离子、小分子	胶体及各类大分子
反渗透 RO	原料液；浓缩液；溶剂	非对称膜,复合膜	压力差（2～10MPa）	溶剂的溶解-扩散	水、溶剂	悬浮物、溶解物、胶体
电渗析 ED	浓电解质；溶剂；阳极；阴极；阴膜；阳膜；原料液	离子交换膜	电位差	离子在电场中的传递	离子	非解离和大分子颗粒
气体分离 GS	混合气；渗余气；渗透气	均质膜,复合膜,非对称膜	压力差（1～15MPa）	气体的溶解-扩散	易渗透气体	难渗透气体
渗透汽化 PVAP	原料液；溶质或溶剂；渗透蒸气	均质膜,复合膜,非对称膜	浓度差，分压差	溶解-扩散	易溶解或易挥发组分	不易溶解或难挥发组分
膜蒸馏 MD	原料液；浓缩液；渗透液	微孔膜	由于温度差而产生的蒸汽压差	通过膜的扩散	高蒸汽压的挥发组分	非挥发的小分子和溶剂

返渗透、纳滤、超滤、微滤均为压力推动的膜过程，即在压力的作用下，溶剂及小分子通过膜，而盐、大分子、微粒等被截留，其截留程度取决于膜结构。

三、膜分离设备

1. 膜材料及分类

目前使用的固体分离膜大多数是高分子聚合物膜，近年来又开发了无机材料分离膜。高聚物膜通常是用纤维素类、聚砜类、聚酰胺类、聚酯类、含氟高聚物等材料制成。无机分离膜包括陶瓷膜、玻璃膜、金属膜和分子筛炭膜等。

膜的种类与功能较多，分类方法也较多，但普遍采用的是按膜的形态结构分类，将分离膜分为对称膜和非对称膜两类。见图 9-22。

（1）对称膜　对称膜又称为均质膜，是一种均匀的薄膜，膜两侧截面的结构及形态完全相同，包括致密的无孔膜和对称的多孔膜两种，如图 9-22(a) 所示。一般对称膜的厚度在 10～200μm 之间，传质阻力由膜的总厚度决定，降低膜的厚度可以提高透过速率。

（2）非对称膜　非对称膜的横断面具有不对称结构，如图 9-22 (b) 所示。一体化非对称膜是用同种材料制备、由厚度为 0.1～0.5μm 的致密皮层和 50～150μm 的多孔支撑层构成，其支撑层结构具有一定的强度，在较高的压力下也不会引起很大的形变。此外，也可在多孔支撑层上覆盖一层不同材料的致密皮层构成复合膜。显然，复合膜也是一种非对称膜。对于复合膜，可优选不同的膜材料制备致密皮层与多孔支撑层，使每一层独立发挥最大作

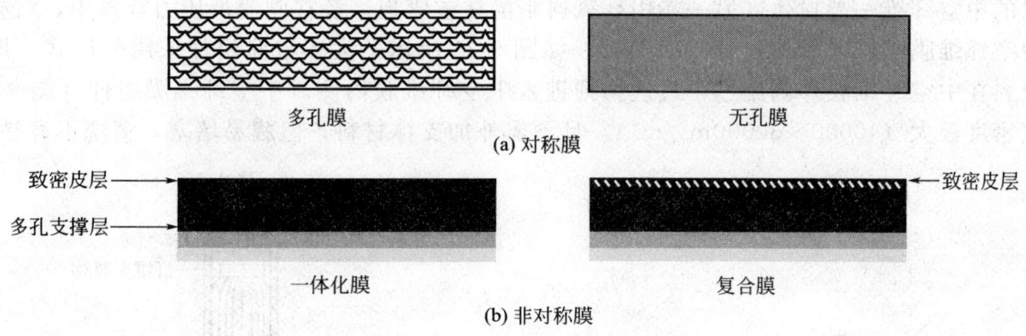

图 9-22　不同类型膜横断面示意图

用。非对称膜的分离主要或完全由很薄的皮层决定，传质阻力小，其透过速率较对称膜高得多，因此非对称膜在工业上应用十分广泛。

2. 膜组件

膜组件是将一定膜面积的膜以某种形式组装在一起的器件，在其中实现混合物的分离。

板框式膜组件采用平板膜，其结构与板框过滤机类似，用板框式膜组件进行海水淡化的装置如图 9-23 所示。在多孔支撑板两侧覆以平板膜，采用密封环和两个端板密封、压紧。海水从上部进入组件后，沿膜表面逐层流动，其中纯水透过膜到达膜的另一侧，经支撑板上的小孔汇集在边缘的导流管后排出，而未透过的浓缩咸水从下部排出。

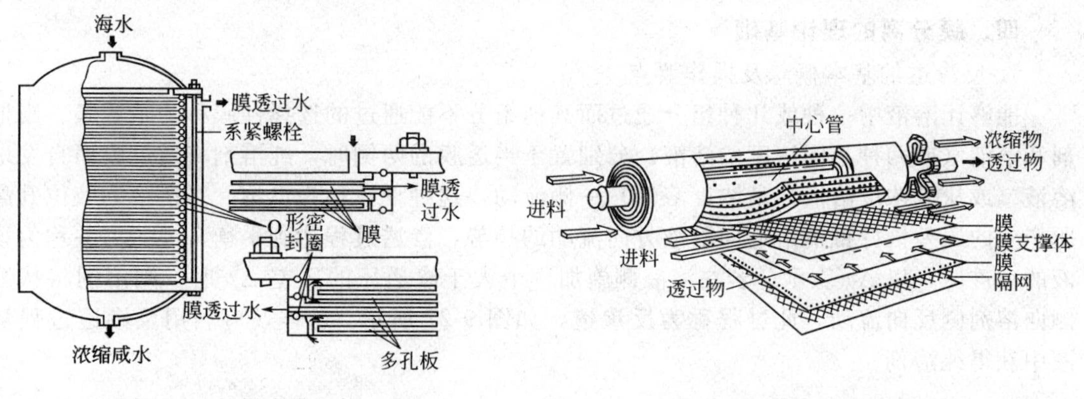

图 9-23　板框式膜组件　　　　图 9-24　螺旋卷式膜组件

螺旋卷式膜组件也是采用平板膜，其结构与螺旋板式换热器类似，如图 9-24 所示。它是由中间为多孔支撑板、两侧是膜的“膜袋”装配而成，膜袋的三个边粘封，另一边与一根多孔中心管连接。组装时在膜袋上铺一层网状材料（隔网），绕中心管卷成柱状再放入压力容器内。原料进入组件后，在隔网中的流道沿平行于中心管方向流动，而透过物进入膜袋后旋转着沿螺旋方向流动，最后汇集在中心收集管中再排出。螺旋卷式膜组件结构紧凑，装填密度可达 830～1660m^2/m^3。缺点是制作工艺复杂，膜清洗困难。

管式膜组件是把膜和支撑体均制成管状，使二者组合，或者将膜直接刮制在支撑管的内侧或外侧，将数根膜管（直径 10～20mm）组装在一起就构成了管式膜组件，与列管式换热器相类似。若膜刮在支撑管内侧，则为内压型，原料在管内流动；若膜刮在支撑管外侧，则为外压型，原料在管外流动。管式膜组件的结构简单，安装、操作方便，流动状态好，但装填密度较小，约为 33～330m^2/m^3。

将膜材料制成外径为 80～400μm、内径为 40～100μm 的空心管，即为中空纤维膜。将大量的中空纤维一端封死，另一端用环氧树脂浇注成管板，装在圆筒形压力容器中，就构成了中空纤维膜组件，形如列管式换热器，如图 9-25 所示。大多数膜组件采用外压式，即高压原料在中空纤维膜外侧流过，透过物则进入中空纤维膜内侧。中空纤维膜组件（图 9-26）装填密度极大（10000～30000m^2/m^3），且不需外加支撑材料；但膜易堵塞，清洗不容易。

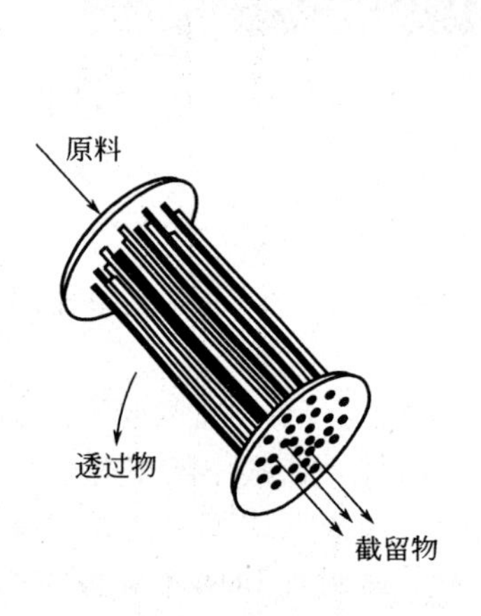

图 9-25　管式膜组件

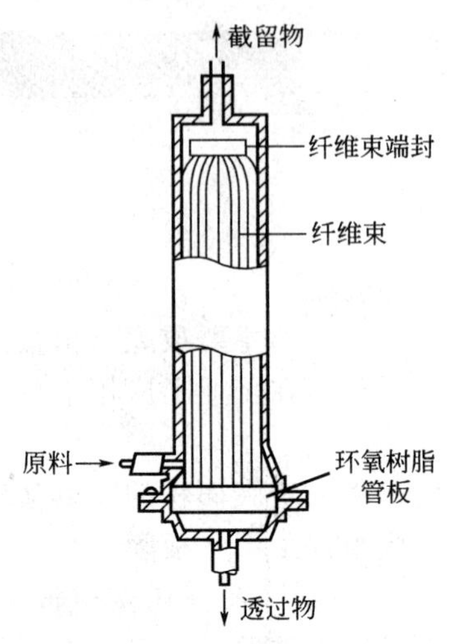

图 9-26　中空纤维膜组件

四、膜分离的理论基础

1. 反渗透的基本概念及操作要点

能够让溶液中一种或几种组分通过而其他组分不能通过的选择性膜称为半透膜。当把溶剂和溶液（或两种不同浓度的溶液）分别置于半透膜的两侧时，纯溶剂将透过膜而自发地向溶液（或从低浓度溶液向高浓度溶液）一侧流动，这种现象称为渗透。当溶液的液位升高到所产生的压差恰好抵消溶剂向溶液方向流动的趋势，渗透过程达到平衡，此压力差称为该溶液的渗透压，以 $\Delta\pi$ 表示。若在溶液侧施加一个大于渗透压的压差 Δp 时，则溶剂将从溶液侧向溶剂侧反向流动，此过程称为反渗透，如图 9-27 所示。这样，可利用反渗透过程从溶液中获得纯溶剂。

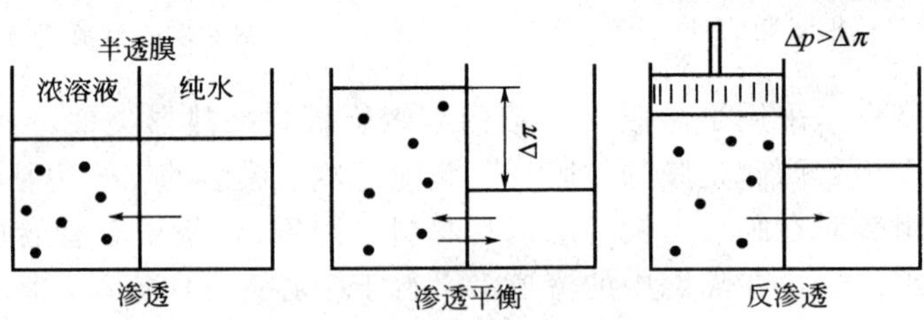

图 9-27　渗透与反渗透示意图

目前，反渗透膜如以其膜材料化学组成来分，主要有纤维素膜和非纤维素膜两大类；如按膜材料的物理结构来分，大致可分为非对称膜和复合膜等。

在纤维素类膜中最广泛使用的是醋酸纤维素膜（简称 CA 膜）。该膜总厚度约为 100μm，全表皮层的厚度约为 0.25μm，表皮层中布满微孔，孔径约 0.5～1nm，故可以滤除极细的粒子，而多孔支撑层中的孔径很大，约有几百纳米，故该种不对称结构的膜又称为非对称膜。在反渗透操作中，醋酸纤维素膜只有表皮层与高压原水接触才能达到预期的脱盐效果，决不能倒置。

反渗透膜多为不对称膜或复合膜，图 9-28 所示的是一种典型的反渗透复合膜的结构图。反渗透膜的致密皮层几乎无孔，因此可以截留大多数溶质（包括离子）而使溶剂通过。反渗透操作压力较高，一般为 2～10MPa。大规模应用时，多采用卷式膜组件和中空纤维膜组件。在反渗透操作中，应注意以下几点。

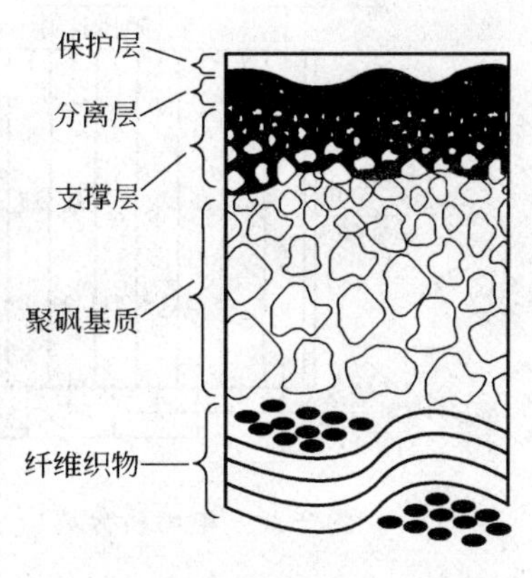

图 9-28　PEC-1000 复合膜的断面放大结构图

① 操作压差。压差越大，渗透通量越大，但浓差极化增大，同时能耗也增大，并容易产生沉淀。

② 温度。升高温度有利于降低浓差极化的影响，但能耗增大，并且对高分子膜的使用寿命有影响。因此，一般在常温或略高于常温条件下操作。

③ 料液流速。尽量提高流速，以减小浓差极化。

④ 膜的污染程度。当浓缩程度高时，会引起膜污染，需及时进行清洗。

2. 超滤的基本概念及操作要点

超滤是一种加压膜分离技术，即在一定的压力下，使小分子溶质和溶剂穿过一定孔径的特制的薄膜，而使大分子溶质不能透过，留在膜的一边，从而使大分子物质得到部分纯化。超滤根据所加的操作压力和所用膜的平均孔径的不同，可分为微孔过滤、超滤和反渗透三种。超滤技术的优点是操作简便，成本低廉，不需添加任何化学试剂，尤其是超滤技术的实验条件温和，与蒸发、冷冻干燥相比没有相的变化，而且不引起温度、pH 值的变化，因而可以防止生物大分子的变性、失活和自溶。在生物大分子的制备技术中，超滤主要用于生物大分子的脱盐、脱水和浓缩等。

超滤装置一般由若干超滤组件构成。通常可分为板框式、管式、螺旋卷式和中空纤维式四种主要类型。由于超滤法处理的液体多数是含有水溶性生物大分子、有机胶体、多糖及微生物等。这些物质极易黏附和沉积于膜表面上，造成严重的浓差极化和堵塞，这是超滤法最关键的问题，要克服浓差极化，通常可加大液体流量，加强湍流和加强搅拌。

3. 电渗析的基本概念及操作要点

（1）电渗析　电渗析是在直流电场的作用下，利用阴、阳离子交换膜对溶液中阴、阳离子的选择性透过（即阳膜只允许阳离子通过，阴膜只允许阴离子通过），而使溶液中的溶质与水分离的一种物理化学过程。

电渗析系统由一系列阴、阳膜交替排列于两电极之间组成许多由膜隔开的小水室，如图 9-29 所示。

（2）电渗析装置及操作要点

① 电渗析器的构造。电渗析器主要由离子交换膜、隔板、电极和夹紧装置等组成，如图 9-30 所示。电渗析器两端为坚固的端框，便于夹紧元件。电极内表面内凹，与膜贴紧时即形成电极冲洗室。相邻两膜之间有隔板，隔板边缘有垫片。当膜与膜板夹紧时，即形成浓室或淡室。隔板、膜、垫片及端框上的孔对齐贴紧后即形成孔道。当水进入这些小室时，在直流电场的作用下，阳离子向阴极迁移，阴离子向阳极迁移。但由于离子交换膜具有选择透过性，结果使一些小室离子浓度降低而成为淡水室，与淡水室相邻的小室则因富集了大量离子而成为浓水室。从淡水室和浓水室分别得到淡水和浓水。原水中的离子得到了分离和浓缩，水便得到了净化。

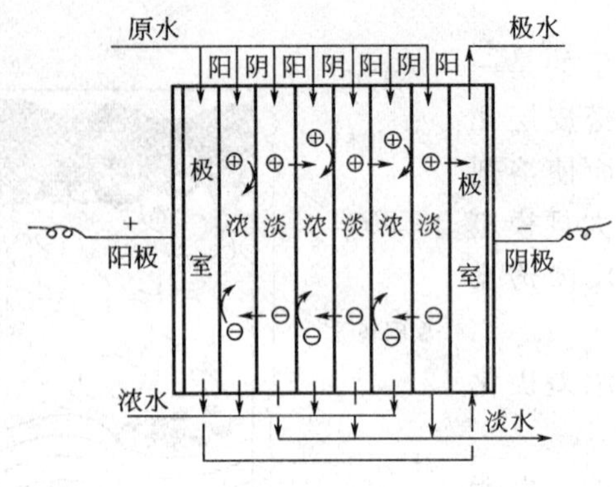

图 9-29 电渗析分离原理图

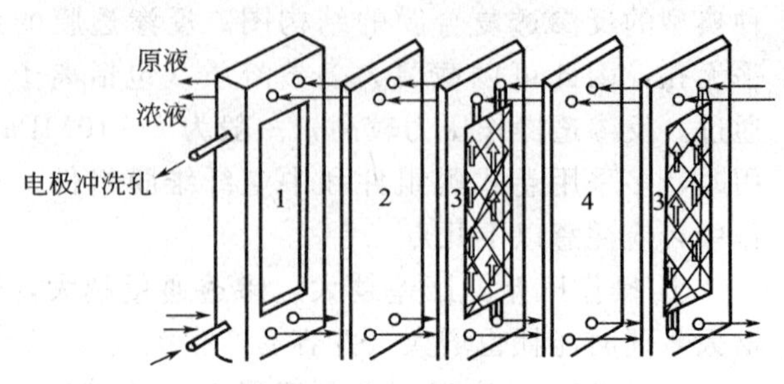

图 9-30 电渗析器结构示意图

1—电极；2—阳离子交换膜；3—隔板；4—阴离子交换膜

② 电渗析操作要点

a. 对进入电渗析器的原水预处理。原水中的悬浮物、有机物及铁、锰等重金属杂质会堵塞水流通道，还会污染离子交换膜，因此原水在进入电渗析器之前应进行预处理，以满足水质的指标要求。

b. 操作运行

ⓐ 开机前，首先检查各水流系统的连接是否正确，电路是否接对，开泵前先将回流阀门打开，将浓、淡、极水阀门关闭。启动泵后，再将浓、淡、极水阀门缓缓打开，调节流量，密切注意压力表，压力必须逐步提高，直至流量计和压力表达到规定数值时为止。

ⓑ 电渗析器运行启动时，必须先通水，后通电。停止运行时要先断电，后断水，严禁停水不停电。

ⓒ 淡水流量与浓、极水流量的比例要调节适当，为了防止浓水向淡水渗漏，浓水、极水的压力可适当减小些，一般比淡水压力小 0.2×10^5 Pa。

ⓓ 视水质情况不同，电渗析器连续工作 4～8h 后要进行一次调换电极。在调换电极时应降电压，切断电源，同时把浓、淡水出口管排入地沟，排放 3～5min 后，扳动换向开关，通电升压 5min 后，测定水质，达到要求后方可正常供水。

ⓔ 停机时，要先降低电压，再关闭整流器，然后再继续通水 10min（出水排入地沟）方可停泵。

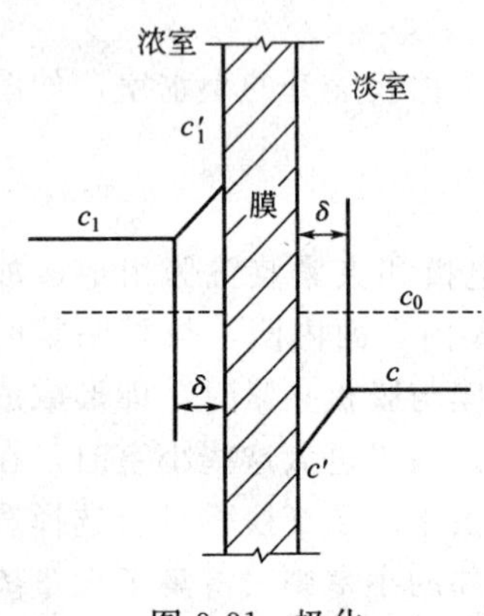

图 9-31 极化

c. 电流密度控制。在电渗析操作中，如采用的电流密度过大，会产生浓差极化现象，如图 9-31 所示。

在电渗析中，由于离子在膜中的迁移数大于在溶液中的迁移数，使得在膜的淡水侧，溶液主体的离子浓度大于相界面处的离子浓度，而在膜的浓水侧，相界面处的离子浓度大于溶液主体离子浓度。这样，在膜两侧都产生了浓度梯度。显然，通入的电流强度越大，离子迁移的速度越快，浓度梯度也就越大。如果电流提高到相当程度，就会出现 c' 值趋于零的情况，此时在淡水侧的边界层中就会发生水分子的电离，产生 H^+ 和 OH^-，参与传导电流，以补充离子的不足。这种情况称为浓差极化。极化现象出现的结果，在阴膜浓水一侧，由于 OH^- 离子富集起来，水的 pH 值增高，便产生氢氧化物沉淀，造成膜面附近结垢，在阳膜的浓水一侧，由于膜表面处的离子浓度c_1'比c'大得多，也容易造成膜面附近结垢。结垢的结果必然导致膜电阻增大，电流效率降低，膜的有效面积减小，寿命缩短，影响电渗析过程的正常进行。

防止极化最有效的方法是控制电渗析器在极限电流密度以下运行。另外，定期倒换电极和酸洗，可将膜上积聚的垢层溶解下来。

d. 控制电渗析的工作温度。水处理都是在常温下进行，然而，提高温度可以降低液体的黏度，提高离子扩散速度，增大溶液和膜的电导性能，并提高电渗析器的生产能力，降低单位电耗和处理成本。但用较高的电渗析温度要选用较耐热的膜和隔板，电渗析的工作温度也不易太高。

五、膜分离技术的应用

1. 超滤和反渗透的应用

利用超滤和反渗透进行食品的浓缩和提纯是保持食品原有风味和香味成分的重要途径。与蒸发浓缩相比，其处理湿度低，不涉及物态的变化，也不致引起凝胶和乳化液等胶体结构的破坏。超滤和反渗透的应用主要包括以下几点。

① 应用于纯水制备。超滤和反渗透能除去水中的微粒、胶体、细菌、热原病毒、大分子有机物和蛋白质，作为饮料配制用水。

② 成分调整提纯方面的应用。可用于牛乳、植物蛋白、动物血液、淀粉、酶制剂、胰岛素、氨基酸等产品的成分调配或提纯。在甜叶菊苷的提取工艺中，用超滤技术进行净化，结果表明，该法去除了大量的胶体、色素、蛋白质及多糖类大分子杂质，使产品质量得到提高。

③ 浓缩方面的应用。例如应用于乳浆、乳清、果蔬汁等产品的浓缩。从乳清中回收蛋白质。乳清中含有高营养价值的蛋白质、乳清、乳酸及矿物质。为了从低分子质量组分中分离出蛋白质，通常采用超滤和反渗透处理。

2. 电渗析的应用

电渗析膜分离技术的应用主要包括下列几方面。

① 海水的浓缩、淡化。

② 工业废水、废液的脱盐、再利用及有价物的回收。

③ 有机物和无机盐类的分离。

④ 有机酸的精制、浓缩及回收；在氨基酸生产中，由于大多数氨基酸带正电荷，阳离子膜对其有很好的选择透过性，因此常用电渗析对之进行分离与精制。

⑤ 纯净水的制造。

⑥ 低盐酱油的制造。

⑦ 牛乳、乳精、淀粉糖等的脱盐；在干酪生产中，产生大量的含盐乳清，如果不进行脱盐，则回收得到的乳清粉其含盐量很高以至于不能作为食品使用。乳清脱盐可采用电渗析、超滤。

⑧ 果汁等产品中柠檬酸、酒石酸的去除。

以上分别介绍了超滤、反渗透和电渗析等膜分离技术在食品工业中的应用，这也是食品工业中最常用的膜分离技术。实际应用时，这些技术既可单独应用，也可组合应用。随着应用的不断扩展和膜分离技术本身的发展，一些新的分离膜将不断被应用于食品工业中，例如，膜法气体分离用于果蔬保鲜、发酵等过程；膜反应器用于酶工程、微生物反应工程等。

第四节 吸 附

在食品、化工、生物工程中，常采用吸附操作实现分离杂质、提纯产品等目的。该过程涉及两相——固相和液相，两相之间有固定的界面，故属于固定界面的相际传质过程。

一、吸附概述

1. 吸附的基本概念

利用某些多孔固体有选择性地吸附流体中的一个或几个组分，从而使混合物分离的方法称为吸附，它是分离纯净气体和液体混合物的重要操作单元之一。

实际上，人们很早就发现并利用了吸附现象，如生活中用木炭脱湿和除臭等。随着新型吸附剂的开发及吸附分离工艺条件等方面的研究，吸附分离过程显示出节能、产品纯度高、可除去痕量物质、操作温度低等突出特点，使这一过程在化工、医药、食品、轻工、环保等行业得到了广泛的应用，例如：

① 气体或液体的脱水及深度干燥，如将乙烯气体中的水分脱到痕量再聚合；

② 气体或溶液的脱臭、脱色，国内的高级饮料厂所用的蔗糖是先溶解成50%～55%浓度，加入活性炭和硅藻土（用量对糖比各为0.2%～0.3%），搅拌10～15min后进行精细的过滤，以达到完全清亮的要求，然后再将清糖液用于配制汽水和其他饮料；

③ 气体中痕量物质的吸附分离，如纯氮、纯氧的制取；

④ 分离某些精馏难以分离的物系，如采用适当结构的吸附树脂，以较高选择性从原酒中吸附除去这类在低度酒中溶解度很低的物质，保留低级酯、酸、醇等物质；

⑤ 废气和废水的处理，如从高炉废气中回收一氧化碳和二氧化碳，从炼厂废水中脱除酚等有害物质。

吸附过程中，在固体表面积蓄的组分称为吸附质，多孔固体称为吸附剂。吸附过程有两种情况：一种是物理吸附，另一种是化学吸附。物理吸附在吸附过程中物质不改变原来的性质，因此吸附能小，被吸附的物质很容易再脱离，如用活性炭吸附气体，只要升高温度，就可以使被吸附的气体逐出活性炭表面。化学吸附在吸附过程中不仅有引力，还有化学键力，因此吸附能较大，要逐出被吸附的物质需要较高的温度，而且被吸附的物质即使被逐出，也已经产生了化学变化，不再是原来的物质了，一般催化剂都是以这种吸附方式起作用。

还有一种可以进行连续操作的分子筛，物料连续进入填充床，分子筛可以只吸附固定体积的分子再释放，而将体积过大的分子拦住，石油气和天然气的分离经常采用这种方式。吸附作用是催化、脱色、脱臭、防毒等工业应用中必不可少的单元操作。

2. 吸附剂

（1）吸附剂　吸附分离的效果很大程度上取决于吸附剂的性能，工业吸附要求吸附剂满足以下要求：

① 具有较大的内表面，吸附容量大；

② 选择性高，吸附剂对不同的吸附质具有不同的吸附能力，其差异越显著，分离效果越好；

③ 具有一定的机械强度，抗磨损；

④ 有良好的物理及化学稳定性，耐热冲击，耐腐蚀；

⑤ 容易再生；

⑥ 易得，价廉。

吸附剂可分为两大类，一类是天然的吸附剂，如硅藻土、白土、天然沸石等。另一类是人工制作的吸附剂，主要有活性炭、活性氧化铝、硅胶、合成沸石分子筛、有机树脂吸附剂等，下面介绍几种广泛应用的人工制作的吸附剂。

① 活性炭。这是最常用的吸附剂。它具有非极性表面，比表面积较大，化学稳定性好，耐酸耐碱，热稳性高，再生容易。

合成纤维经炭化后可制成活性炭纤维吸附剂，使吸附容量提高数十倍，因活性炭纤维可以编制成各种织物，流体流动阻力减少。活性炭也可加工成炭分子筛，具有分子筛的作用，常用于空气分离制氮、改善饮料气味、香烟的过滤嘴等场合。

② 硅胶。分子式通常用 $SiO_2 \cdot nH_2O$ 表示，它的比表面积达 $800m^2/g$。工业用的硅胶有球形、无定形、加工成型和粉末状四种。硅胶是亲水性的极性吸附剂，对不饱和烃、甲醇、水分等有明显的选择性。主要用于气体和液体的干燥、溶液的脱水。

③ 活性氧化铝。是一种极性吸附剂，对水分有很强的吸附能力。其比表面积约为 200～$500m^2/g$，用不同的原料，在不同的工艺条件下，可制得不同结构、不同性能的活性氧化铝。

活性氧化铝主要用于气体的干燥和液体的脱水，如汽油、煤油、芳烃等化工产品的脱水；空气、氦气、氢气、氯气、氯化氢和二氧化硫等气体的干燥。

④ 合成沸石分子筛。它是指硅铝酸金属盐的晶体，它是一种强极性的吸附剂，对极性分子，特别是对水有很大的亲和力，它的比表面积可达 $750\ m^2/g$，具有很强的选择性。常用于石油馏分的分离、各种气体和液体的干燥等场合，如从混合二甲苯中分离出对二甲苯，从空气中分离出氧。

⑤ 有机树脂吸附剂。它是高分子物质，它可以制成强极性、弱极性、非极性、中性，广泛用于废水处理、维生素的分离及过氧化氢的精制等场合。

（2）吸附剂的性能　吸附剂具有良好的吸附特性，主要是因为它有多孔结构和较大的比表面积，下面介绍与孔结构和比表面积有关的基础性能。

① 密度

a. 填充密度 ρ_B（又称体积密度）：是指单位填充体积的吸附剂质量。通常将烘干的吸附剂装入量筒中，摇实至体积不变，此时吸附剂的质量与该吸附剂所占的体积比称为填充密度。

b. 表观密度 ρ_P（又称颗粒密度）：定义为单位体积吸附剂颗粒本身的质量。

c. 真实密度 ρ_t：是指扣除颗粒内细孔体积后单位体积吸附剂的质量。

② 吸附剂的比表面积。吸附剂的比表面积是指单位质量的吸附剂所具有的吸附表面积，m^2/g。吸附剂孔隙的孔径大小直接影响吸附剂的比表面积，孔径的大小可分三类：大孔、过渡孔、微孔。

③ 吸附容量。吸附容量是指吸附剂吸满吸附质时的吸附量（单位质量的吸附剂所吸附的吸附质质量），它反映了吸附剂吸附能力的大小。吸附量可以通过观察吸附前后吸附质体积或质量的变化测得。也可用电子显微镜等观察吸附剂固体表面的变化测得。

二、吸附机理

1. 吸附速率与吸附过程

吸附速率是指当流体与吸附剂接触时，单位时间内的吸附量，kg/s。

吸附速率与物系、操作条件及浓度有关，当物系及操作条件一定时，吸附过程包括以下三个步骤。

① 吸附质从流体主体以对流扩散的形式传递到固体吸附剂的外表面，此过程称为外扩散。

② 吸附质从吸附剂的外表面进入吸附剂的微孔内，然后扩散到固体的内表面，此过程为内扩散。

③ 吸附质在固体内表面上被吸附剂所吸附，称为表面吸附过程。

通常吸附为物理吸附，表面吸附速率很快，故总吸附速率主要取决于内外扩散速率的大小。

2. 吸附平衡

当溶液与吸附剂经长时间的接触后，吸附质在液、固两相中的浓度不再发生变化时，即达到了吸附平衡。

三、常用吸附设备及操作

吸附分离过程包括吸附过程和解吸过程。由于需处理的流体浓度、性质及要求吸附的程度不同，故吸附操作有多种形式。

1. 接触过滤式操作

该操作是把要处理的液体和吸附剂一起加入到带有搅拌器的吸附槽中，使吸附剂与溶液充分接触，溶液中的吸附质被吸附剂吸附，经过一段时间，吸附剂达到饱和，将料浆送到过滤机中，吸附剂从液相中滤出，若吸附剂可用，经适当的解吸，可回收利用。

因在接触式吸附操作时，使用搅拌使溶液呈湍流状态，颗粒外表面的膜阻力减少，故该操作适用于外扩散控制的传质过程。接触过滤吸附操作所用设备主要有釜式或槽式，设备结构简单，操作容易。广泛用于活性炭脱除糖液中的颜色等方面。

2. 固定床吸附操作

固定床吸附操作是把吸附剂均匀堆放在吸附塔中的多孔支承板上，含吸附质的流体可以自上而下流动，也可自下而上流过吸附剂。在吸附过程中，吸附剂不动。通常固定床的吸附过程与再生过程在两个塔式设备中交替进行，如图 9-32 所示，●表示阀门关闭，○表示阀门打开。吸附在吸附塔 1 中进行，当出塔流体中吸附质的浓度高于规定值时，物料切换到吸附塔 2，与此同时，吸附塔 1 采用变温或减压等方法进行吸附剂再生，然后再在塔 1 中进行吸附，塔 2 中进行再生，如此循环操作。

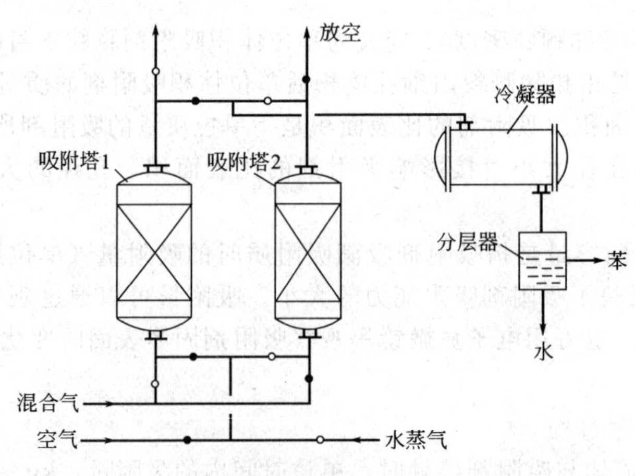

图 9-32　固定床吸附操作流程示意图

固定床吸附塔结构简单，加工容易，操作方便灵活，吸附剂不易磨损，物料的返混少，分离效率高，回收效果好，故固定床吸附操作广泛用于气体中溶剂的回收、气体干燥和溶剂脱水等方面。但固定床吸附操作的传热性能差，且当吸附剂颗粒较小时，流体通过床层的压降较大，因吸附、再生及冷却等操作需要一定的时间，故生产效率较低。

3. 移动床吸附操作

移动床吸附操作是指待处理的流体在塔内自上而下流动，在与吸附剂接触时，吸附质被吸附，已达饱和的吸附剂从塔下连续或间歇排出，同时在塔的上部补充新鲜的或再生后的吸附剂。与固定床相比，移动床吸附操作因吸附和再生过程在同一个塔中进行，所以设备投资费用少。

4. 流化床吸附操作及流化床-移动床联合吸附操作

流化床吸附操作是使流体自下而上流动，流体的流速控制在一定的范围，保证吸附剂颗粒被托起，但不被带出，处于流态化状态进行的吸附操作。该操作的生产能力大，但吸附剂颗粒磨损程度严重，且由于流态化的限制，使操作范围变窄。

流化床-移动床联合吸附操作将吸附与再生集于一塔，如图 9-33 所示。塔的上部为多层流化床，在此原料与流态化的吸附剂充分接触，吸附后的吸附剂进入塔中部带有加热装置的移动床层，升温后进入塔下部的再生段。在再生段中吸附剂与通入的惰性气体逆流接触得以再生。最后靠气力输送至塔顶重新进入吸附段，再生后的流体可通过冷却器回收吸附质。流化床-移动床联合吸附床常用于混合气中溶剂的回收、脱除 CO_2 和水蒸气等场合。

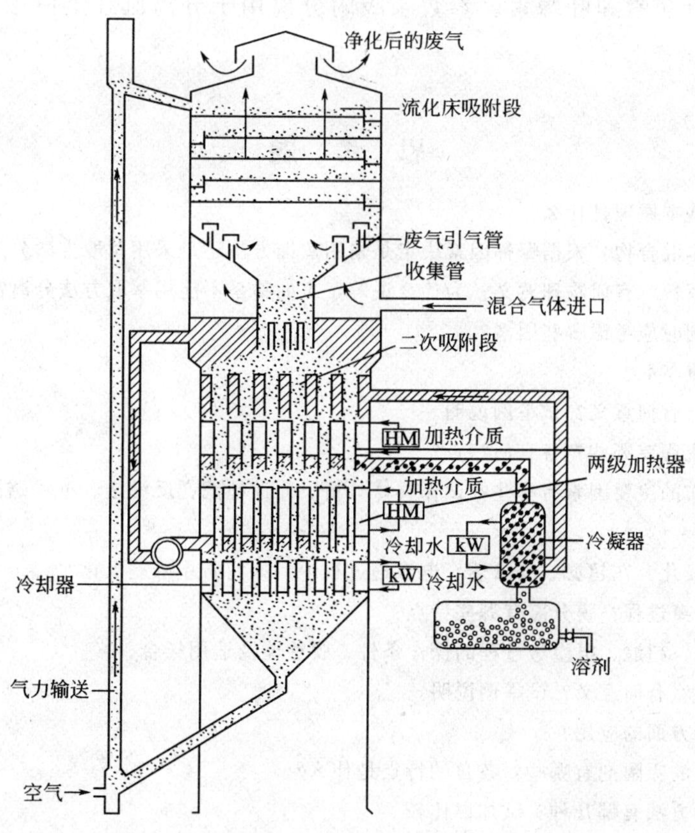

图 9-33　流化床-移动床联合吸附分离示意图

该操作具有连续、吸附效果好的特点。因吸附在流化床中进行，再生前需加热，所以此操作存在吸附剂磨损严重、吸附剂易老化变性的问题。

四、吸附过程的强化

强化吸附过程可以从两个方面入手，一是对吸附剂进行开发与改进，二是开发新的吸附工艺。

1. 吸附剂的改性与新型吸附剂的开发

吸附效果的好坏及吸附过程规模化与吸附剂性能的关系非常密切，尽管吸附剂的种类繁多，但实用的吸附剂却有限，通过改性或接枝的方法可得到各种性能不同的吸附剂，工业上希望开发出吸附容量大、选择性强、再生容易的吸附剂，目前大多数吸附剂吸附容量小限制了吸附塔的处理能力，使得吸附过程频繁地进行吸附、解吸和再生。近期开发的较新型吸附剂如炭分子筛、活性炭纤维、金属吸附剂和各种专用吸附剂不同程度地解决了吸附容量小和选择性弱的缺陷，使得某些有机异构体、热敏性物质、性能相近的混合物分离成为可能。

2. 开发新的吸附分离工艺

随着食品、医药、精细化工和生物化工的发展，需要开发出新的吸附分离工艺，吸附过程需要完善和大型化已成为一个重要问题。吸附分离工艺与再生解吸方法有关，而再生方法又取决于组分在吸附剂上吸附性能的强弱和进料量的大小等因素，随着各种性能良好的吸附剂的不断开发，吸附分离工艺也得以迅速发展，如大型工业色谱吸附分离生产胡萝卜素、叶黄素和叶绿素。参数泵吸附分离用于分离血红蛋白-白蛋白体系、酶及处理含酚废水等。

思 考 题

1. 萃取操作的基本原理是什么？

2. 对于一种液体混合物，根据哪种因素决定是采用蒸馏方法还是采用萃取方法分离？

3. 何谓选择性系数？有何物理意义？为什么说等于 1 的物系不能用萃取方法分离？

4. 选择萃取溶剂时应考虑哪些因素？

5. 何谓多级错流萃取？

6. 什么叫浸出？有何意义？试举例说明。

7. 常用的浸出流程有哪些？各有何特点？

8. 影响浸出操作的主要因素有哪些？试作具体分析。简述超滤、反渗透、电渗透操作的工作原理、特点及操作要点。

9. 什么叫浓差极化？在超滤、反渗透、电渗透过程中，如何防止浓差极化？

10. 什么是膜分离过程？膜分离有哪些特点？

11. 比较反渗透、超滤、电渗透过程的操作条件、膜性能及适用场合。

12. 什么叫吸附？有何意义？试举例说明。

13. 吸附有哪些方面的应用？

14. 工业上常用的吸附剂有哪些？各自的特点是什么？

15. 液体吸附的方法有哪几种？试加以比较。

16. 有哪些种吸附操作？所用吸附设备的特点是什么？

17. 影响吸附操作的主要因素有哪些？试作具体说明。

计　算　题

1. 甜菜制糖厂，以水为溶剂每小时处理 50t 甜菜片。甜菜含糖 12%，水 48%，甜菜渣 40%；出口溶液含糖 15%。若每吨甜菜渣含溶液 3t，今拟回收甜菜片中含糖的 96%，试求所需加入的水量。

2. 某厂以汽油为溶剂进行大豆浸出操作，以生产豆油。若大豆最初含油量为 18%，最后浸出液含油 40%，且原料中全部含油有 90% 被抽出，排出豆渣中持有相当于固体量的底流液体，试求所需加入的汽油量。

附　录

附录 1　单位换算

（1）长度

m(米)	in(英寸)	ft(英尺)	yd(码)
1	39.37	3.2808	1.0936
0.0254	1	0.0833	0.02778
0.3048	12	1	0.3333
0.9144	36	3	1

（2）质量

kg(千克)	t(吨)	lb(磅)
1	0.001	2.20462
1000	1	2204.62
0.4536	4.536×10^{-4}	1

（3）力

N(牛顿)	kgf[千克(力)]	lbf[磅(力)]	dyn(达因)
1	0.102	0.2248	1×10^{5}
9.807	1	2.2046	9.807×10^{5}
4.448	0.4536	1	4.448×10^{5}
1×10^{-5}	1.02×10^{-6}	2.248×10^{-6}	1

（4）压力

Pa	bar	kgf/cm²	atm	mmH_2O	mmHg	lbf/in²
1	1×10^{-5}	1.02×10^{-5}	0.99×10^{-5}	0.102	0.0075	14.5×10^{-5}
1×10^{5}	1	1.02	0.9869	10197	750.1	14.5
98.07×10^{3}	0.9807	1	0.9678	1×10^{4}	735.56	14.2
1.01325×10^{5}	1.013	1.0332	1	1.0332×10^{4}	760	14.697
9.807	98.07	0.0001	0.9678×10^{-4}	1	0.0736	1.423×10^{-3}
133.32	1.333×10^{-3}	0.136×10^{-2}	0.00132	13.6	1	0.01934
6894.8	0.06895	0.0703	0.068	703	51.71	1

（5）动力黏度（简称黏度）

Pa·s	P	cP	kgf·s/m²	lbf·s/ft²
1	10	1×10^{3}	0.102	0.0209
0.1	1	1×10^{2}	0.0102	2.089×10^{-3}
1×10^{-3}	0.01	1	0.102×10^{-3}	2.089×10^{-5}
9.81	98.1	9810	1	0.2049
47.89	478.9	4.789×10^{4}	4.88	1

(6) 功、能和热

J(焦耳)	kgf・m (千克力・米)	kW・h (千瓦・小时)	hp・h (马力・小时)	kcal (千卡)	Btu (英热单位)
1	0.102	2.778×10^{-7}	3.725×10^{-7}	2.39×10^{-4}	9.485×10^{-4}
9.807	1	2.724×10^{-6}	3.653×10^{-6}	2.342×10^{-3}	9.296×10^{-3}
3.6×10^{6}	3.671×10^{5}	1	1.341	860.0	3413
2.685×10^{6}	273.8×10^{3}	0.7457	1	641.33	2544
4.187×10^{3}	426.9	1.1622×10^{-3}	1.558×10^{-3}	1	3.963
1.055×10^{3}	107.58	2.930×10^{-4}	3.927×10^{-4}	0.252	1

(7) 功率

W	kgf・m/s	hp (马力)	kcal/s	Btu/s
1	0.102	1.341×10^{-3}	0.239×10^{-3}	0.949×10^{-3}
9.807	1	0.01315	0.234×10^{-2}	0.929×10^{-2}
745.69	76.038	1	0.17803	0.7068
4186.8	426.35	5.6135	1	3.9683
1053.7	107.58	1.4148	0.252	1

(8) 比热容

kJ/(kg・℃)	kcal/(kg・℃)	Btu/(lb・℉)
1	0.2389	0.2389
4.1858	1	1

(9) 热导率

W/(m・℃)	kcal/(m・h・℃)	cal/(cm・s・℃)	Btu/(ft・h・℉)
1	0.86	2.389×10^{-3}	0.579
1.163	1	2.778×10^{-3}	0.672
418.6	360	1	241.9
1.727	1.488	4.134×10^{-3}	1

(10) 传热系数

W/(m²・℃)	kcal/(m²・h・℃)	cal/(cm²・s・℃)	Btu/(ft²・h・℉)
1	0.86	2.389×10^{-5}	0.176
1.163	1	2.778×10^{-5}	0.2048
4.186×10^{4}	3.6×10^{4}	1	7373
5.678	4.882	1.356×10^{-4}	1

(11) 温度

$℃=(℉-32°)\times\frac{5}{9}$　$℉=℃\times\frac{9}{5}+32°$　$K=273.3+℃$

附录 2　水的物理性质

温度/℃	饱和蒸汽压/kPa	密度/(kg/m³)	焓/(kJ/kg)	比热容/[kJ/(kg·K)]	热导率 $\lambda\times10^2$/[kJ/(kg·K)]	黏度 $\mu\times10^5$/Pa·s	体膨胀系数 $\beta\times10^4$/K^{-1}	表面张力 $\sigma\times10^5$/(N/m)	普兰特数 Pr
0	0.608	999.9	0	4.212	55.13	179.21	−0.63	75.6	13.66
10	1.226	999.7	42.04	4.191	57.45	130.77	0.70	74.1	9.52
20	2.335	998.2	83.90	4.183	59.89	100.50	1.82	72.6	7.01
30	4.247	995.7	125.69	4.174	61.76	80.07	3.21	71.2	5.42
40	7.377	992.2	167.51	4.174	63.38	65.60	3.87	69.6	4.32
50	12.31	988.1	209.30	4.174	64.78	54.94	4.49	67.7	3.54
60	19.92	983.2	251.12	4.178	65.94	46.88	5.11	66.2	2.98
70	31.16	977.8	292.99	4.187	66.76	40.61	5.70	64.3	2.54
80	47.38	971.8	334.94	4.195	67.45	35.65	6.32	62.6	2.22
90	70.14	965.3	376.98	4.208	68.04	31.65	6.95	60.7	1.96
100	101.3	958.4	419.10	4.220	68.27	28.38	7.52	58.8	1.76
110	143.3	951.0	461.34	4.238	68.50	25.89	8.08	56.9	1.61
120	199	943.1	503.67	4.260	68.62	23.73	8.64	54.8	1.47
130	270	934.8	546.38	4.266	68.62	21.77	9.17	52.8	1.36
140	362	926.1	589.08	4.287	68.50	20.10	9.72	50.7	1.26
150	476	917.0	632.20	4.312	68.38	18.63	10.3	48.6	1.18
160	618	907.4	675.33	4.346	68.27	17.36	10.7	46.6	1.11
170	792	897.3	719.29	4.379	67.92	16.28	11.3	45.3	1.05
180	1003	886.9	763.25	4.417	67.45	15.30	11.9	42.3	1.00
190	1255	876.0	807.63	4.460	66.99	14.42	12.6	40.0	0.96
200	1555	863.0	852.43	4.505	66.29	13.63	13.3	37.7	0.93
210	1908	852.8	897.65	4.555	65.48	13.04	14.1	35.4	0.91
220	2320	840.3	943.70	4.614	64.55	12.46	14.8	33.1	0.89
230	2798	827.3	990.18	4.681	63.73	11.97	15.9	31.0	0.88
240	3348	813.6	1037.49	4.756	62.80	11.47	16.8	28.5	0.87
250	3978	799.0	1085.64	4.844	61.76	10.98	18.1	26.2	0.86
260	4695	784.0	1135.04	4.949	60.48	10.59	19.7	23.8	0.87
270	5506	767.0	1185.28	5.070	59.96	10.20	21.6	21.5	0.88
280	6420	750.7	1236.28	5.229	57.45	9.81	23.7	19.1	0.89
290	7446	732.3	1289.95	5.485	55.82	9.42	26.2	16.9	0.93
300	8592	712.5	1344.80	5.736	53.96	9.12	29.2	14.4	0.97
310	9870	691.1	1402.16	6.071	52.34	8.83	32.9	12.1	1.02
320	11290	667.1	1462.03	6.573	50.59	8.30	38.2	9.81	1.11
330	12865	640.2	1526.19	7.243	48.73	8.14	43.3	7.67	1.22
340	14609	610.1	1594.75	8.164	45.71	7.75	53.4	5.67	1.38
350	16538	574.4	1671.37	9.504	43.03	7.26	66.8	3.81	1.60
360	18675	528.0	1761.39	13.984	39.54	6.67	109	2.02	2.36
370	21054	450.5	1892.43	40.319	33.73	5.69	264	0.471	6.80

附录3 水在不同温度下的黏度

温度/℃	黏度/mPa·s	温度/℃	黏度/ mPa·s	温度/℃	黏度/ mPa·s
0	1.7921	33	0.7523	67	0.4233
1	1.7313	34	0.7371	68	0.4174
2	1.6728	35	0.7225	69	0.4117
3	1.6191	36	0.7085	70	0.4061
4	1.5674	37	0.6947	71	0.4006
5	1.5188	38	0.6814	72	0.3952
6	1.4728	39	0.6685	73	0.3900
7	1.4284	40	0.6560	74	0.3849
8	1.3860	41	0.6439	75	0.3799
9	1.3462	42	0.6321	76	0.3750
10	1.3077	43	0.6207	77	0.3702
11	1.2713	44	0.6097	78	0.3655
12	1.2363	45	0.5988	79	0.3610
13	1.2028	46	0.5883	80	0.3565
14	1.1709	47	0.5782	81	0.3521
15	1.1403	48	0.5683	82	0.3478
16	1.1111	49	0.5588	83	0.3436
17	1.0828	50	0.5494	84	0.3395
18	1.0559	51	0.5404	85	0.3355
19	1.0299	52	0.5315	86	0.3315
20	1.0050	53	0.5229	87	0.3276
20.2	1.0000	54	0.5146	88	0.3239
21	0.9810	55	0.5064	89	0.3202
22	0.9579	56	0.4985	90	0.3165
23	0.9359	57	0.4907	91	0.3130
24	0.9142	58	0.4832	92	0.3095
25	0.8973	59	0.4759	93	0.3060
26	0.8737	60	0.4688	94	0.3027
27	0.8545	61	0.4618	95	0.2994
28	0.8360	62	0.4550	96	0.2962
29	0.8180	63	0.4483	97	0.2930
30	0.8007	64	0.4418	98	0.2899
31	0.7840	65	0.4355	99	0.2868
32	0.7679	66	0.4293	100	0.2838

附录 4　无机盐水溶液在大气压下的沸点

沸点/℃ 溶液	101	102	103	104	105	107	110	115	120	125	140	160	180	200	220	240	260	280	300	340
	质量分数/%																			
$CaCl_2$	5.66	10.31	14.16	17.36	20.00	24.24	29.33	35.68	40.83	54.80	57.89	68.94	75.85	64.91	68.73	72.64	75.76	78.95	81.63	86.18
KOH	4.49	8.51	11.96	14.82	17.01	20.88	25.65	31.97	36.51	40.23	48.05	54.89	60.41							
KCl	8.42	14.31	18.96	23.02	26.57	32.62	36.47	(近于 108.5)												
K_2CO_3	10.31	18.37	24.20	28.57	32.24	37.69	43.67	50.86	56.04	60.40	66.94	(近于 133.5)								
KNO_3	13.19	23.66	32.23	39.20	45.10	54.65	65.34	79.53												
$MgCl_2$	4.67	8.42	11.66	14.31	16.59	20.23	24.41	29.48	33.07	36.02	38.61									
$MgSO_4$	14.31	22.78	28.31	32.23	35.32	42.86	(近于 108)													
NaOH	4.12	7.40	10.15	12.51	14.53	18.32	23.08	26.21	33.77	37.58	48.32	60.13	69.97	77.53	84.03	88.89	93.02	95.92	98.47	(近于 314)
NaCl	6.19	11.03	14.67	17.69	20.32	25.09	28.92													
$NaNO_3$	8.26	15.61	21.87	17.53	32.45	40.47	49.87	60.94	68.94											
Na_2SO_4	15.26	24.81	30.73	31.83	(近于 103.2)															
Na_2CO_3	9.42	17.22	23.72	29.18	33.66															
$CuSO_4$	26.95	39.98	40.83	44.47	45.12	(近于 104.2)														
$ZnSO_4$	20.00	31.22	37.89	42.92	46.15															
NH_4NO_3	9.09	16.66	23.08	29.08	34.21	42.52	51.92	63.24	71.26	77.11	87.09	93.20	69.00	97.61	98.94	10.0				
NH_4Cl	6.10	11.35	15.96	19.80	22.89	28.37	35.98	46.94												
$(NH_4)_2SO_4$	13.34	23.41	30.65	36.71	41.79	49.73	49.77	53.55	(近于 108.2)											

注：括号内的数值为饱和溶液的沸点。

附录5　某些液体的物理性质

名称	化学式	密度(20℃)/(kg/m³)	沸点(101.3kPa)/℃	汽化焓(760mmHg)/(kJ/kg)	比热容(20℃)/[kJ/(kg·℃)]	黏度(20℃)/mPa·s	热导率(20℃)/[W/(m·℃)]
水	H_2O	998	100	2258	4.183	1.005	0.599
氯化钠盐水(25%)		1186(25℃)	107		3.39	2.3	0.57(30℃)
氯化钙盐水(25%)		1228	107		2.89	2.5	0.57
硫酸	H_2SO_4	1831	340(分解)		1.47(98%)	23	0.38
硝酸	HNO_3	1513	86	481.1		1.17(10℃)	
盐酸(30%)	HCl	1149			2.55	2(31.5%)	0.42
二硫化碳	CS_2	1262	46.3	352	1.005	0.38	0.16
戊烷	C_5H_{12}	626	36.07	357.4	2.24(15.6℃)	0.229	0.113
己烷	C_6H_{14}	659	68.74	335.1	2.31(15.6℃)	0.313	0.119
三氯甲烷	$CHCl_3$	1489	61.2	253.7	0.992	0.58	0.138(30℃)
四氯化碳	CCl_4	1594	76.8	195	0.850	1.0	0.12
甲苯	C_7H_8	867	110.63	363	1.70	0.675	0.138
间二甲苯	C_8H_{10}	864	139.10	343	1.70	0.611	0.167
苯乙烯	C_8H_8	911(15.6℃)	145.2	(352)	1.733	0.72	
氯苯	C_6H_5Cl	1106	131.8	325	1.298	0.85	0.14(30℃)
硝基苯	$C_6H_5NO_2$	1203	210.9	396	1.47	2.1	0.15
苯胺	$C_6H_5NH_2$	1022	184.4	448	2.07	4.3	0.17
甲醇	CH_3OH	791	64.7	1101	2.48	0.6	0.212
乙醇	C_2H_5OH	789	78.3	846	2.39	1.15	0.172
乙醇(95%)		804	78.2			1.4	
乙二醇	$C_2H_4(OH)_2$	1113	197.6	780	2.35	23	
甘油	$C_3H_5(OH)_3$	1261	290(分解)			1499	0.59
乙醚	$(C_2H_5)_2O$	714	34.6	360	2.34	0.24	0.140
乙醛	CH_3CHO	783(18℃)	20.2	574	1.9	1.3(18℃)	
丙酮	CH_3COCH_3	792	56.2	523	2.35	0.32	0.17
甲酸	$HCOOH$	1220	100.7	494	2.17	1.9	0.26
醋酸	CH_3COOH	1049	118.1	406	1.99	1.3	0.17
煤油		780～820				3	0.1
汽油		680～800				0.7～0.8	0.19(30℃)

附录6　某些气体的物理性质

名称	分子式	密度(0℃,101.3kPa)/(kg/m³)	相对分子质量	比热容(20℃,101.3kPa)/[kJ/(kg·K)]		黏度(0℃,101.3kPa)/μPa·s	沸点(101.3kPa)/℃	蒸发热(101.3kPa)/(kJ/kg)	临界点		热导率(0℃、101.3kPa)/[W/(m·K)]
				c_p	c_v				温度/℃	压力/MPa	
氮	N_2	1.2507	28.02	1.047	0.745	17.0	−195.78	199.2	−147.13	3.39	0.0228
氨	NH_3	0.771	17.03	2.22	1.67	9.18	−33.4	1373	+132.4	11.29	0.0215
苯	C_6H_6	—	78.11	1.252	1.139	7.2	+80.2	394	+288.5	4.83	0.0088
丁烷(正)	C_4H_{10}	2.673	58.12	1.918	1.733	8.10	−0.5	386	+152	3.80	0.0135
空气	—	1.293	(28.95)	1.009	0.720	17.3	−195	197	−140.7	3.77	0.024
氢	H_2	0.08985	2.016	14.27	10.13	8.42	−252.754	454	−239.9	1.30	0.163
二氧化氮	NO_2	—	46.01	0.804	0.615	—	+21.2	711.8	+158.2	10.13	0.0400
二氧化硫	SO_2	2.867	64.07	0.632	0.502	11.7	−10.8	394	+157.5	7.88	0.0077
二氧化碳	CO_2	1.96	44.01	0.837	0.653	13.7	−782(升华)	574	+31.1	7.38	0.0137
氧	O_2	1.42895	32	0.913	0.653	20.3	−182.98	213.2	−118.82	5.04	0.0240
甲烷	CH_4	0.717	16.04	2.223	1.700	10.3	−161.58	511	−82.15	4.62	0.0300
一氧化碳	CO	1.250	28.01	1.047	0.754	16.6	−101.48	211	−140.2	3.50	0.0226
丙烷	C_3H_8	2.020	44.1	1.863	1.650	7.95(18℃)	−42.1	427	+95.6	4.36	0.0148
丙烯	C_3H_6	1.914	42.08	1.633	1.436	8.35(20℃)	−47.7	440	+91.4	4.60	—
氯	Cl_2	3.217	70.91	0.481	0.355	12.9(16℃)	−33.8	305.4	+144.0	7.71	0.0072
乙烷	C_2H_6	1.357	30.07	1.729	1.444	8.50	−88.50	486	+32.1	4.95	0.0180
乙烯	C_2H_4	1.261	28.05	1.528	1.222	9.85	−103.7	481	+9.7	5.14	0.0164

附录 7 某些固体的物理性质

名 称	密 度 /(kg/m³)	热导率 /[W/(m·K)]	比热容 /[kJ/(kg·K)]
金属			
钢	7850	45.4	0.46
不锈钢	7900	17.4	0.50
铸铁	7220	62.8	0.50
铜	8800	383.8	0.406
青铜	8000	64.0	0.381
黄铜	8600	85.5	0.38
铝	2670	203.5	0.92
镍	9000	58.2	0.46
铅	11400	34.9	0.130
塑料			
酚醛	1250～1300	0.13～0.26	1.3～1.7
脲醛	1400～1500	0.30	1.3～1.7
聚氯乙烯	1380～1400	0.16	1.84
聚苯乙烯	1050～1070	0.08	1.34
聚乙烯	920	0.26	2.22
建筑材料、绝热材料、耐酸材料及其他			
干砂	1500～1700	0.45～0.58	0.75(−20～20℃)
黏土	1600～1800	0.47～0.53	
锅炉炉渣	700～1100	0.19～0.30	
黏土砖	1600～1900	0.47～0.67	0.92
耐火砖	1840	1.0(800～1100℃)	0.96～1.00
绝热砖(多孔)	600～1400	0.16～0.37	
混凝土	2000～2400	1.3～1.55	0.84
松木	500～600	0.07～0.10	2.72(0～100℃)
软木	100～300	0.041～0.064	0.96
石棉板	700	0.12	0.816
石棉水泥板	1600～1900	0.35	
玻璃	2500	0.74	0.67
耐酸陶瓷制品	2200～2300	0.9～1.0	0.75～0.80
橡胶	1200	0.16	1.38

附录8 饱和水蒸气表（按温度排列）

温度 /℃	绝对压力 /kPa	蒸汽的密度 /(kg/m³)	液体焓 /(kJ/kg)	蒸汽焓 /(kJ/kg)	比汽化焓 /(kJ/kg)
0	0.6082	0.00484	0	2491.3	2491.3
5	0.8730	0.00680	20.94	2500.9	2480.0
10	1.2262	0.00940	41.87	2510.5	2468.6
15	1.7068	0.01283	62.81	2520.6	2457.8
20	2.3346	0.01719	83.74	2530.1	2446.3
25	3.1684	0.02304	104.68	2538.6	2433.9
30	4.2474	0.03036	125.60	2549.5	2423.7
35	5.6207	0.03960	146.55	2559.1	2412.6
40	7.3766	0.05114	167.47	2568.7	2401.1
45	9.5837	0.06543	188.42	2577.9	2389.5
50	12.340	0.0830	209.34	2587.6	2378.1
55	15.744	0.1043	230.29	2596.8	2366.5
60	19.923	0.1301	251.21	2606.3	2355.1
65	25.014	0.1611	272.16	2615.6	2343.4
70	31.164	0.1979	293.08	2624.4	2331.2
75	38.551	0.2416	314.03	2629.7	2315.7
80	47.379	0.2929	334.94	2642.4	2307.3
85	57.875	0.3531	355.90	2651.2	2295.3
90	70.136	0.4229	376.81	2660.0	2283.1
95	84.556	0.5039	397.77	2668.8	2271.0
100	101.33	0.5970	418.68	2677.2	2258.4
105	120.85	0.7036	439.64	2685.1	2245.5
110	143.31	0.8254	460.97	2693.5	2232.4
115	169.11	0.9635	481.51	2702.5	2221.0
120	198.64	1.1199	503.67	2708.9	2205.2
125	232.19	1.296	523.38	2716.5	2193.1
130	270.25	1.494	546.38	2723.9	2177.6
135	313.11	1.715	565.25	2731.2	2166.0
140	361.47	1.962	589.08	2737.8	2148.7
145	415.72	2.238	607.12	2744.6	2137.5
150	476.24	2.543	632.21	2750.7	2118.5
160	618.28	3.252	675.75	2762.9	2087.1
170	792.59	4.113	719.29	2773.3	2054.0
180	1003.5	5.145	763.25	2782.6	2019.3
190	1255.6	6.378	807.63	2790.1	1982.5
200	1554.8	7.840	852.01	2795.5	1943.5
210	1917.7	9.567	897.23	2799.3	1902.1
220	2320.9	11.600	942.45	2801.0	1858.5
230	2798.6	13.98	988.50	2800.1	1811.6
240	3347.9	16.76	1034.56	2796.8	1762.2
250	3977.7	20.01	1081.45	2790.1	1708.6
260	4693.7	23.82	1128.76	2780.9	1652.1
270	5504	28.27	1176.91	2760.3	1591.4
280	6417.2	33.47	1225.48	2752.0	1526.5
290	7443.3	39.60	1274.46	2732.3	1457.8
300	8592.9	46.93	1325.54	2708.0	1382.5
310	9878.0	55.59	1378.71	2680.0	1301.3
320	11300	65.95	1436.07	2648.2	1212.1
330	12880	78.53	1446.78	2610.5	1113.7
340	14616	93.98	1562.93	2568.6	1005.7
350	16538	113.2	1632.20	2516.7	880.5
360	18667	139.6	1729.15	2442.6	713.4
370	21041	171.0	1888.25	2301.9	411.1
374	22071	322.6	2098.0	2098.0	0

附录9　饱和水蒸气表（按压力排列）

绝对压力 /kPa	温度 /℃	蒸汽的密度 /(kg/m³)	液体焓 /(kJ/kg)	蒸汽焓 /(kJ/kg)	比汽化焓 /(kJ/kg)
1.0	6.3	0.00773	26.48	2503.1	2476.8
1.5	12.5	0.01133	52.26	2515.3	2463.0
2.0	17.0	0.01486	71.21	2524.2	2452.9
2.5	20.9	0.01836	87.45	2531.8	2444.3
3.0	23.5	0.02179	98.38	2536.8	2438.4
3.5	26.1	0.02523	109.30	2541.8	2432.5
4.0	28.7	0.02867	120.23	2546.8	2426.6
4.5	30.8	0.03205	129.00	2550.9	2421.9
5.0	32.4	0.03537	135.69	2554.0	2418.3
6.0	35.6	0.04200	149.06	2560.1	2411.0
7.0	38.8	0.04864	162.44	2566.3	2403.8
8.0	41.3	0.05514	172.73	2571.0	2398.2
9.0	43.3	0.06156	181.16	2574.8	2393.6
10	45.3	0.06798	189.59	2578.5	2388.9
15	53.5	0.09956	224.03	2594.0	2370.0
20	60.1	0.13068	251.51	2606.4	2354.9
30	66.5	0.19093	288.77	2622.4	2333.7
40	75.0	0.24975	315.93	2634.1	2312.2
50	81.2	0.30799	339.80	2644.3	2304.5
60	85.6	0.36514	358.21	2652.1	2293.9
70	89.9	0.42229	376.61	2659.8	2283.2
80	93.2	0.47807	390.08	2665.3	2275.3
90	96.4	0.53384	403.49	2670.8	2267.4
100	99.6	0.58961	416.90	2676.3	2259.5
120	104.5	0.69868	437.51	2684.3	2246.8
140	109.2	0.80758	457.67	2692.1	2234.4
160	113.0	0.82981	473.88	2698.1	2224.2
180	116.6	1.0209	489.32	2703.7	2214.3
200	120.2	1.1273	493.71	2709.2	2204.6
250	127.2	1.3904	534.39	2719.7	2185.4
300	133.3	1.6501	560.38	2728.5	2168.1
350	138.8	1.9074	583.76	2736.1	2152.3
400	143.4	2.1618	603.61	2742.1	2138.5
450	147.7	2.4152	622.42	2747.8	2125.4
500	151.7	2.6673	639.59	2752.8	2113.2
600	158.7	3.1686	670.22	2761.4	2091.1
700	164.7	3.6657	696.27	2767.8	2071.5
800	170.4	4.1614	720.96	2773.7	2052.7
900	175.1	4.6525	741.82	2778.1	2036.2
1×10^3	179.9	5.1432	762.68	2782.5	2019.7
1.1×10^3	180.2	5.6339	780.34	2785.5	2005.1
1.2×10^3	187.8	6.1241	797.92	2788.5	1990.6
1.3×10^3	191.5	6.6141	814.25	2790.9	1976.7
1.4×10^3	194.8	7.1038	829.06	2792.4	1963.7
1.5×10^3	198.2	7.5935	843.86	2794.5	1950.7
1.6×10^3	201.3	8.0814	857.77	2796.0	1938.2
1.7×10^3	204.1	8.5674	870.58	2797.1	1926.5
1.8×10^3	206.9	9.0533	883.39	2798.1	1914.8
1.9×10^3	209.8	9.5392	896.21	2799.2	1903.0
2×10^3	212.2	10.0338	907.32	2799.7	1892.4
3×10^3	233.7	15.0075	1005.4	2798.9	1793.5
4×10^3	250.3	20.0969	1082.9	2789.8	1706.8

续表

绝对压力 /kPa	温度 /℃	蒸汽的密度 /(kg/m³)	液体焓 /(kJ/kg)	蒸汽焓 /(kJ/kg)	比汽化焓 /(kJ/kg)
5×10^3	263.8	25.3663	1146.9	2776.2	1629.2
6×10^3	275.4	30.8494	1203.2	2759.5	1556.3
7×10^3	285.7	36.5744	1253.2	2740.8	1487.6
8×10^3	294.8	42.5768	1299.2	2720.5	1403.7
9×10^3	303.2	48.8945	1343.4	2699.1	1356.6
1×10^4	310.9	55.5407	1384.0	2677.1	1293.1
1.2×10^4	324.5	70.3075	1463.4	2631.2	1167.7
1.4×10^4	336.5	87.3020	1567.9	2583.2	1043.4
1.6×10^4	347.2	107.8010	1615.8	2531.1	915.4
1.8×10^4	356.9	134.4813	1699.8	2466.0	766.1
2×10^4	365.6	176.5961	1817.8	2364.2	544.9
2.207×10^4	374.0	362.6	2098.0	2098.0	0

附录 10　干空气的物理性质

温度 /℃	密度 /(kg/m³)	比热容 /[kJ/(kg·K)]	热导率×10² /[kJ/(kg·K)]	黏度×10⁵ /Pa·s	普兰特数 *Pr*
−50	1.584	1.013	2.035	1.46	0.728
−40	1.515	1.013	2.117	1.52	0.728
−30	1.453	1.013	2.198	1.57	0.723
−20	1.395	1.009	2.279	1.62	0.716
−10	1.342	1.009	2.360	1.67	0.712
0	1.293	1.005	2.442	1.72	0.707
10	1.247	1.005	2.512	1.77	0.705
20	1.205	1.005	2.593	1.81	0.703
30	1.165	1.005	2.675	1.86	0.701
40	1.128	1.005	2.756	1.91	0.699
50	1.093	1.005	2.826	1.96	0.698
60	1.060	1.005	2.896	2.01	0.696
70	1.029	1.009	2.966	2.06	0.694
80	1.000	1.009	3.047	2.11	0.692
90	0.972	1.009	3.128	2.15	0.690
100	0.946	1.009	3.210	2.19	0.688
120	0.898	1.009	3.338	2.29	0.686
140	0.854	1.013	3.489	2.37	0.684
160	0.815	1.017	3.640	2.45	0.682
180	0.779	1.022	3.780	2.53	0.681
200	0.746	1.026	3.931	2.60	0.680
250	0.674	1.038	4.288	2.74	0.677
300	0.615	1.048	4.605	2.97	0.674
350	0.566	1.059	4.908	3.14	0.676
400	0.524	1.068	5.210	3.31	0.678
500	0.456	1.093	5.745	3.62	0.687
600	0.404	1.114	6.222	3.91	0.699
700	0.362	1.135	6.711	4.18	0.706
800	0.329	1.156	7.176	4.43	0.713
900	0.301	1.172	7.630	4.67	0.717
1000	0.277	1.185	8.041	4.90	0.719

附录 11　液体黏度共线图

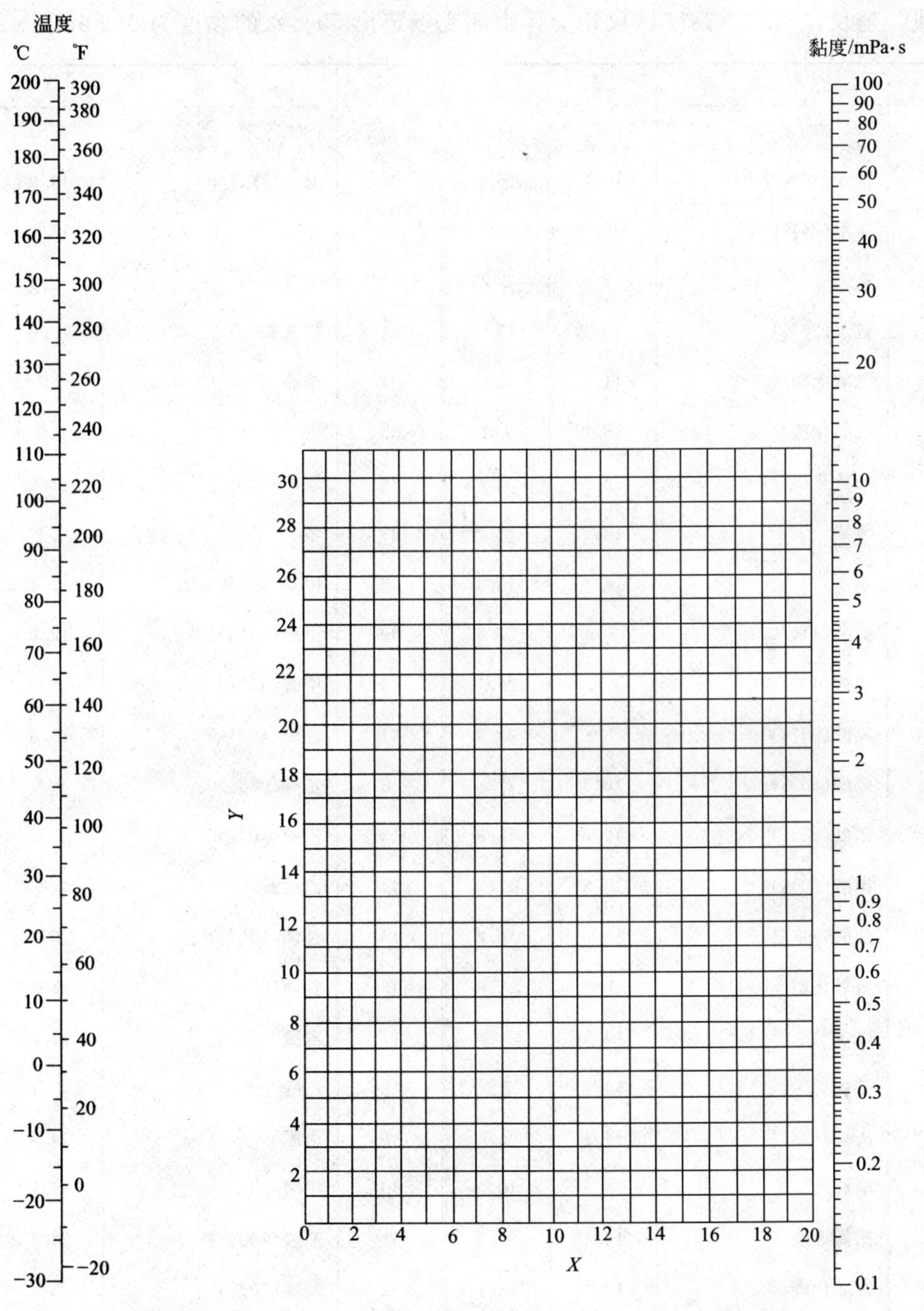

液体黏度共线图坐标值

用法举例：求水在50℃时的黏度，从本表序号1查得水的$X=10.2$，$Y=13.0$。把这两个数值标在前页共线图的X-Y坐标上得一点，把这点与图中左方温度标尺上50℃的点连成一直线，延长，与右方黏度标尺相交，由此交点定出50℃水的黏度为0.60mPa·s。

序号	名　称	X	Y	序号	名　称	X	Y
1	水	10.2	13.0	29	间二甲苯	13.9	10.6
2	盐水(25%NaCl)	10.2	16.6	30	对二甲苯	13.9	10.9
3	盐水(25%$CaCl_2$)	6.6	15.9	31	乙苯	13.2	11.5
4	氨	12.6	2.2	32	氯苯	12.3	12.4
5	氨水(26%)	10.1	13.9	33	硝基苯	10.6	16.2
6	二氧化碳	11.6	0.3	34	苯胺	8.1	18.7
7	二氧化硫	15.2	7.1	35	酚	6.9	20.8
8	二硫化碳	16.1	7.5	36	联苯	12.0	18.3
9	溴	14.2	18.2	37	萘	7.9	18.1
10	汞	18.4	16.4	38	甲醇(100%)	12.4	10.5
11	硫酸(110%)	7.2	27.4	39	甲醇(90%)	12.3	11.8
12	硫酸(100%)	8.0	25.1	40	甲醇(40%)	7.8	15.5
13	硫酸(98%)	7.0	24.8	41	乙醇(100%)	10.5	13.8
14	硫酸(60%)	10.2	21.3	42	乙醇(95%)	9.8	14.3
15	硝酸(95%)	12.8	13.8	43	乙醇(40%)	6.5	16.6
16	硝酸(60%)	10.8	17.0	44	乙二醇	6.0	23.6
17	盐酸(31.5%)	13.0	16.6	45	甘油(100%)	2.0	30.0
18	氢氧化钠(50%)	3.2	25.8	46	甘油(50%)	6.9	19.6
19	戊烷	14.9	5.2	47	乙醚	14.5	5.3
20	己烷	14.7	7.0	48	乙醛	15.2	14.8
21	庚烷	14.1	8.4	49	丙酮	14.5	7.2
22	辛烷	13.7	10.0	50	甲酸	10.7	15.8
23	三氯甲烷	14.4	10.2	51	醋酸(100%)	12.1	14.2
24	四氯化碳	12.7	13.1	52	醋酸(70%)	9.5	17.0
25	二氯乙烷	13.2	12.2	53	醋酸酐	12.7	12.8
26	苯	12.5	10.9	54	醋酸乙酯	13.7	9.1
27	甲苯	13.7	10.4	55	醋酸戊酯	11.8	12.5
28	邻二甲苯	13.5	12.1	56	煤油	10.2	16.9

附录 12　气体黏度共线图（101.325kPa）

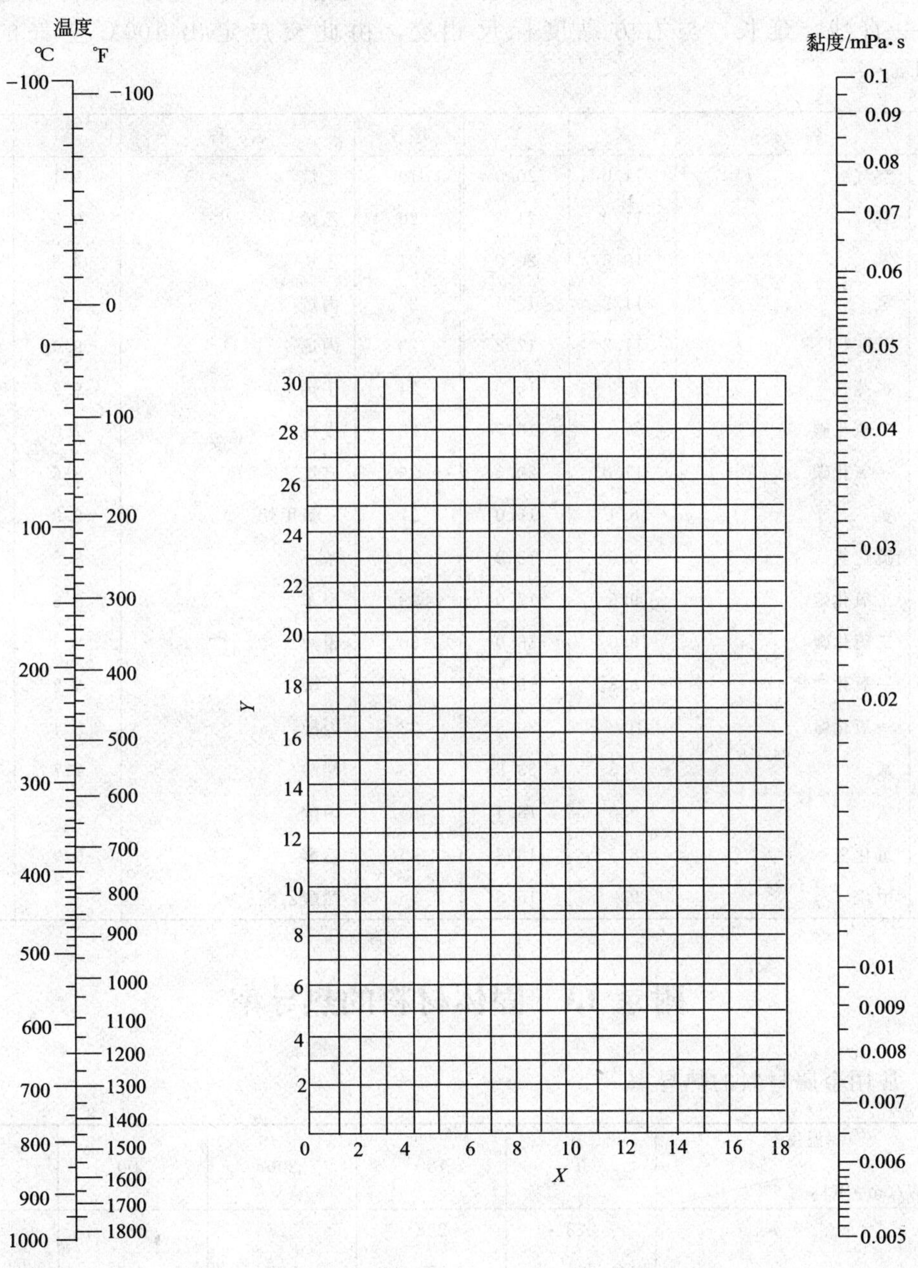

气体黏度共线图坐标值

用法举例：求空气在100℃时的黏度，从本表序号1查得空气的 $X=11.0$，$Y=20.0$。把这两个数值标在前页共线图的 X-Y 坐标上得一点，把这点与图中左方温度标尺上100℃的点连成一直线，延长，与右方黏度标尺相交，由此交点定出100℃空气的黏度为0.021mPa·s。

序号	名　称	X	Y	序号	名　称	X	Y
1	空气	11.0	20.0	19	乙烷	9.1	14.5
2	氧	11.0	21.3	20	乙烯	9.5	15.1
3	氮	10.6	20.0	21	乙炔	9.8	14.9
4	氢	11.2	12.4	22	丙烷	9.7	12.9
5	$3H_2+1N_2$	11.2	17.2	23	丙烯	9.0	13.8
6	水蒸气	8.0	16.0	24	丁烯	9.2	13.7
7	二氧化碳	9.5	18.7	25	戊烷	7.0	12.8
8	一氧化碳	11.0	20.0	26	己烷	8.6	11.8
9	氨	8.4	16.0	27	三氯甲烷	8.9	15.7
10	硫化氢	8.6	18.0	28	苯	8.5	13.2
11	二氧化硫	9.6	17.0	29	甲苯	8.6	12.4
12	二硫化碳	8.0	16.0	30	甲醇	8.5	15.6
13	一氧化二氮	8.8	19.0	31	乙醇	9.2	14.2
14	一氧化氮	10.9	20.5	32	丙醇	8.4	13.4
15	氟	7.3	23.8	33	醋酸	7.7	14.3
16	氯	9.0	18.4	34	丙酮	8.9	13.0
17	氯化氢	8.8	18.7	35	乙醚	8.9	13.0
18	甲烷	9.9	15.5	36	醋酸乙酯	8.5	13.2

附录13　固体材料的热导率

（1）常用金属材料的热导率

热导率/[W/(m·K)] ＼ 温度/℃	0	100	200	300	400
铝	228	228	228	228	228
铜	384	379	372	367	363
铁	73.3	67.5	61.6	54.7	48.9
铅	35.1	33.4	31.4	29.8	
镍	93.0	82.6	73.3	63.97	59.3
银	414	409	373	362	359
碳钢	52.3	48.9	44.2	41.9	34.9
不锈钢	16.3	17.5	17.5	18.5	

（2）常用非金属材料的热导率

名　称	温度/℃	热导率/[W/(m·K)]	名　称	温度/℃	热导率/[W/(m·K)]
石棉绳		0.10～0.21	泡沫塑料		0.0465
石棉板	30	0.10～0.14	泡沫玻璃	−15	0.00489
软木	30	0.0430		−80	0.00349
玻璃棉		0.0349～0.0698	木材(横向)		0.14～0.175
保温灰		0.0698	(纵向)		0.384
锯屑	20	0.0465～0.0582	耐火砖	230	0.872
棉花	100	0.0698		1200	1.64
厚纸	20	0.14～0.349	混凝土		1.28
玻璃	30	1.09	绒毛毡		0.0465
	−20	0.76	85%氧化镁粉	0～100	0.0698
搪瓷		0.87～1.16	聚氯乙烯		0.116～0.174
云母	50	0.430	酚醛加玻璃纤维		0.259
泥土	20	0.698～0.930	酚醛加石棉纤维		0.294
冰	0	2.33	聚碳酸酯		0.191
膨胀珍珠岩散料	25	0.021～0.062	聚苯乙烯泡沫	25	0.0419
软橡胶		0.129～0.159		−150	0.00174
硬橡胶	0	0.150	聚乙烯		0.329
聚四氟乙烯		0.242	石墨		139

附录 14　某些液体的热导率

液体名称	热导率/[W/(m·K)]						
	0℃	25℃	50℃	75℃	100℃	125℃	150℃
丁醇	0.156	0.152	0.1483	0.144			
异丙醇	0.154	0.150	0.1460	0.142			
甲醇	0.214	0.2107	0.2070	0.205			
乙醇	0.189	0.1832	0.1774	0.1715			
醋酸	0.177	0.1715	0.1663	0.162			
蚁酸	0.2605	0.256	0.2518	0.2471			
丙酮	0.1745	0.169	0.163	0.1576	0.151		
硝基苯	0.1541	0.150	0.147	0.143	0.140	0.136	
二甲苯	0.1367	0.131	0.127	0.1215	0.117	0.111	
甲苯	0.1413	0.136	0.129	0.123	0.119	0.112	
苯	0.151	0.1448	0.138	0.132	0.126	0.1204	
甘油	0.277	0.2797	0.2832	0.286	0.289	0.292	0.295
凡士林	0.125	0.1204	0.122	0.121	0.119	0.117	0.1157
蓖麻油	0.184	0.1808	0.1774	0.174	0.171	0.1680	0.165

附录 15 气体热导率共线图

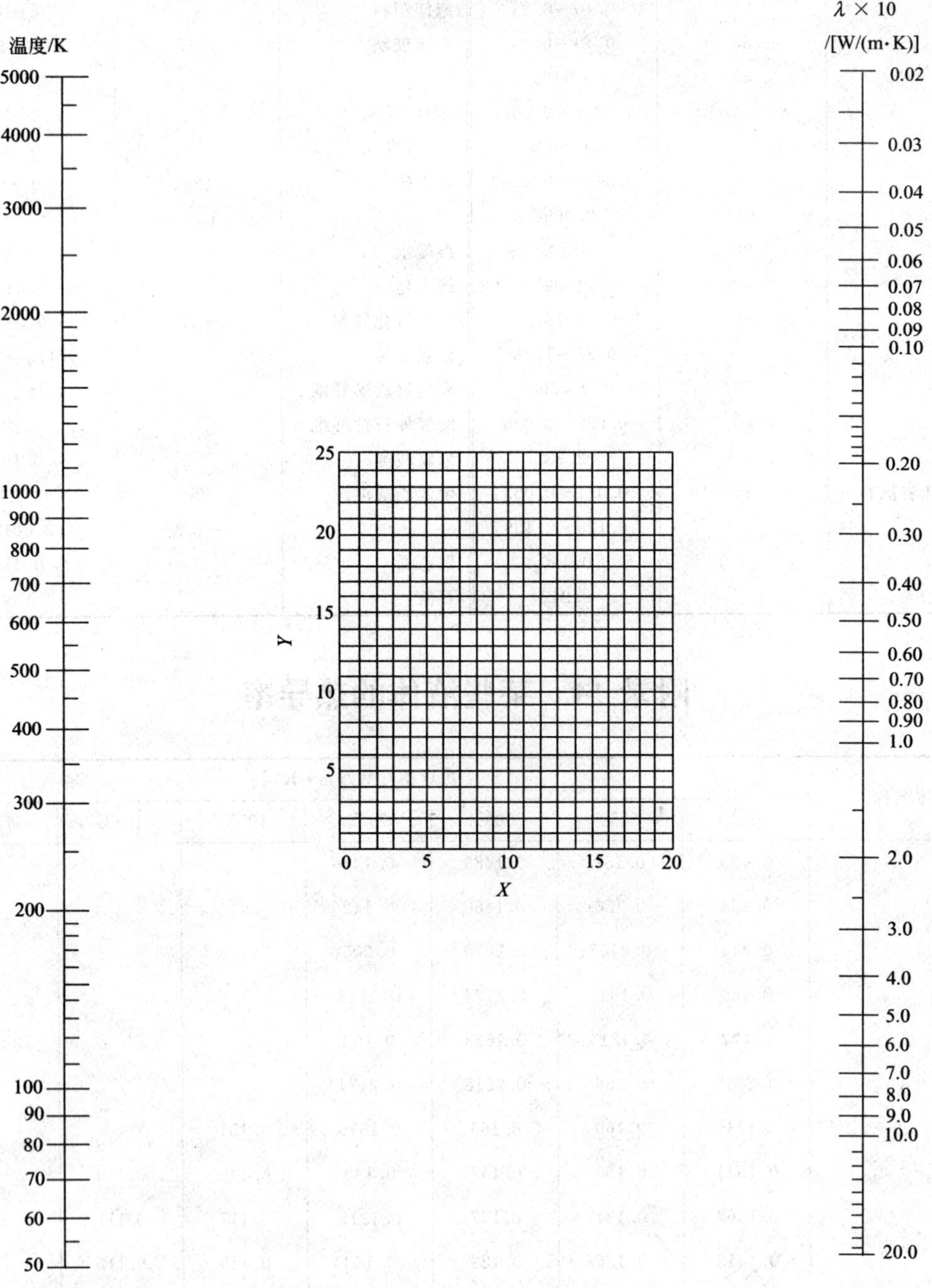

气体热导率共线图坐标值

用法举例：求乙醇在 250K 时的热导率，从本表查得乙醇（250～350K）的 $X=2.0$，$Y=13.0$。把这两个数值标在前页共线图的 X-Y 坐标上得一点，把这点与图中左方温度标尺上 250K 的点连成一直线，延长，与右方热导率标尺相交，由此交点定出 250K 乙醇的热导率为 0.08×10^{-1} W/（m·K）。

气体或蒸气	温度范围/K	X	Y	气体或蒸气	温度范围/K	X	Y
丙酮	250～500	3.7	14.80	正庚烷	600～1000	6.9	14.9
乙炔	200～600	7.5	13.5	正己烷	250～1000	3.7	14.0
空气	50～250	12.4	13.9	氢	50～250	13.2	1.2
空气	250～1000	14.7	15.0	氢	250～1000	15.7	1.3
空气	1000～1500	17.1	14.5	氢	1000～2000	13.7	2.7
氨	200～900	8.5	12.6	氯化氢	200～700	12.2	18.5
氩	50～250	12.5	16.5	氪	100～700	13.7	21.8
氩	250～5000	15.4	18.1	甲烷	100～300	11.2	11.7
苯	250～600	2.8	14.2	甲烷	300～1000	8.5	11.0
三氟化硼	250～400	12.4	16.4	甲醇	300～500	5.0	14.3
溴	250～350	10.1	23.6	氯甲烷	250～700	4.7	15.7
正丁烷	250～500	5.6	14.1	氖	50～250	15.2	10.2
异丁烷	250～500	5.7	14.0	氖	250～5000	17.2	11.0
二氧化碳	200～700	8.7	15.5	氧化氮	100～1000	13.2	14.8
二氧化碳	700～1200	13.3	15.4	氮	50～250	12.5	14.0
一氧化碳	80～300	12.3	14.2	氮	250～1500	15.8	15.3
一氧化碳	300～1200	15.2	15.2	氮	1500～3000	12.5	16.5
四氯化碳	250～500	9.4	21.0	一氧化二氮	200～500	8.4	15.0
氯	200～700	10.8	20.1	一氧化二氮	500～1000	11.5	15.5
氘	50～100	12.7	17.3	氧	50～300	12.2	13.8
氘	100～400	14.5	19.3	氧	300～1500	14.5	14.8
乙烷	200～1000	5.4	12.6	氟	80～600	12.3	13.8
乙醇	250～350	2.0	13.0	氩	600～800	18.7	13.8
乙醇	350～500	7.7	15.2	戊烷	250～500	5.0	14.1
乙醚	250～500	5.3	14.1	丙烷	200～300	2.7	12.0
乙烯	200～450	3.9	12.3	丙烷	300～500	6.3	13.7
氦	50～500	17.0	2.5	二氧化硫	250～900	9.2	18.5
氦	500～5000	15.0	3.0	甲苯	250～600	6.4	14.8
正庚烷	250～600	4.0	14.8	氙	150～700	13.3	25.0

附录 16　液体比热容共线图

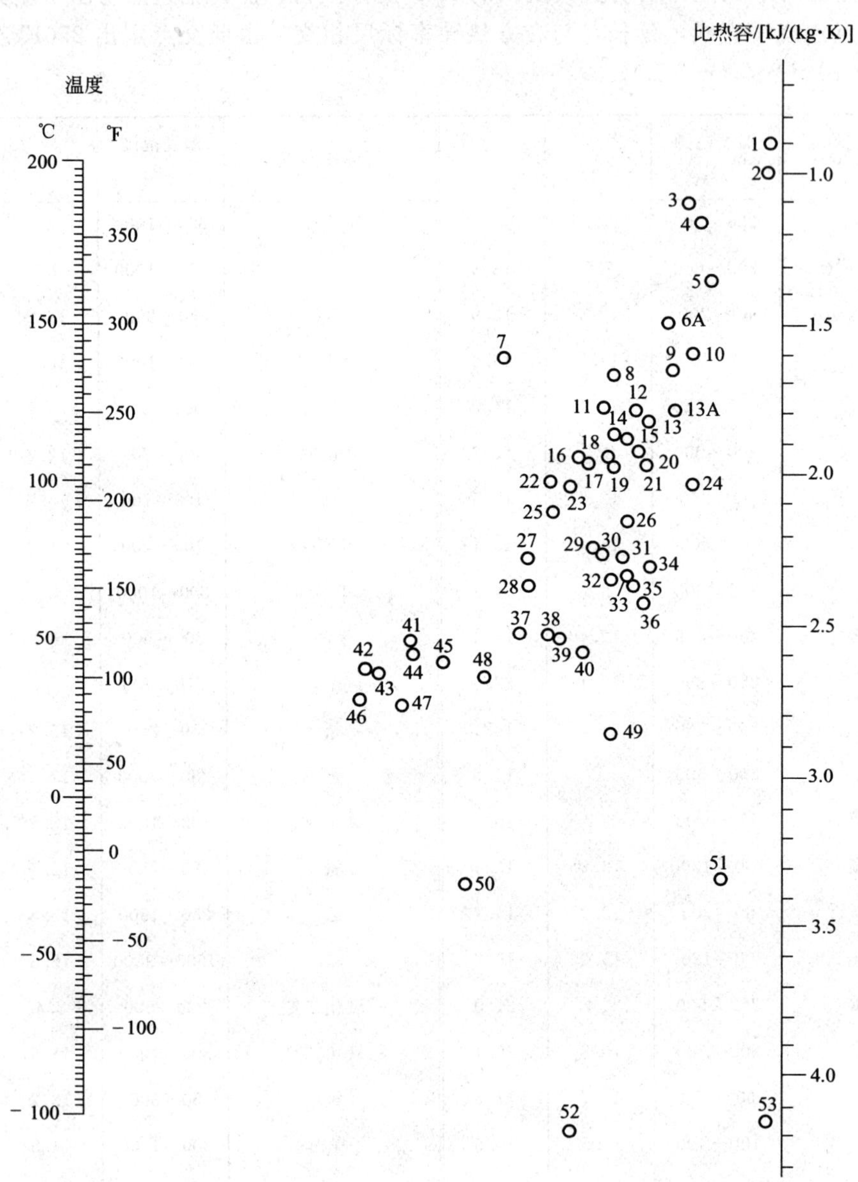

液体比热容共线图中的编号

编号	名称	温度范围/℃	编号	名称	温度范围/℃
53	水	10～200	12	硝基苯	0～100
51	盐水(25%NaCl)	－40～20	30	苯胺	0～130
49	盐水(25%$CaCl_2$)	－40～20	10	苯甲基氯	－30～30
52	氨	－70～50	25	乙苯	0～100
11	二氧化硫	－20～100	15	联苯	80～120
2	二氧化碳	－100～25	16	联苯醚	0～200
9	硫酸(98%)	10～45	16	联苯-联苯醚	0～200
48	盐酸(30%)	20～100	14	萘	90～200
35	己烷	－80～20	40	甲醇	－40～20
28	庚烷	0～60	42	乙醇(100%)	30～80
33	辛烷	－50～25	46	乙醇(95%)	20～80
34	壬烷	－50～25	50	乙醇(50%)	20～80
21	癸烷	－80～25	45	丙醇	－20～100
13A	氯甲烷	－80～20	47	异丙醇	20～50
5	二氯甲烷	－40～50	44	丁醇	0～100
4	三氯甲烷	0～50	43	异丁醇	0～100
22	二苯基甲烷	30～100	37	戊醇	－50～25
3	四氯化碳	10～60	41	异戊醇	10～100
13	氯乙烷	－30～40	39	乙二醇	－40～200
1	溴乙烷	5～25	38	甘油	－40～20
7	碘乙烷	0～100	27	苯甲基醇	－20～30
6A	二氯乙烷	－30～60	36	乙醚	－100～25
3	过氯乙烯	－30～140	31	异丙醚	－80～200
23	苯	10～80	32	丙酮	20～50
23	甲苯	0～60	29	醋酸	0～80
17	对二甲苯	0～100	24	醋酸乙酯	－50～25
18	间二甲苯	0～100	26	醋酸戊酯	0～100
19	邻二甲苯	0～100	20	吡啶	－50～25
8	氯苯	0～100			

附录 17　气体比热容共线图（101. 325kPa）

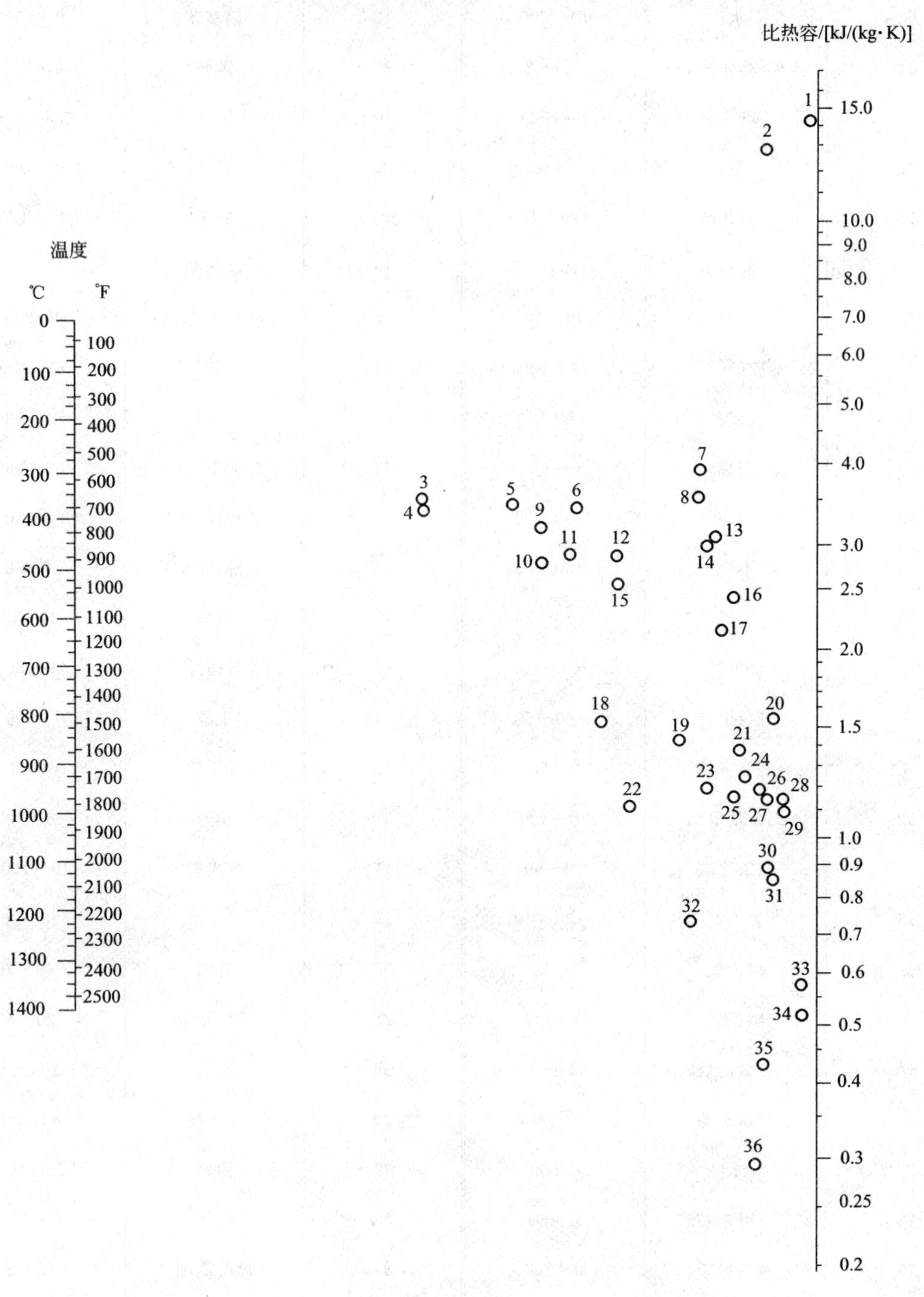

气体比热容共线图中的编号

编　号	名　称	温度范围/℃
27	空气	0～1400
23	氧	0～500
29	氧	500～1400
26	氮	0～1400
1	氢	0～600
2	氢	600～1400
32	氯	0～200
34	氯	200～1400
33	硫	300～1400
12	氨	0～600
14	氨	600～1400
25	一氧化氮	0～700
28	一氧化氮	700～1400
18	二氧化碳	0～400
24	二氧化碳	400～1400
22	二氧化硫	0～400
31	二氧化硫	400～1400
17	水蒸气	0～1400
19	硫化氢	0～700
21	硫化氢	700～1400
20	氟化氢	0～1400
30	氯化氢	0～1400
35	溴化氢	0～1400
36	碘化氢	0～1400
5	甲烷	0～300
6	甲烷	300～700
7	甲烷	700～1400
3	乙烷	0～200
9	乙烷	200～600
8	乙烷	600～1400
4	乙烯	0～200
11	乙烯	200～600
13	乙烯	600～1400
10	乙炔	0～200
15	乙炔	200～400
16	乙炔	400～1400

附录 18 液体比汽化焓共线图

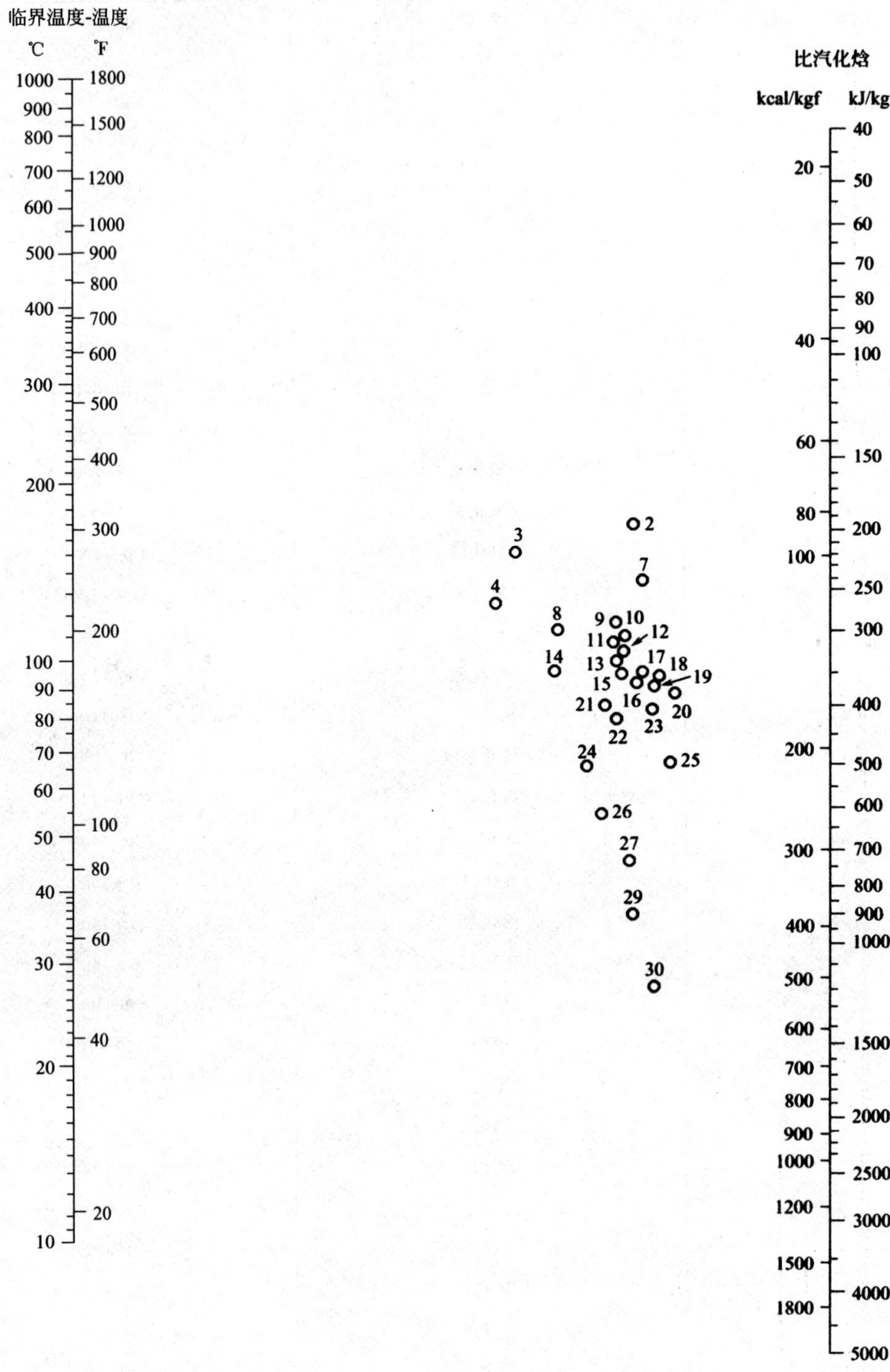

液体比汽化焓共线图中的编号

编号	名称	临界温度/℃	临界温度-温度/℃	编号	名称	临界温度/℃	临界温度-温度/℃
30	水	374	100～500	20	一氯甲烷	143	70～250
29	氨	133	50～200	8	二氯甲烷	216	150～250
19	一氧化氮	36	25～150	7	三氯甲烷	263	140～275
21	二氧化碳	31	10～100	2	四氯化碳	283	30～250
4	二硫化碳	273	140～275	17	氯乙烷	187	100～250
14	二氧化硫	157	90～160	13	苯	289	10～400
25	乙烷	32	25～150	3	联苯	527	175～400
23	丙烷	96	40～200	27	甲醇	240	40～250
16	丁烷	153	90～200	26	乙醇	243	20～140
15	异丁烷	134	80～200	24	丙醇	264	20～200
12	戊烷	197	20～200	13	乙醚	194	10～400
11	己烷	235	50～225	22	丙酮	235	120～210
10	庚烷	267	20～300	18	醋酸	321	100～225
9	辛烷	296	30～300				

附录 19 管子规格

(1) 水、煤气输送钢管

公称直径		外径/mm	普通管壁厚/mm	加厚管壁厚/mm
mm	in			
8	$\frac{1}{4}$	13.50	2.25	2.75
10	$\frac{3}{8}$	17.00	2.25	2.75
15	$\frac{1}{2}$	21.25	2.75	3.25
20	$\frac{3}{4}$	26.75	2.75	3.50
25	1	33.50	3.25	4.00
32	$1\frac{1}{4}$	42.25	3.25	4.00
40	$1\frac{1}{2}$	48.00	3.50	4.25
50	2	60.00	3.50	4.50
65	$2\frac{1}{2}$	75.50	3.75	4.50
80	3	88.50	4.00	4.75
100	4	114.00	4.00	5.00
125	5	140.00	4.50	5.50
150	6	165.00	4.50	5.50

（2）无缝钢管规格

外径/mm	壁厚/mm	外径/mm	壁厚/mm	外径/mm	壁厚/mm
6	0.25～2.0	20	0.25～6.0	40	0.4～9.0
7	0.25～2.5	22	0.40～6.0	42	1.0～9.0
8	0.25～2.5	25	0.40～7.0	44.5	1.0～9.0
9	0.25～2.8	27	0.40～7.0	45	1.0～10.0
10	0.25～3.5	28	0.40～7.0	48	1.0～10.0
11	0.25～3.5	29	0.40～7.5	50	1.0～12
12	0.25～4.0	30	0.40～8.0	51	1.0～12
14	0.25～4.0	32	0.40～8.0	53	1.0～12
16	0.25～5.0	34	0.40～8.0	54	1.0～12
18	0.25～5.0	36	0.40～8.0	56	1.0～12
19	0.25～6.0	38	0.40～9.0		

注：壁厚有 0.25mm，0.30mm，0.40mm，0.50mm，0.60mm，0.80mm，1.0mm，1.2mm，1.4mm，1.5mm，1.6mm，1.8mm，2.0mm，2.2mm，2.5mm，2.8mm，3.0mm，3.2mm，3.5mm，4.0mm，4.5mm，5.0mm，5.5mm，6.0mm，6.5mm，7.0mm，7.5mm，8.0mm，8.5mm，9.0mm，9.5mm，10mm，11mm，12mm。

（3）热轧无缝钢管

外径/mm	壁厚/mm	外径/mm	壁厚/mm	外径/mm	壁厚/mm
32	2.5～8.0	63.5	3.0～14	102	3.5～22
38	2.5～8.0	68	3.0～16	108	4.0～28
42	2.5～10	70	3.0～16	114	4.0～28
45	2.5～10	73	3.0～19	121	4.0～28
50	2.5～10	76	3.0～19	127	4.0～30
54	3.0～11	83	3.5～19	133	4.0～32
57	3.0～13	89	3.5～22	140	4.5～36
60	3.0～14	95	3.5～22	146	4.5～36

注：壁厚有 2.5mm，3mm，3.5mm，4mm，4.5mm，5mm，5.5mm，6mm，6.5mm，7mm，7.5mm，8mm，8.5mm，9mm，9.5mm，10mm，11mm，12mm，13mm，14mm，15mm，16mm，17mm，18mm，19mm，20mm，22mm，25mm，28mm，30mm，32mm，36mm。

（4）常用无缝钢管

名　称	规格(外径×厚度)/mm				
中、低压冷轧钢管	8×1.5 22×3	10×1.5 25×3	14×2 32×3.5	14×3 38×3.5	18×3
中、低压热轧钢管	16×3.5 89×4 133×4 377×10	57×6 89×6 159×6	67×3.5 108×4 219×6	75×4 108×6 273×8	76×6 133× 6 325×8
不锈钢无缝钢管	6×1 22×3 38×2.5 65×3 152×14	10×1.5 25×2 45×2.5 76×3.5 159×4.5	14×2 25×2.5 51×2.5 89×4	18×2 32×2 57×2.5 108×4	22×2 32×2.5 57×2.75 133×4
换热器用钢管	25×2 51×3.5	25×2.5 57×2.5	32×3 57×3.5	38×2	38×3

附录 20　常用 IS 型单级单吸离心泵的规格（摘录）

型号	转速/(r/min)	流量 m^3/h	流量 L/s	扬程/m	效率/%	功率/kW 轴功率	功率/kW 电机功率	必需汽蚀余量/m	质量(泵/底座)/kg
IS50-32-125	2900	7.5	2.08	22	47	0.96	2.2	2.0	32/46
		12.5	3.47	20	60	1.13		2.0	
		15	4.17	18.5	60	1.26		2.5	
	1450	3.75	1.04	5.4	43	0.13	0.55	2.0	32/38
		6.3	1.74	5	54	0.16		2.0	
		7.5	2.08	4.6	55	0.17		2.5	
IS50-32-160	2900	7.5	2.08	34.3	44	1.59	3	2.0	50/46
		12.5	3.47	32	54	2.02		2.0	
		15	4.17	29.6	56	2.16		2.5	
	1450	3.75	1.04	8.5	35	0.25	0.55	2.0	50/38
		6.3	1.74	8	48	0.29		2.0	
		7.5	2.08	7.5	49	0.31		2.5	
IS50-32-200	2900	7.5	2.08	52.5	38	2.82	5.5	2.0	52/66
		12.5	3.47	50	48	3.54		2.0	
		15	4.17	48	51	3.95		2.5	
	1450	3.75	1.04	13.1	33	0.41	0.75	2.0	52/38
		6.3	1.74	12.5	42	0.51		2.0	
		7.5	2.08	12	44	0.56		2.5	
IS50-32-250	2900	7.5	2.08	82	23.5	5.87	11	2.0	88/110
		12.5	3.47	80	38	7.16		2.0	
		15	4.17	78.5	41	7.83		2.5	
	1450	3.75	1.04	20.5	23	0.91	1.5	2.0	88/64
		6.3	1.74	20	32	1.07		2.0	
		7.5	2.08	19.5	35	1.14		3.0	
IS65-50-125	2900	15	4.17	21.8	58	1.54	3	2.0	50/41
		25	6.94	20	69	1.97		2.5	
		30	8.33	18.5	68	2.22		3.0	
	1450	7.5	2.08	5.35	53	0.21	0.55	2.0	50/38
		12.5	3.47	5	64	0.27		2.0	
		15	4.17	4.7	65	0.30		2.5	
IS65-50-160	2900	15	4.17	35	54	2.65	5.5	2.0	51/66
		25	6.94	32	65	3.35		2.0	
		30	8.33	30	66	3.71		2.5	
	1450	7.5	2.08	8.8	50	0.36	0.75	2.0	51/38
		12.5	3.47	8.0	60	0.45		2.0	
		15	4.17	7.2	60	0.49		2.5	
IS65-40-200	2900	15	4.17	53	49	4.42	7.5	2.0	62/66
		25	6.94	50	60	5.67		2.0	
		30	8.33	47	61	6.29		2.5	
	1450	7.5	2.08	13.2	43	0.63	1.1	2.0	62/46
		12.5	3.47	12.5	55	0.77		2.0	
		15	4.17	11.8	57	0.85		2.5	

续表

型号	转速/(r/min)	流量		扬程/m	效率/%	功率/kW		必需汽蚀余量/m	质量(泵/底座)/kg
		m^3/h	L/s			轴功率	电机功率		
IS65-40-250		15	4.17	82	37	9.05		2.0	
	2900	25	6.94	80	50	10.89	15	2.0	82/110
		30	8.33	78	53	12.02		2.5	
		7.5	2.08	21	35	1.23		2.0	
	1450	12.5	3.47	20	46	1.48	2.2	2.0	82/67
		15	4.17	19.4	48	1.65		2.5	
IS65-40-315		15	4.17	127	28	18.5		2.5	
	2900	25	6.94	125	40	21.3	30	2.5	152/110
		30	8.33	123	44	22.8		3.0	
		7.5	2.08	32.2	25	6.63		2.5	
	1450	12.5	3.47	32.0	37	2.94	4	2.5	152/67
		15	4.17	31.7	41	3.16		3.0	
IS80-65-125		30	8.33	22.5	64	2.87		3.0	
	2900	50	13.9	20	75	3.63	5.5	3.0	44/46
		60	16.7	18	74	3.98		3.5	
		15	4.17	5.6	55	0.42		2.5	
	1450	25	6.94	5	71	0.48	0.75	2.5	44/38
		30	8.33	4.5	72	0.51		3.0	
IS80-65-160		30	8.33	36	61	4.82		2.5	
	2900	50	13.9	32	73	5.97	7.5	2.5	48/66
		60	16.7	29	72	6.59		3.0	
		15	4.17	9	55	0.67		2.5	
	1450	25	6.94	8	69	0.79	1.5	2.5	48/46
		30	8.33	7.2	68	0.86		3.0	
IS80-50-200		30	8.33	53	55	7.87		2.5	
	2900	50	13.9	50	69	9.87	15	2.5	64/124
		60	16.7	47	71	10.8		3.0	
		15	4.17	13.2	51	1.06		2.5	
	1450	25	6.94	12.5	65	1.31	2.2	2.5	64/46
		30	8.33	11.8	67	1.44		3.0	
IS80-50-250		30	8.33	84	52	13.2		2.5	
	2900	50	13.9	80	63	17.3	22	2.5	90/110
		60	16.7	75	64	19.2		3.0	
		15	4.17	21	49	1.75		2.5	
	1450	25	6.94	20	60	2.27	3	2.5	90/64
		30	8.33	18.8	61	2.52		3.0	
IS80-50-315		30	8.33	128	41	25.5		2.5	
	2900	50	13.9	125	54	31.5	37	2.5	125/160
		60	16.7	123	57	35.3		3.0	
		15	4.17	32.5	39	3.4		2.5	
	1450	25	6.94	32	52	4.19	5.5	2.5	125/66
		30	8.33	31.5	56	4.6		3.0	
IS100-80-125		60	16.7	24	67	5.86		4.0	
	2900	100	27.8	20	78	7.00	11	4.5	49/64
		120	33.3	16.5	74	7.28		5.0	
		30	8.33	6	64	0.77		2.5	
	1450	50	13.9	5	75	0.91	1	2.5	49/46
		60	16.7	4	71	0.92		3.0	

续表

型号	转速/(r/min)	流量		扬程/m	效率/%	功率/kW		必需汽蚀余量/m	质量(泵/底座)/kg
		m³/h	L/s			轴功率	电机功率		
IS100-80-160	2900	60	16.7	36	70	8.42	15	3.5	69/110
		100	27.8	32	78	11.2		4.0	
		120	33.3	28	75	12.2		5.0	
	1450	30	8.33	9.2	67	1.12	2.2	2.0	69/64
		50	13.9	8.0	75	1.45		2.5	
		60	16.7	6.8	71	1.57		3.5	
IS100-65-200	2900	60	16.7	54	65	13.6	22	3.0	81/110
		100	27.8	50	76	17.9		3.6	
		120	33.3	47	77	19.9		4.8	
	1450	30	8.33	13.5	60	1.84	4	2.0	81/64
		50	13.9	12.5	73	2.33		2.0	
		60	16.7	11.8	74	2.61		2.5	
IS100-65-250	2900	60	16.7	87	61	23.4	37	3.5	90/160
		100	27.8	80	72	30.0		3.8	
		120	33.3	74.5	73	33.3		4.8	
	1450	30	8.33	21.3	55	3.16	5.5	2.0	90/66
		50	13.9	20	68	4.00		2.0	
		60	16.7	19	70	4.44		2.5	
IS100-65-315	2900	60	16.7	133	55	39.6	75	3.0	180/295
		100	27.8	125	66	51.6		3.6	
		120	33.3	118	67	57.5		4.2	
	1450	30	8.33	34	51	5.44	11	2.0	180/112
		50	13.9	32	63	6.92		2.0	
		60	16.7	30	64	7.67		2.5	
IS125-100-200	2900	120	33.3	57.5	67	28.0	45	4.5	108/160
		200	55.6	50	81	33.6		4.5	
		240	66.7	44.5	80	36.4		5.0	
	1450	60	16.7	14.5	62	3.83	7.5	2.5	108/66
		100	27.8	12.5	76	4.48		2.5	
		120	33.3	11.0	75	4.79		3.0	
IS125-100-250	2900	120	33.3	87	66	43.0	75	3.8	166/295
		200	55.6	80	78	55.9		4.2	
		240	66.7	72	75	62.8		5.0	
	1450	60	16.7	21.5	63	5.59	11	2.5	166/112
		100	27.8	20	76	7.17		2.5	
		120	33.3	18.5	77	7.84		3.0	
IS125-100-315	2900	120	33.3	132.5	60	72.1	110	4.0	189/330
		200	55.6	125	75	90.8		4.5	
		240	66.7	120	77	101.9		5.0	
	1450	60	16.7	33.5	58	9.4	15	2.5	189/160
		100	27.8	32	73	11.9		2.5	
		120	33.3	30.5	74	13.5		3.0	
IS125-100-400	1450	60	16.7	52	53	16.1	30	2.5	205/233
		100	27.8	50	65	21.0		2.5	
		120	33.3	48.5	67	23.6		3.0	
IS150-125-250	1450	120	33.3	22.5	71	10.4	18.5	3.0	758/158
		200	55.6	20	81	13.5		3.0	
		240	66.7	17.5	78	14.7		3.5	

续表

型号	转速/(r/min)	流量		扬程/m	效率/%	功率/kW		必需汽蚀余量/m	质量(泵/底座)/kg
		m^3/h	L/s			轴功率	电机功率		
IS150-125-315	1450	120 200 240	33.3 55.6 66.7	34 32 29	70 79 80	15.9 22.1 23.7	30	2.5 2.5 3.0	192/233
IS150-125-400	1450	120 200 240	33.3 55.6 66.7	53 50 46	62 75 74	27.9 36.3 40.6	45	2.0 2.8 3.5	223/233
IS200-150-250	1450	240 400 460	66.7 111.1 127.8	20	82	26.6	37		203/233
IS200-150-315	1450	240 400 460	66.7 111.1 127.8	37 32 28.5	70 82 80	34.6 42.5 44.6	55	3.0 3.5 4.0	262/296
IS200-150-400	1450	240 400 460	66.7 111.1 127.8	55 50 48	74 81 76	48.6 67.2 74.2	90	3.0 3.8 4.5	295/298

附录21　离心通风机规格

机号	转速/(r/min)	全压系数	全压/Pa	流量系数	流量/(m^3/h)	效率/%	所需功率/kW
6C	2240 2000 1800 1250 1000 800	0.411 0.411 0.411 0.411 0.411 0.411	2432.1 1941.8 1569.1 755.1 480.5 294.2	0.220 0.220 0.220 0.220 0.220 0.220	15800 14100 12700 8800 7030 5610	91 91 91 91 91 91	14.1 10.0 7.3 2.53 1.39 0.73
8C	1800 1250 1000 630	0.411 0.411 0.411 0.411	2795 1343.6 863.0 343.2	0.220 0.220 0.220 0.220	29900 20800 16600 10480	91 91 91 91	30.8 10.3 5.52 1.51
10C	1250 1000 800 500	0.434 0.434 0.434 0.434	2226.2 1422.0 912.1 353.1	0.2218 0.2218 0.2218 0.2218	41300 32700 26130 16390	94.3 94.3 94.3 94.3	32.7 16.5 8.5 2.3
6D	1450 960	0.411 0.411	1020 441.3	0.220 0.220	10200 6720	91 91	4 1.32
8D	1450 730	0.44 0.44	1961.4 490.4	0.184 0.184	20130 10150	89.5 89.5	14.2 2.06
16B	900	0.434	2942.1	0.2218	121000	94.3	127
20B	710	0.434	2844.0	0.2218	186300	94.3	190

附录 22 氨的温熵图

T℃
S/[kcal/(kg·℃)]
当T=0℃时，H'=100.0kcal/kg, S'=1.0kcal/(kg·℃)
H=490kcal/kg
H=390kcal/kg
H=150kcal/kg
H=50kcal/kg
0.45kgf/cm²
20.0
v=0.01m³/kg
v=0.10m³/kg
v=2.00m³/kg

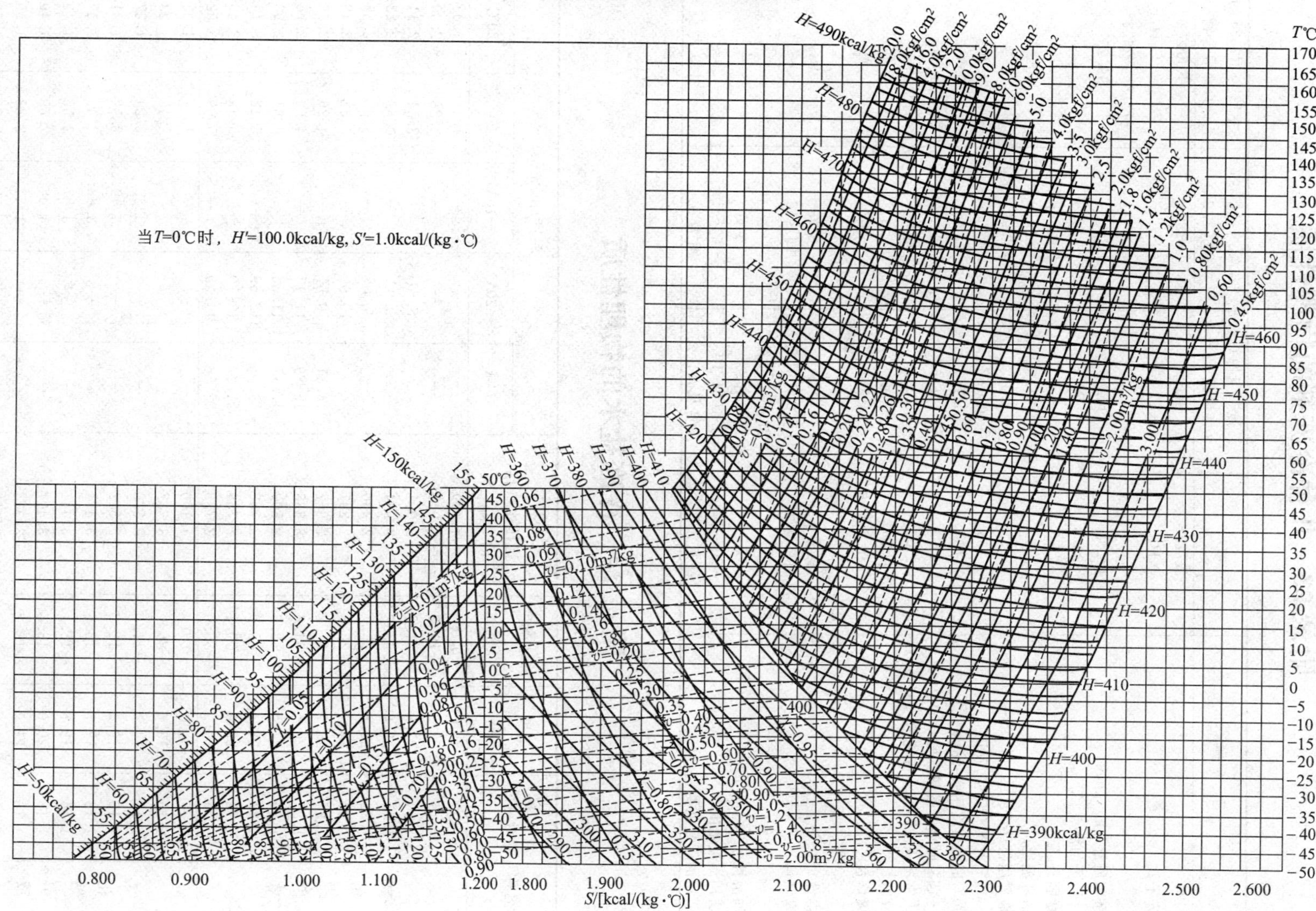

附录 23　几种冷冻剂的物理性质

名　　称	氨	二氟二氯甲烷（氟里昂 12）	二氟一氯甲烷（氟里昂 22）	R12 与 R152a 的共沸混合物
符号	R717	R12	R22	R500
分子式	NH_3	CCl_2F_2	$CHClF_2$	$CCl_2F_2/C_2H_4F_2$（73.8%/26.2%）
摩尔质量/(kg/kmol)	17.03	12.09	86.5	99.29
常压下的沸点/℃	−33.3	−29.8	−40.8	−33.3
凝固点/℃	−77.7	−158.2	−160	−159
临界温度/℃	133	111.5	96	105.1
临界压强/MPa	11.52	4.12	4.99	4.3
−15℃时蒸汽压强/MPa	0.236	0.182	0.296	0.209
30℃时的蒸汽压强/MPa	1.166	0.744	1.202	0.856
−15℃时蒸发潜热/(kJ/kg)	1312.6	161.6	217.3	195.5
正常冷冻循环的冷冻能力/(kJ/kg)	1126.3	123.9	168.3	142.4
气味	强刺激味	无	无	无
爆炸性	空气中含量达16%～25%时爆炸	无	无	无
毒性	有毒	少许	少许	少许
腐蚀性	对铜有腐蚀	与水共存时对 Mg 和 Al 有腐蚀	同 R12	—
油溶性	无	有	少许	—
适用温度范围/℃	−60～0	−60～10	−60～10	−20～10
适用的压缩机类型	往复式	往复及涡轮式	往复式	往复式

附录 24　冷冻盐水的物理性质

名称	相对密度	浓度/%	冻结温度/℃	0℃时定压比热容/[kJ/(kg·K)]	黏度/mPa·s				
					−30℃	−20℃	−10℃	0℃	20℃
氯化钙溶液	1.00	0.1	0.0	4.199	—	—	—	1.77	1.03
	1.19	20.9	−19.2	3.043	—	—	—	3.28	2.00
	1.20	21.9	−21.2	3.001	—	8.61	—	3.44	2.11
	1.21	22.8	−23.2	2.964	—	9.02	—	3.62	2.23
	1.22	23.8	−25.7	2.930	—	9.48	—	3.82	2.35
	1.23	24.7	−28.3	2.897	—	10.00	—	4.02	2.48
	1.24	25.7	−31.2	2.867	14.81	10.57	—	4.26	2.63
	1.25	26.6	−34.6	2.838	15.89	11.17	—	4.52	2.75
	1.26	27.5	−38.6	2.809	17.17	11.85	—	4.81	2.93
	1.27	28.4	−43.6	2.780	19.03	12.69	—	5.12	3.14
	1.28	29.4	−50.1	2.754	21.29	13.79	—	5.49	3.40
	1.286	29.9	−55.0	2.738	22.56	14.39	—	5.69	3.52
氯化钠溶液	1.00	0.1	0.0	4.190	—	—	—	1.77	1.03
	1.10	13.6	−9.8	3.587	—	—	—	2.15	1.23
	1.11	14.9	−11.0	3.550	—	—	3.35	2.24	1.27
	1.12	16.2	−12.2	3.512	—	—	3.49	2.32	1.31
	1.13	17.5	−13.6	3.474	—	—	3.68	2.43	1.37
	1.14	18.8	−15.1	3.441	—	—	3.87	2.56	1.43
	1.15	20.0	−16.6	3.407	—	—	4.08	2.69	1.49
	1.16	21.2	−18.2	3.374	—	—	4.31	2.83	1.55
	1.17	22.4	−20.0	3.340	—	6.87	4.51	2.96	1.62
	1.175	23.1	−21.2	3.324	—	7.04	4.71	3.04	1.67

附录 25 管板式热交换器系列标准

（1）固定管板式（代号 G）

公称直径/mm		159			273							
公称压强	kgf/cm²	25			25							
	kPa①	2.45×10³			2.45×10³							
公称面积/m²		1	2	3	4		5		8		18	14
管长/m		1.5	2.0	3.0	1.5		2.0		3.0		6.0	
管子总数		13	13	13	38	32	38	32	38	32	38	32
管程数		1	1	1	1	2	1	2	1	2	1	2
壳程数		1	1	1	1		1		1		1	
管子尺寸/mm	碳钢	ϕ25×2.5			ϕ25×2.5							
	不锈钢	ϕ25×2			ϕ25×2							
管子排列方法		△②			△							

公称直径/mm		400								500					
公称压强	kgf/cm²	10,16,25								10,16,25					
	kPa	0.981×10³ 1.57×10³ 2.45×10³								0.981×10³ 1.57×10³ 2.45×10³					
公称面积/m²		10	12	15	16	24	26	48	52	35	40	40	70	80	80
管长/m		1.5		2.0		3.0		6.0		3.0			6.0		
管子总数		102	113	102	113	102	113	102	113	152	172	177	152	172	177
管程数		2	1	2	1	2	1	2	1	4	2	1	4	2	1
壳程数		1		1		1		1		1			1		
管子尺寸/mm	碳钢	ϕ25×2.5								ϕ25×2.5					
	不锈钢	ϕ25×2								ϕ25×2					
管子排列方法		△								△					

公称直径/mm		600				800							
公称压强	kgf/cm²	6,16,25				6,10,16,25							
	kPa	0.588×10³ 1.57×10³ 2.45×10³				0.588×10³ 0.981×10³ 1.57×10³ 2.45×10³							
公称面积/m²		55	60	120	125	100		110		200	210	220	230
管长/m		3.0		6.0		3.0				6.0			
管子总数		258	269	258	269	444	456	488	501	444	456	488	501
管程数		2	1	2	1	4		2	1	4		2	1
壳程数		1		1		1				1			
管子尺寸/mm	碳钢	ϕ25×2.5				ϕ25×2.5							
	不锈钢	ϕ25×2				ϕ25×2							
管子排列方法		△				△							

① 以 kPa 表示的公称压强为编者按原系列标准中的 kgf/cm² 换算来的。

② 表示管子为正三角形排列。

(2) 浮头式(代号 F)

① F_A 系列

公称直径/mm		325	400	500	600	700	800
公称压强	kgf/cm^2	40	40	16,25,40	16,25,40	16,25,40	25
	kPa①	3.92×10^3	3.92×10^3	1.57×10^3 2.45×10^3 3.92×10^3	1.57×10^3 2.45×10^3 3.92×10^3	1.57×10^3 2.45×10^3 3.92×10^3	2.45×10^3
公称面积/m^2		10	25	80	130	185	245
管长/m		3	3	6	6	6	6
管子尺寸/mm		$\phi19\times2$	$\phi19\times2$	$\phi19\times2$	$\phi19\times2$	$\phi19\times2$	$\phi19\times2$
管子总数		76	138	228(224)②	372(368)	528(528)	700(696)
管程数		2	2	2(4)②	2(4)	2(4)	2(4)
管子排列方法		△③	△	△	△	△	△

① 以 kPa 表示的公称压强为编者按原系列标准中的 kgf/cm^2 换算来的。

② 括号内的数据为四管程的。

③ △表示管子为正三角形排列,管子中心距为 25mm。

② F_B 系列

公称直径/mm		325	400	500	600	700	800
公称压强	kgf/cm^2	40	40	16,25,40	16,25,40	16,25,40	10,16,25
	kPa①	3.92×10^3	3.92×10^3	1.57×10^3 2.45×10^3 3.92×10^3	1.57×10^3 2.45×10^3 3.92×10^3	1.57×10^3 2.45×10^3 3.92×10^3	0.981×10^3 1.57×10^3 2.45×10^3
公称面积/m^2		10	15	65	95	135	180
管长/m		3	3	6	6	6	6
管子尺寸/mm		$\phi25\times2.5$	$\phi25\times2.5$	$\phi25\times2.5$	$\phi25\times2.5$	$\phi25\times2.5$	$\phi25\times2.5$
管子总数		36	72	124(120)②	208(192)	292(292)	388(384)
管程数		2	2	2(4)②	2(4)	2(4)	2(4)
管子排列方法		◇③	◇	◇	◇	◇	◇

公称直径/mm		900	1100
公称压强	kgf/cm^2	10,16,25	10,16
	kPa	0.981×10^3 1.57×10^3 2.45×10^3	0.981×10^3 1.57×10^3
公称面积/m^2		225	365
管长/m		6	6
管子尺寸/mm		$\phi25\times2.5$	$\phi25\times2.5$
管子总数		512(5.8)	(748)
管程数		2	4
管子排列方法		◇	◇

① 以 kPa 表示的公称压强为编者按原系列标准中的 kgf/cm^2 换算来的。

② 括号内的数据为四管程的。

③ ◇表示管子为正方形斜转 45°排列,管子中心距为 32mm。

附录 26　食品工业生产传热设备的总传热系数经验数据

传热装置	所处理的食品	载热体	壁材质	目的、条件	总传热系数/[W/(m^2·K)]
刮板式热交换器	猪油，黄油	氨	铁(碳)	冷却	1420
	人造奶油	氨	铁(镍)	冷却	1700
	55°白利糖度柑橘浓缩液	氨	铁(镍)	冷却	1700
	淀粉水溶液	水	铁(不锈钢)	冷却	2050
	淀粉水溶液	水蒸气	铁(不锈钢)	加热	1700
	果酱	水蒸气	铁(不锈钢)	杀菌	2340
板式热交换器	汁液	热水	铁(不锈钢)	杀菌	2330
	汁液	盐水	铁(不锈钢)	冷却	1740
套管式热交换器	牛乳	水蒸气	上釉铸铁	不搅拌	465～1160
	牛乳	水蒸气	上釉铸铁	搅拌	1740
	果实浓稠液	水蒸气	上釉铸铁	不搅拌	174～523
	果实浓稠液	水蒸气	上釉铸铁	搅拌	870
多管式热交换器	水	水蒸气	铁	加热	1160～4070
	氨	水蒸气	铁	加热	1160～4070
	水溶液(黏度 2MPa·s 以上)	水蒸气	铁	加热	580～2910
	水	盐水	铁	冷却	582～1160
蛇管式热交换器	牛乳(管内)	水		搅拌	1700
	蔗糖、糖蜜溶液(管外)	水蒸气	铜	不搅拌	279～1360
	脂肪酸(管外)	水蒸气	铜	不搅拌	547～570
	50%砂糖水(管外)	水	铅		279～337
套管式蒸发器	水，牛乳	水蒸气			1160～2320
	浓稠液体	水蒸气		带搅拌翼	350～1160
降膜式蒸发器	蔗糖溶液	水蒸气		带搅拌翼	1160～1280

附录 27　壁面污垢热阻

(a) 冷却水

加热流体的温度/℃	<115		115～205	
水的温度/℃	<25		>25	
水的流速/(m/s)	<1	>1	<1	>1
热阻/(m^2·K/W)				
海水	0.8598×10^{-4}	0.8598×10^{-4}	1.7197×10^{-4}	1.7197×10^{-4}
自来水、井水、湖水、软化锅炉水	1.7197×10^{-4}	1.7197×10^{-4}	3.4394×10^{-4}	3.4394×10^{-4}
蒸馏水	0.8598×10^{-4}	0.8598×10^{-4}	0.8598×10^{-4}	0.8598×10^{-4}
硬水	5.1590×10^{-4}	5.1590×10^{-4}	8.5980×10^{-4}	8.5980×10^{-4}
河水	5.1590×10^{-4}	3.4394×10^{-4}	6.8788×10^{-4}	5.1590×10^{-4}

(b)工业气体

气体名称	热阻/(m^2·K/W)
有机化合物	0.8598×10^{-4}
水蒸气	0.8598×10^{-4}
空气	3.4394×10^{-4}
溶剂蒸气	1.7197×10^{-4}
天然气	1.7197×10^{-4}
焦炉气	1.7197×10^{-4}

(c)工业用液体

液体名称	热阻/(m^2·K/W)
有机化合物	1.7197×10^{-4}
盐水	1.7197×10^{-4}
熔盐	0.8598×10^{-4}
植物油	5.1590×10^{-4}

附录 28　萃取剂与临界物性

萃取剂		临界温度/K	临界压力/MPa	临界密度/(kg/m^3)
非极性溶剂	二氧化碳	304.1	7.38	469
	乙烷	305.4	4.88	203
	丁烷	425.2	3.80	228
	戊烷	469.9	3.37	237
	乙烯	282.4	5.04	215
	丙烷	369.8	4.25	217
	丙烯	364.9	4.60	232
	环己烷	553.5	4.07	273
	苯	562.2	4.89	302
	甲苯	591.8	4.10	292
	对二甲苯	616.2	3.51	280
极性溶剂	甲醇	512.6	8.09	272
	乙醇	513.9	6.14	276
	丙酮	508.1	4.76	278
	氨	405.5	11.35	235
	水	647.3	22.12	315

参考文献

[1] 黄亚东. 化工原理. 北京：中国轻工业出版社，2006.
[2] 李肇全等. 化工原理. 北京：科学出版社，2004.
[3] 赵文等. 化工原理. 北京：石油大学出版社，2002.
[4] 钟秦等. 化工原理. 北京：国防工业出版社，2001.
[5] 周祥祯等. 实用制冷技术. 长沙：湖南科学技术出版社，1983.
[6] 张振坤，刘建中. 化工基础. 北京：化学工业出版社，2005.
[7] 叶世超等. 化工原理. 北京：科学出版社，2002.
[8] 谭天恩，李伟. 过程工程原理. 北京：化学工业出版社，2004.
[9] 陈敏恒等编. 化工原理. 第2版. 北京：化学工业出版社，2000.
[10] 武汉大学主编. 化工工程基础. 北京：高等教育出版社，2001.
[11] 化工部化工设备设计技术中心站机泵技术委员会. 工业泵选用手册. 北京：化学工业出版社，1998.
[12] 陆美娟，张浩勤. 化工原理：上册. 第2版. 北京：化学工业出版社，2006.
[13] 朱家骅. 化工原理：上册. 北京：科学出版社，2001.
[14] 陈裕清. 化工原理：上册. 上海：上海交通大学出版社，2000.
[15] 张木全，云智勉. 化工原理. 广州：华南理工大学出版社，2000.
[16] 姚玉英，陈常贵，柴诚敬. 化工原理：上册. 第2版. 天津：天津大学出版社，2004.
[17] 梁朝林，樊芷芸，陈乃炽. 化工原理. 广州：广东高等教育出版社，2000.
[18] 崔鹏. 化工原理. 合肥：合肥工业大学出版社，2003.
[19] 陈敏恒. 化工原理：上册. 第3版. 北京：化学工业出版社，2006.
[20] 管国锋. 化工原理. 第2版. 北京：化学工业出版社，2003.
[21] 陆美娟. 化工原理：下册. 北京：化学工业出版社，2000.
[22] 黄少烈，邹华生. 化工原理. 北京：高等教育出版社，2002.
[23] 何潮洪，冯霄. 化工原理. 北京：科学出版社，2001.
[24] 王绍良. 化工设备基础. 北京：化学工业出版社，2002.
[25] 廖世荣. 食品工程原理. 北京：科学出版社，2004.
[26] 张旭光. 食品工程原理. 北京：中国轻工业出版社，2006.
[27] 杨祖荣. 化工原理. 北京：高等教育出版社，2005.
[28] 李凤华，于士军. 化工原理. 大连：大连理工大学出版社，2004.
[29] 贾绍义. 化工原理. 北京：高等教育出版社，2003.